Smart Grids und Datenschutz

SCHRIFTENREIHE ZUM URHEBER- UND KUNSTRECHT

Herausgegeben von Thomas Hoeren

BAND 18

Johannes Franck

Smart Grids und Datenschutz

Verarbeitung von Energiedaten in intelligenten
Stromnetzen aus datenschutzrechtlicher Perspektive

Bibliografische Information der Deutschen Nationalbibliothek
Die Deutsche Nationalbibliothek verzeichnet diese Publikation
in der Deutschen Nationalbibliografie; detaillierte bibliografische
Daten sind im Internet über http://dnb.d-nb.de abrufbar.

Zugl.: Münster (Westfalen), Univ., Diss., 2015

D 6
ISSN 1860-076X
ISBN 978-3-631-66718-7 (Print)
E-ISBN 978-3-653-06274-8 (E-Book)
DOI 10.3726/978-3-653-06274-8

© Peter Lang GmbH
Internationaler Verlag der Wissenschaften
Frankfurt am Main 2016
Alle Rechte vorbehalten.
PL Academic Research ist ein Imprint der Peter Lang GmbH.

Peter Lang – Frankfurt am Main · Bern · Bruxelles ·
New York · Oxford · Warszawa · Wien

Das Werk einschließlich aller seiner Teile ist urheberrechtlich
geschützt. Jede Verwertung außerhalb der engen Grenzen des
Urheberrechtsgesetzes ist ohne Zustimmung des Verlages
unzulässig und strafbar. Das gilt insbesondere für
Vervielfältigungen, Übersetzungen, Mikroverfilmungen und die
Einspeicherung und Verarbeitung in elektronischen Systemen.

Diese Publikation wurde begutachtet.

www.peterlang.com

Danksagung

Die Fertigstellung der vorliegenden Arbeit wäre undenkbar ohne diejenigen Menschen, die dieses Werk in allen Phasen mit jeder möglichen Unterstützung bedacht haben.

Mein besonderer Dank gilt zu allererst meinem Doktorvater Prof. Dr. Thomas Hoeren, der mir bei der Entstehung der Disseration einerseits den nötigen Freiraum gewährt und mich trotzdem jederzeit fachlich und persönlich unterstützt hat. Die Zeit am Institut für Informations-, Telekommunikations- und Medienrecht hat mich sowohl menschlich als auch juristisch geprägt und wird mir stets in allerbester Erinnerung bleiben.

Bei Herrn Prof. Dr. Bernd Holznagel bedanke ich mich für die Erstellung des Zweitgutachtens und interessante fachliche Diskussionen.

Dank schulde ich des Weiteren Frau Prof. Dr. Franziska Boehm, die mich vor allem zu Beginn der Bearbeitung durch viele hilfreiche Tipps auf den richtigen Weg gebracht hat sowie Herrn Dr. Hans Peter Wiesemann dessen wertvolle Hinweise mir beim Entstehen dieser Arbeit sehr geholfen haben.

Detlev Wickenhagen und Christian Kottmeier (Gotthard Sachenberg-Stiftung e. V.) sei gedankt für die großzügige Gewährung eines Promotionsstipendiums, das es mir ermöglicht hat, die Arbeit nach Ende meiner Lehrstuhltätigkeit in Ruhe fertigzustellen.

Meinen Münsteraner Freunden Dennis Böhne, Julian Fischer und Dr. Daniel Wörheide gebührt Dank dafür, dass sie mich in meiner Zeit fernab der Heimat begleitet und für Zerstreuung abseits des akademischen Lebens gesorgt haben.

Darüber hinaus konnte ich mir jederzeit des Rückhalts meiner Geschwister und meines Berliner Freundeskreises gewiss sein. Der ausdauernde Beistand, der mir auf vielfältige Weise von allen Seiten zu teil wurde, hat maßgeblich zum Gelingen dieses Projekts beigetragen. Insbesondere Dr. Robert Breitkreuz, Dr. Nils-Christian Kallweit und Dr. Arne Neubauer danke ich für ihre permanente (moralische und tatkräftige) Unterstützung bei der Fertigstellung des Manuskripts.

Meinen Schwiegereltern Dr. Wolfgang und Doris Roddewig danke ich insbesondere für die Möglichkeit, mich in den entscheidenen Phasen in ihrem abgelegenen Feriendomizil zum konzentrierten Arbeiten zurückziehen zu können.

Nicht zuletzt danke ich von ganzem Herzen meiner wundervollen Frau Meike, die das Entstehen dieser Arbeit von Anfang an mit viel Geduld begleitet und mich trotz vieler persönlicher Entbehrungen auch in Momenten des Zweifels fortwährend unterstützt hat.

Gewidmet ist die Arbeit meiner Mutter, die die Fertigstellung dieser Arbeit leider nicht mehr miterleben konnte.

Inhaltsübersicht

Abkürzungsverzeichnis XXI

Kapitel 1: Einleitung 1
A. Problemaufriss 1
B. Ziel der Arbeit 4
C. Gang der Untersuchung 5

Kapitel 2: Das (intelligente) Stromnetz 7
A. Netzspezifische Terminologie 7
B. Historische Entwicklung und derzeitiger Zustand
   des Strommarktes und des konventionellen
   Stromnetzes in Deutschland 11
   I. Entstehung und Entwicklung des Strommarktes 11
   II. Technische Beschaffenheit des Stromnetzes und struktureller
       Aufbau des Strommarktes 13
   III. Aktuelle Herausforderungen für den Energiesektor ... 18
C. Strommarkt im Wandel und Entwicklung
   eines intelligenten Stromnetzes 23
   I. Politische Maßnahmen 24
   II. Das intelligente Stromnetz *(Smart Grid)* 28
   III. Intelligente Verbrauchserfassung *(Smart Metering)* ... 33

Kapitel 3: Datenschutzrechtliche Einordnung 47
A. Anwendbarkeit des Datenschutzrechts 47
   I. Anwendbarkeit des Datenschutzrechts
      auf den Smart-Meter-Rollout 47
   II. Subsidiarität gegenüber sektorspezifischem Recht
       (§ 1 Abs. 3 BDSG) 49
   III. Räumlicher Anwendungsbereich (§ 1 Abs. 5 BDSG) ... 55

B.	Normadressat: Verantwortliche Stelle	56
	I. Öffentliche und nicht-öffentliche Stellen (§ 2 BDSG)	57
	II. Verantwortliche Stellen im Energiesektor	57
	III. Zwischenergebnis	62
C.	Betroffenheit	63
D.	Personenbezogene Daten im Smart Grid	64
	I. Einzelangaben über persönliche und sachliche Verhältnisse (§ 3 Abs. 1 BDSG)	64
	II. Bestimmtheit/Bestimmbarkeit der Energiedaten	71
	III. Zwischenergebnis	74
E.	Die Verarbeitungsschritte personenbezogener Energiedaten beim Smart Metering	74
	I. Erfassung der Energiedaten	75
	II. Weitergabe der Energiedaten	76
	III. Aufbereitung und Verwendung der Energiedaten	77

Kapitel 4: Datenschutzrechtliche Beurteilung von Smart Grid und Smart Metering ... 79

A.	Datenschutzrechtliche Herausforderungen	79
	I. Datenproliferation und moderne Datenverarbeitungsmöglichkeiten	79
	II. Zweckfremde Nutzung von Energiedaten	81
	III. Datendiversifikation	105
	IV. Ubiquitous Computing	107
	V. Bedrohung der Informationssicherheit	114
B.	Rechtmäßigkeit der Datenverarbeitungsvorgänge im Smart Grid nach einfachgesetzlichem Datenschutzrecht	118
	I. Rechtfertigung durch gesetzliche Erlaubnistatbestände	119
	II. Rechtfertigung durch Einwilligung	130
	III. Ergebnis	142

C.	Verfassungsrechtliche Bewertung	143
	I. Beeinträchtigung von Grundrechten und Bindung privater Akteure an das Verfassungsrecht	143
	II. Tangierte Grundrechte der Betroffenen	145
	III. Ergebnis	163

Kapitel 5: Lösungsvorschläge 165

A.	Regulierungsbedarf	165
	I. Regulierungsbedarf beim Rollout	165
	II. Datenschutzrechtlicher Regulierungsbedarf	166
B.	Rechtliche Lösungsansätze	168
	I. Einhaltung des Grundsatzes der Datenvermeidung und Datensparsamkeit	169
	II. Stärkung der Betroffenenrechte	177
	III. Einwilligung als (un)wirksames Instrumentarium im Energierecht	185
	IV. Technologieoffenheit und Technikneutralität	186
	V. Ergebnis	187
C.	Technische und organisatorische Lösungsansätze	188
	I. Schutz der IT-Sicherheit	188
	II. Technischer Datenschutz	191
	III. Standardisierung	194
	IV. Ergebnis	195

Kapitel 6: Abschließende Betrachtung und Ausblick 197

A.	Abschließende Betrachtung	197
	I. Einführung von Smart Grids als Herausforderung	197
	II. Datenschutzrechtliche Bewertung	199
B.	Ausblick	201

Literaturverzeichnis 207

Inhaltsverzeichnis

Abkürzungsverzeichnis XXI

Kapitel 1: Einleitung 1
A. Problemaufriss 1
B. Ziel der Arbeit 4
C. Gang der Untersuchung 5

Kapitel 2: Das (intelligente) Stromnetz 7
A. Netzspezifische Terminologie 7
B. Historische Entwicklung und derzeitiger Zustand des Strommarktes und des konventionellen Stromnetzes in Deutschland 11
    I. Entstehung und Entwicklung des Strommarktes 11
        1. Historische Entwicklung des Stromnetzes 11
        2. Entwicklung der nationalen gesetzlichen Rahmenbedingungen 12
    II. Technische Beschaffenheit des Stromnetzes und struktureller Aufbau des Strommarktes 13
        1. Technische Netzstruktur nach Hierarchieebenen 13
            a) Übertragungsnetz 14
            b) Verteilernetz 15
        2. Wertschöpfungskette im Energiesektor 15
            a) Stromerzeugung 16
            b) Stromtransport 16
            c) Stromvertrieb 16
        3. Oligopolistische Marktstruktur 17
    III. Aktuelle Herausforderungen für den Energiesektor 18
        1. Wachsender Energieverbrauch 18

		2.	Abkehr von fossilen und Hinwendung zu regenerativen Energiequellen 19
		3.	Strommengenplanung 20
			a) Lastmanagement..20
			b) Energiespeicherung 22
			c) Dezentrale Einspeisung und multidirektionale Netznutzung 23

C. Strommarkt im Wandel und Entwicklung eines intelligenten Stromnetzes 23
  I. Politische Maßnahmen 24
    1. Legislative und exekutive Schritte zur Einführung der Energiewende 24
       a) Europa..24
       b) Deutschland 25
    2. Netzausbau 27
  II. Das intelligente Stromnetz *(Smart Grid)*...................................... 28
    1. Begriff und technische Grundlagen 28
       a) Begriffsdefinition..28
       b) Technischer Aufbau 30
    2. Sonstige Komponenten des Smart Grid...................................31
       a) Smart Home 31
       b) Smart Life 32
       c) Forschungsprojekte...32
  III. Intelligente Verbrauchserfassung *(Smart Metering)*..................... 33
    1. Rechtliche Rahmenbedingungen..33
       a) Europäischer Rechtsrahmen 33
       b) Nationale Rechtsvorschriften 35
          aa) EnWG 35
          bb) MessZV 37
          cc) BSI-Schutzprofil...38
          dd) Verordnungspaket Intelligente Netze 38
          ee) Sonstige Regelungen..39
       c) Beschlüsse der Bundesnetzagentur 39

	2.	Begriff des Smart Metering 40
		a) Intelligentes Messsystem und Smart Meter 40
		b) Intelligenter Zähler 41
		c) Smart Meter Gateway und Gateway Administrator 42
	3.	Vorteile des Smart Metering 43

Kapitel 3: Datenschutzrechtliche Einordnung 47

A. Anwendbarkeit des Datenschutzrechts 47
    I. Anwendbarkeit des Datenschutzrechts
       auf den Smart-Meter-Rollout 47
    II. Subsidiarität gegenüber sektorspezifischem Recht
       (§ 1 Abs. 3 BDSG) 49
       1. EnWG 50
          a) § 21c EnWG 51
          b) § 21g EnWG 51
          c) §§ 21h und 21i EnWG 53
       2. MessZV und StromGVV 53
       3. Telekommunikations- und Telemedienrecht 54
    III. Räumlicher Anwendungsbereich (§ 1 Abs. 5 BDSG) 55
B. Normadressat: Verantwortliche Stelle 56
    I. Öffentliche und nicht-öffentliche Stellen (§ 2 BDSG) 57
    II. Verantwortliche Stellen im Energiesektor 57
       1. Verantwortlichkeit kommunaler
          Energieversorgungsunternehmen 58
       2. Verantwortlichkeit im Rahmen einer Konzernstruktur 60
       3. Auftragsdatenverarbeitung 61
       4. Private Einspeiser (Prosumer) 61
    III. Zwischenergebnis 62
C. Betroffenheit 63
D. Personenbezogene Daten im Smart Grid 64
    I. Einzelangaben über persönliche und sachliche
       Verhältnisse (§ 3 Abs. 1 BDSG) 64

		1.	Abrechnungsrelevante Daten 66
			a) Bestandsdaten 66
			b) Verbrauchsdaten 67
		2.	Steuerungsrelevante Daten 70
		3.	Technische Daten 70
	II.	Bestimmtheit/Bestimmbarkeit der Energiedaten 71	
		1.	Einpersonenhaushalt 72
		2.	Mehrpersonenhaushalt und gewerbliche Einrichtungen 73
		3.	Aufhebung des Personenbezugs durch Anonymisierung und Pseudonymisierung 74
	III.	Zwischenergebnis 74	
E.	Die Verarbeitungsschritte personenbezogener Energiedaten beim Smart Metering 74		
	I.	Erfassung der Energiedaten 75	
	II.	Weitergabe der Energiedaten 76	
	III.	Aufbereitung und Verwendung der Energiedaten 77	

Kapitel 4: Datenschutzrechtliche Beurteilung von Smart Grid und Smart Metering 79

A.	Datenschutzrechtliche Herausforderungen 79			
	I.	Datenproliferation und moderne Datenverarbeitungsmöglichkeiten 79		
		1.	Ausgangslage 79	
		2.	Konflikt mit dem Datensparsamkeitsgebot 80	
	II.	Zweckfremde Nutzung von Energiedaten 81		
		1.	Ausforschbarkeit von Lebensgewohnheiten 82	
		2.	Bildung von Persönlichkeitsprofilen 84	
			a) Verfahren 85	
			b) Predictive Analysis 86	
			c) Einbeziehung externer Quellen 87	
			d) Ökonomischer Wert 87	
		3.	Verwendung der Energiedaten zu kommerziellen Zwecken 88	
			a) Optimierung von Produkten und Dienstleistungen 88	

		b)	Zielgerichtete Werbung 89
		c)	Nutzungsbezogene Versicherungstarife 91
	4.	Sonstige Verwendungsmöglichkeiten 91
		a)	Nutzung durch öffentliche Einrichtungen 92
		b)	Verwendung durch Arbeitgeber 93
		c)	Interesse von Privatpersonen 94
	5.	Gefahren der Zweckentfremdung und Auswirkungen auf die Betroffenen 94
		a)	Rechtsprechung des Bundesverfassungsgerichts 95
		b)	Konflikt mit dem datenschutzrechtlichen Zweckbindungsgrundsatz 96
		aa)	Zweckbindung bei Energieversorgungsverträgen 97
		bb)	Folgen fehlender Zweckfestlegung 98
		c)	Erwartungsorientierte Verhaltensanpassung des Einzelnen 98
		d)	Wirtschaftliche Auswirkungen und finanzielle Benachteiligung 100
		e)	Nachteile durch fehlerhafte Entscheidungen 101
		aa)	Inhaltlich fehlerhafte Daten 101
		bb)	Methodisch fehlerhafte Daten 102
		cc)	Konkrete Folgen für die Betroffenen 102
		dd)	Kontrollverlust der Betroffenen über personenbezogene Daten 103
		ee)	Problematik der „veralteten" Datensätze 103
		ff)	Delegation von Entscheidungen auf IT-Systeme 104
		f)	Soziale Effekte und Diskriminierung 104
	6.	Zwischenergebnis 105
III.	Datendiversifikation 105
	1.	Problemdarstellung 105
	2.	Auswirkungen 106
IV.	Ubiquitous Computing 107
	1.	Problemdarstellung 108
	2.	Auswirkungen beim Betroffenen 109

		3.	Konflikt mit dem datenschutzrechtlichen Transparenz- und Direkterhebungsgrundsatz 111

        3. Konflikt mit dem datenschutzrechtlichen Transparenz- und Direkterhebungsgrundsatz 111
            a) Vereinbarkeit mit dem Transparenzgebot 111
            b) Vereinbarkeit mit dem Direkterhebungsgrundsatz 112
                aa) Mitwirkung des Betroffenen 113
                bb) Ausnahme vom Direkterhebungsgebot beim „Pull-Betrieb" 113
        4. Zwischenergebnis 114
    V. Bedrohung der Informationssicherheit 114
        1. Schutzziele der Informationssicherheit 115
        2. Bedrohung der Schutzziele 116
        3. Konkrete Bedrohungsszenarien im Smart Grid 116

B. Rechtmäßigkeit der Datenverarbeitungsvorgänge im Smart Grid nach einfachgesetzlichem Datenschutzrecht 118
    I. Rechtfertigung durch gesetzliche Erlaubnistatbestände 119
        1. Rechtmäßigkeit des Datenumgangs mit abrechnungsrelevanten Daten nach § 28 BDSG 119
            a) Datenerfassung durch den Messstellenbetreiber 120
                aa) Szenario 1: Netzbetreiber ist Messstellenbetreiber 120
                    (1) Bestehender Netznutzungsvertrag zwischen Netzbetreiber und Anschlussnutzer 121
                        (a) Eigener Geschäftszweck 121
                        (b) Erforderlichkeit für die Vertragserfüllung 121
                    (2) Kein Netznutzungsvertrag zwischen Netzbetreiber und Anschlussnutzer 122
                        (a) § 28 Abs. 1 S. 1 Nr. 1 BDSG 122
                        (b) § 28 Abs. 1 S. 1 Nr. 2 BDSG 123
                        (aa) Wahrung berechtigter Interessen des Netzbetreibers 123
                        (bb) Schutzwürdige Interessen des Betroffenen 123
                    (3) Zwischenergebnis 124
                bb) Szenario 2: Energielieferant ist Messstellenbetreiber 124
                cc) Szenario 3: Dritter ist Messstellenbetreiber 125
            b) Datenweitergabe vom Messstellenbetreiber an den Netzbetreiber 125

		aa)	Berechtigtes Interesse der verantwortlichen Stelle 126
		bb)	Schutzwürdige Interessen des Betroffenen 126
	c)	Datenweitergabe vom Netzbetreiber an den Energielieferanten 127
		aa)	Berechtigtes Interesse der verantwortlichen Stelle oder des Dritten 127
		bb)	Schutzwürdige Interessen der Betroffenen 128
	2.	Rechtmäßigkeit des Datenumgangs mit steuerungsrelevanten Daten 128
		a)	Datenerhebung durch und Weitergabe an den Netzbetreiber 128
		b)	Datenweitergabe an Energielieferant 129
	3.	Rechtmäßigkeit des Datenumgangs zu sonstigen Zwecken 129
II.	Rechtfertigung durch Einwilligung 130
	1.	Konflikt mit § 21g Abs. 2 S. 1 EnWG 131
	2.	Freiwilligkeit 132
		a)	Koppelungsverbot 133
		b)	Anforderungen an die Freiwilligkeit 133
		c)	Ergebnis 134
	3.	Informiertheit des Betroffenen 135
	4.	Formelle Anforderungen 136
		a)	Zeitpunkt der Einwilligung 136
		b)	Schriftformerfordernis 136
	5.	Widerrufsmöglichkeit 137
	6.	Einwilligung bei mehreren Haushaltsmitgliedern 138
		a)	Höchstpersönlichkeit oder Vertretung 138
		aa)	Höchstpersönlicher Charakter der Einwilligung 139
		bb)	Stellvertretung bei Einwilligung möglich 139
		b)	Einwilligungsfähigkeit Minderjähriger 140
		c)	Ergebnis 140
	7.	Einwilligung trotz gesetzlicher Erlaubnis 141
III.	Ergebnis 142

C. Verfassungsrechtliche Bewertung 143
    I. Beeinträchtigung von Grundrechten und Bindung privater Akteure an das Verfassungsrecht 143
    II. Tangierte Grundrechte der Betroffenen 145
        1. Unverletzlichkeit der Wohnung (Art. 13 GG) 145
            a) Eingriff in den Schutzbereich 145
                aa) Kein Wohnungsbezug 147
                bb) Ausspähung durch Smart Metering 147
                cc) Stellungnahme 148
            b) Rechtfertigung des Eingriffs 150
            c) Ergebnis 151
        2. Allgemeines Persönlichkeitsrecht und Recht auf informationelle Selbstbestimmung (Art. 2 Abs. 1 i. V. m. Art. 1 Abs. 1 GG) 151
        3. Recht auf Gewährleistung der Vertraulichkeit und Integrität informationstechnischer Systeme (Art. 2 Abs. 1 i. V. m. Art. 1 Abs. 1 GG) 153
            a) Rechtsprechung zur Online-Durchsuchung 153
            b) Einschränkung bzgl. „informationstechnischer Systeme" 154
            c) Anwendung auf Smart Metering 155
            d) „Anvertrauen" 155
            e) Vernetzung von IT-Systemen im Haushalt 156
            f) Subsidiarität 156
        4. Fernmeldegeheimnis (Art. 10 GG) 157
        5. Eigentumsfreiheit (Art. 14 GG) 158
            a) Energiedaten als eigentumsfähige Rechte i. S. v. Art. 14 GG 158
                aa) Vermögenswerte Rechtsposition 158
                bb) Zuordnung durch einfaches Recht 158
                (1) Zivilrechtliche Zuordnung einer Eigentumsposition 159
                (2) Entsprechende Anwendung der strafrechtlichen Vorschriften 159

		(3)	Übertragung auf das Zivilrecht 160
		b)	Ergebnis 162
	III.	Ergebnis 163

Kapitel 5: Lösungsvorschläge 165

A. Regulierungsbedarf 165
    I. Regulierungsbedarf beim Rollout 165
    II. Datenschutzrechtlicher Regulierungsbedarf 166

B. Rechtliche Lösungsansätze 168
    I. Einhaltung des Grundsatzes der Datenvermeidung und
       Datensparsamkeit 169
       1. Begrenzung der Datenverarbeitung 169
           a) Länge der Messintervalle (Datengranularität) 170
           b) Begrenzung der verantwortlichen Stellen 171
       2. Aufhebung des Personenbezugs 171
           a) Anonymisierung 172
           b) Pseudonymisierung 173
           c) Aggregation 174
       3. Speicher- und Löschkonzepte 176
    II. Stärkung der Betroffenenrechte 177
       1. Definition von Begrifflichkeiten 177
       2. Transparenz der Vorgänge im Smart Grid 178
           a) Auskunftsrechte und Informationspflichten 179
           b) Steuerungs- und Eingriffsmöglichkeiten 180
           c) Regelung der Verantwortlichkeiten und
              Zuständigkeiten der datenverarbeitenden Stellen 181
       3. Datensouveränität 182
           a) Interventionsmöglichkeiten 182
           b) (Digitale) Selbstbestimmung vs. Bevormundung 183
       4. Datenschutzaufsicht 184
    III. Einwilligung als (un)wirksames Instrumentarium
        im Energierecht 185

	IV.	Technologieoffenheit und Technikneutralität 186
	V.	Ergebnis 187
C.	Technische und organisatorische Lösungsansätze 188
	I.	Schutz der IT-Sicherheit 188
	II.	Technischer Datenschutz 191
		1. Privacy by Design/by Default 192
		2. Datenschutzfolgenabschätzung (Privacy Impact Assessment, PIA) 193
	III.	Standardisierung 194
	IV.	Ergebnis 195

Kapitel 6: Abschließende Betrachtung und Ausblick 197

A.	Abschließende Betrachtung 197
	I. Einführung von Smart Grids als Herausforderung 197
	II. Datenschutzrechtliche Bewertung 199
B.	Ausblick 201

Literaturverzeichnis 207

Abkürzungsverzeichnis

AEUV	Vertrag über die Arbeitsweise der Europäischen Union
AöR	Archiv des öffentlichen Rechts (Zeitschrift)
APuZ	Aus Politik und Zeitgeschichte – Beilage zu „Das Parlament" (Zeitschrift)
ARegV	Verordnung über die Anreizregulierung der Energieversorgungsnetze
BDEW	Bundesverband der Energie- und Wasserwirtschaft e.V.
BDI	Bundesverband der Deutschen Industrie e.V.
BfDI	Der Bundesbeauftragte für den Datenschutz und die Informationsfreiheit
BITKOM	Bundesverband Informationswirtschaft, Telekommunikation und neue Medien e.V.
BKartA	Bundeskartellamt
BlnBDI	Berliner Beauftragter für Datenschutz und Informationsfreiheit
BMI	Bundesministerium des Inneren
BMUB	Bundesministerium für Umwelt, Naturschutz, Bau und Reaktorsicherheit
BMWi	Bundesministerium für Wirtschaft und Energie
BNetzA	Bundesnetzagentur für Elektrizität, Gas, Telekommunikation, Post und Eisenbahnen
BR-Drs.	Bundesratsdrucksache
BSI	Bundesamt für Sicherheit in der Informationstechnik
BSIG	Gesetz über das Bundesamt für Sicherheit in der Informationstechnik
BT-Drs.	Bundestagsdrucksache
c't	Magazin für Computertechnik
CKLR	Chicago-Kent Law Review (Zeitschrift)
Com&Strat	Communications & Strategies (Zeitschrift)
CommLaw Conspecutus	Journal of Communications Law and Policy
Conn. L. Rev.	Connecticut Law Review
CR	Computer und Recht (Zeitschrift)
DANA	Datenschutz-Nachrichten
dena	Deutsche Energie-Agentur
digma	Zeitschrift für Datenrecht und Informationssicherheit
DÖV	Die Öffentliche Verwaltung (Zeitschrift)
DSRL	Richtlinie 95/46/EG des Europäischen Parlaments und des Rates v. 24. Oktober 1995 zum Schutz natürlicher Personen bei der Verarbeitung personenbezogener Daten und zum freien Datenverkehr, ABl. EU L 281, S. 31–50

DuD	Datenschutz und Datensicherheit (Zeitschrift)
DVBl.	Deutsches Verwaltungsblatt
DVR	Datenverarbeitung im Recht (Zeitschrift)
e|m|w	Zeitschrift für Energie, Markt, Wettbewerb
EDL-G	Gesetz über Energiedienstleistungen und andere Energieeffizienzmaßnahmen
EDL-RL	Richtlinie 2006/32/EG des Europäischen Parlaments und des Rates v. 5. April 2006 über Endenergieeffizienz und Energiedienstleistungen, ABl. EU L 114, S. 64–85
EDNA	Bundesverband Energiemarkt & Kommunikation e. V.
EEG	Gesetz über den Vorrang Erneuerbarer Energien (Erneuerbare-Energien-Gesetz)
EEG-RL	Richtlinie 2009/28/EG des Europäischen Parlaments und des Rates v. 23. April 2009 zur Förderung der Nutzung von Energie aus erneuerbaren Quellen und zur Änderung und anschließenden Aufhebung der Richtlinien 2001/77/EG und 2003/30/EG
EEWärmeG	Gesetz zur Förderung Erneuerbarer Energien im Wärmebereich
EEX	European Energy Exchange (Europäische Strombörse)
Elt-RL	Richtlinie 2009/72/EG des Europäischen Parlaments und des Rates v. 13. Juli 2009 über gemeinsame Vorschriften für den Elektrizitätsbinnenmarkt und zur Aufhebung der Richtlinie 2003/54/EG, ABl. EU L 211, S. 55–93
EnEff-RL	Richtlinie 2012/27/EU des Europäischen Parlaments und des Rates v. 25. Oktober 2012 zur Energieeffizienz, zur Änderung der Richtlinien 2009/125/EG und 2010/30/EU und zur Aufhebung der Richtlinien 2004/8/EG und 2006/32/EG, ABl. EU L 315, S. 1–56
EnLAG	Gesetz zum Ausbau von Energieleitungen (Energieleitungsausbaugesetz)
EPEX	European Power Exchange
ERGEG	European Regulators Group for Electricity & Gas
ET	Energiewirtschaftliche Tagesfragen (Zeitschrift)
EuZW	Europäische Zeitschrift für Verwaltungsrecht
EVU	Energieversorgungsunternehmen
FRA	European Union Agency for Fundamental Rights (Agentur der Europäischen Union für Grundrechte)
GE	Das Grundeigentum (Zeitschrift)
GewArch	Gewerbearchiv (Zeitschrift)
Harvard JOLT	Harvard Journal of Law & Technology
HMD	Praxis der Wirtschaftsinformatik (Zeitschrift)
HRRS	Online-Zeitschrift für Höchstrichterliche Rechtsprechung im Strafrecht

IDIS	Identity in the Information Society (Zeitschrift)
IDPL	International Data Privacy Law (Oxford Journal)
IEEE CM	IEEE Communications Magazine
IEKP	Integriertes Energie- und Klimaprogramm („Meseberger Beschlüsse")
IJSN	International Journal of Security and Networks
IKT	Informations- und Kommunikationstechnologie
Int. J. Inf. Secur.	International Journal of Information Security
IPCC	Intergovernmental Panel on Climate Change („Weltklimarat")
IR	InfrastrukturRecht (Zeitschrift)
it	Information Technology (Zeitschrift)
IuR	Informatik und Recht (Zeitschrift)
JCP	Journal of Cleaner Production
JOLT	Harvard Journal of Law and Technology
JZ	Juristenzeitung
K&R	Kommunikation & Recht (Zeitschrift)
KIT	Karlsruher Institut für Technologie
KJ	Kritische Justiz (Zeitschrift)
KritV	Kritische Vierteljahresschrift für Gesetzgebung und Rechtswissenschaft
KSzW	Kölner Schrift zum Wirtschaftsrecht
kV	Kilovolt
kWh	Kilowattstunde
KWKG	Gesetz für die Erhaltung, die Modernisierung und den Ausbau der Kraft-Wärme-Kopplung (Kraft-Wärme-Kopplungsgesetz)
LMK	Lindenmaier-Möhring, kommentierte BGH-Rechtsprechung
LVwA S-A	Landesverwaltungsamt Sachsen-Anhalt
Maine L. Rev.	Maine Law Review (Zeitschrift)
MMR	Multimedia und Recht (Zeitschrift)
MsysV-E	Verordnung über technische Mindestanforderungen an den Einsatz intelligenter Messsysteme (Entwurf)
N&R	Netzwirtschaften & Recht (Zeitschrift)
NABEG	Netzausbaubeschleunigungsgesetz Übertragungsnetz
NAV	Verordnung über Allgemeine Bedingungen für den Netzanschluss und dessen Nutzung für die Elektrizitätsversorgung in Niederspannung (Niederspannungsanschlussverordnung)
NIALM	Non-Intrusive Appliance Load Monitoring
NIST	National Institute of Standards and Technology
NJW	Neue Juristische Wochenschrift (Zeitschrift)
NVwZ	Neue Zeitschrift für Verwaltungsrecht

NZG	Neue Zeitschrift für Gesellschaftsrecht
NZM	Neue Zeitschrift für Miet- und Wohnungsrecht
PinG	Privacy in Germany (Zeitschrift)
PTB	Physikalisch-Technische Bundesanstalt
PwC	PricewaterhouseCoopers
RdE	Recht der Energiewirtschaft (Zeitschrift)
RELP	A Journal of Renewable Law and Policy
SRU	Sachverständigenrat für Umweltfragen
StromGVV	Verordnung über Allgemeine Bedingungen für die Grundversorgung von Haushaltskunden und die Ersatzversorgung aus dem Niederspannungsnetz (Stromgrundversorgungsverordnung)
TACD	Trans Atlantic Consumer Dialogue
ULD	Unabhängiges Landeszentrum für Datenschutz Schleswig-Holstein
UPR	Umwelt- und Planungsrecht (Zeitschrift)
VDE	Verband der Elektrotechnik Elektronik und Informationstechnik
VERW	Die Verwaltung (Zeitschrift)
VerwArch	Verwaltungsarchiv (Zeitschrift)
VKU	Verband kommunaler Unternehmen e.V.
WIK	Wissenschaftliches Institut für Infrastruktur und Kommunikationsdienste
WiVerw	Wirtschaft und Verwaltung – Vierteljahresbeilage zum Gewerbearchiv (Zeitschrift)
WuM	Wohnungswirtschaft und Mietrecht (Zeitschrift)
WuW	Wirtschaft und Wettbewerb (Zeitschrift)
ZD	Zeitschrift für Datenschutz
ZEV	Zeitschrift für Erbrecht und Vermögensnachfolge
ZfE	Zeitschrift für Energiewirtschaft
ZfWp	Zeitschrift für Wirtschaftspolitik
ZNER	Zeitschrift für Neues Energierecht
ZUR	Zeitschrift für Umweltrecht
ZWE	Zeitschrift für Wohnungseigentumsrecht

„Technologie ist weder gut noch böse; noch ist sie neutral"

(Melvin Kranzberg)

Kapitel 1: Einleitung

A. Problemaufriss

Datenschutz soll „für den Erhalt der Privatsphäre so wichtig werden wie Umweltschutz für den Erhalt der Lebensgrundlagen".[1] Mit dieser Forderung beschreibt Bundespräsident Joachim Gauck – unbeabsichtigt – das Spannungsfeld, in dem sich der Aufbau eines intelligenten Stromnetzes zwischen zwei elementaren Verfassungsgütern bewegt: Persönlichkeitsrecht und Umweltschutz. Im Zusammenhang mit Smart Grids und Smart Metering stehen sich ausgerechnet diese beiden Schutzgüter diametral gegenüber. Es wird eine der prägenden Herausforderungen der nächsten Jahre sein, diese gesamtgesellschaftliche Aufgabe zu lösen.

Wie kaum ein anderes Thema beschäftigt die Frage der zukünftigen Energieversorgung seit Jahrzehnten neben der Wissenschaft und der Politik auch die Medien und damit die breite Öffentlichkeit. Jeder Einzelne ist von der Versorgung mit Energie abhängig. Daher wird die Thematik geradezu zwangsläufig in allen gesellschaftlichen Gruppen kontrovers diskutiert.

Die Zukunft der Energieversorgung ist ein nationales Anliegen mit globalen Dimensionen. Denn Fragen zu Klima, Umwelt und Ressourcen lassen sich nicht von Ländergrenzen einschränken. Trotz des Bevölkerungsrückgangs in den meisten Industriestaaten steigt deren Energiebedarf immer mehr an. Das anhaltende immense volkswirtschaftliche Wachstum in den sogenannten *BRICS-Staaten*[2] sowie der starke Anstieg der Weltbevölkerung in vielen Entwicklungs- und Schwellenländern erhöhen den weltweiten Energiebedarf zusätzlich.[3]

Virulent sind in diesem Zusammenhang insbesondere die Fragen der Klimaerwärmung, der Umweltverschmutzung, der von der Kernenergie ausgehenden Gefahren, der Endlichkeit von Energieressourcen und der damit einhergehenden Versorgungsunsicherheit. Eine weitere Klimaerwärmung hätte gravierende Folgen für Natur und Mensch: Stürme und Hochwasser, Hitzeperioden, Wasserverknappung, Landverödung, Migration und sicherheitspolitische Instabilität.[4] Sowohl hierzulande als auch weltweit ist die Hinwendung zu erneuerbaren Energien daher unumgänglich. In Deutschland wurde dies bereits vor langer Zeit erkannt und entsprechend gehandelt. Der Gesetzgeber hat ökonomische und rechtliche Rahmenbedingungen geschaffen, die die Integration von erneuerbaren Energien vereinfachen. Bei der Verbreitung von regenerativen Energien fungiert Deutschland

---

1 Rede anlässlich des Festaktes zur Deutschen Einheit, Stuttgart, 3.10.2013: www.bundespraesident.de/SharedDocs/Reden/DE/Joachim-Gauck/Reden/2013/10/131003-Tag-deutsche-Einheit.html.
2 Brasilien, Russland, Indien, China, Südafrika.
3 *Glanz/Jung*, M2M-Kommunikation, S. 62; *Kühn*, in: Roßnagel, Nutzerschutz, S. 26.
4 *Schmidt/Kahl/Gärditz*, Umweltrecht, § 3 Rn. 1; *Groß*, ZUR 2009, 364.

folglich sowohl auf privatwirtschaftlicher als auch auf legislativer Ebene als globaler Vorreiter und erfüllt eine Vorbildfunktion.

Die Ausrichtung auf erneuerbare Energien birgt indes zahlreiche Schwierigkeiten, die es zu beachten und zu bewältigen gilt. Insbesondere die aus der Abhängigkeit von den Wetterbedingungen resultierende Unstetigkeit der Gewinnung von Energie aus regenerativen Quellen stellt eine immense Herausforderung dar. Darüber hinaus setzt die dezentrale Verteilung der erneuerbaren Energiequellen eine grundlegende Umgestaltung der Netzinfrastruktur voraus. Denn statt großer Kraftwerke wird die Energiegewinnung zukünftig auf eine Vielzahl kleinerer Quellen verteilt sein. Große Bedeutung wird außerdem der Speicherung von elektrischer Energie zukommen. Eine entscheidende Rolle werden schließlich auch die Steuerung und vor allem die Reduzierung des Energieverbrauchs spielen.

Um diese Herausforderungen zu meistern, bedarf es einer Energieinfrastruktur, die alle daran beteiligten Komponenten und Akteure koordiniert. Eine Grundlage für eine solche Struktur bieten intelligente Stromnetze *(Smart Grids)* wozu insbesondere auch die intelligente Verbrauchserfassung *(Smart Metering)* gehört.

Aufgabe von intelligenten Netzen wird es sein, eine Balance zwischen der fluktuierenden Stromerzeugung aus regenerativen Energien und dem Stromverbrauch herzustellen. Dadurch erfolgt eine Verschiebung von der verbrauchsorientierten Stromerzeugung hin zu einem erzeugungsoptimierten Verbrauch. Hierdurch sollen die Prozessabläufe auf dem Energiemarkt verbessert werden.[5] Beim Zusammenspiel der verschiedenen Bestandteile der Energiesysteme wird der Einsatz von Informations- und Kommunikationstechnologie *(IKT)* eine zentrale Rolle spielen. IKT soll die miteinander verbundenen Komponenten überwachen und optimieren.

Mit der Etablierung eines intelligenten Stromnetzes gehen allerdings zahlreiche Risiken einher. Zum einen läuft ein derart umfangreich verteiltes Netz Gefahr, durch den Ausfall von Komponenten, Überlastung, fehlerhafte Software oder gezielte Angriffe in seiner Funktionsfähigkeit beeinträchtigt zu werden.[6] Zum anderen besteht die Gefahr des Verlustes bzw. des Missbrauchs der im Smart Grid vorhandenen Daten.

Im derzeitigen System ist die Verteilung von Strom weitgehend ohne Verarbeitung personenbezogener Daten ausgekommen. Für die Energieversorgung hat das Datenschutzrecht daher bislang eine eher untergeordnete Rolle gespielt. Die personenbezogenen Daten, die für die Durchführung und Abrechnung der herkömmlichen Stromversorgung verwendet werden, sind überschaubar und unterscheiden sich nicht wesentlich von den Datensätzen, die zur Abwicklung zahlreicher anderer Vertragsverhältnisse erforderlich sind. Durch die Etablierung eines Smart Grid wird es diesbezüglich zu grundlegenden Veränderungen kommen, da die multidirektionale Kommunikation in den intelligenten Stromnetzen riesige Datenmengen und -ströme erzeugt. Die Bedeutung des Datenschutzrechts für die Energieversorgung

---

5 *Roy*, Smart Metering 2025, S. 13.
6 *Kühn*, in Großmann/Kunold, Smart Energy 2011, S. 10.

nimmt dadurch im Vergleich zu seiner Relevanz für das bisherige Stromnetz immens zu.[7] Die Bewältigung der Herausforderungen der Energiewende wird daher zwangsläufig auch mit Einschnitten in die informationelle Selbstbestimmung des Letztverbrauchers einhergehen.[8]

Die Verwendung der beim Smart Metering gewonnenen Daten beschränkt sich nicht auf deren originäre Zwecke *Abrechnung* und *hausinternes Energiemanagement*. Die Daten bieten – über Umwege – die Möglichkeit, äußerst empfindliche Informationen über die betroffenen Verbraucher zu erlangen und gewähren Einblicke in die sensibelsten Lebensbereiche des Menschen, ohne dass dabei ein unmittelbarer Zugang zur Wohnung des Betroffenen erforderlich ist.[9] Industriegesellschaften sind geprägt von einer hochtechnisierten und automatisierten Lebensweise. Heutzutage ist beinahe jede Alltagshandlung mit dem Verbrauch von Energie verbunden.[10] So gehen beispielsweise die Körperpflege, die Zubereitung von Speisen oder Reinigungstätigkeiten genauso zwingend mit der Nutzung elektrischer Energie einher, wie modernes Kommunikations- und Konsumverhalten.[11] Der Verbrauch von Energie spiegelt Tagesabläufe wider und lässt dadurch Schlüsse auf bestimmte Lebensgewohnheiten zu.[12] Die Energieversorger können durch die Auslesung der Stromprofile Informationen über Wach- und Schlafzeiten des Kunden, nächtliche Toilettenbesuche, Häufigkeit des Kochens, Arbeitszeiten sowie über Veränderungen der Lebensgewohnheiten wie bei Nachwuchs oder Besuch erlangen.[13] Durch die kleinteilige Aufzeichnung von Verbrauchswerten kann ein „Ablaufprotokoll" erstellt werden, welches Informationen für ein Verhaltensprofil des Betroffenen enthält.[14] Spezialisierte Dienstleister können diese hochsensitiven Daten weiterverarbeiten und sie einer kommerziellen Nutzung zuführen oder eine Verwendung zu sonstigen Zwecken ermöglichen.[15] Die Sammlung von Fakten und Details, die sich aus dem Stromverbrauch ergeben, kann so zu einer allgegenwärtigen Überwachung der Konsumenten führen.[16] Es gibt wenige Technologien, die ein derart exaktes Abbild des Nutzerverhaltens bieten und mithin ein so „gewaltiges Einfallstor in unsere Privatsphäre".[17]

Vormals *unwichtige* Daten erfahren durch die höhere Aussagekraft eine enorme Aufwertung. Das Smart Grid und insbesondere Smart Metering sind konzeptionell

---

7 *Roßnagel/Jandt*, DuD 2010, 373 (374).
8 *Bräuchle*, in: Taeger, Big Data & Co., S. 468.
9 *Doran*, Toledo Law Rev. Vol. 41/4, 909 (922).
10 *Karg*, ULD-Gutachten, S. 3; *Peus*, DuD 1994, 703.
11 *Karg*, DuD 2010, 365 (366).
12 *Baeriswyl*, digma 1/2012, 18.
13 *Müller*, DuD 2010, 359 (361).
14 BfDI, 23. Datenschutzbericht 2011, S. 57.
15 JurisPK-ITR/*Heckmann*, Kap. 9 Rn. 74; *Roßnagel/Pfitzmann/Garstka*, Modernisierung, S. 24.
16 *de Hert/Kloza*, in: Schweighofer/Kummer, IRIS 2011, S. 193.
17 *Stampfl*, Die berechnete Welt, S. 33.

darauf angelegt, Daten zu sammeln und auszuwerten.[18] Je breiter die Datenbasis ist, auf die die Energieversorger zugreifen können, desto effizienter können sie die Komponenten des Stromnetzes steuern.[19] Beinahe alle Akteure im Smart Grid streben daher die Erhebung und Verarbeitung möglichst vieler (personenbezogener) Daten an.[20] Dies widerstrebt dem Interesse der Betroffenen, die regelmäßig so wenig personenbezogene Daten wie möglich preisgegeben möchten. Da die Funktionsfähigkeit des intelligenten Stromnetzes gerade darauf basiert, „so viele Daten so lückenlos wie möglich vorzugsweise in Echtzeit zu erfassen und ins Smart Grid weiter zu kommunizieren", erscheinen diese Datenverarbeitungsprozesse beinahe unvereinbar mit verschiedenen Datenschutzgrundsätzen zu sein.[21] Mit der Etablierung von intelligenten Stromnetzen sind daher rechtliche Grundsätze adressiert, denen die permanente Gefahr einer Interessenkollision innewohnt.

B. Ziel der Arbeit

Obwohl mittlerweile eine Fülle an deutscher und internationaler juristischer Fachliteratur zum Themenkomplex „Smart Grid und Smart Metering" existiert, mangelte es bislang an einer monografischen Ausarbeitung, welche die damit zusammenhängenden datenschutzrechtlichen Problemfelder ausführlich darstellt und analysiert. Diesem Ziel widmet sich die vorliegende Arbeit.

Mit dem Smart Grid gehen diverse – in der vorliegenden Arbeit zu identifizierende Risiken – für die Informationssicherheit und den Datenschutz einher. Diesen gilt es einerseits durch technische Lösungen und andererseits durch regulatorische Rahmenbedingungen zu begegnen und sie so zu minimieren.[22] Das Spannungsfeld von Innovationsoffenheit und informationeller Selbstbestimmung scheint teilweise unauflösbar. Es soll untersucht werden, ob sich technischer Fortschritt und Datenschutz tatsächlich unversöhnlich gegenüberstehen oder ob es Möglichkeiten gibt, beide gewinnbringend zu vereinen.

Die Entwicklung hin zu intelligenter Verbrauchsmessung und Verbrauchsoptimierung beschränkt sich nicht auf den Strommarkt.[23] Auch in vielen anderen Bereichen wie beispielsweise in der Gas-, Wasser- und Wärmeversorgung wird nach *smarten* Lösungen gesucht. Die folgende Darstellung ist indes auf den Elektrizitätsmarkt begrenzt, weil dort der größte Bedarf für Smart Grids besteht.

---

18 *Baeriswyl*, digma 1/2012, 18 (20).
19 *de Hert/Kloza*, in: Schweighofer/Kummer, IRIS 2011, S. 195.
20 *Baeriswyl*, digma 1/2012, 18 (20).
21 *Haubrich*, in: Britz/Eifert/Reimer, Energieeffizienzrecht, S. 232.
22 *Kühn*, in: Roßnagel, Nutzerschutz, S. 36.
23 Dazu Schneider/Theobald/*de Wyl*/Thole/Bartsch, EnWR, § 16 Rn. 315.

Schwerpunktmäßig behandelt diese Arbeit Aspekte des Datenschutzes. Bezüge und Erläuterungen zu angrenzenden Bereichen sind in Anbetracht des internationalen und interdisziplinären Kontextes und wegen des technischen Hintergrundes gleichwohl erforderlich.

Die Arbeit beansprucht weniger eine abschließende Bewertung als vielmehr Anstoß für den weiteren wissenschaftlichen und praktischen Diskurs zu geben.

C. Gang der Untersuchung

Die Untersuchung beginnt mit der Erläuterung des historischen Hintergrundes, der technischen und rechtlichen Darstellung des deutschen und internationalen Strommarktes sowie einer ökonomischen Analyse der derzeitigen Marktsituation.

Sodann wird die Notwendigkeit der Energiewende beschrieben, die auch die Entwicklung eines intelligenten Stromnetzes beinhaltet. Der Aufbau des Smart Grid und seiner Komponenten, insbesondere des Smart Metering, wird ausführlich erläutert.

Im dritten Kapitel wird zunächst dargestellt, welche (Datenschutz)-Gesetze überhaupt Anwendung finden. Im Weiteren wird untersucht, wer im Smart Grid datenschutzrechtlich verantwortlich bzw. betroffen ist. Darauf folgt eine Analyse der im Smart Grid erfassten Daten und deren Einordnung unter verschiedene „Datenkategorien" sowie eine kurze Darstellung der Datenverarbeitungsschritte beim Smart Metering.

Im vierten Kapitel werden schließlich eingehend die Gefahren analysiert, die mit der Etablierung eines Smart Grid einhergehen. Sodann wird untersucht, ob die einzelnen Datenverarbeitungsmaßnahmen beim Smart Metering mit einfachem Datenschutzrecht und Verfassungsrecht zu vereinbaren sind bzw. inwieweit Datenverarbeitungsprozesse sich durch Einwilligungen oder bestehende gesetzliche Ermächtigungen rechtfertigen lassen.

Das fünfte Kapitel skizziert Vorschläge für regulatorische, technische und organisatorische Maßnahmen, die datenschutzrechtliche Probleme a priori vermeiden könnten.

Das letzte Kapitel fasst die Ergebnisse zusammen und schließt sodann mit einem Ausblick auf die zukünftige Entwicklung.

Kapitel 2: Das (intelligente) Stromnetz

A. Netzspezifische Terminologie

Vorab sind einige netzspezifische Begriffe zu erläutern, deren Verständnis als Grundlage für die folgenden Kapitel unerlässlich ist.

- *Energie* und *Strom*

Unabhängig von der physikalischen Definition ist der Begriff der *Energie* i. S. d. Energierechts weit zu verstehen und erfasst sämtliche Primär- und Sekundärenergieträger.[24] Dies sind nach Art. 2 Nr. 1 EnEff-RL i. V. m. Art. 2 lit. d) Energiestatistik-VO[25] alle Formen von Energieerzeugnissen, Brennstoffe, Wärme, Energie aus erneuerbaren Quellen, Elektrizität oder Energie in jeder anderen Form. Ein engerer Energiebegriff ergibt sich aus § 3 Nr. 14 EnWG, wonach nur die Elektrizität erfasst ist, die zur leitungsgebundenen Energieversorgung verwendet werden kann.

Die Bezeichnung *Strom* wird im Rahmen der vorliegenden Untersuchung synonym für *elektrischen Strom* verwendet.

- *Zählen, Messen* und *Abrechnen*

Zählen meint alle Tätigkeiten im Rahmen der Zählerbewirtschaftung, also Einbau, Betrieb und Wartung der Messeinrichtungen.[26] *Messung* wird gem. § 3 Nr. 26c EnWG definiert als die Ab- und Auslesung der Messeinrichtung sowie die Weitergabe der Daten an die Berechtigten. Hierunter fallen neben der Ermittlung und Aufbereitung der Verbrauchsdaten die Vorbereitung der Kundenstammdaten sowie die damit zusammenhängende Datenübertragung.[27] Nachgelagert erfolgt der interne betriebswirtschaftliche Prozess der *Abrechnung*.[28]

- *Energiedaten*

Daten, die im Zusammenhang mit dem Smart Grid erhoben und verwendet werden, lassen sich terminologisch unter dem Oberbegriff „Energiedaten" zusammenfassen.[29] Bei diesem in der rechtswissenschaftlichen Literatur mittlerweile geläufigen Begriff handelt es sich indes nicht etwa um eine eigenständige Datenkategorie i. S. d.

---

24 *Klees*, EnWR, Kap. 1 Rn. 99 f.; *Konstantin*, Energiewirtschaft, S. 2; *Nettesheim*, JZ 2010, 19 (20).
25 VO (EG) Nr. 1099/2008 des Europäischen Parlaments und des Rates v. 22.10.2008 über die Energiestatistik von Bedeutung für den EWR, ABl. Nr. L 304 v. 14.11.2008, S. 1–62.
26 *Wulf*, Smart Metering, S. 19.
27 *Wulf*, Smart Metering, S. 19.
28 Britz/Hellermann/Hermes/*Herzmann*, EnWG, § 21b Rn. 16; *Wulf*, Smart Metering, S. 19.
29 Der Begriff wurde erstmals verwendet von: *Duisberg*, Neue Konvergenzen – schafft das TKG eine Verbindung von Internet und Energienetz?, Vortrag auf dem 9.

Datenschutzrechts, sondern lediglich um eine „Sammelbezeichnung". Sie wird im Folgenden als Synonym für alle personenbezogenen Daten verwendet, die den in Kapitel 3 näher bezeichneten Kriterien entsprechen.[30]

- *Stromerzeuger*
Erzeuger ist nach Art. 2 Nr. 2 Elt-RL jede natürliche oder juristische Person, die Elektrizität erzeugt.

- *Netzbetreiber*
Netzbetreiber sind gem. § 3 Nr. 27 EnWG Netz- oder Anlagenbetreiber i. S. d. § 3 Nr. 2–7, 10 EnWG. Hierunter fallen nach § 3 Nr. 4 EnWG die Betreiber von Energieversorgungsnetzen, wozu wiederum Betreiber von Elektrizitätsversorgungsnetzen gem. § 3 Nr. 2 EnWG gehören. Letztere gliedern sich wiederum auf in Verteilernetzbetreiber (§ 3 Nr. 3 EnWG bzw. Art. 2 Nr. 21 EnEff-RL i. V. m. Art. 2 Nr. 6 Elt-RL) und Übertragungsnetzbetreiber (§ 3 Nr. 10 EnWG bzw. Art. 2 Nr. 29 EnEff-RL i. V. m. Art. 2 Nr. 4 Elt-RL).[31]

In § 1 Abs. 4 NAV ist der Begriff des Netzbetreibers enger definiert, insofern als hierunter nur die Versorgungsnetzbetreiber fallen, die die *allgemeine Versorgung* i. S. d. § 18 Abs. 1 S. 1 EnWG gewährleisten.

- *Stromlieferant*
In § 2 Nr. 5 StromNZV wird der *Lieferant* beschrieben als Unternehmen, dessen Geschäftstätigkeit auf den Vertrieb von Elektrizität gerichtet ist.

Obwohl der Begriff des Lieferanten im EnWG an verschiedenen Stellen verwendet wird (z. B. §§ 12 Abs. 4, 20a, 21g Abs. 2, 40 Abs. 2), fehlt es – im Gegensatz zum Gaslieferanten nach § 3 Nr. 19b EnWG – an einer Legaldefinition des Stromlieferanten im EnWG. Es ist davon auszugehen, dass darunter das Energieversorgungsunternehmen in seiner Funktion als Energielieferant i. S. v. § 3 Nr. 18 Var. 1 EnWG zu verstehen ist.[32] Hierfür spricht auch die Formulierung in Art. 3 Abs. 4 S. 1 Elt-RL, wonach Kunden von einem Lieferanten „mit Strom versorgt werden".

- *Energieversorgungsunternehmen*
Energieversorgungsunternehmen sind nach der gesetzlichen Definition in § 3 Nr. 18 EnWG natürliche oder juristische Personen, die Energie an andere liefern, ein Energieversorgungsnetz betreiben oder an einem Energieversorgungsnetz als Eigentümer Verfügungsbefugnis besitzen. Die Bezeichnung bildet mithin einen Oberbegriff, worunter sowohl Energielieferanten als auch Netzbetreiber fallen können.[33]

Bayerischen IT-Rechtstag, 21.10.2010; übernommen durch *Wiesemann, MMR 2011*, 355 (356) und später auch *Guckelberger*, DÖV 2012, 613 (618) u. v. a.
30 S. u. Kap. 3 D.
31 S. zu beiden unten: Kap. 2 B.II.1.
32 *Duisberg*, in: Peters/Kersten/Wolfenstetter, Innovativer Datenschutz, S. 253.
33 Sofern im Rahmen der folgenden Untersuchung der Begriff *Energieversorgungsunternehmen* verwendet wird, wird dies regelmäßig im Sinne der allgemeingebräuchlichen Bezeichnung für ein Unternehmen mit Bezug zur Energiebranche gemeint sein.

Energieversorger i.e.S. sind nur solche Unternehmen, die die Grundversorgung gewährleisten. *Grundversorgungspflicht* bedeutet, dass die „Versorgung besonders schutzbedürftiger Energieverbraucher zu standardisierten Bedingungen sichergestellt ist".[34] § 36 Abs. 2 S. 1 i.V.m. Abs. 1 EnWG bestimmt, dass für jedes Netzgebiet das Energieversorgungsunternehmen als Grundversorger zuständig ist, welches dort die meisten Haushaltskunden beliefert.

- *Messstellenbetreiber* und *Messdienstleister*

Nach § 3 Nr. 26a EnWG ist der *Messstellenbetreiber* derjenige, der die Aufgabe des Messstellenbetriebs wahrnimmt. Darunter fallen gem. § 3 Nr. 26b EnWG, § 2 Nr. 2 MsysV-E Einbau, Konfiguration, Betrieb, Administration, Wartung und Überwachung von Messeinrichtungen. Die Einzelheiten des Messstellenbetriebs sind in § 8 MessZV geregelt. Unter *Einbau* fällt nicht nur die Installation (Anbringen der Messeinrichtung), sondern auch die Bereitstellung des Zählers, also die Lieferung der Messeinrichtung.[35] Der Messstellenbetreiber führt gem. § 9 Abs. 1 MessZV grundsätzlich auch die Messung durch. Er hat zum einen dafür Sorge zu tragen, dass diese einwandfrei erfolgt sowie zum anderen die form- und fristgerechte Datenübertragung zu gewährleisten, § 9 Abs. 3 MessZV.

Der Messstellenbetrieb wird grundsätzlich durch den Netzbetreiber wahrgenommen, § 21b Abs. 1 EnWG. Gem. § 21b Abs. 2 EnWG i.V.m. § 8 Abs. 3 S. 1 MessZV kann der Messstellenbetrieb auf Wunsch des betroffenen Anschlussnutzers indes auch von einem Dritten vorgenommen werden, welchem dann die Zuständigkeit für den ordnungsgemäßen Messstellenbetrieb übertragen wird. Nach § 9 Abs. 2 MessZV kann auf Wunsch des Anschlussnutzers auch „isoliert" die Messung auf einen Dritten übertragen werden. Im Gegensatz zur „kompletten" Aufgabenübertragung nach § 21b Abs. 2 EnWG werden hierbei nur die Messung sowie die damit zusammenhängenden Pflichten an einen Dritten delegiert. Dieser Dritte wird als *Messdienstleister* oder *Messstellendienstleister* bezeichnet.

Sobald der Messstellenbetreiber oder Messdienstleister – bestimmungsgemäß oder unfreiwillig – seine Aufgaben nicht mehr wahrnimmt, lebt die Grundregel des § 21b Abs. 1 EnWG wieder auf und es obliegt fortan dem Netzbetreiber, die Aufgabe des Messstellenbetriebs wieder selbst zu übernehmen, § 7 Abs. 1 S. 1 MessZV. Dies kann bei Aus- oder Umzügen oftmals sehr kurzfristig geschehen. Für derartige Fälle sieht § 4 Abs. 5 MessZV vor, dass der Netzbetreiber den bisherigen Messstellenbetreiber verpflichten kann, für bis zu drei Monate den Messstellenbetrieb fortzuführen.

- *Netznutzer*

Netznutzer bzw. *Netzbenutzer* ist nach § 3 Nr. 28 EnWG bzw. Art. 2 Nr. 18 Elt-RL eine natürliche oder juristische Person, die Energie in ein Elektrizitätsnetz einspeist oder daraus bezieht. Der Begriff ist sehr weit zu verstehen und erfasst per definitionem

---

34 BerlKommEnR/*Busche*, EnWG, § 36 Rn. 1.
35 BerlKommEnR/*Drozella*, EnWG, § 21b Rn. 12.

einen Großteil der Akteure auf dem Strommarkt, dies sowohl aufseiten der Anbieter als auch auf Verbraucherseite.[36]

- *Anschlussnehmer* und *Anschlussnutzer*

Nach § 1 Abs. 2 NAV ist *Anschlussnehmer* jedermann i. S. d. § 18 Abs. 1 S. 1 EnWG, in dessen Auftrag ein Grundstück oder Gebäude an das Netz angeschlossen ist, beispielsweise dessen Eigentümer. Teilweise wird auch der aus dem Telekommunikationsrecht stammende Begriff des *Anschlussinhabers* synonym verwendet.

Im Gegensatz dazu ist *Anschlussnutzer* gem. § 1 Abs. 3 NAV jeder Letztverbraucher, der im Rahmen eines Anschlussverhältnisses einen Netzanschluss zur Entnahme von Elektrizität nutzt. Ein Anschlussverhältnis i. d. S. besteht gem. § 3 Abs. 2 NAV sobald ein Liefervertrag und das Recht auf Netzzugang vorliegen.

Anschlussnutzer ist mithin diejenige (natürliche oder juristische) Person, die direkt mit der Elektrizität beliefert wird, also neben Eigentümern, die ihr Grundstück selbst bewohnen auch Mieter und Pächter.[37]

- *Letztverbraucher, Endkunden* und *Haushaltskunden*

Letztverbraucher sind gem. § 3 Nr. 25 EnWG natürliche oder juristische Personen, die Energie für den eigenen Verbrauch kaufen. Die wortgleiche Definition ergibt sich für *Endkunden* aus Art. 2 Nr. 9 Elt-RL bzw. Art. 2 Nr. 23 EnEff-RL. Die beiden Begriffe sind daher kongruent.

Eine „Untergruppe" dazu bilden die sogenannten *Haushaltskunden*. Dies sind gem. § 3 Nr. 22 EnWG und Art. 2 Nr. 10 Elt-RL Letztverbraucher, die Energie überwiegend für den Eigenverbrauch im Haushalt oder für den einen Jahresverbrauch von 10.000 kWh nicht übersteigenden Eigenverbrauch für berufliche, landwirtschaftliche oder gewerbliche Zwecke kaufen.[38]

- *Prosumer*

Prosumer sind Personen, die gleichzeitig als Konsument (engl. *consumer*) und als Produzent (engl. *producer*) von Energie fungieren.[39] Prosumer beziehen dabei als Letztverbraucher einerseits Energie, speisen aber andererseits selbst erzeugte Energie ins Netz ein und stellen unter Umständen auch Speicherkapazitäten zur Zwischenspeicherung von Energie zur Verfügung.[40] Sie nehmen mithin die Doppelrolle eines Verbrauchers und eines Erzeugers ein.[41]

---

36 Danner/*Theobald*, EnWG, § 3 Rn. 223.
37 *Eder/vom Wege*, IR 2008, 176 (177).
38 Der Streit darüber, was daraus folgt, dass nach Art. 2 Nr. 10 Elt-RL a. E. gewerbliche und berufliche Tätigkeiten per definitionem ausgeschlossen sind, kann hier dahinstehen; vgl. dazu: *Klees*, EnWR, Kap. 4 Rn. 21; Schneider/Theobald/*de Wyl*, EnWR, § 14 Rn. 20 ff. m. w. N.
39 *Beenken*, Schutz von Informationen, S. 157.
40 *Schneidewindt*, ER 2013, 226; *Düsseldorfer Kreis*, Orientierungshilfe, S. 7.
41 *VDE/DKE*, Normungsroadmap E-Energy 2.0, S 14; *Wietschel et al.*, Energietechnologien 2050, S. 684.

- Weitere „*Stakeholder*"

Die Liberalisierung des Messwesens[42] hat dazu geführt, dass der Energiemarkt durch zahlreiche neue Akteure erweitert wird. Zunehmend drängen auch branchenfremde Unternehmen auf den Energiemarkt.[43] Die herkömmlichen Marktrollen sind hierdurch verschoben worden und haben sich teilweise gravierend verändert. Zwar bestehen immer noch die ursprünglichen Marktteilnehmer; diese werden jedoch durch vielfältige andere Stakeholder ergänzt. Teilweise treten letztere in Konkurrenz zu den etablierten Marktakteuren, teilweise übernehmen sie aber auch gänzlich neue Aufgaben, die es früher nicht gab.

Weitere „Stakeholder" sind z. B. Ablese- und Abrechnungsdienstleister. Oftmals werden die Servicedienstleistungen des Ablesens und Abrechnens an einen Servicedienstleister outgesourct.[44] Tätig werden darüber hinaus Intermediäre wie etwa Betreiber von Marktplätzen, Aggregatoren von Energiemengen, Energiespeicherbetreiber sowie zahlreiche andere Anbieter von Energiedienstleistungen i. S. d. Art. 3 lit. e) EDL-RL (sogenannte *Energy Service Provider*). Darüber hinaus gibt es beispielsweise Stromhändler, -broker, und -makler sowie Portfoliomanager.[45]

B. Historische Entwicklung und derzeitiger Zustand des Strommarktes und des konventionellen Stromnetzes in Deutschland

I. Entstehung und Entwicklung des Strommarktes

1. *Historische Entwicklung des Stromnetzes*

Nach der Entdeckung des dynamoelektrischen Prinzips durch Werner von Siemens im Jahre 1866 beginnt die Geschichte der elektrischen Energieversorgung in Deutschland in den 1870er Jahren.[46] 1884 erhielt die Edison-Gesellschaft (später AEG) die erste Konzession für den Bau und den Betrieb eines Elektrizitätswerkes in Berlin.[47] In den nachfolgenden Jahren gründeten sich zahlreiche staatliche und private Energieversorgungsunternehmen sowie erste Vereinigungen und Interessenverbände der Stromwirtschaft. Bis 1900 existierten bereits etwa 650 Energieversorgungsunternehmen. Zu dieser Zeit waren weder Versorgungssicherheit noch Reichweite gewährleistet.[48]

---

42 S. dazu unten Kap. 2 B.I.2.
43 *Strobel*, ET 6/2011, 16 (17).
44 *Wulf*, Smart Metering, S. 19.
45 Vertiefend zu diesen „neuen" Marktteilnehmern *Wittwer*, Strommarkt, S. 19 ff.
46 Germer/Loibl/*Mengers*, Energierecht, Kap. 1 Rn. 2 f.; *Müller*, Hb Elektrizitätswirtschaft, S. 29.
47 *Müller*, Hb Elektrizitätswirtschaft, S. 29.
48 *Orlamünder*, SR 85, S. 44.

Nachdem es schließlich gelungen war, die Übertragung von Strom über größere Entfernungen zu realisieren, wurden in den darauffolgenden Jahrzehnten diese „Versorgungsinseln" nach und nach in einem Hochspannungsnetz miteinander verbunden.[49] Hierbei kam wegen der besseren Wandelbarkeit Wechselstrom statt Gleichstrom zum Einsatz. In den folgenden Jahrzehnten verursachten regulatorische Vorgaben zum einen verschiedene Technologiewechsel, zum anderen aber auch eine Vergrößerung der Wertschöpfungskette.[50]

2. Entwicklung der nationalen gesetzlichen Rahmenbedingungen

Die ersten allgemeingültigen Regelungen zum Recht der leitungsgebundenen Energie wurden durch das In-Kraft-Treten des ersten EnWG im Jahre 1935[51] festgelegt. Die Präambel des EnWG 1935 formulierte das Ziel, die „volkswirtschaftlich schädigenden Auswirkungen des Wettbewerbs" zu verhindern.[52] Dementsprechend war der Markt von einer weitgehend monopolistischen Struktur geprägt.[53]

Großen Einfluss auf den Energiemarkt hatte das 1958 in Kraft getretene Gesetz gegen Wettbewerbsbeschränkungen (GWB)[54]. 1960 wurde das Atomgesetz (AtomG)[55] verabschiedet; 1971 folgte die erste Bundestarifordnung Elektrizität (BTOElt)[56]. 1999 wurde darüber hinaus das Stromsteuergesetz (StromStG)[57] eingeführt.

Nach jahrelangen Reformbemühungen wurde im Jahre 1998 durch die EnWG-Novelle[58] ein erster Schritt hin zur Liberalisierung des deutschen Strommarktes realisiert. Wie auch in anderen weitgehend monopolistisch geprägten Bereichen der Infrastrukturversorgung (z. B. im Postwesen und der Telekommunikationsbranche) wurde hierdurch der Wettbewerb auf dem Energiemarkt aktiv gefördert.[59] Dies wurde vom Gesetzgeber damit begründet, dass ein „neuer Ordnungsrahmen für Strom und Gas" geschaffen werden solle, der „durch Wettbewerb und Abbau der Bürokratie sowie durch stärkere Kundenrechte gekennzeichnet" sei.[60] Hierdurch

---

49 *Theobald/Theobald*, Grundzüge EnWR, S. 216.
50 *Roy*, Smart Metering 2025, S. 15.
51 Gesetz zur Förderung der Energiewirtschaft v. 13.12.1935, RGBl. I, S. 1451.
52 *van Laak*, in: Erhardt/Kroll, Energie in der modernen Gesellschaft, S. 27.
53 *Aumüller*, Regulierung, S. 65.
54 Gesetz gegen Wettbewerbsbeschränkungen v. 27.7.1957, BGBl. I, S. 1081.
55 Gesetz über die friedliche Verwendung der Kernenergie und den Schutz gegen ihre Gefahren v. 23.12.1959, BGBl. I, S. 814.
56 Bundestarifordnung Elektrizität v. 26.11.1971, BGBl. I, S. 1865.
57 Stromsteuergesetz v. 24.3.1999, BGBl. I, S. 378 u. 2000 I, S. 147.
58 Gesetz zur Neuregelung des Energiewirtschaftsrechts v. 24.4.1998, BGBl. I, S. 730.
59 Germer/Loibl/*Mengers*, Energierecht, Kap. 1 Rn. 19 ff.; *Holzer*, Energiepolitik, S. 99 ff; *Kühne/Scholtka*, NJW 1998, 1902.
60 So Beschlussempfehlung und Bericht des Ausschusses für Wirtschaft vom 25.11.1997, BT-Drs. 13/9211, S. 3.

wurden Rahmenbedingungen dafür geschaffen, dass neue Wettbewerber auf den Markt drängen konnten.[61]

Das EnWG in seiner heutigen Form ist am 13. Juli 2005 in Kraft getreten und wurde zuletzt mit Wirkung vom 1. August 2014 geändert.[62] Es bietet den rechtlichen Rahmen für den Markt der leitungsgebundenen Energieversorgung und wird durch zahlreiche Verordnungen konkretisiert. Für den Bereich der Stromversorgung sind insbesondere die Stromnetzzugangsverordnung (StromNZV)[63], die Stromnetzentgeltverordnung (StromNEV)[64], die Stromgrundversorgungsverordnung (StromGVV)[65] sowie die Messzugangsverordnung (MessZV)[66] von Relevanz.

II. Technische Beschaffenheit des Stromnetzes und struktureller Aufbau des Strommarktes

Das deutsche Stromnetz hat eine Leitungslänge von insgesamt etwa 1,78 Millionen km;[67] die installierte Leistung[68] beträgt ca. 135.000 MW, die Spitzenlast liegt bei 80.000 MW[69].

1. Technische Netzstruktur nach Hierarchieebenen

Der Aufbau des deutschen Stromnetzes richtet sich nach einer hierarchischen Struktur von großen Kraftwerken hin zum Endverbraucher. Es besteht aus vier Spannungsebenen.[70] Unterschieden wird zwischen zwei Hierarchiestufen, abhängig von der genutzten Spannung und der damit zusammenhängenden Reichweite. Die obere Hierarchiestufe ist das Übertragungsnetz (Höchstspannungsebene). Die untere Hierarchiestufe bildet das Verteilernetz, welches wiederum aus drei Spannungsebenen besteht: Hoch-, Mittel- und Niederspannung.

---

61 *Woldeab*, Energieversorgungswettbewerb, S. 1.
62 Gesetz über die Elektrizitäts- und Gasversorgung v. 7.7.2005, BGBl. I, S. 1970/3621, zul. geänd. durch Art. 6 des Gesetzes v. 21.7.2014, BGBl. I, S. 1066.
63 VO über den Zugang zu Elektrizitätsversorgungsnetzen v. 25.7.2005, BGBl. I, S. 2243, zul. geänd. durch Art. 8 des Gesetzes v. 21.7.2014, BGBl. I, S. 1066.
64 VO über die Entgelte für den Zugang zu Elektrizitätsversorgungsnetzen v. 25.7.2005, BGBl. I, S. 2225, zul. geänd. durch Art. 8 des Gesetzes v. 21.7.2014, BGBl. I, S. 1066.
65 VO über Allgemeine Bedingungen für die Grundversorgung von Haushaltskunden und die Ersatzversorgung mit Elektrizität aus dem Niederspannungsnetz v. 26.10.2006, BGBl. I, S. 2391, zul. geänd. durch Art. 12 des Gesetzes v. 25.7.2013, BGBl. I, S. 2722.
66 VO über Rahmenbedingungen für den Messstellenbetrieb und die Messung im Bereich der leitungsgebundenen Elektrizitäts- und Gasversorgung v. 17.10.2008, BGBl. I, S. 2006, zul. geänd. durch Art. 14 des Gesetzes v. 25.7.2013, BGBl. I, S. 2722.
67 *bdew*, Fakten, S. 1.
68 Gesamtleistung aller Kraftwerke (= Bruttoerzeugungskapazität).
69 *Schnettler/Scheufen*, Energietechnologien 2050, S. 4.
70 Schulte/Schröder/*Büdenbender*, Hb Technikrecht, S. 612.

Zwischen den verschiedenen Spannungsebenen wird der Strom in Umspannstationen transformiert.[71]

a) *Übertragungsnetz*

Die Höchstspannungsebene (380 oder 220 kV) wird gem. § 3 Nr. 32 EnWG als Übertragungsnetz bezeichnet.[72] Es dient dem landesweiten verlustarmen Transport von Strom über große Entfernungen hin zu Verbrauchsschwerpunkten und transportiert den Strom von den Großkraftwerken hin zum Hochspannungsnetz.

Betreiber von Übertragungsnetzen können gem. § 3 Nr. 10 EnWG sowohl natürliche sowie juristische Personen als auch rechtlich unselbstständige Organisationseinheiten eines Energieversorgungsunternehmens sein, die die Verantwortung für den Betrieb, die Wartung und den Ausbau des Übertragungsnetzes in einem bestimmten Gebiet tragen und ggf. auch die Verbindung zu anderen Netzen herzustellen haben.

§ 12 EnWG formuliert die allgemeinen Aufgaben der Übertragungsnetzbetreiber, § 13 EnWG definiert deren Systemverantwortung. Die Verantwortlichkeit ist stets auf ein bestimmtes Netzgebiet begrenzt, d.h. jeder Betreiber zeichnet für seine jeweilige Regelzone i.S.d. § 3 Nr. 30 EnWG verantwortlich. Deutschland ist in vier Regelzonen (Netzgebiete) aufgeteilt, welche wiederum in jeweils bis zu 200 Bilanzkreise unterteilt sind.[73]

Bis vor kurzem haben die vier großen Energiekonzerne *E.ON*, *RWE*, *Vattenfall* und *EnBW* die Übertragungsnetze selbst betrieben. Nachdem die Europäische Kommission jedoch zur Stärkung des Wettbewerbs zunehmend darauf hingewirkt hatte, die Stromerzeugung von der Stromübertragung zu trennen, lagerte der Marktführer *E.ON* zunächst das Stromnetz gesellschaftsrechtlich aus und verkaufte es 2010 schließlich komplett. Auch *Vattenfall* veräußerte noch im selben Jahr sein Elektrizitätsnetz. 2011 verkaufte schließlich auch *RWE* Großteile seines Stromnetzes, blieb aber mit 25,1 Prozent daran beteiligt. Lediglich *EnBW* ist noch Alleineigentümer seines Stromnetzes.

Nach diesen Umstrukturierungen wird das Übertragungsnetz nun von den vier Unternehmen *Amprion*[74], *TenneT TSO*[75], *50Hertz Transmission*[76] und *TransnetBW*[77] betrieben.[78]

---

71 *Theobald/Theobald*, Grundzüge EnWR, S. 217; *Wawer*, Erneuerbare Energien, S. 17.
72 Wird teilweise auch als *Regelzone* oder *Fernleitungsnetz* bezeichnet.
73 *Danner/Theobald*, EnWG, § 3 Rn. 238; *Schödwell et al.*, HMD 291, 40 (42).
74 Heute unter Minderheitsbeteiligung von *RWE*.
75 Vormals Tochter von *E.ON*.
76 Ehemals *Vattenfall Europe Transmission GmbH*.
77 Hundertprozentige Tochter der *EnBW*, die 2012 aus *EnBW* Transportnetze AG in die jetzige Bezeichnung umfirmiert wurde.
78 *Theobald/Theobald*, Grundzüge EnWR, S. 217.

Auch wenn gesetzlich nicht vorgegeben ist, dass der Betreiber eines Netzes auch dessen Eigentümer sein muss,[79] sind die deutschen Übertragungsnetzbetreiber indes auch gleichzeitig Netzeigentümer.[80]

b) Verteilernetz

Die drei unteren Ebenen werden im sogenannten *Verteilernetz* zusammengefasst. Hierzu gehören gem. § 3 Nr. 37 HS 1 EnWG alle Netze, die dem Transport von Elektrizität hoher, mittlerer und niederer Spannung dienen. Nach dem Gesetzeswortlaut ist die Belieferung des Kunden selbst davon jedoch ausdrücklich nicht erfasst.

Die Aufgaben der Betreiber dieser Verteilernetze werden in § 14 EnWG festgelegt. Soweit es um die Verantwortlichkeit für die Sicherheit und Zuverlässigkeit der Elektrizitätsversorgung in ihrem Netz geht, sind die §§ 12, 13 EnWG entsprechend anwendbar. In der Regel sind die Verteilernetzbetreiber die in einer Region ansässigen Grundversorger, meist Stadtwerke.

In dieser zweiten Hierarchieebene gibt es im Gegensatz zum kleinen Markt der Übertragungsnetzbetreiber knapp 900 Verteilernetzbetreiber.[81] Es konkurrieren derzeit ungefähr 70 regionale Netzbetreiber, ca. 725 Stadtwerke und etwa 100 kleine private Versorger.[82]

Im *Hochspannungsnetz* fließt Strom mit 60 bis 110 kV. In diesem Netz wird der Strom nach der Umwandlung aus dem Höchstspannungsnetz zu Ballungszentren geleitet, wo Großindustrie, große Forschungseinrichtungen und mittlere Kraftwerke Strommengen direkt abnehmen. Die restlichen Strommengen werden in die nächste Netzebene heruntertransformiert.

Das *Mittelspannungsnetz* dient der Verteilung des Stroms mit 6 bis 30 kV an regionale Transformatorenstationen. Große Strommengen werden auch unmittelbar von größeren Einrichtungen wie Kleinindustriebetrieben, Gewerbe-, Büro- und Warenhäusern sowie von städtischen Kraftwerken abgenommen.

Das *Niederspannungsnetz* ist am längsten und verteilt den Strom mit einer Spannung von 230 V oder 400 V an Kleinbetriebe, Landwirtschaft, Verwaltung und an die privaten Haushalte.

2. Wertschöpfungskette im Energiesektor

Neben den zuvor beschriebenen technischen Hierarchieebenen lässt sich der deutsche Energiesektor betriebswirtschaftlich in eine Wertschöpfungskette gliedern, die aus den drei Stufen Erzeugung, Transport und Vertrieb besteht.

---

79 *Salje*, EnWG, § 3 Rn. 23.
80 Danner/*Theobald*, EnWG, § 3 Rn. 44.
81 *BMWi*, Energiewende, S. 3.
82 *Orlamünder*, SR 85, S. 47.

a) Stromerzeugung

Vorgelagert ist die *Stromerzeugung bzw. -produktion*. Hierunter ist die Umwandlung verschiedener Primärenergieträger in elektrische Energie zu verstehen.[83] Die Umwandlung erfolgt überwiegend durch Generatoren, z. B. durch Turbinen oder Lichtmaschinen.

Bei den Primärenergieträgern ist zu unterscheiden zwischen Kernenergie sowie fossilen (herkömmlichen) und regenerativen (erneuerbaren) Energieträgern. Fossile Energiequellen sind Braun- und Steinkohle, Erdgas und Erdöl; die am verbreitetsten regenerativen Energieträger sind Wasser-, Wind-, Solar- und Bioenergie (Biomasse) sowie Geothermie (Erdwärme).[84] Größtenteils wird elektrischer Strom noch immer in Großkraftwerken durch fossile Brennstoffe und Atomkraft gewonnen. Die Bruttostromerzeugung belief sich für 2013 auf 631 TWh wobei ca. 60 Prozent des Stroms aus konventionellen Energieträgern, 15 Prozent aus Kernenergie und ungefähr ein Viertel aus erneuerbaren Energien gewonnen wurde.[85]

b) Stromtransport

Im Rahmen der Wertschöpfungskette beschreibt der *Energietransport* die Übertragung bzw. Verteilung des elektrischen Stroms in der jeweiligen Netzebene.[86]

c) Stromvertrieb

Die *Vertriebs- bzw. Versorgungsstufe* beschreibt die unmittelbare Beziehung zum Endkunden. Hier werden der Strom und die Netztransportdienste eingekauft und diese Leistungen sodann an den Endkunden weiterveräußert.[87] Den Vertrieb übernehmen in der Regel kommunale Stadtwerke.[88]

Im Gegensatz zum Vertrieb am Endkundenmarkt erfolgt die Stromvermarktung auf Großhandelsebene in Deutschland auf zwei Wegen: Der Kauf und Verkauf von Strommengen wird entweder über die Spot- und Terminmärkte der beiden Strombörsen *European Energy Exchange (EEX)* und *European Power Exchange (EPEX)* oder außerbörslich durch sogenannte *Over-the-Counter-Geschäfte (OTC)* direkt zwischen den Energieversorgungsunternehmen abgewickelt.[89] Letztere orientieren sich meist an den börslichen Referenzpreisen.[90]

Diese Unterteilung im Rahmen der Wertschöpfungskette bedeutet nicht, dass Unternehmen jeweils nur auf einer dieser Ebenen fungieren. Es existieren immer

---

83 *Koenig/Kühling/Rasbach*, Energierecht, Kap. 1 Rn. 27.
84 S. dazu im Einzelnen u. Kap. 2 B.III.2.
85 *bdew*, Stromwirtschaft 2013, S. 2; *BMWi*, Energiedaten 2014, S. E 29.
86 Vgl. zum Transport zwischen den einzelnen Ebenen oben Kap. 2 B.II.1.
87 *Brunekreeft/Keller*, in: Knieps/Brunekreeft, Netzsektoren in Deutschland, S. 136.
88 *Aichele*, Smart Energy, S. 7.
89 *Wittwer*, Strommarkt, S. 21.
90 *BKartA*, Sektoruntersuchung Strom 2011, S. 14.

noch einige Verbundunternehmen, die von der Erzeugung bis zum Vertrieb umfassend vertikal agieren. Allerdings gibt es seit der Liberalisierung des deutschen Strommarktes im Jahre 1998 immer mehr Unternehmen, die sich nur auf einer oder zwei Stufen wirtschaftlich betätigen. Wegen der Entflechtungsvorgaben werden die verschiedenen Stufen auch innerhalb einer Konzernstruktur teilweise gesellschaftsrechtlich separiert und somit von eigenständigen Unternehmen bearbeitet.[91]

3. Oligopolistische Marktstruktur

Insgesamt zeichnet sich der deutsche Elektrizitätsmarkt strukturell durch eine hohe *vertikale Integration* aus und ist gleichzeitig geprägt von einer vielschichtigen Verflechtung privatwirtschaftlicher und öffentlicher Eigentumsverhältnisse.[92] Der Markt wird von den vier großen Energieversorgungsunternehmen *E.ON, RWE, Vattenfall* und *EnBW* dominiert. Diese bilden ein Oligopol.

Nach der volkswirtschafstheoretischen *Marktformenlehre* ist der Markt ein Treffpunkt von Anbietern und Nachfragern.[93] Hiernach ist ein Oligopol gegeben, wenn eine beliebige Zahl von Nachfragern einer geringen Anzahl von Anbietern entgegensteht.[94] Dies ist in Deutschland der Fall, sodass aus volkswirtschaftlicher Sicht ein Oligopol vorliegt.

Aus juristischer Sicht besteht ein marktbeherrschendes Oligopol, wenn im Innenverhältnis zwischen mehreren Unternehmen kein wesentlicher Wettbewerb stattfindet und sie als Gesamtheit im Außenverhältnis keinem wesentlichen Wettbewerb ausgesetzt sind oder insgesamt eine überragende Marktstellung innehaben, Art. 102 Abs. 1 AEUV bzw. § 18 Abs. 5 i.V.m. Abs. 1 GWB.[95] Ob eine marktbeherrschende Stellung vorliegt, orientiert sich an der Ermittlung der Marktanteile der beteiligten Unternehmen.[96] Nach der Vermutungsregelung des § 18 Abs. 6 Nr. 2 GWB gilt eine Gesamtheit von Unternehmen als marktbeherrschend, wenn sie aus höchstens fünf Unternehmen besteht, die zusammen einen Marktanteil von zwei Dritteln erreichen. Sowohl im Bereich der Kraftwerkskapazität als auch in der Stromproduktion hatten die vier großen Energieversorgungsunternehmen 2011 einen Marktanteil von insgesamt über 80 Prozent.[97] Die Vermutung des § 18 Abs. 6 Nr. 2 GWB ist damit auf dem deutschen Strommarkt erfüllt. Dementsprechend haben in den letzten Jahren sowohl der Bundesgerichtshof als auch das Bundeskartellamt als zuständige

---

91 *Koenig/Kühling/Rasbach*, Energierecht, Kap. 1 Rn. 11.
92 *Woldeab*, Energieversorgungswettbewerb, S. 29.
93 *Siebert/Lorz*, Volkswirtschaftslehre, S. 130.
94 BerlKommEnR/*Füller*, GWB, § 18 Rn. 43.
95 *Bechtold*, GWB, § 18 Rn. 56 ff.; Loewenheim/Meessen/Riesenkampff/*Götting*, GWB, § 19 [a.F.] Rn. 41.
96 Schneider/Theobald/*Gussone/Theobald*, EnWR, § 6 Rn. 180 ff.
97 BKartA, Sektoruntersuchung Strom 2011, S. 18.

Aufsichtsbehörde mehrfach festgestellt, dass der deutsche Strommarkt durch gemeinsame Marktbeherrschung gekennzeichnet ist.[98]

Dies gilt allerdings nur für das Segment Stromerzeugung. Im Gegensatz dazu konkurrieren im Bereich des Stromvertriebs über tausend Anbieter miteinander; ein geregelter Wettbewerb ist hier gegeben.[99]

III. Aktuelle Herausforderungen für den Energiesektor

Die deutsche und internationale Stromwirtschaft steht vor einem Umbruch, der durch viele Faktoren beeinflusst wird. Der zunehmende Wettbewerbsdruck auf dem Strommarkt bringt ebenso neue Anforderungen mit sich wie die Verknappung fossiler Energieträger und das gesamtgesellschaftlich gesteigerte Umweltbewusstsein sowie die daraus resultierenden Veränderungen der legislativen Rahmenbedingungen.[100]

1. Wachsender Energieverbrauch

Trotz immer energieeffizienterer Geräte wächst der absolute Energieverbrauch weltweit immer noch stetig an.[101] Schätzungen zufolge besteht bis zum Jahr 2020 in Deutschland ein Bedarf an zusätzlicher Kraftwerkskapazität von bis zu 40.000 MW, in Europa sogar von bis zu 200.000 MW.[102]

Dem immer weiter steigenden Mehrverbrauch liegen verschiedene Ursachen zugrunde:

Heutzutage verursachen beinahe alle Alltagshandlungen den Verbrauch von elektrischer Energie.[103] Durch die demografische Entwicklung nimmt die Anzahl der Haushalte insgesamt genauso zu wie die durchschnittliche Wohnfläche pro Person. Hiermit geht eine Steigerung der Anzahl der genutzten Geräte einher. Da diese weniger ausgelastet sind, steigt dadurch in der Summe der Verbrauch.[104] Auch die Tatsache, dass in modernen Industriestaaten mittlerweile die meisten Frauen ebenfalls einer Berufstätigkeit nachgehen, zwingt zu einer erhöhten Flexibilität bei der Nutzung von Geräten. So werden Küchengeräten (z.B. Herd oder Waschmaschine) immer häufiger individuell – und daher nicht effizient – genutzt.[105] Zur Einsparung von Zeit und Arbeitskraft werden Hausarbeiten zunehmend mit Hilfe von Elektrogeräten wie Mikrowelle, Wäschetrockner oder Geschirrspülmaschine erledigt. Außerdem zwingt die Teilhabe an der modernen Gesellschaft faktisch zur Nutzung von elektrischen Kommunikationsgeräten. Weiterhin führen die erhöhten

---

98   Etwa BGHZ 178, 285 = RdE 2009, 139 – *E.ON/Eschwege*; *BKartA*, WuW 2004, 61.
99   *Büdenbender*, Entflechtung, S. 3.
100 *Orlamünder*, SR 85, S. 3; *Woldeab*, Energieversorgungswettbewerb, S. 1 f.
101 *BP*, Energy Outlook 2035, S. 9 ff.
102 *Thomas/Nanning/Irrek*, in: Fischer, Stromsparen, S. 42.
103 *Guckelberger*, DÖV 613 (618).
104 *Fischer/Sohre*, in: Fischer, Stromsparen, S. 172.
105 *Fischer/Sohre*, in: Fischer, Stromsparen, S. 173.

Hygiene- und Komfortstandards zu einem vermehrten Einsatz von Waschmaschinen, Duschen und Klimaanlagen.[106]

Der „wachsende Strom- und Energiehunger" führt dazu, dass die europäischen Staaten immer mehr von Energieimporten abhängig sein werden.[107] Hierdurch ergibt sich zwangsläufig auch eine steigende wirtschaftliche bzw. politische Abhängigkeit von den exportierenden Unternehmen und/oder Staaten.

2. Abkehr von fossilen und Hinwendung zu regenerativen Energiequellen

Das Stromnetz in seiner heutigen Struktur entstammt der Zeit, in der große Kraftwerke fossile Energieträger zu Elektrizität verarbeitet haben und somit für einen permanenten Stromfluss gesorgt haben. Seit den 1970er Jahren hat sich jedoch ein Bewusstsein über die Endlichkeit der Erdölreserven und anderer fossiler Brennstoffe entwickelt.[108] Die Knappheit der derzeit hauptsächlich zur Energiegewinnung verwendeten Ressourcen macht eine grundlegende Umstrukturierung der Energiegewinnung unerlässlich. Darüber hinaus geht der Abbau fossiler Energieträger auch mit Effekten wie Umweltverschmutzung, Emissionen und dauerhaften landschaftlichen Veränderungen[109] einher.[110] Schließlich bestehen wegen der radioaktiven Folgeprodukte der Atomenergie immense Lagerungsschwierigkeiten.

Auch in Anbetracht der spürbaren Auswirkungen des Klimawandels werden diese Probleme mittlerweile auch in konservativen Kreisen zunehmend als dringend erachtet. Als Hauptursache für die weltweite Klimaveränderung wird der sogenannte *anthropogene Treibhauseffekt* ausgemacht.[111] Nicht zuletzt die Berichte des international anerkannten „Weltklimarates" *IPCC* haben weitgehend zu der Einsicht geführt, dass eine globale Erwärmung tatsächlich stattfindet und diese auf menschliche Einflüsse – wie etwa die Emissionen von Treibhausgasen – zurückzuführen ist.[112]

Hieraus resultiert eine zunehmende Hinwendung zu *erneuerbaren* Energiequellen, namentlich Wasserkraft, Windenergie, solare Strahlungsenergie, Geothermie sowie Energie aus Biomasse, § 3 Nr. 3 EEG.

Zwar haben auch erneuerbare Energien durchaus negative Begleiterscheinungen. Windenergie beinhaltet etwa hohe Ansiedlungskosten und -risiken; hinsichtlich der Versorgung mit Biomasse sind Fragen des Umweltschutzes sowie der

---

106 *Fischer/Sohre*, in: Fischer, Stromsparen, S. 173.
107 *Aichele*, Smart Energy, S. 9.
108 *Holzer*, Energiepolitik, S. 26; *Ehrhardt*, in: Ehrhardt/Kroll, Energie in der modernen Gesellschaft, S. 195.
109 Besonders beim sog. „Tagebau" im Rahmen der Braunkohlegewinnung.
110 *Aichele*, Smart Energy, S. 48 f.
111 *Keyhanian*, Rechtliche Instrumente, S. 30.
112 *Keyhanian*, Rechtliche Instrumente, S. 30 u. 38; *Schmidt/Kahl/Gärditz*, Umweltrecht, § 6 Rn. 1; *Guckelberger*, DÖV 2012, 613 (614).

konkurrierenden Landnutzung zu klären.[113] Die damit einhergehenden ökologischen Risiken können indes durch politische und planerische Gestaltung oftmals leichter verringert werden und werden daher als weniger gravierend eingeschätzt als solche, die mit konventionellen Energiequellen verbunden sind.[114]

3. Strommengenplanung

Eine weitere Herausforderung für die Stromnetze ist die sogenannte Mengenplanung, also die Frage, wann und wo im Netz wie viel Strom zur Verfügung stehen muss. Zwar handelt es sich hierbei um ein seit jeher bestehendes Problem; durch die Einbindung von erneuerbaren Energien verstärken sich jedoch die damit zusammenhängenden Herausforderungen enorm.

a) Lastmanagement

Elektrische Energie ist ein „homogenes leitungsgebundenes Produkt", welches grundsätzlich nicht speicherbar ist.[115] Daraus folgt, dass der Strom exakt in dem Moment erzeugt werden muss, in dem er benötigt wird.[116] Hierfür ist es erforderlich, dass die Kraftwerke zu jedem Zeitpunkt genau so viel Strom ins Netz einspeisen, wie auch daraus entnommen wird. Deshalb strebt jedes Energieversorgungsunternehmen danach, dem Kunden jederzeit möglichst genau die Strommenge bereitzustellen, die dieser auch abnimmt. Die Netzsteuerung zielt darauf ab, Angebot und Nachfrage, d.h. Erzeugung und Verbrauch, in einem ständigen Gleichgewicht zu halten und Netzungleichgewichte zu vermeiden.[117]

Die Stromnetze sind derart sensibel konstruiert, dass deren Frequenz nur geringfügig schwanken darf. Differenzen zwischen Einspeisung und Abnahme wirken sich negativ auf die Netzfrequenz und die Spannung aus. Eine Unterversorgung (Abnahme > Einspeisung) bewirkt eine Verringerung der Netzspannung und gleichzeitig eine Erhöhung der Netzfrequenz. Eine Überversorgung hat aus technischer Sicht den gegenteiligen Effekt. Spannungsabweichungen von ±10 Prozent sind i.d.R. unproblematisch, weswegen sich hierdurch in Mitteleuropa heute keine gravierenden Probleme mehr ergeben.[118]

---

113 *Fox-Penner*, Smart Power, S. 132.
114 *Kahle*, Elektrizitätsversorgung, S. 69; *SRU*, Wege zur 100 % erneuerbaren Stromversorgung, S. 57.
115 *Müller*, Hb Elektrizitätswirtschaft, S. 26; *Wawer*, Erneuerbare Energien, S. 7; *Gómez Mármol et al.*, Int. J. Inf. Secur. Vol. 12/2, 67 (68); zu den nach aktuellem Stand der Technik noch äußerst geringen Möglichkeiten der Energiespeicherung, s. unten Kap. 2 B.III.3.b).
116 *Schulte/Schröder/Büdenbender*, Hb Technikrecht, S. 607.
117 *Koenig/Kühling/Rasbach*, Energierecht, Kap. 1 Rn. 36; *Causemann*, ET 6/2011, 8 (10).
118 *Müller*, DuD 2010, 359.

Virulent sind vielmehr betriebswirtschaftliche Gründe, die die Energieversorgungsunternehmen zu einer effizienten Strommengenplanung zwingen. Die Planung des Zu- und Verkaufs von Strommengen basiert größtenteils noch auf durchschnittlichen Verbrauchsprofilen, den sogenannten *Standardlastprofilen*.[119] Dies sind an Verbrauchsgruppen orientierte, repräsentative Lastprofile, mit deren Hilfe der Lastgang eines Energieverbrauchers ohne registrierende Leistungsmessung prognostiziert und bilanziert werden kann.[120] Die standardisierten Lastprofile orientieren sich an den Vorgaben des § 12 StromNZV; am weitesten verbreitet sind die Lastprofile des *bdew*, die in elf Untergruppen zwischen Gewerbe, Landwirtschaft und Haushalt unterscheiden.[121] Die Werte basieren auf der Annahme, dass bestimmten Kundengruppen jeweils ein ähnliches Verbrauchsverhalten zuzuordnen ist. Die gängigen Standardlastprofile gelten allerdings als veraltet und wenig zuverlässig; Stromkunden verhalten sich oftmals nicht (mehr) dementsprechend.

Eine besondere Herausforderung für die Energieversorgungsunternehmen stellt die lang- und mittelfristige Planung der erforderlichen Energiemengen zum jeweiligen Zeitpunkt dar. Aus dieser Berechnung ergeben sich zum einen die Einsatzplanung der eigenen Kraftwerke und zum anderen die darüber hinaus zu beziehenden Energiemengen.

Die *langfristige* Planung der Energieversorgungsunternehmen (Wochen) basiert meist auf statistischen Daten. In die Berechnung fließen diverse saisonale Faktoren, planbare Medienereignisse und Erfahrungswerte über den Verlauf innerhalb eines Tages ein.[122] So ist der Stromverbrauch üblicherweise morgens sehr hoch (Licht, Dusche, Frühstückszubereitung, Anschalten verschiedener Geräte wie Kaffeemaschine, Ofen, Toaster, Radio etc.), senkt sich danach wieder, um dann jeweils zur Mittags- und Abendzeit nochmals stark anzusteigen.[123]

Die *mittelfristige* Planung (Tag) orientiert sich an aktuellen Veränderungen, insbesondere aus Ereignissen der vergangenen Tage und Stunden (z. B. stark erhöhtes Medieninteresse aufgrund bestimmter Vorkommnisse) sowie Wettervorhersagen.

Um eine stabile Stromversorgung fortlaufend sicherzustellen, wird ein Großteil des Stroms durch sogenannte Grundlastkraftwerke geliefert. Dies sind Kraftwerke, die aus technischen und/oder betriebswirtschaftlichen Gründen möglichst andauernd und zugleich nahe an der Volllastgrenze betrieben werden. Diese Grundlastkraftwerke sind nur schwer regelbar und daher nicht dazu geeignet, schnell und flexibel auf eine sich verändernde Strommengennachfrage zu reagieren. Die Kraftwerkseinsatzplanung erfolgt in 15-minütigen Intervallen. Für jeden Bilanzkreis wird jeweils einen Tag im Voraus der Verbrauch in viertelstündigen Schritten

---

119 *Malinka*, DANA 2014, 62.
120 *Ströbele/Pfaffenberger/Heuterkes*, Energiewirtschaft, S. 165; *Roß*, in: Servatius/Schneidewind/Rohling, Smart Energy, S. 298; *Warweg/Käßler*, in: Westermann/Döring/Bretschneider, Smart Metering, S. 119.
121 *bdew*, www.bdew.de/internet.nsf/id/DE_Standartlastprofile.
122 *Malinka*, DANA 2014, 62; *Müller*, DuD 2010, 359.
123 *Ifland/Exner*, in: Westermann/Döring/Bretschneider, Smart Metering, S. 97 f.

prognostiziert; hieran orientieren sich die „Kraftwerksfahrpläne".[124] Gleiches gilt für die Abrechnung des zugekauften Stroms. Wenn die Energieabnahme von der oben dargestellten Prognose abweicht, stehen sogenannte Spitzenlastkraftwerke zur Verfügung, um dem entgegenzusteuern. Dies sind beispielsweise Pumpspeicher- oder Gasturbinenkraftwerke. Da das Hochfahren dieser Kraftwerke ca. 15–20 Minuten in Anspruch nimmt, ist es für Anpassungen innerhalb eines Abrechnungsintervalls zu kurz. In diesen Fällen bleibt nur noch der Zukauf von Strom über die Strombörse.

Die Preise an den Strombörsen unterliegen indes einer hohen Volatilität und sind daher für die Energieversorgungsunternehmen nur schwer kalkulierbar.[125]

Das dargestellte System birgt demnach ein hohes Preisrisiko, denn Über- und Unterkapazitäten müssen zwingend durch An- und Verkäufe ausgeglichen werden. Die Energieversorgungsunternehmen wissen dabei oftmals nicht, wann und in welchem Umfang sie zu welchem Preis Strommengen ein- bzw. verkaufen müssen. Im Fall einer akuten Unterversorgung ist das Energieversorgungsunternehmen gezwungen, den Strom zum angebotenen Preis einzukaufen und kann eine günstige Preisentwicklung nicht abwarten. Zu Spitzenlastzeiten kann es vorkommen, dass Energieversorgungsunternehmen für den Verkauf von Strommengen sogar bezahlen müssen.[126]

b) Energiespeicherung

Ein wesentliches Element der Strommengenplanung ist auch die Speicherung von Energie. Insbesondere die Stromerzeugung aus erneuerbaren Energien unterliegt einer starken Fluktuation.[127] Denn beinahe nirgends sind konstanter Sonnenschein oder dauernder Wind gewährleistet. Es besteht daher eine hohe Abhängigkeit von Faktoren, die von Menschenhand nicht beeinflussbar und auch nur beschränkt prognostizierbar sind.[128]

Deshalb besteht vermehrter Bedarf an Speichermöglichkeiten, die es ermöglichen, den Strom je nach Bedarf zu speichern und abrufen zu können und damit z.B. Sonnen- oder Windenergie über Regentage oder Windflauten auszugleichen.[129] Im Gegensatz zu Gas, dessen Speicherung aufgrund seiner physikalischen Beschaffenheit relativ unproblematisch möglich ist, ist dies bei Strom naturgemäß anders.

Die Verbesserung der Speicherfähigkeit würde die Lastplanung der Energieversorgungsunternehmen erheblich erleichtern. Die gegenwärtig verwendeten (mechanischen, thermischen, chemischen und elektrischen/elektromagnetischen)

---

124 *Schödwell et al.*, HMD 291 40 (42).
125 *BKartA*, Sektoruntersuchung Strom 2011, S. 50 u. 107 f.
126 *Asendorpf*, DIE ZEIT 1/2010, S. 38.
127 *Appel*, UPR 2011, 406 (407); *Wieser*, ZUR 2011, 240.
128 *Bardt*, Energieversorgung, S. 33.
129 *Appel*, UPR 2011, 406 (407).

Technologien sind für die Speicherung größerer Strommengen noch unzureichend.[130] Eine direkte Speicherung ist äußerst kompliziert. Zur Speicherung wird der Strom daher meist in eine andere Energieform umgewandelt und bei Bedarf wieder zurückverwandelt. Bei der Energieumwandlung treten Verluste auf, die das Verfahren oftmals unwirtschaftlich machen.[131]

Ein großes Hemmnis sind neben dem mit dem Bau von Speichern verbundenen Eingriff in landschaftlich sensible Räume oder Emissionen vor allem die damit einhergehenden Kosten.[132]

c) Dezentrale Einspeisung und multidirektionale Netznutzung

Im deutschen Verteilernetz wurde der Strom bislang meist zentral und unidirektional von den großen Kern-, Wasser-, Kohle- oder Gaskraftwerken hin zum Verbraucher übertragen.[133] Dieses System wird durch die Verbreitung von (privaten) Kleinerzeugern durchbrochen. Denn seit einigen Jahren geht in Deutschland eine zunehmende Anzahl an kleinen Stromerzeugungsanlagen ans Netz. Diese sogenannten *Prosumer* produzieren durch kleine Windparks, Photovoltaikanlagen oder Blockheizkraftwerke auf Mittel- oder Niederspannungsebene Strom und speisen diesen von dort aus direkt in das Netz ein. Das Netz erlangt dadurch eine bi- bzw. multidirektionale Struktur.

Da die Stromerzeugung hierdurch ungleichmäßiger wird, sind die herkömmlich aufgebauten Netze mit einer solchen dezentralen Struktur nicht ohne Weiteres kompatibel. Es entstehen größere Schwankungen, die Auswirkungen auf die Netzstabilität haben können.[134]

C. Strommarkt im Wandel und Entwicklung eines intelligenten Stromnetzes

Wie zuvor dargestellt, ändern sich die Anforderungen an das Stromnetz erheblich. Wissenschaft, Wirtschaft und Politik sind sich darüber einig, dass das deutsche Netz in seiner derzeitigen Struktur den Herausforderungen der Zukunft nicht standhalten kann.

Bereits die derzeitige Versorgungsstruktur, die größtenteils auf fossilen Energieträgern beruht, birgt erhebliche Herausforderungen im Hinblick auf Netzungleichgewichte; dies gilt umso mehr für die zukünftige Energieinfrastruktur.[135] Es gilt, eine bedarfs- und verbrauchsorientierte Verknüpfung von Erzeugung und Nachfrage

---

130 Vertiefend dazu *Oertel*, Energiespeicher, S. 31 ff. und *Lehnert/Vollprecht*, ZNER 2012, 356 (357 ff.).
131 *Oertel*, Energiespeicher, S. 4; *Kurth*, Der Tagesspiegel v. 17.6.2012, S. 14.
132 *Kurth*, Der Tagesspiegel v. 17.6.2012, S. 14.
133 *Wendt*, DuD 2011, 22 (23).
134 *Shifflette*, research'eu Nr. 60, 24 f.
135 *Lehnert/Vollprecht*, ZNER 2012, 356.

zu schaffen. Dafür müssen Stromproduktion, Netze und Verbrauch effizient und intelligent miteinander verbunden werden.[136]

Der Strommarkt unterliegt daher seit einiger Zeit einem Wandel, der perspektivisch in die Etablierung eines intelligenten Stromnetzes münden soll.

I. Politische Maßnahmen

Um den zuvor dargestellten Herausforderungen Herr zu werden, haben der europäische und der deutsche Normgeber diverse legislative und exekutive Schritte auf den Weg gebracht. Bereits seit 1994 ist der Schutz der natürlichen Lebensgrundlagen (Umweltschutz) in Art. 20a GG verfassungsrechtlich verankert. Allerdings handelt es sich hierbei lediglich um eine sogenannte *Staatszielbestimmung*, aus der sich keine unmittelbaren Folgen im Hinblick auf die Energiewende und die Veränderung des Strommarktes herleiten lassen.[137]

1. Legislative und exekutive Schritte zur Einführung der Energiewende

Die oben beschriebene Entwicklung von einer auf fossilen und nuklearen Energieträgern beruhenden Stromversorgung hin zu einer solchen, die auf erneuerbaren Energieträgern basiert, wird in Deutschland unter dem Stichwort *Energiewende* diskutiert. Die Atomkatastrophe in Fukushima im März 2011 hat auch bei den konservativ-liberalen Entscheidungsträgern zu einem Umdenken geführt. Aufgrund der Ereignisse in Japan hat die Bundesregierung im Juni 2011 beschlossen, den ursprünglich ab 2020 geplanten Ausstieg aus der Kernenergie zu beschleunigen.[138] Dadurch wurde der Druck auf alle Beteiligten der energiewirtschaftlichen Wertschöpfungskette sowie auf den Endverbraucher verstärkt.

a) Europa

Die energiepolitischen Kompetenzen der Europäischen Union wurden durch den 2007 verabschiedeten Vertrag von Lissabon[139] erstmals in einer Norm gebündelt; hierdurch wurden die Zuständigkeiten in der Energiepolitik auf europäischer Ebene (auch in Abgrenzung zu den mitgliedsstaatlichen Kompetenzen) verdeutlicht. Der hierauf beruhende Art. 194 AEUV unterstreicht die gestiegene Bedeutung europäischer Energiepolitik. Die exponierte Stellung des Klimaschutzes wird auch durch

---

136 *Causemann*, ET 6/2011, 8 (10).
137 *Jarass*/Pieroth, GG, Art. 20a Rn. 1 f.; *Schmidt/Kahl/Gärditz*, Umweltrecht, § 3 Rn. 4; *Groß*, NVwZ 2011, 129 (130); *Murswiek*, NVwZ 1996, 222 (224).
138 *Schmidt/Kahl/Gärditz*, Umweltrecht, § 6 Rn. 31; *Vorholz*, DIE ZEIT 24/2011, S. 32.
139 Vertrag von Lissabon zur Änderung des Vertrags über die Europäische Union und des Vertrags zur Gründung der Europäischen Gemeinschaft, ABl. 2007/C 306, S. 1 ff., zul. geänd. ABl. 2012/C 326, S. 1 ff.

Art. 191 Abs. 1 Nr. 4 AEUV verdeutlicht, wonach die Umweltpolitik der Union „insbesondere zur Bekämpfung des Klimawandels" beitragen soll.[140] Im Laufe der letzten Jahre haben verschiedene EU-Institutionen ein umfassendes Maßnahmenpaket beschlossen: Ende 2008 hat die Europäische Union zunächst ein Richtlinien- und Zielpaket für Klimaschutz und Energie (sog. *2020-Strategie*) verabschiedet[141] und dieses auch in Art. 3 Abs. 1 EEG-RL[142] umgesetzt. Die sogenannten *20–20–20-Ziele* sehen vor, dass bis zum Jahr 2020 die Treibhausgasemissionen gegenüber dem Niveau von 1990 um 20 Prozent reduziert, der Verbrauch von Primärenergie durch Steigerung der Energieeffizienz gegenüber den vorherigen Prognosen um 20 Prozent gesenkt und der Bruttoendenergieverbrauch zu mindestens 20 Prozent aus regenerativer Energie gedeckt werden soll. Ende 2010 ergänzte die EU-Kommission die bestehenden Aktionspläne um die *EU-Energiestrategie 2011–2020*[143] sowie das *Energieinfrastrukturpaket*[144] und legte darin weitergehende Ziele für die zukünftige EU-Energiepolitik dar. Anfang 2011 veröffentlichte die EU-Kommission sodann ihren *Energieeffizienzplan 2011*[145] und den *Klimaschutzfahrplan 2050*[146] sowie Ende desselben Jahres den *Energiefahrplan 2050* (*Energy Roadmap 2050*)[147], welcher eine langfristige Strategie zur geplanten Einsparung von Treibhausgasemissionen skizziert.

b) Deutschland

Die Ölkrise Anfang der 1970er Jahre führte zu ersten Bestrebungen zum Einsparen von Energie. Diese Überlegungen mündeten 1976 im Energieeinsparungsgesetz (EnEG)[148]. 1990 trat das Stromeinspeisungsgesetz (StromEinspG)[149] in Kraft, welches im Jahr 2000 vom Gesetz zum Schutz der Stromerzeugung aus Kraft-Wärme-Kopplung[150] abgelöst

---

140 *Guckelberger*, DÖV 2012, 613 (614).
141 KOM(2010) 2020.
142 RL 2009/28/EG des Europäischen Parlaments und des Rates v. 23.4.2009 zur Förderung der Nutzung von Energie aus erneuerbaren Quellen und zur Änderung und anschließenden Aufhebung der Richtlinien 2001/77/EG und 2003/30/EG, ABl. Nr. L 140, S. 16 ff.
143 KOM(2010) 639 endg.
144 KOM(2010) 677 endg.
145 KOM(2011) 109 endg.
146 KOM(2011) 112 endg.
147 KOM(2011) 885 endg.
148 Gesetz zur Einsparung von Energie in Gebäuden v. 22.7.1976, BGBl. I, S. 1873.
149 Gesetz über die Einspeisung von Strom aus erneuerbaren Energien in das öffentliche Netz v. 7.12.1990, BGBl. I, S. 2633.
150 Gesetz zum Schutz der Stromerzeugung aus Kraft-Wärme-Kopplung v. 12.5.2000, BGBl. I, S. 703.

wurde. 2002 wurde Letzteres durch das Kraft-Wärme-Kopplungsgesetz (KWKG)[151] konkretisiert.

Parallel dazu trat im Jahr 2000 das Erneuerbare-Energien-Gesetz (EEG) in Kraft und wurde zuletzt 2014 umfassend reformiert.[152] Das EEG macht auf nationaler Ebene Vorgaben für eine „nachhaltige Entwicklung der Energieversorgung", § 1 Abs. 1 EEG. Es enthält im Wesentlichen Regelungen für den Vorrang erneuerbarer Energien bei Netzanschluss, Stromabnahme, Stromübertragung und -verteilung sowie Stromvergütung.[153] Die 20–20–20-Ziele wurden hiermit hinsichtlich der erneuerbaren Energien in deutsches Recht umgesetzt, wobei die nationale Umsetzung sogar über die europäischen Regelungen hinausgeht. Denn § 1 Abs. 2 EEG formuliert das Ziel, den Anteil der erneuerbaren Energien an der Stromversorgung (= Bruttostromverbrauch) bis zum Jahr 2025 auf mindestens 40 Prozent und bis 2035 auf bis zu 60 Prozent zu erhöhen. Darüber hinaus enthält § 11 Abs. 1 EEG eine Privilegierung von regenerativer Energie (Einspeisevorrang gegenüber der konventionellen Technik). Die Regelung sieht vor, dass Netzbetreiber den Strom aus erneuerbaren Energien unverzüglich vorrangig abnehmen, übertragen und verteilen müssen.

Im Jahr 2007 hat die Bundesregierung das *Integrierte Energie und Klimaschutzprogramm (IEKP)* beschlossen, das auch unter dem Stichwort *Meseberger Beschlüsse* bekannt geworden ist.[154] Die darin vorgeschlagenen Änderungen des EnWG sind im September 2008 in Kraft getreten. Neben den Änderungen in den §§ 21b ff. wurde das EnWG beispielsweise um die Vorschrift des § 40 ergänzt, die detaillierte Vorgaben für die Lieferung und Abrechnung von Energie an Letztverbraucher macht.

Darüber hinaus hat der Gesetzgeber 2008 die MessZV erlassen, welche als Ergänzung zu den Rahmenvorgaben des § 21b EnWG für den Messstellenbetrieb und Messdienstleistungen dient. Ergänzend wurden entsprechende Änderungen in energierechtlichen Nebengesetzen umgesetzt.

Im Jahr 2011 hat der Bundestag die Energiewende durch die Verabschiedung von einem Bündel an gesetzlichen Regelungen unterlegt. Das sogenannte „Energiepaket" umfasst sieben Gesetze und eine Rechtsverordnung. Hierdurch wurde das sogenannte *Dritte Binnenmarktpaket Energie* von 2009 in nationales Recht umgesetzt.[155] Diese Neuregelungen sind speziell auf die Anwendung auf intelligente Stromnetze ausgerichtet.[156]

---

151 Gesetz für die Erhaltung, die Modernisierung und den Ausbau der Kraft-Wärme-Kopplung v. 19.3.2002, BGBl. I, S. 1092.
152 Gesetz für den Ausbau erneuerbarer Energien v. 21.7.2014, BGBl. I, S. 1066, zul. geänd. durch Art. 4 des Gesetzes vom 22.7.2014, BGBl. I S. 1218.
153 *Bardt/Niehues/Techert*, Förderung erneuerbarer Energien, S. 6.
154 *BMUB*, Eckpunktepapier IEKP, S. 1 ff.; dazu ausführlich *Brück von Oertzen*, in: Fenchel/Hellwig, Smart Metering, S. 23 ff.; *Raabe et al.*, Smart Grids, S. 13.
155 RegBegr, BR-Drs. 343/11, S. 107.
156 *Jandt/Roßnagel/Volland*, ZD 2011, 99; s. zu den Gesetzesänderungen im Hinblick auf Smart Grid/Smart Metering im Übrigen unten Kap. 2 C.II u. C.III.1.

2. Netzausbau

Seit einiger Zeit steht der Ausbau des deutschen und europäischen Stromnetzes auf der politischen Agenda. Dies ist im Wesentlichen auf drei Gründe zurückzuführen: Erstens hat das Stromnetz der meisten EU-Mitgliedsstaaten ein Durchschnittsalter von 30–40 Jahren.[157] Da Komponenten von Hochspannungsnetzen regelmäßig eine Lebensdauer von höchstens 30 bis 50 Jahren haben, besteht diesbezüglich – unabhängig von den Planungen zum Smart Grid – ein massiver Innovationsbedarf.[158]

Zweitens führt die Abhängigkeit der Erzeugung von regenerativer Energie von äußeren (Wetter-)Gegebenheiten dazu, dass Wind- und Solarenergie nur in besonders wind- bzw. sonnenreichen Regionen gewonnen werden. Die großen Windparks sind deshalb meist *offshore* in Norddeutschland bzw. auf den Kammlagen der Mittelgebirge angesiedelt.[159] Riesige Solarparks stehen vor allem in dünn besiedelten Gebieten wie Brandenburg oder Mecklenburg Vorpommern. Der Energiebedarf ist dort allerdings nicht annähernd so hoch wie in den Ballungsräumen im Süden und Westen Deutschlands, wo die Verbrauchszentren liegen. Durch die Abschaltung der Kernkraftwerke fallen dort in Zukunft die größten Kapazitäten weg, wohingegen die Energiegewinnung im Norden Deutschlands wegen der steigenden Verbreitung von Windkraft weiter zunehmen wird. Die derzeitigen Netze reichen nicht aus, um diese Strommengen quer durch das Land zu transportieren; das Stromnetz ist in seiner derzeitigen Form nicht für die umfängliche Nutzung erneuerbarer Energien geeignet.[160] Damit die Versorgungssicherheit in allen Regionen Deutschlands auch zukünftig gewährleistet ist, müssen die Stromnetze daher auch aus diesem Grund ausgebaut werden.[161] Zu diesem Zweck soll mit Hilfe neuer Stromleitungen die Distanz zwischen Erzeugungs- und Verbrauchsschwerpunkten überbrückt werden.

Drittens wird auch der europaweite Stromhandel perspektivisch weiter zunehmen. Deutschland nimmt dabei eine Rolle als Transitland zwischen den ost- und westeuropäischen Strommärkten ein. Die deutschen Stromnetze müssen daher auch einem erheblichen Zuwachs an grenzüberschreitendem Stromhandel standhalten.

Vor diesem Hintergrund brachte der Bundestag 2009 das Energieleitungsausbaugesetz (EnLAG)[162] auf den Weg. Das Gesetz regelt den beschleunigten Ausbau von 24 dringlichen Leitungsbauvorhaben im Übertragungsnetz. Da sich der Netzausbau aus verschiedenen Gründen trotz der legislativen Vorgaben massiv verzögert hat, haben Bundestag und Bundesrat 2011 eine grundlegende Reform der Planungs- und Genehmigungsverfahren beschlossen. Neben der erneuten Novellierung des EnWG wurde dafür das Netzausbaubeschleunigungsgesetz (NABEG)[163] verabschiedet.

---

157 *Battaglini et al.*, JCP 2009, 911 (913).
158 *Battaglini et al.*, JCP 2009, 911 (913).
159 *Felden*, HMD 291, 6 (8).
160 *Bardt*, Energieversorgung, S. 33; *Güneysu*, RdE 2012, 47.
161 *Windoffer/Groß*, VerwArch 2012, 491 (492).
162 Gesetz zum Ausbau von Energieleitungen v. 21.8.2009, BGBl. I, S. 2870.
163 Netzausbaubeschleunigungsgesetz Übertragungsnetz v. 28.7.2011, BGBl. I, S. 2730.

Letzteres regelt die Beschleunigung des Ausbaus des Übertragungsnetzes, § 1 NABEG. Gesetzgeberische Intention war zum einen die Erhöhung der Akzeptanz der Bürger für den Netzausbau durch deren frühere Einbeziehung in die Netzplanung. Zum anderen erhofft der Gesetzgeber sich dadurch eine Vereinfachung und Beschleunigung der behördlichen Planungs- und Genehmigungsverfahren.[164]

II. Das intelligente Stromnetz *(Smart Grid)*

Die zuvor geschilderten Herausforderungen haben neben dem Anstrengungen zum *physischen* Ausbau des Stromnetzes auch zu Überlegungen geführt, dass das Netz *intelligenter* werden soll. Die beschriebenen Defizite bestehen insbesondere im Verteilernetz, welche bislang weitgehend ohne Einsatz von IKT gestaltet wurden.[165] Im Übertragungsnetz sind die zur flexiblen Netzsteuerung erforderlichen Informationen hingegen bereits heute weitgehend verfügbar.[166]

1. Begriff und technische Grundlagen

Dabei ist zunächst fraglich, was unter einem Smart Grid zu verstehen ist. Vorab ist hierbei darauf hinzuweisen, dass die Begriffe *Intelligentes Stromnetz*, *Smart Grid*, *Energieinformationsnetz*[167] und *Smart Energy*[168] im Rahmen dieser Arbeit synonym verwendet werden.

a) Begriffsdefinition

Es existiert bislang weder eine allgemeingültige Definition für das *Smart Grid*, noch herrscht Konsens darüber, welche Technologien und Anwendungen darunter zu fassen sind.[169]

Nach der Definition von *VDE/DKE* beschreibt das Smart Grid „die Vernetzung und Steuerung von intelligenten Erzeugern, Speichern, Verbrauchern und Netzbetriebsmitteln in Energieübertragungs- und -verteilungsnetzen mit Hilfe von IKT"; Ziel sei dabei „die nachhaltige und umweltverträgliche Sicherstellung der Energie" auf der Grundlage eines „transparenten energie- und kosteneffizienten sowie sicheren und zuverlässigen Systembetriebs".[170]

---

164 RegBegr, BT-Drs. 17/6249, S. 1 f.
165 *BITKOM*, Powerline Communications, S. 6.
166 *Sörries*, CR 2012, 707 (708).
167 Diesen Begriff nutzen etwa *Orlamünder*, SR 85, S. 5 und *Roßnagel/Jandt*, DuD 2010, 373.
168 *Aichele*, Smart Energy, S. 65.
169 *Frisby/Trotta*, CommLaw Conspectus 2/2011, 297 (299).
170 *VDE/DKE*, Normungsroadmap E-Energy, S. 13; vgl. auch die ähnlich lautende Definition der US-amerikanischen Standardisierungsbehörde *NIST*, Smart Grid Framework, S. 27.

Die von der EU-Kommission eingesetzte *Task Force Intelligente Netze* definiert Smart Grids als Stromnetze, die das Verhalten aller daran angeschlossenen Nutzer effizient integrieren können, um ein wirtschaftlich effizientes, nachhaltiges Stromsystem mit geringen Verlusten, einer hohen Versorgungsqualität und einem hohen Niveau an Versorgungssicherheit und Betriebssicherheit zu gewährleisten.[171] Diese Definition hat auch der Branchenverband der europäischen Elektrizitätswirtschaft *EURELECTRIC* übernommen.[172]

Die EU-Kommission selbst vertritt eine eher „netzfokussierte Perspektive"[173], wonach es sich beim Smart Grid um ein Energienetz handelt, welches „um einen digitalen bidirektionalen Kommunikationskanal zwischen dem Versorgungsunternehmen und dem Verbraucher, sowie um intelligente Mess-, Überwachungs- und Steuerungssysteme erweitert wurde".[174]

Nach Auffassung der *Artikel-29-Datenschutzgruppe* handelt es sich dabei um ein Stromnetz, „in dem Informationen der Verbraucher [...] so kombiniert werden, dass die Stromversorgung wirksamer und wirtschaftlicher geplant werden kann".[175]

Im Ergebnis gibt es zwischen den erläuterten Definitionen inhaltlich keine wesentlichen Unterschiede; es handelt sich weitestgehend um sprachliche Nuancen, die teilweise auch durch Übersetzungen entstanden sind. Allen Definitionsansätzen ist gemeinsam, dass sie nicht rechtsverbindlich sind. Weder in Deutschland noch auf EU-Ebene existieren gesetzlich normierte Begriffsdefinitionen für das Smart Grid. Zu bedenken gilt, dass eine einheitliche internationale Definition schon deshalb schwerfällt, weil die jeweiligen nationalen Anforderungen daran äußerst heterogen sind. Dies liegt an Unterschieden bei der „Ausstattung mit natürlichen Ressourcen" sowie an unterschiedlichen „Verbraucherstrukturen, Energiemärkten, Urbanisierungsgraden sowie Nutzerverhalten".[176]

Das langfristige Ziel des Aufbaus eines intelligenten Stromnetzes ist die Etablierung einer dezentralen, flexiblen und dadurch am tatsächlichen Verbrauch orientierten Energieversorgung. Damit soll auf Dauer die Abhängigkeit von unflexiblen und meist ressourcenbelastenden Großkraftwerken auf der Grundlage von Kernenergie oder fossilen Brennstoffen verringert werden.[177] Zudem wird die Einbindung von erneuerbaren Energien sowie die Einspeisung von verbrauchernahen oder verbraucherbetriebenen Energiequellen erleichtert. Durch eine „intelligent gelenkte" dezentrale Stromerzeugung kann außerdem eine Reduzierung von Transportverlusten erreicht werden.[178] Die verbesserte Netzauslastung und die Verminderung

---

171 Übersetzt aus: *EU Commission Task Force for Smart Grids*, Group 1, Nr. 3.
172 *EURELECTRIC Views*, May 2009, S. 7.
173 So bezeichnet von *Müller/Schweinsberg*, Smart Market, S. 12 ff.
174 *EU-Kommission*, Empfehlung zu Vorbereitungen für die Einführung intelligenter Messsysteme (2012/148/EU), Nr. 3 lit. a) und KOM(2011) 202 endg.
175 *Artikel-29-Gruppe*, WP 183, S. 5.
176 *Angenendt/Boesche/Franz*, RdE 2011, 117 (118).
177 *Karg*, DuD 2010, 365.
178 *BITKOM/Fraunhofer ISI*, Potenziale intelligenter Netze, S. 19.

von Übertragungsverlusten bietet ein Potenzial für Kosteneinsparungen in Höhe von 7,5 Milliarden Euro allein in Europa.[179] Daneben werden auch $CO2$-Emissionen eingespart, was wiederum einen wichtigen Beitrag zum Umweltschutz darstellt. Ziel des Smart Grid ist es, durch die Überwachung und Optimierung der miteinander verbundenen Bestandteile einen zuverlässigen, sicheren, wirtschaftlichen, effizienten und umweltfreundlichen Netzbetrieb sicherzustellen;[180] dies dient der Verwirklichung der Absichtserklärung in § 1 EnWG.

b) Technischer Aufbau

Typisches Merkmal des Smart Grid ist, dass es parallel zur physikalischen Netzinfrastruktur eine Dateninfrastruktur bereithält.[181] Im Smart Grid werden verschiedene Akteure „nicht nur energetisch sondern vor allem kommunikationstechnisch" miteinander verbunden.[182] Smart Grids sollen durch Verwendung von IKT dazu beitragen, Stromerzeuger, Verbraucher, Netztechnik/Netzbetriebsmittel und Speicher intelligent zu vernetzen.[183] Denn erst das Zusammenspiel der beteiligten Stakeholder kann dazu führen, die benannten Ziele (bedarfsgerechte Stromerzeugung, Ausgleich von Lastspitzen, Erhöhung der Energieeffizienz) zu erreichen.[184]

Das konventionelle unterscheidet sich vom intelligenten Netz dadurch, dass letzteres mit „Kommunikations-, Mess-, Steuer-, Regel- und Automatisierungstechnik sowie IT-Komponenten" ausgestattet ist.[185]

Technisch basiert das Smart Grid auf einem Kommunikationsnetz, welches wiederum grob in drei Bereiche unterteilt werden kann: Der interne Bereich beim Kunden (*Heim-Energieinformationsnetz, HEIN*), der Bereich zwischen dem Kunden und einem Energiedienstleister (*Kundenseitiges Energieinformationsnetz, CEIN*) und der interne Bereich bei einem Energiedienstleister (*Internes Energieinformationsnetz, IEIN*).[186] Zur Datenübertragung innerhalb des Smart Grid sind vielfältige Techniken möglich: Per Telefon- und Mobilfunknetz, über DSL-Leitungen, das Kabelnetz, Glasfasernetze sowie Powerline (= Stromkabel) oder per Funkverbindung.[187]

---

179 *Auer/Heng*, Smart Grids, S. 6.
180 *Song/Li/Liu*, in: Wu, High Performance Networking, S. 579.
181 *Theobald/Theobald*, Grundzüge EnWR, S. 473.
182 *Roß*, in: Servatius/Schneidewind/Rohling, Smart Energy, S. 289.
183 *Wieser*, ZUR 2011, 240.
184 *Piqué*, Markteinführung von Smart Metern, S. 4.
185 *BnetzA*, Smart Grid und Smart Market, S. 11.
186 *Orlamünder/Stocker*, in: Großmann/Kunold, Smart Energy 2011, S. 89.
187 *Raynolds/Mickoleit*, OECD Digital Economy Papers, No. 190, S. 4 ff.; *Schneider*, in: Picot/Neumann, E-Energy, S. 39; *Sörries*, CR 2012, 707 (710); *Ellerbrock/Loviscach*, c't-Magazin 2/2010, S. 68 ff.

2. Sonstige Komponenten des Smart Grid

Der Begriff des Smart Grid beschränkt sich indes nicht allein auf das Stromnetz als solches. Vielmehr beschreibt er das Zusammenspiel einer Vielzahl von Komponenten, die in das Netz eingebunden sind. Das Konzept des Smart Grid verfolgt die Idee, dass langfristig jedes Gerät, das an das Stromnetz angeschlossen ist, in das System aufgenommen wird. Die Einzelkomponenten interagieren miteinander und fügen sich zu einem intelligenten Stromnetz zusammen. Neben dem *Smart Metering*[188] gibt es eine Vielzahl weiterer Bausteine, die in ein Smart Grid implementiert werden können.

a) Smart Home

Ein Kernbestandteil des Smart Grid ist das sogenannte *Smart Home*.[189] Dies beschreibt die – in Teilen bereits umgesetzte – Vision eines vernetzten Haushalts. Dabei werden sämtliche im Haushalt verfügbaren elektrischen Geräte so verbunden, dass sie über Kommunikationseinheiten im Gebäude miteinander kommunizieren können.[190] Mit Hilfe von *adaptiver Domotik* wird dem Nutzer dadurch eine erhöhte Lebensqualität geboten, dass ihm eine Vielzahl an „lästigen Routineaufgaben" abgenommen wird.[191]

Der Anwendungsbereich des Smart Home kann sich auf vielfältige Elemente beziehen. Der Nutzer kann beispielsweise Sicherheits- und Alarmsysteme (incl. Kameraüberwachung und biometrischen Zugängen), Beleuchtung, tageslicht- und wetterabhängige Fenster- und Jalousiesteuerungen, Raumklima, Bewässerungssteuerung für den Garten, Küchengeräte sowie Unterhaltungselektronik nach persönlichen Präferenzen anpassen und dann entsprechend seiner Gewohnheiten und Tätigkeiten automatisch regulieren lassen.[192]

Da die Nutzung einiger Haushaltsgeräte[193] ohne Weiteres auf lastschwache Zeiten mit günstigen Tarifen verschoben werden kann, bietet ein hauseigenes *Energiemanagementsystem* die Möglichkeit, je nach Bedarf und Tarifsituation, Strom von heimischen Speichern oder aus dem Stromnetz zu beziehen und elektrische und elektronische Verbraucher ein- oder auszuschalten.[194] Mittels Smartphone-Apps,

---

188 Dazu sogleich ausführlich unter Kap. 2 C.III.
189 Gebräuchlich sind dafür auch die Bezeichnungen *Intelligentes Wohnen, Vernetzes Haus, Smart Living* oder *eHome*.
190 *Brenner*, Smart Technology, S. 139; *Raabe/Weis*, RDV 2014, 231 ff.; *Rüdiger*, RDV 2014, 253 ff.
191 *Roßnagel*, in: Roßnagel, Nutzerschutz, S. 22.
192 *Hoberg/Piele/Veit*, HMD 291, 80; *Hollmann*, in: Köhler-Schute, Smart Metering, S. 187.
193 Vertiefend zu intelligenten Haushaltsgeräten: *Müller*, in: Paulsen, Sicherheit in vernetzten Systemen, S. A-5 f.
194 *Braun*, ET 6/2011, 20; *Roßnagel*, in: Roßnagel, Nutzerschutz, S. 22.

PDAs oder anderer Bedientools kann so das gesamte Haus samt seiner technischen Ausstattung gesteuert werden, bei Bedarf auch aus der Ferne.[195]

Voraussetzung für das Funktionieren des Smart Home ist die Einbindung intelligenter Haushaltsgeräte. Verschiedene Gerätehersteller bezeichnen – angelehnt an die Bezeichnung beim HD-Fernsehen –Geräte, die tauglich für den Einsatz im Smart Grid sind, als *SG ready*.[196] Man erhofft sich davon, dass die Kunden in Zukunft dieses Logo als Gütesiegel anerkennen; vergleichbar mit einem Warentest-Urteil oder einem Umweltzertifikat.

b) Smart Life

Daneben gibt es viele weitere Komponenten, die perspektivisch zu einem *Smart Life* führen können.[197] Die Integration von *intelligenten* Elektrofahrzeugen (*Smart Cars*) in das Stromnetz und deren mögliche Nutzung als Energiespeicher soll einen Beitrag zur Verbesserung der Netzeffizienz leisten. Die verbreitete Nutzung von Smart Cars kann wiederum die Schaffung eines intelligenten Verkehrsleitsystems wesentlich erleichtern und soll perspektivisch einen integralen Bestandteil des *Smart Traffic* darstellen.[198]

c) Forschungsprojekte

Um die praktische Umsetzbarkeit einzelner Smart-Grid-Komponenten zu erforschen und zu verbessern, wurden zahlreiche Modellprojekte und Praxisstudien durchgeführt, die zu verschiedenen Ergebnissen führten. Unter dem Dach des von Bundesregierung, *BMWi* und *BMUB* geförderten Leuchtturmprojekts *E-Energy* wurden bis 2013 die sechs Pilotprojekte *MeRegio*, *eTelligence*, *E-DeMa*, *RegModHarz*, *Modellstadt Mannheim* und *Smart Watts* durchgeführt.[199] Hierbei wurde unter anderem der Nutzen des Einsatzes der IT im Energiebereich erforscht und erprobt sowie auch rechtliche Rahmenbedingungen (u. a. Datenschutz) und Standardisierungsmaßnahmen untersucht.[200] Auch auf europäischer Ebene existiert eine Vielzahl von Förderinitiativen und Modellprojekten, darunter das von elf Unternehmen betriebene EU-Förderprojekt *Web2Energy*.[201]

---

195 *Hoberg/Piele/Veit*, HMD 291, 80.
196 *Froitzheim*, brand eins 6/12, S. 12; *Jung*, Der Spiegel, 33/2010, S. 78.
197 Hierzu eingehend *Heckmann*, NJW 2012, 2631 (2633).
198 Vgl. vertiefend dazu *Asaj*, DuD 2011, 558 ff.; *Heckmann*, K&R 2011, 1 ff.; *VDE/DKE*, Normungsroadmap E-Energy 2.0, S. 73.
199 Dazu im Einzelnen: *Krause et al.*, in: Picot/Neumann, E-Energy, S. 43 ff.
200 *BMWi*, www.bmwi.de/DE/Themen/Energie/Netze/intelligente-netze-und-intelligente-zaehler.
201 Dazu: www.web2energy.com/de.

III. Intelligente Verbrauchserfassung *(Smart Metering)*

Das Kernelement des intelligenten Stromnetzes ist die intelligente Erfassung des Energieverbrauchs. Dem Smart Metering kommt eine Schlüsselrolle im Rahmen des Smart Grid zu, da es eine direkte Schnittstelle zum Endkunden bietet, wodurch der „Faktor Mensch" in das Energieinformationsnetz mit einbezogen wird.[202]

Bis vor Kurzem erfolgte die Erfassung des Verbrauchs beim Endkunden beinahe ausschließlich mittels analoger Stromzähler, sogenannter *Ferraris-Zähler*.[203] Hierbei handelt es sich um Drehstrom- oder Wechselstromzähler, die mit einer mechanisch rotierenden Drehscheibe und einem Rollenzählwerk ausgestattet sind.[204] Der zeitliche Verlauf der Energienachfrage wird hiermit nicht ermittelt.[205] Diese herkömmlichen elektromechanischen Zähler werden nun durch *intelligente* Stromzähler abgelöst, welche zahlreiche neue Funktionen in sich vereinen.

1. Rechtliche Rahmenbedingungen

Wie bereits oben dargestellt[206], wurden sowohl auf europäischer als auch auf nationaler Ebene in den letzten Jahren zahlreiche legislative und exekutive Maßnahmen im Zusammenhang mit der sogenannten Energiewende auf den Weg gebracht. Hierunter fallen auch zahlreiche Regelungen, die sich speziell auf das Smart Metering beziehen.

Regulatorisch basiert Smart Metering auf drei Ebenen: EU-Vorgaben [a], Gesetze und Rechtsverordnungen des Bundes [b] sowie Beschlüsse der Bundesnetzagentur [c]. Allen ist gemeinsam, dass sie sich evolutorisch fortentwickeln weswegen nur ein Zwischenstand dargestellt werden kann.

a) Europäischer Rechtsrahmen

Erste Regelungen bezüglich intelligenter Stromzähler ergaben sich aus der Versorgungssicherheits-Richtlinie[207], der Messgeräterichtlinie[208] und der Energiedienstleistungsrichtlinie (EDL-RL)[209].

---

202 *Gauß/Güran/Reuter*, in: Köhler-Schute, Smart Metering, S. 195.
203 *Warweg et al.*, in: Westermann/Döring/Bretschneider, Smart Metering, S. 62.
204 *Wulf*, Smart Metering, S. 35.
205 *Wulf*, Smart Metering, S. 35.
206 S. dazu oben Kap. 2 C.I.1.
207 RL 2005/89/EG des Europäischen Parlaments und des Rates v. 18.1.2006 über Maßnahmen zur Gewährleistung der Sicherheit der Elektrizitätsversorgung und von Infrastrukturinvestitionen, ABl. Nr. L 33 v. 4.2.2006, S. 22 ff.
208 RL 2004/22/EG des Europäischen Parlaments und des Rates v. 31.3.2004 über Messgeräte, ABl. Nr. L 135 v. 30.4.2004, S. 1 ff.
209 RL 2006/32/EG des Europäischen Parlaments und des Rates v. 25.4.2006 über Endenergieeffizienz und Energiedienstleistungen und zur Aufhebung der RL 93/76/EWG des Rates, ABl. Nr. L 114 v. 27.4.2006, S. 64 ff.

Unbeschadet des Beihilfeverbots nach Art. 107 AEUV (ex-Art. 87 EGV) ermöglicht Art. 5 Abs. 2 lit. d) Versorgungssicherheits-RL den Mitgliedsstaaten die Förderung der Einführung von Technologien im Bereich der Echtzeit-Nachfragesteuerung, worunter „fortschrittliche Messsysteme" fallen, mithin auch Smart Metering. Obwohl dieser Richtlinie mangels klarer Vorgaben ein eher geringer Verbindlichkeitscharakter beizumessen ist, ging davon zumindest eine „Impulswirkung" für die Implementierung des Smart Metering aus.[210] Gleiches gilt für die Messgeräte-RL, welche Vorgaben für das Inverkehrbringen und die Inbetriebnahme bestimmter Elektrizitätszähler beschreibt. Daraus ergeben sich insbesondere Anforderungen an die Messsicherheit, die Messtechnik und die Datensicherheit für intelligente Zähler.[211]

Aus Art. 13 EDL-RL ergaben sich Anforderungen an die Erfassung und die informative Abrechnung des Energieverbrauchs. Die Energieeffizienzrichtlinie (EnEff-RL)[212], welche die EDL-RL im Jahre 2012 ablöste, regelt nunmehr ausdrücklich die Anforderungen an die Erfassung und die informative Abrechnung des Energieverbrauchs. Durch Art. 9 Abs. 1 S. 1 EnEff-RL werden die Mitgliedsstaaten verpflichtet sicherzustellen, dass bei allen Endkunden individuelle Zähler eingesetzt werden, die den tatsächlichen Energieverbrauch und die tatsächliche Nutzungszeit widerspiegeln. Dies gilt unter dem Vorbehalt der technischen Machbarkeit und finanziellen Zumutbarkeit im Vergleich zur potenziellen Energieeinsparung.

Des Weiteren verpflichtet die Elektrizitätsbinnenmarktrichtlinie (Elt-RL)[213] die EU-Mitgliedsstaaten dazu, eine großflächige Einführung von intelligenten Messsystemen durchzuführen. Dabei bleibt es den Mitgliedsstaaten allerdings überlassen, die Verbreitung von wirtschaftlichen Erwägungen abhängig zu machen. Für den Fall einer positiven wirtschaftlichen Bewertung ist vorgesehen, dass bis zum Jahr 2020 mindestens 80 Prozent der Verbraucher mit intelligenten Messsystemen auszustatten sind.[214] Aus Erwägungsgrund 55 zur Elt-RL ergibt sich außerdem, dass die Mitgliedsstaaten bei der Einführung intelligenter Messsysteme nationale Regelungen schaffen dürfen, die den Einbau von Smart Metern nur bei Verbrauchern mit einem bestimmten Mindeststromverbrauch vorsehen.

Weitergehende technische Definitionen für das Smart Metering ergeben sich aus der Elt-RL nicht. Allerdings verdeutlicht die ergänzende „Auslegungshilfe"

---

210 Schomerus/Sanden, Rechtliche Konzepte, S. 218; *Wulf,* Smart Metering, S. 40.
211 Britz/Hellermann/Hermes/*Herzmann,* EnWG, § 21b Rn. 10.
212 RL 2012/27/EU des Europäischen Parlaments und des Rates v. 25.10.2012 zur Energieeffizienz, zur Änderung der RL 2009/125/EG und 2010/30/EU und zur Aufhebung der RL 2004/8/EG und 2006/32/EG, ABl. Nr. L 315, S. 1 ff.
213 RL 2009/72/EG des Europäischen Parlaments und des Rates v. 13.7.2009 über gemeinsame Vorschriften für den Elektrizitätsbinnenmarkt und zur Aufhebung der RL 2003/54/EG, ABl. Nr. L 211, S. 55 ff.
214 Vgl. Anh. 1, Abs. 2 Elt-RL.

zur Richtlinie[215], dass Smart Meter eine bidirektionale Kommunikation erfordern. Der europäische Gesetzgeber stellt damit klar, dass „die elektronische Datenübermittlung eines der wesentlichen Merkmale intelligenter Messeinrichtungen" ist.[216] Darüber hinaus stellt die Auslegungshilfe klar, dass Gesetze der Mitgliedsstaaten selbst dann vom Unionsrecht abgedeckt wären, wenn sie Regelungen enthielten, die für intelligente Messeinrichtungen weitergehende Funktionalitäten als die in der Auslegungshilfe beschriebenen, vorsehen.[217]

Schließlich verpflichtet auch Art. 8 Abs. 2 Gesamtenergieeffizienz-Richtlinie[218] die Mitgliedsstaaten dazu, die Einführung intelligenter Messsysteme zu unterstützen.

b) Nationale Rechtsvorschriften

Auf der zweiten Ebene finden sich die deutschen Gesetze und Rechtsverordnungen, welche entweder das europäische Sekundärrecht in nationales Recht umsetzen oder rein nationalen Ursprungs sind. Relevant sind hier insbesondere die Vorschriften des EnWG und der MessZV.

Der rechtliche Rahmen des Smart Grid sowie der damit einhergehenden Technologien wie dem Smart Metering beruhen im Wesentlichen auf Rechtsänderungen infolge des 2007 verabschiedeten Integrierten Energie und Klimaschutzprogramms der Bundesregierung *(IEKP)*. Das IEKP war mit dem Vorhaben verbunden, mittels diverser gesetzlicher Normierungen binnen sechs Jahren flächendeckend den Einsatz von intelligenten Zählern zu realisieren.[219] Die nationalen Regelungen wurden maßgeblich durch die vorgenannten Vorgaben der Europäischen Union beeinflusst, deren Umsetzung in deutsches Recht verpflichtend war. Mit dem Gesetz zur Öffnung des Messwesens bei Strom und Gas für den Wettbewerb[220] hat der deutsche Gesetzgeber schließlich im Jahr 2008 dem Smart Metering den Weg geebnet.

aa) EnWG

Der Ursprung der Liberalisierung des Messwesens findet seine rechtliche Grundlage in der Novellierung des EnWG im Jahre 2005.[221] Die wesentliche Änderung der Neufassung des EnWG war die Liberalisierung des Messstellenbetriebs. Denn bis dahin waren Einbau, Betrieb und Wartung der Messstellen obligatorisch Aufgabe des Netzbetreibers. Nach dem neuen § 21b EnWG 2005 konnten diese Aufgaben je nach Wunsch des Anschlussnehmers an Dritte delegiert werden.

---

215 Commission Staff Working Paper: Interpretative Note on Directive 2009/72/EG „Retail Markets", 22.1.2010, Sec. 4.7.
216 *Schulte-Beckhausen*, KSzW 2011, 285 (286).
217 *Schulte-Beckhausen*, KSzW 2011, 285 (286).
218 RL 2010/31/EU des Europäischen Parlaments und des Rates v. 19.5.2010 über die Gesamtenergieeffizienz von Gebäuden, ABl. Nr. 153, S. 13 ff.
219 *Göge/Boers*, ZNER 2009, 368.
220 Gesetz v. 29.8.2008 BGBl. I, S. 1790.
221 Britz/Hellermann/Hermes/*Herzmann*, EnWG, § 21b Rn. 11.

Nach erneuter Änderung des EnWG im Jahr 2008 konnte diese Wahl gem. § 21b Abs. 2 S. 1 EnWG nunmehr durch den Anschlussnutzer ausgeübt werden. Denn Letzterer profitiert von der Wahl des Anbieters regelmäßig eher, als der Anschlussnehmer; für den Anschlussnehmer ist der Preis hingegen nur dann relevant, wenn er gleichzeitig Anschlussnutzer ist.[222]

Nach § 21b Abs. 3a EnWG 2008 waren Messstellenbetreiber verpflichtet, ab 1. Januar 2010 in Privathaushalten – soweit dies technisch machbar und wirtschaftlich zumutbar ist – bei Neubauten und größeren Renovierungen Messeinrichtungen anzubieten, „die dem jeweiligen Anschlussnutzer den tatsächlichen Energieverbrauch und die tatsächliche Nutzungszeit widerspiegeln". Darüber hinaus wurden sämtliche Messstellenbetreiber verpflichtet, ihren Bestandskunden ab diesem Stichtag unabhängig von baulichen Veränderungen intelligente Zähler anzubieten oder ihnen zu gestatten, Dritte mit der Einrichtung derartiger Geräte zu beauftragen.[223]

Mit den Neuregelungen im EnWG zur Einführung von Smart-Metering-Systemen intendierte der Gesetzgeber, „den Grundstein für eine aktivere Teilnahme des Endverbrauchers am Energiemarkt" zu schaffen[224], indem er darauf abzielt, den „Endkunden aktiv in das Lastmanagement einzubinden"[225].

2011 wurde durch eine erneute EnWG-Reform[226] das zuvor lediglich in § 21b EnWG geregelte Messwesen „im Sinne erster Grundlagen für ein Smart Metering, das Anforderungen von Datenschutz und Datensicherheit genügt"[227], in den §§ 21b-i EnWG grundlegend neu geregelt.

Seitdem verpflichtet § 21c Abs. 1 EnWG Messstellenbetreiber dazu, in Gebäuden, die neu an das Energieversorgungsnetz angeschlossen oder einer *größeren Renovierung*[228] unterzogen werden (lit. a), bei Letztverbrauchern mit einem Jahresverbrauch von mehr als 6.000 kWh (lit. b) sowie unter bestimmten Voraussetzungen bei Anlagenbetreibern nach dem EEG[229] oder dem KWKG[230] (lit. c) jeweils intelligente Messsysteme i. S. d. §§ 21d, 21e EnWG einzubauen, soweit dies technisch möglich ist.[231]

---

222 *Graßmann*, in: Köhler-Schute, Smart Metering, S. 214 u. 219.
223 VO BReg, BR-Drs. 568/08, S. 12.
224 RegBegr, BT-Drs. 17/6072, S. 2.
225 *Sörries*, CR 2012, 707 (708).
226 Gesetz zur Neuregelung energiewirtschaftlicher Vorschriften v. 26.7.2011 m. W. v. 4.8.2011, BGBl. I, S. 1554.
227 RegBegr, BT-Drs. 17/6072, S. 76.
228 Eine *größere Renovierung* bedeutet gem. Art. 2 Nr. 10 lit. b) Gesamtenergieeffizienz-RL, dass mehr als 25 Prozent der Oberfläche einer Gebäudehülle einer Renovierung unterzogen werden; Umsetzung in deutsches Recht als *grundlegende Renovierung*, vgl. § 2 Abs. 2 Nr. 3 b) EEWärmeG.
229 Vgl. § 10 Abs. 1 S. 2 EEG.
230 Vgl. § 8 Abs. 1 S. 6 KWKG.
231 § 21c Abs. 1 lit. c) beschränkt sich dabei ausdrücklich auf „Neuanlagen", d. h. solche, die nach dem Inkrafttreten des EnWG (4.8.2011) angeschlossen wurden, vgl. RegBegr, BT-Drs. 17/6072, S. 78.

Die Einbaupflicht ist also zunächst beschränkt auf „moderne Infrastrukturen".[232] Für alle sonstigen Gebäude gilt für die Einbaupflicht gem. § 21c Abs. 1 lit. d) EnWG neben der Prämisse der *technischen Möglichkeit* zusätzlich der Vorbehalt der *wirtschaftlichen Vertretbarkeit*. Diese Bedingungen sind ebenfalls in § 21c EnWG definiert. Danach gilt der Einbau gem. § 21c Abs. 2 S. 1 EnWG bereits dann als *technisch möglich*, wenn Messsysteme am Markt verfügbar sind, die den Anforderungen nach §§ 21d und 21e EnWG genügen. Ob und wann dies der Fall ist, ist mangels Stichtagregelung o. Ä. nicht eindeutig zu bestimmen.[233] Jedenfalls ist die Regelung nicht in dem Sinne zu verstehen, dass die Einbaupflicht besteht, sobald das erste System auf dem Markt angeboten wird. Vielmehr ergibt eine teleologische Auslegung der Norm, dass die Pflicht erst dann entsteht, „wenn neben entsprechenden Messsystemen auch geeignete Einbindungslösungen in die jeweiligen IT-Infrastrukturen am Markt verfügbar sind".[234] Bislang sind noch keine Systeme am Markt verfügbar, die diese Voraussetzungen erfüllen.[235]

Als *wirtschaftlich vertretbar* gilt ein Einbau gem. § 21c Abs. 2 S. 2 EnWG, wenn dem Anschlussnutzer für Einbau und Betrieb keine Mehrkosten entstehen oder sofern das *BMWi* den Einbau von Smart-Metering-Systemen nach einer Gesamtbewertung aller individuellen und gesamtwirtschaftlichen Kosten und Nutzen empfiehlt und eine Rechtsverordnung gem. § 21i Abs. 1 Nr. 8 EnWG ihn anordnet. Die im Auftrag des *BMWi* von der Beratungsgesellschaft *Ernst & Young* veröffentlichte Wirtschaftlichkeitsanalyse wurde im Juli 2013 veröffentlicht.[236]

Smart Metering soll sich zunächst auf den Strommarkt beschränken.[237] Zwar sollen Gas-Messsysteme gem. § 21f EnWG kompatibel mit den Stromzählern sein und mit diesen verbunden werden können, der Aufbau einer eigenständigen Smart-Meter-Infrastruktur für Gas ist indes nicht vorgesehen.[238]

bb) MessZV

Des Weiteren müssen Smart Meter die (eichrechtlichen) Voraussetzungen der MessZV erfüllen. Die Verordnung normiert die Voraussetzungen und Bedingungen des Messstellenbetriebs und der Messung. Die MessZV enthält technische, vertragliche und prozessuale Konkretisierungen und regelt die Kompetenzen der Bundesnetzagentur.[239]

---

232 *Kühling/Rasbach*, RdE 2011, 332 (338).
233 BerlKommEnR/*Drozella*, EnWG, § 21c Rn. 29.
234 BerlKommEnR/*Drozella*, EnWG, § 21c Rn. 29.
235 *Koenig/Kühling/Rasbach*, Energierecht, Kap. 3 Rn. 68; *Baasner et al.*, N&R 2012, 12 (15); *Schmelzer*, in: Westermann/Döring/Bretschneider, Smart Metering, S. 191.
236 *Ernst & Young*, KNA, S. 1 ff.
237 *Kühling/Rasbach*, RdE 2011, 332 (337).
238 RegBegr, BT-Drs. 17/6072, S. 80; *Eder/vom Wege/Weise*, ZNER 2012, 59 (62).
239 *Bachmann/Ivanic*, in: Köhler-Schute, Smart Metering, S. 56.

cc) BSI-Schutzprofil

Weitere Regelungen zum Smart Metering ergeben sich aus den sogenannten *BSI-Schutzprofilen* für die Kommunikationseinheit[240] und für das Sicherheitsmodul der Kommunikationseinheit.[241] Das Schutzprofil für die Kommunikationseinheit soll es ermöglichen, Metering-Produkte zu evaluieren; diese können nach erfolgreicher Überprüfung ein Zertifikat erhalten und erbringen damit den Nachweis, dass sie das Schutzprofil erfüllen.[242] Es beinhaltet „verbindliche und einheitliche Mindeststandards sowie Vorgaben zur Funktionalität und Interoperabilität", „die für die technische Umsetzung der spezifischen Datenschutz- und Datensicherheitsanforderungen notwendig sind."[243]

Ergänzend zum BSI-Schutzprofil bilden die Technische Richtlinie TR-03109[244] und die eichrechtlichen Anforderungen PTB-A 50.7 und 50.8 die Grundlage für den Einsatz von Smart Metern.[245] Die Technische Richtlinie konkretisiert die Anforderungen aus dem Schutzprofil und gewährleistet die Interoperabilität zwischen den Systemen.[246]

dd) Verordnungspaket Intelligente Netze

Basierend auf der Verordnungsermächtigung in § 21i EnWG plant die Bundesregierung des Weiteren das sogenannte *Verordnungspaket Intelligente Netze*. Dieses besteht aus einer Vielzahl von Verordnungen, welche die nähere Ausgestaltung von Smart Grids regeln.

Technische Basis des Maßnahmenpakets ist die *Messsystemverordnung (MsysV)*.[247] Diese enthält gem. § 21i Abs. 1 Nr. 3 EnWG technische Mindestanforderungen an den Einsatz intelligenter Messsysteme unter Bezugnahme auf die Schutzprofile und Technischen Richtlinien des BSI und setzt gleichzeitig die Vorgaben der EnEff-RL um.[248] Nachdem sich das *Informationsverfahren*[249] vor der EU-Kommission aufgrund einer Intervention Frankreichs verzögert hatte, konnte die MsysV erst im September 2013 notifiziert werden.[250]

---

240 *BSI*, Smart Meter Gateway PP, BSI-CC-PP-0073.
241 *BSI*, Security Module PP, BSI-CC-PP-0077.
242 *Laupichler et al.*, DuD 2011, 542 (543).
243 *Düsseldorfer Kreis*, Orientierungshilfe, S. 9.
244 Dazu: www.bsi.bund.de/DE/Publikationen/TechnischeRichtlinien/tr03109/index_htm.html.
245 *Borchers*, www.heise.de/newsticker/meldung/Smart-Meter-Branche-wappnet-sich-gegen-Datendiebe-1737407.html.
246 *Arzberger/Fey/Wagner*, in: Aichele/Doleski, Smart Meter Rollout, S. 406.
247 Der Verfasser bezieht sich dabei auf den Referentenentwurf des *BMWi* v. 13.3.13: www.derenergieblog.de/wp-content/uploads/2013/05/BMWi-Entwurf-MsysV.pdf.
248 *Bräuchle*, in: Taeger, Big Data & Co., S. 465; *BMWi*, Monatsbericht 11/2013, S. 17.
249 Verfahren nach RL 98/34/EG.
250 Dazu: www.edna-bundesverband.de/49/-/news/show/41048.

Darüber hinaus beinhaltet das Verordnungspaket eine *Verordnung über den Rollout intelligenter Messsysteme*, die Regelungen zu Zeiträumen, Umfang, Durchführung und Finanzierung des Einbaus der Messsysteme enthält, § 21i Abs. 1 Nr. 8 EnWG. Weiterhin gehört dazu die *Verordnung über die Messung und Datenkommunikation im intelligenten Energienetz*, welche Regeln zu der Frage trifft, „wer welche Daten von wem wie oft zu welchem Zweck erhalten" darf.[251] Ergänzt wird das Paket schließlich durch eine *Lastmanagement-Verordnung in Niederspannung (§ 14a EnWG-VO)*, die gem. § 21i Abs. 1 Nr. 9 EnWG wirtschaftliche Anreize zu Verbrauchsverlagerungen bieten soll.

ee) Sonstige Regelungen

Schließlich normiert das Eichrecht die eichrechtlichen Anforderungen an die Zählertechnik und zielt darauf ab, „Richtigkeit, Sicherheit, Verlässlichkeit und Reproduzierbarkeit der Messungen" zu gewährleisten.[252] § 25 Abs. 1 Nr. 1 lit. a) EichG enthält ein ausdrückliches Verbot, Messgeräte zur Bestimmung elektrischer Energie oder elektrischer Leistung im geschäftlichen Verkehr zu verwenden oder bereitzuhalten, die nicht den Anforderungen der Zulassungs- und Eichpflicht entsprechen.

Darüber hinaus macht auch das EEG regulative Vorgaben zum Smart Metering. Das zuletzt 2014 novellierte EEG enthält verschiedene Regelungen zur Messung und zum Messstellenbetrieb bei EEG-Anlagen, wobei auf die entsprechenden Regelungen im EnWG verwiesen wird.[253]

Nähere Anforderungen an Mess- und Steuereinrichtungen ergeben sich außerdem auch aus § 22 Abs. 2 S. 3 NAV.

c) *Beschlüsse der Bundesnetzagentur*

Auf dritter Ebene kommen schließlich die Beschlüsse der Bundesnetzagentur zum Tragen. § 13 MessZV i. V. m. § 29 Abs. 1 EnWG ermächtigt die Bundesnetzagentur als Regulierungsbehörde zu verschiedenen Entscheidungen die Bedingungen des Messstellenbetriebs betreffend. Davon umfasst sind etwa Festlegungen zu Mindestanforderungen, die Netzbetreiber an Messstellenbetreiber und Messdienstleister stellen dürfen, zu den Inhalten der Messstellen- und Messverträge sowie zu Geschäftsprozessen und Datenformaten.

In Bezug auf die Liberalisierung des Zähl- und Messwesens ist dies vor allem der Beschluss über die „Festlegung zur Standardisierung von Verträgen und Geschäftsprozessen im Bereich des Messwesens"[254].

---

251 *BMWi*, Monatsbericht 11/2013, S. 17.
252 *Schäfer*, Effiziente Architekturen, S. 11.
253 Vgl. z.B. § 10 Abs. 1 EEG, der auf §§ 21b-h EnWG verweist.
254 *BNetzA*, Beschl. v. 9.9.2010, Az. BK6-09-034 und BK7-09-001 sowie Beschl. v. 28.10.2011, Az. BK6-11-150.

2. Begriff des Smart Metering

Die dargestellten Rechtsgrundlagen geben nur teilweise klare Definitionen für Smart Metering und die damit zusammenhängenden Prozesse her. Für ein eindeutiges Verständnis der Begrifflichkeiten ist es daher unerlässlich, auch auf andere Quellen zurückzugreifen.

a) Intelligentes Messsystem und Smart Meter

Zunächst enthielt das EnWG keine eindeutige Definition des *Messsystems*. Der Gesetzgeber hatte bewusst hierauf verzichtet, „um die technische Entwicklung nicht durch legislative Entscheidungen einzuschränken."[255] Allerdings ergab sich aus § 21b Abs. 3a und 3b EnWG a. F., dass es sich hierbei um Messeinrichtungen handeln soll, die dem jeweiligen Anschlussnutzer den tatsächlichen Energieverbrauch und die tatsächliche Nutzungszeit widerspiegelt.

Nach der Definition der EU-Kommission ist unter einem intelligenten Messsystem ein elektronisches System zu verstehen, welches neben der Messung des Verbrauchs verschiedener Versorgungssparten (z.B. Strom, Gas, Wasser) weitere Informationen als mit einem herkömmlichen Zähler bereitstellen kann und das die Fähigkeit zur Datenübertragung mittels elektronischer Kommunikation besitzt.[256]

Mit der EnWG-Novelle 2011 hat der Gesetzgeber sich für eine Legaldefinition entschieden, die die vorhergehende Beschreibung entscheidend erweitert. Ein *Messsystem* ist gem. § 21d Abs. 1 EnWG eine in ein Kommunikationsnetz eingebundene Messeinrichtung zur Erfassung elektrischer Energie, welches den tatsächlichen Energieverbrauch und die tatsächliche Nutzungszeit widerspiegelt. *Widerspiegeln* bedeutet, dass der Anschlussnutzer in der Lage sein muss, „eine Darstellung des Verbrauchs im Verhältnis zur Nutzungszeit relativ einfach einzusehen".[257]

§ 21d EnWG verfolgt das Ziel, den technikneutralen Ansatz des Gesetzes zu unterstreichen.[258] Messsysteme i.S.d. § 21d Abs. 1 EnWG gelten als *intelligent*, wenn sie aus einem Smart Meter Gateway[259] und mindestens einer daran angeschlossenen Messeinrichtung bestehen.[260] Die nunmehr gesetzlich determinierte Einbindung in das Kommunikationsnetz ist eine der wesentlichen Voraussetzungen für die Steuerung von intelligenten Netzen.[261]

Moderne Messsysteme bzw. *Smart Meter* sind dagegen solche Messsysteme, die zwar den tatsächlichen Energieverbrauch und die Nutzungszeit widerspiegeln, dabei

---

255 *Graßmann*, in: Köhler-Schute, Smart Metering, S. 217.
256 *EU-Kommission*, 2012/148/EU, Nr. 3 lit. b); Karg, DuD 2010, 365 (366).
257 *Graßmann*, in: Köhler-Schute, Smart Metering, S. 222.
258 RegBegr., BT-Drs. 17/6072, S. 80.
259 S. dazu unten Kap. 2 C.III.2.c).
260 *Ernst & Young*, KNA, S. 223.
261 *Dornseifer*, in: Aichele/Doleski, Smart Meter Rollout, S. 133.

jedoch nicht den Anforderungen des BSI-Schutzprofils und der Technischen Richtlinie entsprechen.[262]

Weder im EnWG selbst noch in der Gesetzesbegründung sind nähere Spezifizierungen für die Begriffe *tatsächlicher Energieverbrauch* und *tatsächliche Nutzungszeit* zu finden, sodass noch immer Rechtsunsicherheit besteht, wann eine Messeinrichtung diese Voraussetzungen erfüllt.[263] Hierzu hat die Bundesnetzagentur ein Positionspapier veröffentlicht, das als „Auslegungshilfe" für die erforderlichen Funktionalitäten eines Zählers nach § 21b Abs. 3a und 3b a.F. dient.[264]

Das Messsystem soll die „zeitnahe Beurteilung eines geänderten Verbrauchsverhaltens" ermöglichen, wie etwa bei der gleichzeitigen Verwendung mehrerer Geräte.[265] Dafür müssen dem Endverbraucher zeitnah Verbrauchsinformationen zur Verfügung gestellt werden. Dies ist etwa dann hinreichend erfüllt, wenn die Werte optisch über ein Web-Portal oder ein Display am Zähler optisch nachvollziehbar dargestellt werden; § 21d EnWG verlangt indes keine Perpetuierung der Messdaten – etwa in Form eines Papierausdrucks.[266] Nachträgliche Zusammenfassungen für einen bestimmten Verbrauchszeitraum sind solange hinreichend, wie sich daraus für den Letztverbraucher herleiten lässt, „warum sein Verbrauch zu einem bestimmten Zeitpunkt entsprechend hoch war".[267]

Nähere Anforderungen an Smart Meter werden in der EnWG-Novelle 2011 zwar angedeutet, die Konkretisierung der Mindestanforderungen an die Funktionalität und die Ausgestaltung der Messsysteme bleiben jedoch der zukünftigen Rechtsverordnung (§ 21i Abs. 1 Nr. 3 EnWG) bzw. einer Festlegung durch die Bundesnetzagentur (§ 21i Abs. 1 Nr. 5 EnWG) vorbehalten.[268]

b) Intelligenter Zähler

Der *intelligente Zähler* bildet eine Vorstufe zum intelligenten Messsystem. Er lässt sich definieren als aufrüstbare Messeinrichtung i.S.d. § 21c Abs. 5 EnWG, „die den tatsächlichen Energieverbrauch und die tatsächliche Nutzungszeit über ein integriertes oder ein abgesetztes Display widerspiegelt".[269] Gemeinsam mit einem Smart Meter Gateway kann er zu einem intelligenten Messsystem erweitert werden.

---

262 *Ernst & Young*, KNA, S. 224.
263 *Eder/vom Wege/Weise*, ZNER 2012, 59 (63).
264 Positionspapier zu den Anforderungen an Messeinrichtungen nach § 21b Abs. 3a und 3b EnWG der Bundesnetzagentur v. 23.6.2010; dazu eingehend: *Herzmann*, IR 2010, 218 ff.
265 *Eder/vom Wege*, IR 2008, 176 (179).
266 *Eder/vom Wege*, IR 2008, 176 (179).
267 *Eder/vom Wege*, IR 2008, 176 (179).
268 *Kühling/Rasbach*, RdE 2011, 332 (338).
269 *Ernst & Young*, KNA, S. 223.

c) Smart Meter Gateway und Gateway Administrator

Das *Smart Meter Gateway* ist gem. § 2 Nr. 5 MsysV-E die Kommunikationseinheit eines Messsystems, die ein oder mehrere Messeinrichtungen und weitere technische Einrichtungen wie insbesondere Erzeugungsanlagen nach dem EEG und dem KWKG sicher in ein Kommunikationsnetz einbinden kann und über Funktionalitäten zur Erfassung, Verarbeitung und Versendung von Messwerten verfügt.

Das Gateway gewährleistet eine sichere Kommunikation „zwischen Haushalt und externen berechtigten Marktteilnehmern".[270] Es zeichnet verantwortlich für die Sammlung und Weiterverarbeitung der Zählerdaten, ermöglicht die Kommunikation zwischen den Komponenten des *lokalen Messeinrichtungsnetzes (LMN)*[271], schützt Geräte im *lokalen Netz (LAN)*[272] gegen Angriffe[273] und stellt die erforderlichen *kryptographischen Primitive* zur Verfügung.[274]

Es wird von einem *Gateway Administrator* überwacht und kontrolliert. Dies ist gem. § 2 Nr. 6 MsysV-E eine natürliche oder juristische Person, die als verantwortlicher Messstellenbetreiber oder in dessen Auftrag für den technischen Betrieb des Messsystems verantwortlich ist. Der Administrator hat sowohl für Einbau und Betrieb als auch für Wartung und Konfiguration des Gateways Sorge zu tragen.[275] Regelmäßig wird die Rolle des Administrators vom Messstellenbetreiber wahrgenommen.[276]

Die technischen Einzelheiten zu den Geräten werden durch die BSI-Schutzprofile und die Technischen Richtlinien spezifiziert.[277]

Aus technischer Sicht ist mithin grundsätzlich genau zwischen den verschiedenen soeben erläuterten Begrifflichkeiten zu unterscheiden. Für die weitere (datenschutzrechtliche) Untersuchung ist dies jedoch nur ausnahmsweise erforderlich. Ohne eine genauere Unterscheidung der einzelnen Gerätetypen definiert auch die Art.-29-Datenschutzgruppe Smart Meter unter dem Stichwort *intelligente Verbrauchsmessgeräte*. Diese werden beschrieben als Geräte, die auf eine Zweiwegekommunikation ausgelegt sind und „die Möglichkeit für eine Fernkommunikation zwischen dem Messgerät und befugten Stellen wie Versorgern oder Netzbetreiben und befugten Dritten oder Energiedienstleistungsunternehmen bieten".[278]

---

270 *Düsseldorfer Kreis*, Orientierungshilfe, S. 6.
271 *Local Meteorological Network*: Netzwerk zum Energiemanagement, worüber die Smart Meter der lokalen Erzeuger und Verbraucher sowie ein Gateway zum Smart-Grid miteinander vernetzt sind.
272 *Local Area Network*.
273 Zu dieser Funktion vertiefend *Müller*, DuD 2011, 547 (548).
274 *BSI*, Security Module PP, BSI-CC-PP-0077 u. Smart Meter Gateway PP, BSI-CC-PP-0073; *Düsseldorfer Kreis*, Orientierungshilfe, S. 6.
275 *Düsseldorfer Kreis*, Orientierungshilfe, S. 7.
276 Auernhammer/*Heun*, EnWG, § 21g Rn. 39.
277 *BSI*, TR-03109.
278 *Art.-29-Gruppe*, WP 183, S. 4.

Im Folgenden werden die Begriffe *Smart Meter, intelligenter Zähler* und *intelligentes Messsystem* daher regelmäßig synonym verwendet.

3. Vorteile des Smart Metering

Intelligente Stromzähler bieten sowohl aus Anbieter- als auch aus Verbraucherperspektive viele Vorteile.

Zur Funktionsfähigkeit des Smart Grid müssen intelligente Stromzähler diverse Komponenten enthalten, die ein Lastmanagement ermöglichen.[279] Smart Meter vereinen dazu verschiedene Fähigkeiten:

Neben der Anzeige des aktuellen Tarifs und des Verbrauchs ermöglichen sie auch die Veranschaulichung des Verbrauchsverlaufs für eine bestimmte Periode, die programmierte Steuerung von einzelnen Haushaltsgeräten, die Erstellung von Abrechnungen sowie die Anzeige und Speicherung der selbst eingespeisten Energie. Darüber hinaus erlauben sie die automatische Zählerablesung durch den Energieversorger sowie die Vornahme eines Tarifwechsels.[280] Smart Meter können darüber hinaus Spannungsausfälle protokollieren sowie Netzknoten mit wichtigen Informationen wie Strom, Spannung und Frequenz versorgen, damit diese zeitgenau Erzeugung, Netzbelastung und Verbrauch weitgehend automatisiert aufeinander abstimmen können. Die detaillierten Lastprofile ermöglichen es dem Kunden, Informationen über die Höhe der eigenen Grundlast, der ökologischen und wirtschaftlichen Zweckmäßigkeit der Anschaffung eines Neugeräts abzurufen. Hierdurch ergibt sich zum einen ein Optimierungspotenzial bei der Verwendung einzelner Geräte, andererseits kann der Verbraucher dadurch Lastspitzen in Zeiten günstigerer, tageszeitabhängiger Tarife verschieben.[281]

Die Verkürzung der Abrechnungsintervalle führt im Vergleich zur Jahresablesung zu einer erhöhten Transparenz. Denn es wird eine verbrauchsgenaue und zeitraumbezogene Messung ermöglicht. Durch die detaillierteren und zeitnäheren Abrechnungen lassen sich einerseits größere Nachzahlungen oder Erstattungen vermeiden, andererseits wird die höhere Rechnungstransparenz vermutlich zu größerer Klarheit und damit zu einer Verringerung von Nachfragen und Reklamationen durch Endkunden führen.[282] Die Kunden können die Verbrauchsdaten speichern und für ihre Zwecke auswerten und erlangen so Kenntnis über ihren aktuellen Verbrauch. Dieses Wissen ermöglicht es den Endkunden, ihre Lebensgewohnheiten entsprechend anzupassen und dadurch ihren Stromverbrauch zu minimieren. Darüber hinaus können sie sich verschiedene Tarifoptionen anzeigen lassen und diese nach

---

279 *Haubrich*, in: Britz/Eifert/Reimer, Energieeffizienzrecht, S. 229.
280 *Hanifor*, Intelligente Zähler, www.geldsparen.de/sparen/Energie/strom-mit-intelligenten-zaehler-sparen.php.
281 *Müller*, DuD 2010, 359 (361).
282 *Bachor/Weidtmann*, in: Wernekinck/Burger, Smart Metering, S. 70; *Habeck/Lindwedel/Laue*, ET 1+2/2009, 95 (96).

ihren Vorlieben verwalten.[283] Hierdurch ergibt sich ein großes energetisches und finanzielles Einsparpotenzial auf Kundenseite.[284] Kunden erhalten einen finanziellen Anreiz, ihren Stromverbrauch in andere Zeiten zu verschieben.[285]

Die herkömmliche jährliche Ablesung des Energieverbrauchs wird dagegen heute als unzeitgemäß erachtet.[286] Ein Vergleich zu anderen Dienstleistungen bzw. Produkten lässt eine jährliche Abrechnung dem Kunden gegenüber unzumutbar erscheinen: Ein Supermarkt, dessen Produkte keine Preisschilder haben und stattdessen dem Kunden am Jahresende eine Endabrechnung *Lebensmittelkonsum 2014* zur Verfügung stellen, würde mit großer Wahrscheinlichkeit schnell sein Geschäft aufgeben müssen.[287] Warum ausgerechnet im Energiesektor noch immer etwas anderes gilt, ist nicht nachvollziehbar.

Im Vergleich zu Ferraris-Zählern weisen elektronische Zähler eine geringere Eigenleistung auf, was im Hinblick auf die ca. 50 Millionen Zähler in deutschen Haushalten ein nicht unerhebliches Einsparpotenzial darstellt.[288] Dies wird sich ab dem Zeitpunkt positiv auswirken, ab dem sich die Kosten für die eingebauten neuen Zähler amortisiert haben. Kunden werden mittelfristig neue und damit effizientere Haushaltsgeräte anschaffen. Selbst wenn die Einspareffekte durch die Herstellung, den Vertrieb und den Einbau neuer Geräte zunächst zu erhöhten CO_2-Emissionen führen, soll hiermit langfristig eine verstärkte Energieeinsparung einhergehen. Die Effizienz neuer Geräte soll auch zur Schonung des Stromnetzes beitragen, die wiederum zu einer Verbesserung der Versorgungsstabilität führe.[289]

Die bisherigen Stromzähler sind oftmals außerhalb von Wohnungen oder zumindest hinter einer Verkleidung angebracht; die Kenntnisnahme der darauf angezeigten Zählerwerte erfordert ein *aktives* Interesse des Nutzers.[290] Durch die proaktive Einbindung des Kunden in das Gesamtsystem soll dieses Interesse geweckt und ihm dadurch ein Anreiz zum Energiesparen geboten werden.[291]

Falls die dadurch bewirkte Verringerung der Spitzenlast nicht vollumfänglich durch einen Anstieg der Stromnachfrage in Grundlastperioden kompensiert wird, kann dies idealerweise zu einer „absoluten" Reduktion des Stromverbrauchs führen.[292] Intelligente Zähler sollen helfen, den Stromverbrauch um fünf bis zehn Prozent zu senken, ohne dass der Einzelne seinen Lebensstil stark verändern müsse.[293] Es wird geschätzt, dass allein durch die „Visualisierung des tatsächlichen

---

283 *Dobler/Wolf*, Versorgungswirtschaft 3/2010, 54.
284 *Hollmann*, in: Köhler-Schute, Smart Metering, S. 186.
285 *Benz*, ZUR 2008, 457 (458); *Gómez Mármol et al.*, Int. J. Inf. Secur. Vol. 12/2, 67.
286 *Orlamünder*, SR 85, S. 4 u. 36.
287 *Kempton/Layne*, Energy Policy 1994, 857; *Praetorius et al.*, Innovation, S. 116.
288 *Benz*, ZUR 2008 457 (459).
289 *Hackbarth et al.*, ET 11/2008, 70; *Windoffer/Groß*, VerwArch 2012, 491 (493).
290 *Praetorius et al.*, Innovation, S. 116.
291 *Güneysu/Wieser*, ZNER 2011, 417 (418).
292 *Hackbarth et al.*, ET 11/2008, 70.
293 *Becker*, FAZ v. 2.5.11, S. 16.

Energieverbrauchs" der Energieverbrauch in Deutschland jährlich um ca. 9,5 TWh gesenkt werden kann.[294]

Schließlich bieten die intelligenten Geräte für den Endkunden eine deutliche Komfortverbesserung.[295] Denn aus einem optimierten Serviceangebot ergeben sich verbesserte Bewertungs- und Auswahlmöglichkeiten für Energiedienstleistungen und -lieferanten.[296] Außerdem kann der Kunde „eine genauere Abrechnung, eine flexiblere Zahlungsweise sowie eine schnellere Reaktion bei Ausfällen und Störungen einfordern und erwarten".[297]

Schließlich ist davon auszugehen, dass die Tarifstruktur massiv ausgeweitet wird. Ob hierdurch eine ähnlich verwirrende Tarifvielfalt entsteht, wie es nach der Liberalisierung des Telekommunikationsmarktes geschehen ist, bleibt abzuwarten. Der Vergleich mit dem liberalisierten Telekommunikationssektor zeigt jedenfalls, dass der Wettbewerb zu sinkenden Preisen beim Kunden führen kann, sofern dieser die Möglichkeit eines Anbieterwechsels wahrnimmt.[298]

Auch für die Anbieter auf dem Strommarkt birgt Smart Metering zahlreiche Vorteile.

Wie oben erläutert[299] basiert das Lastmanagement der Energieversorgungsunternehmen heutzutage größtenteils auf statistischen Erfahrungswerten und Standardlastprofilen. Beides bietet keine hohe Zuverlässigkeit für die Lastplanung. Durch die Einbindung von Smart Metern gewinnt der Energieversorger wertvolle Informationen über das Verbrauchsverhalten seiner Kunden. Hierdurch wird die Prognosefähigkeit verbessert, wodurch wiederum präzisere Standardlastprofile ermöglicht werden.[300] Folge dessen ist ein wesentlich effizienteres Lastmanagement. Der Versorger wird befähigt, die Auslastung seiner Kraftwerke zu optimieren, weniger kostenintensive Regelenergie vorhalten zu müssen und Lastspitzen zu vermeiden.[301] Hierdurch wird sowohl die Netzlast als auch die Netzbetriebsführung verbessert.[302]

Die Versorger können durch die kleinteilige Auswertung des Stromverbrauchs genauer ermitteln, zu welchen Zeiten der Energieverbrauch regelmäßig seinen Höchststand erreicht und werden dadurch in die Lage versetzt, dem Kunden Kostenanreize zu geben, damit dieser auf Nebenzeiten ausweicht.[303]

---

294 *wik-Consult*, eEnergy-Studie 2006, S. 119.
295 Dazu: *Glanz/Jung*, Machine-to-Machine-Kommunikation, S. 64 f.
296 *Habeck/Lindwedel/Laue*, ET 1+2/2009, 95 (96).
297 *Habeck/Lindwedel/Laue*, ET 1+2/2009, 95 (96).
298 *Dewenter/Haucap*, ZfWp 2004, 374 (385).
299 S. dazu oben Kap. 2 B.III.3.a).
300 *Fox*, DuD 2010, 408; *Gómez Mármol et al.*, IEEE CM 2012, 166; *Hackbarth et al.*, ET 11/2008, 70 (71).
301 *Hackbarth et al.*, ET 11/2008, 70 (71); *Windoffer/Groß*, VerwArch 2012, 491 (492).
302 *Hollmann*, in: Köhler-Schute, Smart Metering, S. 186.
303 *Mulligan/Wang/Burstein*, Privacy in the Smart Grid, S. 20; *Güneysu/Wieser*, ZNER 2011, 417 (418); *Jeske*, DuD 2011, 530; *McDaniel/McLaughlin*, IEEE Security & Privacy 3/2009, 75.

Darüber hinaus sind auch rein betriebswirtschaftliche Vorteile zu erkennen. Dies ist zum einen die optimierte Anlagenauslastung und zum anderen das verbesserte Wartungsmanagement.[304] Dadurch dass Smart Meter per Fernablese ausgewertet werden können, sparen die Energieversorger Kosten für Außendienstmitarbeiter. Heutzutage ist es üblich, dass die Ablesungen an spezialisierte Dienstleister outgesourct werden. Durch die Fernablesung können diese Kosten eingespart werden. Außerdem erlauben Smart Meter den Grundversorgern ein effizienteres Leerstandmanagement. Bei leer stehenden Gebäuden kann der Anbieter aus der Ferne den Zähler stilllegen und so sicherstellen, dass die Entnahme von Energie fortan nur nach der Anmeldung durch einen Neukunden erfolgen kann.[305]

Weiterhin bieten sich verbesserte Marketingmöglichkeiten. Viele Kunden widersprechen der Zusendung von Werbung durch ihren Energieversorger; die Übersendung von Rechnungen lässt sich hingegen nicht vermeiden. Wenn die Anbieter nun durch die Verringerung des Ableseintervalls in kürzeren Abständen Abrechnungen an die Kunden verschicken, ist dadurch eine höhere Kundenbindung möglich, ohne dass dafür Werbung versandt werden muss.[306] Weiterhin profitiert der Stromversorger davon, dass er zusätzliche Informationen über den Kunden erhält: Er kann diesem speziell auf ihn abgestimmte Tarifmodelle anbieten und hierdurch die Kundenbindung erhöhen.[307] Schließlich können über Mehrwertdienste, sogenannte *Value Added Services*, zusätzliche Märkte erschlossen und Umsätze generiert werden.[308] Zu erwarten sind des Weiteren Erleichterungen im Forderungsmanagement sowie beim Abrechnungsvorgang.[309] Denn die Notwendigkeit von manuellen Messungen und Kontrollen wird – abgesehen von wenigen Ausnahmen – ebenso entfallen wie Verbrauchsschätzungen, die sowohl auf Anbieter- als auch auf Kundenseite ein hohes Kalkulationsrisiko bergen.[310]

---

304 *Bachor/Weidtmann*, in: Wernekinck/Burger, Smart Metering, S. 73.
305 *Eder/vom Wege*, IR 2008, 50.
306 *Habeck/Lindwedel/Laue*, ET 1+2/2009, 95 (96).
307 *Windoffer/Groß*, VerwArch 2012, 491 (493).
308 *Bachor/Weidtmann*, in: Wernekinck/Burger, Smart Metering, S. 72.
309 *Habeck/Lindwedel/Laue*, ET 1+2/2009, 95 (96).
310 *Bachor/Weidtmann*, in: Wernekinck/Burger, Smart Metering, S. 71.

Kapitel 3: Datenschutzrechtliche Einordnung

Das Datenschutzrecht hat im Bereich der Energieversorgung bislang eine eher untergeordnete Rolle gespielt; ihm wurde daher naturgemäß keine besondere Aufmerksamkeit zuteil.

Die mangelnde Fokussierung auf dieses Rechtsgebiet liegt vor allem darin begründet, dass Rechtsgeschäfte im Zusammenhang mit Energiedienstleistungen im derzeitigen System weitgehend ohne Verarbeitung personenbezogener Daten auskommen. Diejenigen Daten, die bisher bei der Durchführung und Abrechnung von Stromversorgungsverträgen anfallen, sind überschaubar und unterscheiden sich nicht wesentlich von den Datensätzen, die zur Abwicklung zahlreicher anderer Vertragsverhältnisse erforderlich sind.[311]

Mit Blick auf die Entwicklung hin zu Smart Grids nimmt die Bedeutung des Datenschutzrechts nunmehr jedoch immens zu. Denn neben zahlreichen energie- und umweltrechtlichen, sozialen sowie (informations-)technischen Begleitrisiken gehen mit der Etablierung eines intelligenten Stromnetzes vielfältige datenschutzrechtliche Gefahren einher.

A. Anwendbarkeit des Datenschutzrechts

Vor einer Einordnung und Bewertung der datenschutzrechtlichen Probleme, die im Zusammenhang mit dem Smart Grid bestehen, stellt sich die Frage, auf welche Rechtsfragen das Datenschutzrecht überhaupt anwendbar ist und welchem Regelungsregime diese jeweils unterfallen.

I. Anwendbarkeit des Datenschutzrechts auf den Smart-Meter-Rollout

Für den weiteren Verlauf der Arbeit ist aus datenschutzrechtlicher Perspektive zwischen dem Rollout der intelligenten Stromzähler sowie den darauffolgenden Datenverarbeitungsmaßnahmen zu unterscheiden.

Wie bereits erläutert, verpflichtet der abschließende Katalog des § 21c Abs. 1 lit. a)-c) EnWG die Messstellenbetreiber zum Einbau von intelligenten Stromzählern in bestimmten Gebäuden.[312] Der flächendeckende Rollout ist gem. § 21c Abs. 1 lit. d) EnWG an die Bedingung geknüpft, dass ein Einbau in sonstigen Gebäuden technisch möglich und wirtschaftlich vertretbar ist.

Beim Rollout bzw. dem damit einhergehenden Einbau der Smart Meter handelt es sich im Vergleich zur späteren Nutzung lediglich um eine *vorbereitende Maßnahme*.

---

311 *Jandt*, in: Roßnagel, Nutzerschutz, S. 40.
312 S. Kap. 2 C.III.1.b)aa).

Denn mit dem Zählereinbau an sich ist noch keine Datenverarbeitung verbunden.[313] Fraglich ist daher, ob durch die Verpflichtung zum Rollout bzw. dessen tatsächliche Umsetzung für sich genommen schon datenschutzrechtliche Belange betroffen sind.

Der Sinn und Zweck des Datenschutzrechts liegt gem. § 1 Abs. 1 BDSG darin, den Einzelnen vor Beeinträchtigungen zu schützen, die durch den Umgang mit seinen Daten drohen. Nach § 1 Abs. 2 BDSG gilt das Gesetz für die Erhebung, Verarbeitung und Nutzung personenbezogener Daten. Die erste Stufe einer (gesetzlich geschützten) Datenverarbeitung ist die Datenerhebung, welche gem. § 3 Abs. 3 BDSG das Beschaffen von Daten über einen Betroffenen voraussetzt. Das Erheben von Daten setzt ein aktives Handeln der datenverarbeitenden Stelle voraus.[314] Rein vorbereitende Maßnahmen fallen nicht hierunter. Durch den Einbau der Smart Meter werden noch keine Daten erhoben, sondern es wird lediglich die Grundlage hierfür geschaffen. Die Installation eines technischen Geräts zum Empfang von Daten genügt noch nicht den Anforderungen an eine Datenverarbeitungsmaßnahme i. S. d. § 3 Abs. 2–5 BDSG.[315] Es ist mithin nicht einmal die erste „Datenverarbeitungsstufe" erreicht.

Zwar werden beim Vertragsschluss, der sich auf Einbau des Smart Meters bezieht, auch personenbezogene Daten erhoben und verarbeitet; hier bestehen jedoch keine wesentlichen Unterschiede im Vergleich zu einem derzeit üblichen Vertragsschluss mit einem Energieversorgungsunternehmen.

Es fehlt daher an der datenschutzrechtlichen Relevanz, welche erst dann entsteht, wenn die Geräte dazu eingesetzt werden, tatsächlich Daten zu erheben. Aus datenschutzrechtlicher Perspektive bildet der Rollout mithin eine Art „Vorstufe" zu den Problemen, die durch die spätere Verwendung der Messeinrichtungen entstehen. Das bedeutet, dass der Einbau von intelligenten Stromzählern datenschutzrechtlich zunächst unbedenklich ist, weil daraus noch keine direkten datenschutzrechtlichen „Konsequenzen" folgen. Entscheidend ist daher nicht die Frage, ob ein Smart Meter in einem Gebäude eingebaut wird, sondern vielmehr auf welche Art und Weise das Gerät später eingesetzt wird. So entschied auch das *AG Dortmund*, dass der Einbau eines Heizkostenmessgerätes noch nicht dazu geeignet sei, den betroffenen Bewohner datenschutzrechtlich zu beeinträchtigen.[316] Der dagegen erhobene Einwand, dass „Einbau und Einsatz der Geräte" „immer im Kontext geprüft werden" müssten[317], geht fehl. Denn selbst wenn mit dem Einbau der Geräte bereits konkret bestimmte Datenverarbeitungsprozesse geplant sind, ist deren Rechtmäßigkeit erst dann justiziabel, wenn die Datenverarbeitung tatsächlich erfolgt.

Daraus folgt, dass der Rollout für sich genommen das Datenschutzrecht nicht tangiert.

---

313 *Göge/Boers*, ZNER 2009, 368 (369).
314 Taeger/Gabel/*Buchner*, BDSG, § 3 Rn. 26.
315 DKWW/*Weichert*, BDSG, § 3 Rn. 31.
316 AG Dortmund, ZD 2014, 151 (152) – aufgehoben durch LG Dortmund, Urt. v. 28.10.2014, Az. 9 S 1/14.
317 *Brink*, ZWE 2014, 75 (76).

II. Subsidiarität gegenüber sektorspezifischem Recht (§ 1 Abs. 3 BDSG)

Nach der Vorrangklausel des § 1 Abs. 3 S. 1 BDSG ist das BDSG nur dann anwendbar, wenn ihm kein spezielleres Bundesrecht vorgeht. *Rechtsvorschriften des Bundes* i. S. d. § 1 Abs. 3 S. 1 BDSG sind neben formellen Gesetzen auch Rechtsverordnungen und Satzungen des Bundes.[318] Durch Landesrecht wird die Anwendbarkeit des BDSG nicht ausgeschlossen, sofern nicht nach § 1 Abs. 2 u. 3 und § 12 BDSG eine Zuständigkeit des Landesgesetzgebers besteht *und* dieser ein entsprechendes Gesetz erlassen hat.[319] Die Anwendbarkeit des BDSG hängt mithin davon ab, ob für die jeweilige Rechtsfrage sektorspezifisches Bundesrecht existiert. Diesem gegenüber wäre das BDSG subsidiär. Das BDSG bleibt immer soweit „lückenfüllend" anwendbar wie ein anderes Bundesgesetz keine fach- oder bereichsspezifische Datenschutzregelung für denselben Sachverhalt enthält.[320]

Die Subsidiarität des BDSG besteht allerdings nur, wenn und soweit die konkurrierende Norm deckungsgleich ist; es muss Tatbestandskongruenz vorliegen.[321] Dies bedeutet, dass der Regelungsgegenstand des BDSG inhaltlich von einer spezielleren Regelung umfasst wird.[322] Darüber hinaus muss die bereichsspezifische Vorschrift eindeutig Aspekte des Datenschutzes regeln.[323] Sofern die vorgenannten Voraussetzungen erfüllt sind, ist es für die Anwendbarkeit der Subsidiaritätsklausel irrelevant, welche Rechtsvorschrift älter oder enger ist.[324]

Selbst bei Vorliegen „tatbestandlicher Kongruenz" wird das BDSG aber nur dann von dem spezielleren Gesetz verdrängt, wenn dieses bestimmte Anforderungen erfüllt: In der konkurrierenden Norm müssen eindeutig Art, Zweck und Umfang der zu sammelnden Daten genannt sein.[325] Die Vorschrift muss dem Gebot der Normenklarheit genügen und dem Betroffenen in nachvollziehbarer Weise den Ablauf des Verarbeitungsprozesses und die Voraussetzungen sowie den Umfang

---

318 *Bergmann/Möhrle/Herb*, BDSG, § 4 Rn. 19; DKWW/*Weichert*, BDSG, § 1 Rn. 12; *Plath*, BDSG, § 1 Rn. 35; Simitis/*Dix*, BDSG, § 1 Rn. 165.
319 Erbs/Kohlhaas/*Ambs*, BDSG, § 1 Rn. 17; *Gola/Schomerus*, BDSG, § 1 Rn. 23; Taeger/Gabel/*Schmidt*, BDSG, § 1 Rn. 33.
320 DKWW/*Weichert*, BDSG, § 1 Rn. 13; *Wilms*, ELENA, S. 109.
321 Gierschmann/Saeugling/*Gierschmann/Thoma*, BDSG, § 1 Rn. 27; *Gola/Schomerus*, BDSG, § 1 Rn. 24; Taeger/Gabel/*Schmidt*, BDSG, § 1 Rn. 34.
322 DKWW/*Weichert*, BDSG, § 1 Rn. 13.
323 *Plath*, BDSG, § 1 Rn. 36.
324 DKWW/*Weichert*, BDSG, § 1 Rn. 13; *Gola/Schomerus*, BDSG, § 1 Rn. 24; *Plath*, BDSG, § 1 Rn. 36; Simitis/*Dix*, BDSG, § 1 Rn. 169; Taeger/Gabel/*Schmidt*, BDSG, § 1 Rn. 34.
325 *Gola/Schomerus*, BDSG, § 4 Rn. 8; Simitis/*Sokol*, BDSG, § 4 Rn. 14; *Windoffer/Groß*, VerwArch 2012, 491 (504).

seines Entscheidungsvorrechts zu erkennen geben.[326] Der Gesetzgeber muss dabei den spezifischen Zweck der im Einzelnen angestrebten Regelung ebenso präzise beschreiben wie die für dessen Verwirklichung erforderlichen Daten.[327]

Eine schlichte Beschreibung der Aufgaben, für deren Erfüllung die Verarbeitung der Daten erforderlich ist genügt hierfür genauso wenig wie eine Vorschrift, die eine Datenverarbeitung stillschweigend voraussetzt.[328] Daraus folgt, dass es nicht hinreichend ist, wenn die Norm lediglich eine Aufgabenzuweisung darstellt, ohne den dafür notwendigen Umgang mit den personenbezogenen Daten in Art und Umfang näher zu beschreiben.[329] Derartige Normen können lediglich als Auslegungshilfe bzw. zur Ausfüllung der Erlaubnistatbestände des BDSG herangezogen werden.[330]

Fraglich ist, ob für den Bereich des Smart Grid und Smart Metering die Regelungen des BDSG (zumindest teilweise) durch spezialgesetzliche Normen verdrängt werden, oder ob es bei der Anwendbarkeit des BDSG bleibt.

Als Spezialgesetze kommen dabei energie- und telekommunikationsrechtliche Vorschriften in Betracht.

1. EnWG

Bis zur EnWG-Novelle 2011 fehlte es an spezifischen energierechtlichen Datenschutzvorschriften. Bis dahin war mangels originärer Datenschutzvorschriften auf Sachverhalte, welche die Verarbeitung von Energiedaten betrafen, ausschließlich das allgemeine Datenschutzrecht anwendbar.

Angesichts der sich seit einigen Jahren verändernden Energieinfrastruktur und der fortschreitenden Entwicklung hin zum Smart Grid wurde dieser Zustand von vielen als unbefriedigend bemängelt, da es für alle Akteure erforderlich sei, Rahmenbedingungen für eine rechtssichere Ausgestaltung für Geschäftsmodelle zu bieten, die mit den modernen Grid-Technologien verbunden sind.[331] Die Kritik ging vielfach mit der Forderung nach einer Ergänzung des Energierechts um sektorspezifische

---

326 BVerfG in st. Rspr.: BVerfGE 65, 1 (44) = NJW 1984, 419 – *Volkszählung*, 92, 191 (197) = NJW 1995, 3110 – *Personalienangabe* und 113, 29 (50) = NJW 2005, 1917 – *Anwaltsdaten;* BVerwGE 84, 375 = *NJW 1990, 2761 (2763);* BayVerfGH BayVBl 1985, 652 (653); Jarass/Pieroth, GG, Art. 2 Rn. 59; *Maunz/Dürig/Di Fabio,* GG, Art. 2 Abs. 1 Rn. 182; *Simitis,* BDSG, § 1 Rn. 100; *Roßnagel/Pfitzmann/Garstka,* Modernisierung, S. 52 ff.; *Scholz/Pitschas,* Inf. Sb., S. 30 f.; *Simitis,* NJW 1984, 394 (400).
327 BVerfGE 65, 1 (44, 46) = NJW 1984, 419 – *Volkszählung;* 113, 29 (51) = NJW 2005, 1917 – *Anwaltsdaten;* 113, 348 (377 ff.) = *NJW 2005, 2603 – Vorbeugende Telekommunikationsüberwachung; Donos,* Datenschutz , S. 162 ff; *Simitis,* BDSG, § 1 Rn. 100; *ders.,* NJW 1984, 394 (402).
328 *Bergmann/Möhrle/Herb,* BDSG, § 4 Rn. 17; *Gola/Schomerus,* BDSG, § 4 Rn. 8; *Güneysu/Vetter/Wieser,* DVBl 2011, 870 (873).
329 *Simitis/Sokol,* BDSG, § 4 Rn. 15.
330 *Schaffland/Wiltfang,* BDSG, § 4 Rn. 3.
331 So *Wiesemann,* MMR 2011, 213 (214).

Regelungen zum Datenschutzrecht einher.[332] Mit der Implementierung diverser Regelungen im EnWG kam der Gesetzgeber diesen Forderungen entgegen. Fraglich ist nunmehr, inwieweit diese (neuen) Datenschutzregelungen des EnWG die allgemeinen Befugnisnormen des BDSG verdrängen.

a) § 21c EnWG

Die neu eingefügte Regelung in § 21c EnWG normiert lediglich die Verpflichtung der Messstellenbetreiber zum Einbau intelligenter Zähler.[333] Hierbei wird jedoch nicht konkretisiert, ob, wie und zu welchem Zweck der Umgang mit personenbezogenen Daten zulässig ist.[334] Dies wird bestenfalls stillschweigend vorausgesetzt, was gerade nicht den oben beschriebenen Anforderungen an eine Rechtsgrundlage i.S.d. §§ 1 Abs. 3, 4 Abs. 1 BDSG genügt.

b) § 21g EnWG

Durch die EnWG-Novelle 2011 wurde das Gesetz um die zentrale Datenschutznorm in § 21g EnWG ergänzt. § 21g Abs. 1 EnWG regelt die Rechtmäßigkeit verschiedener Datenverarbeitungsvorgänge für personenbezogene Daten „aus dem Messsystem oder mit Hilfe des Messsystems" und beschränkt diese auf die in dem abschließenden Katalog (Nr. 1–8) genau definierten Zwecke. Die Erhebung, Verarbeitung und Nutzung von Daten ist nur dann zulässig, wenn sie einer der im Katalog genannten Tätigkeiten dient.

Darüber hinaus ist in § 21g Abs. 6 EnWG vorgesehen, dass „Näheres" in einer Rechtsverordnung nach § 21i Abs. 1 Nr. 4 EnWG zu regeln sei. Durch diese Vorschrift wird die Bundesregierung ermächtigt, im Einvernehmen mit dem Bundesrat den datenschutzrechtlichen Umgang von personenbezogenen Daten zu regeln, die bei einer leitungsgebundenen Versorgung der Allgemeinheit mit Elektrizität anfallen.

In § 21g EnWG ist einerseits geregelt, wer für den Datenumgang zuständig ist; andererseits enthält die Norm eine allgemeine Beschreibung des Umfangs und Zwecks der Datenverarbeitung.

Gerade im Hinblick auf die zukünftige Rechtsverordnung ist zweifelhaft, ob diese generelle Aufgabenbeschreibung genügt. Denn es fehlt unter anderem an Regelungen zum Schutz der personenbezogenen Daten, zu den Grenzen der Erhebung, zur allgemeinen Zweckbindung oder zur Speicherdauer.[335] All diese Aspekte sollen erst im Rahmen der Rechtsverordnung geregelt werden. Der erforderliche Regelungsumfang einer bereichsspezifischen Datenschutznorm ergibt sich aus den spezifischen Anforderungen des jeweiligen Verarbeitungszusammenhangs.[336]

---

332 Etwa BerlKommEnR/*Lorenz/Raabe*, EnWG, § 21g Rn. 3; *Raabe*, DuD 2010, 379 (386); *Roßnagel/Jandt*, SR 88, S. 38 ff.; *Wiesemann*, MMR 2011, 213 (214).
333 Vgl. dazu Kap. 2 C.III.1.b)aa).
334 *Güneysu/Vetter/Wieser*, DVBl 2011, 870 (873).
335 *Windoffer/Groß*, VerwArch 2012, 491 (505).
336 *Simitis*; BDSG, Einl. Rn. 49.

Die beim Smart Metering erhobenen Energiedaten sind von erheblicher datenschutzrechtlicher Relevanz, betreffen sie doch höchstpersönliche Lebensbereiche der betroffenen Anschlussnutzer.[337] Hieraus folgt, dass die Anforderungen an die Spezialnorm besonders hoch sind. Es wäre insofern eine konkrete Benennung der zu erhebenden Daten genauso erforderlich wie eine Regelung zur Dauer der Speicherung oder zu Sicherheitsmechanismen.[338] Hieran fehlt es in § 21g EnWG. Statt konkrete Regelungen hinsichtlich dieser offenen Punkte zu schaffen, beschränkt sich der Gesetzgeber auf rudimentäre Regeln zur Verarbeitung von Energiedaten und verweist im Übrigen auf den Erlass der Verordnung.

Hinsichtlich der zu schaffenden Verordnung hat der Gesetzgeber eine Vielzahl von Vorgaben zu verschiedenen datenschutzrechtlichen Grundprinzipien gemacht, die es einzuhalten gilt. § 21g Abs. 6 S. 3 EnWG legt etwa fest, dass die Vorschriften der Verordnung den Grundsätzen der Datensparsamkeit und dem Zweckbindungsgrundsatz Rechnung zu tragen haben. § 21g Abs. 6 S. 4 EnWG schreibt vor, dass die Belieferung mit Energie nicht von der Angabe von personenbezogenen Daten abhängig gemacht werden darf, die hierfür nicht erforderlich sind. § 21g Abs. 6 S. 7 EnWG verpflichtet den Verordnungsgeber außerdem dazu, Höchstfristen für die Datenspeicherung festzulegen sowie einen angemessenen Ausgleich der berechtigten Interessen von Unternehmen und Betroffenen vorzunehmen. Darüber hinaus sollen nach § 21g Abs. 6 S. 8 EnWG die Eigenschaften und Funktionalitäten von Messsystemen sowie Speicher- und Verarbeitungsmedien datenschutzgerecht geregelt werden. Die Tatsache, dass diese wesentlichen Datenschutzgrundsätze erst im Rahmen der Verordnung verankert werden sollen, zeigt, dass § 21g EnWG diese Grundsätze nicht (hinreichend) regelt. Dies verdeutlicht, dass der Gesetzgeber bereits bei der Novellierung des EnWG erkannt hat, dass die datenschutzrechtlichen Belange vom Regelungsumfang des § 21g EnWG nicht zureichend abgedeckt sind und es daher der Verordnung bedarf.

Angesichts der Fülle an Inhalten, die im Rahmen der Rechtsverordnung geregelt werden sollen, zeigt sich, dass die Norm des § 21g EnWG sowohl von ihrem Umfang als auch von ihrer Regelungstiefe nicht suffizient ausgestaltet ist. § 21g EnWG ist mithin zu unbestimmt und entspricht daher nicht den zuvor dargestellten Anforderungen des § 1 Abs. 3 BDSG an eine derogierende Spezialnorm.[339]

Schließlich bestehen auch Zweifel hinsichtlich der Verfassungsmäßigkeit von § 21g EnWG. Die Tatsache, dass der Gesetzgeber mit dem Verweis auf die zu schaffende Verordnung wesentliche Entscheidung an die Exekutive delegiert hat, ist mit der Lehre vom *Vorbehalt des Gesetzes* bzw. der vom Bundesverfassungsgericht entwickelten *Wesentlichkeitstheorie*[340] nicht in Einklang zu bringen. Der Vorbehalt

---

337 Dazu ausführlich Kap. 4 A.II.
338 *Windoffer/Groß*, VerwArch 2012, 491 (505).
339 *Windoffer/Groß*, VerwArch 2012, 491 (505 f.).
340 BVerfG in st. Rspr, BVerfGE 49, 89 (126 f.) = NJW 1979, 359 (360) – *Kalkar I.*; 101, 1 (34) = NJW 1999, 3253 (3254) – *Legehennenverordnung*.

des Gesetzes ergibt sich aus dem Rechtstaats- und Demokratieprinzip und schreibt vor, dass bestimmte Grundrechtseingriffe einer parlamentarischen Grundlage bedürfen.[341] Auch für Eingriffe in das allgemeine Persönlichkeitsrecht bzw. in das sich daraus ergebende Recht auf informationelle Selbstbestimmung aus Art. 2 Abs. 1 i. V. m. Art. 1 Abs. 1 GG ist stets eine spezielle gesetzliche Grundlage in Form eines Parlamentsgesetzes erforderlich.[342] Da die datenschutzrechtlichen Regelungen in § 21g EnWG unmittelbar das Grundrecht auf informationelle Selbstbestimmung tangieren,[343] ist der Gesetzgeber dazu berufen, die Bedingungen eines möglichen Eingriffs in das Grundrecht selbst festzulegen und es nicht auf den Verordnungsgeber zu übertragen. Zwar ist das EnWG ein Parlamentsgesetz; bedeutende – die Datenverarbeitung betreffende – Aspekte sind jedoch einer Regelung im Rahmen der ergänzenden Rechtsverordnung vorbehalten und erfüllen mithin nicht den Vorbehalt des Gesetzes.[344] Auch diese verfassungsrechtlichen Bedenken sprechen gegen die Anwendbarkeit von § 21g EnWG.

c) §§ 21h und 21i EnWG

Ergänzend ermächtigt § 21i Abs. 1 Nr. 4 EnWG die Bundesregierung dazu, mit Zustimmung des Bundesrates genauere Regelungen zum „datenschutzrechtlichen Umgang mit [...] anfallenden personenbezogenen Daten nach Maßgabe von § 21g zu regeln". Die Verordnung ist bislang noch nicht ergangen.

Diese Verordnungsermächtigung ist indes keine Datenschutzregelung i.S.e. Erlaubnisnorm und stellt daher keine derogierende Spezialregelung zum BDSG dar.

Dasselbe gilt für § 21h EnWG, welcher zwar Informationspflichten der zum Datenumgang berechtigten Stelle regelt, dabei jedoch keine Rechtfertigung für Datenverarbeitungsmaßnahmen enthält.

2. MessZV und StromGVV

Die MessZV enthält in den §§ 4, 9 und 12 Regelungen hinsichtlich der Übertragung von Daten zwischen Netzbetreiber und Messstellenbetreiber/Messdienstleister sowie an Energielieferanten, Netz- und Anschlussnutzer. Auch Rechtsverordnungen können unter bestimmten Bedingungen eine verdrängende Wirkung haben.[345] In Betracht kommt insbesondere § 4 Abs. 1 Nr. 4, Abs. 3 und Abs. 4 MessZV. Die sich daraus ergebende gesetzliche Verpflichtung regelt zwar indirekt eine Datenübermittlung

---

341 BeckOK GG/*Huster/Rux*, Art. 20 Rn. 172 ff.; Maunz/Dürig/*Herzog/Grzeszick*, GG, Art. 20 Rn. 75.
342 BVerfG in st. Rspr., zuletzt BVerfGE 120, 378 (401) = NJW 2008, 1505 (1514) – *Automatisierte Kennzeichenerfassung*; *Jarass*/Pieroth, GG, Art. 2 Rn. 58; von Münch/ Kunig, GG, Art. 2 Rn. 80 ff.
343 S. dazu ausführlich Kap. 4 C.II.2.
344 In diesem Sinne auch *Lüdemann/Jürgens/Sengstacken*, ZNER 2013, 592 (594).
345 BeckOK DSR/*Bäcker*, § 4 Rn. 12; Gierschmann/Saeugling/*Krätschmer*, BDSG, § 4 Rn. 17; Simitis/*Sokol*, BDSG, § 4 Rn. 9.

zulasten des Betroffenen. Hierbei handelt es sich indes lediglich um eine Aufgabenbeschreibung.[346] Weiterhin müsste die Norm aber auch Regelungen über den Zweck der Datenverarbeitungsmaßnahmen und den Umfang der zu erhebenden Daten enthalten. Dies ist nicht der Fall.[347] Denn nach ihrem Sinn und Zweck ermöglicht die Vorschrift dem Netzbetreiber lediglich, seinen Verpflichtungen aus § 18 EnWG bzw. § 3 NAV nachzukommen.

Weder die Art der zu übermittelnden Daten noch der konkrete Übermittlungszweck werden darin benannt, sodass die Regelung die Anforderungen an das Gebot der Normenklarheit nicht erfüllt und daher zu unbestimmt ist, um als Legitimationsnorm zu fungieren.[348]

Hieraus folgt, dass § 4 MessZV keine eigenständige Rechtsgrundlage i.S.v. § 4 Abs. 1 BDSG darstellt, die als Spezialnorm das BDSG verdrängen kann. Gleiches gilt für die Regelungen in §§ 9 Abs. 1 u. 2, 12 Abs. 2 MessZV sowie § 11 StromGVV.

Die genannten Regelungen können allerdings als Auslegungshilfe für die Anwendung der BDSG-Normen dienen.[349]

3. Telekommunikations- und Telemedienrecht

Die diversen Akteure auf dem *Zukunftsmarkt Smart Grid* haben sich bislang nicht auf einheitliche Standards für die Übertragung von Daten innerhalb des intelligenten Stromnetzes einigen können. Die verschiedenen technischen Möglichkeiten der Datenübertragung erschweren eine eindeutige Zuordnung dieser Daten in den Schutzbereich eines bestimmten Gesetzes. Wenn Daten beispielsweise per Internet an die Energieversorgungsunternehmen übertragen werden, erscheint sowohl eine Anwendung des TKG als auch des TMG denkbar.[350] Es ist mithin genau zwischen den Formen der Datenübertragung zu unterscheiden.

Je nachdem, wie die Funktionsweise des intelligenten Messsystems ausgestaltet ist, kann die IT-basierte Kommunikation, d.h. der Datenaustausch, durch Telekommunikationsdienste erfolgen.[351] Dies sind gem. § 3 Nr. 24 TKG Dienste, die ganz oder überwiegend in der Übertragung von Signalen über Telekommunikationsnetze bestehen. Diese Dienste unterfallen den bereichsspezifischen Datenschutzvorgaben der §§ 91 ff. TKG.

Sofern bei Diensten, die im Zusammenhang mit Smart Grids erbracht werden, nicht die Übertragung von Signalen, sondern stattdessen die Durchführung eines Telemediendienstes im Vordergrund steht, könnten darüber hinaus die bereichsspezifischen Datenschutzvorschriften des TMG (§§ 11–15a) anwendbar

---

346 *Lüdemann/Jürgens/Sengstacken*, ZNER 2013, 592 (593).
347 *Windoffer/Groß*, VerwArch 2012, 491 (505).
348 *Güneysu/Vetter/Wieser*, DVBl 2011, 870 (873); *Karg*, ULD-Gutachten, S. 8.
349 *Lüdemann/Jürgens/Sengstacken*, ZNER 2013, 592 (593); *Wiesemann*, MMR 2011, 355 (357); vgl. dazu auch oben Kap. 3 A.II (vor 1.).
350 Zur Abgrenzung beim „Smart Home" *Raabe/Weis*, RDV 2014, 231 (234 f.).
351 *Schütz/Schreiber*, ZD-Aktuell 2011, 5 (6).

sein.³⁵² Dies wäre insbesondere denkbar bei internetbasierten Datenübertragungen vom Letztverbraucher an „unabhängige Energieberater".³⁵³

Die Vielzahl an möglichen Datenübertragungsszenarien macht es indes beinahe unmöglich, verlässlich zuzuordnen, ob und wann das TMG bzw. das TKG anwendbar wäre. Dies wäre im Rahmen der vorliegenden Arbeit nicht zu leisten. Im Folgenden wird daher grundsätzlich von der Anwendbarkeit des allgemeineren BDSG bzw. des EnWG ausgegangen.

Für die Verarbeitung von Energiedaten im Smart Grid bleibt es nach allem bei der Anwendbarkeit des BDSG.

III. Räumlicher Anwendungsbereich (§ 1 Abs. 5 BDSG)

Im deutschen gilt genauso wie im internationalen Datenschutzrecht grundsätzlich das *Territorialprinzip*.³⁵⁴ Daraus folgt, dass sich die Anwendbarkeit des nationalen Datenschutzrechts nach dem Ort der Datenverarbeitung richtet.³⁵⁵ Danach ist das BDSG immer dann anwendbar, wenn ein deutsches Unternehmen personenbezogene Daten in Deutschland erhebt, verarbeitet oder nutzt. Die Anwendbarkeit des BDSG ist mithin solange unproblematisch, wie sich die Datenverarbeitung im Zusammenhang mit dem Smart Grid auf Deutschland beschränkt und durch ein deutsches Unternehmen durchgeführt wird.

Das Smart Grid steht indes in einem internationalen Kontext. Viele Unternehmen im Energiesektor agieren global oder zumindest auf europäischer Ebene; teilweise sind die Unternehmen ausländischen Ursprungs. So ist beispielsweise der deutsche Energiekonzern *Vattenfall GmbH* eine hundertprozentige Tochtergesellschaft des (staatlichen) schwedischen Unternehmens *Vattenfall AB*.

Hieraus ergibt sich die Frage, ob und inwieweit auf Datenverarbeitungsvorgänge von derartigen Unternehmen ausschließlich deutsches oder auch ausländisches Recht anwendbar ist.³⁵⁶

§ 1 Abs. 5 BDSG setzt die Kollisionsregelung des Art. 4 DSRL in nationales Recht um. Danach gilt im Anwendungsbereich der DSRL – abweichend vom Territorialprinzip – das sogenannte *Sitzprinzip* bzw. *Sitzlandprinzip*.³⁵⁷ Die Anwendbarkeit des jeweiligen Datenschutzrechts hängt hiernach davon ab, wo der Sitz der

---

352 Auernhammer/*Heun*, EnWG, § 21g Rn. 8; *Raabe/Weis*, RDV 2014, 231 (234 f.).
353 *Wiesemann*, MMR 2011, 355 (357).
354 RegBegr, BT-Drs. 14/4329, S. 31 f.; *Spindler*/Schuster, BDSG, § 4b Rn. 2; *Jotzo*, MMR 2009, 232 (233).
355 *Gola/Klug*, Datenschutzrecht, S. 44; *Tinnefeld/Buchner/Petri*, Datenschutzrecht, S. 222.
356 Davon unabhängig ist die Frage nach der Anwendbarkeit von europäischem Sekundärrecht.
357 *Bergmann/Möhrle/Herb*, BDSG, § 1 Rn. 36; *Gola/Klug*, Datenschutzrecht, S. 43; *Plath*, BDSG, § 1 Rn. 49; Simitis/*Dammann*, BDSG, § 1 Rn. 198 f.

verantwortlichen Stelle liegt.[358] Sofern eine Stelle in einem Mitgliedsstaat der EU oder des EWR operiert, ist danach das Recht des Sitzlandes dieser Stelle maßgeblich.[359] Erfolgt die Datenverarbeitung durch eine Filiale oder Niederlassung eines Unternehmens so kommt es lediglich auf deren Sitz und nicht etwa auf den Hauptsitz an.[360] Eine Niederlassung setzt „die effektive und tatsächliche Ausübung einer Tätigkeit mittels einer festen Einrichtung voraus"; die Rechtsform einer solchen Niederlassung spielt dabei keine Rolle.[361]

Selbst wenn also im System des Smart Grid einzelne Marktteilnehmer grenzüberschreitend agierten, wäre deutsches Recht immer dann anwendbar, wenn die jeweilige Filiale als datenverarbeitende Stelle ihren Sitz in Deutschland hat. Soweit ersichtlich, ist dies bei allen Marktteilnehmern der Fall.

Auch entgegenstehende Vertragsvereinbarungen zwischen Akteuren auf dem Smart-Grid-Markt, vermögen nichts an diesem Ergebnis zu verändern. Zwar gewährleistet Art. 3 Rom-I-VO[362] den Vertragsparteien grundsätzlich das Recht zur freien Wahl des für ihr Vertragsverhältnis anwendbaren Rechts. Der Grundsatz der freien Rechtswahl unterliegt allerdings Schranken. Art. 9 Abs. 1 Rom-I-VO sieht vor, dass zwingende nationale Eingriffsnormen trotz abweichender Rechtswahl anwendbar sind.[363] Das BDSG ist ein derartiges Eingriffsgesetz.[364] Daraus ergibt sich, dass die Anwendbarkeit des deutschen Datenschutzrechts durch vertragliche Rechtswahlklauseln nicht ausgeschlossen werden kann.[365]

B. Normadressat: Verantwortliche Stelle

Nach der Einordnung des anwendbaren Rechts stellt sich nunmehr die Frage, wer durch die datenschutzrechtlichen Vorschriften überhaupt verpflichtet wird.

---

358 *Hoeren*, IuKRecht, S. 354; *Plath*, BDSG, § 1 Rn. 49.
359 *Bergmann/Möhrle/Herb*, BDSG, § 1 Rn. 36 ff.; DKWW/*Weichert*, BDSG, § 1 Rn. 16; *Kühling/Seidel/Sivridis*, Datenschutzrecht, S. 104; Taeger/*Gabel*, BDSG, § 1 Rn. 54.
360 DKWW/*Weichert*, BDSG, § 1 Rn. 17; da das Gesetz also nicht auf den Unternehmenssitz, sondern auf den „Ort der aktiven Niederlassung" abstellt, bezeichnet Simitis/*Dammann*, BDSG, § 1 Rn. 199 es auch als *Niederlassungsprinzip* oder *abgeschwächtes Sitzlandprinzip*.
361 Erwägungsgrund 19 zur DSRL; Taeger/*Gabel*, BDSG, § 1 Rn. 55.
362 VO (EG) Nr. 593/2008 des Europäischen Parlaments und des Rates vom 17.6.2008 über das auf vertragliche Schuldverhältnisse anzuwendende Recht (Rom I), ABl. Nr. L 177, S. 6 ff., ber. L 309, S. 87 ff.
363 *Härting*, Internetrecht, Rn. 2296.
364 DKWW/*Weichert*, BDSG, § 1 Rn. 5; *Gola/Schomerus*, BDSG, § 1 Rn. 16; *Hoeren*, IuKRecht, S. 354.
365 *Hoeren*, IuKRecht, S. 354.

Rechte und Pflichten, die sich aus der jeweiligen Datenschutznorm ergeben bedeuten, dass derjenige, der durch die Norm angesprochen wird, tätig werden muss oder bestimmte Handlungen zu unterlassen hat.[366] Beim Einsatz von intelligenten Stromzählern ist eine Vielzahl von Organisationen mit der Verarbeitung personenbezogener Daten befasst.[367] Zu bestimmen ist daher, wer der Adressat des jeweils einschlägigen Gesetzes ist.

Rechte und Pflichten treffen im BDSG die sogenannte verantwortliche Stelle. Dies ist nach § 3 Abs. 7 BDSG jede Person oder Stelle, die personenbezogene Daten für sich selbst erhebt, verarbeitet oder nutzt oder dies durch andere im Auftrag vornehmen lässt.

Adressat des Gesetzes sind die in § 1 Abs. 2 Nr. 1–3 BDSG ausdrücklich genannten Rechtssubjekte in ihrer Eigenschaft als Datenverarbeiter. Das Gesetz ist nach Nr. 1 anwendbar auf öffentliche Stellen des Bundes. Öffentliche Stellen der Länder unterfallen gem. Nr. 2 nur dann dem BDSG, wenn der Datenschutz nicht durch Landesrecht geregelt ist. Darüber hinaus unterliegen nach Nr. 3 alle nicht-öffentlichen Stellen dem BDSG, wenn sie Daten automatisiert oder dateigebunden verarbeiten. Das Datenschutzrecht findet nach § 1 Abs. 2 Nr. 3 HS 2 BDSG wiederum keine Anwendung, wenn die Datenverarbeitung „ausschließlich für persönliche oder familiäre Tätigkeiten" erfolgt.

Fraglich ist zunächst, was eine Stelle i. S. d. BDSG ist.

I. Öffentliche und nicht-öffentliche Stellen (§ 2 BDSG)

Öffentliche Stellen sind gem. § 2 Abs. 1, 2 BDSG alle Behörden (§ 1 Abs. 4 VwVfG), Rechtspflegeorgane sowie andere öffentlich-rechtlich organisierten Einrichtungen.

Nach der Legaldefinition des § 2 Abs. 4 BDSG sind *nicht-öffentliche Stellen* natürliche und juristische Personen, Gesellschaften und sonstige privatrechtliche Personenvereinigungen. Sobald eine nicht-öffentliche Stelle hoheitliche Aufgaben der öffentlichen Verwaltung wahrnimmt, gilt sie gem. § 2 Abs. 4 S. 2 BDSG wiederum als öffentliche Stelle.

Für die öffentlichen Stellen gelten gem. § 12 Abs. 1 BDSG die Vorschriften des Zweiten Abschnitts (§§ 12–26 BDSG); auf die nicht-öffentlichen Stellen finden gem. § 27 Abs. 1 S. 1 Nr. 1 BDSG die Vorschriften des Dritten Abschnitts (§§ 27–38a BDSG) Anwendung.

II. Verantwortliche Stellen im Energiesektor

Fraglich ist, wie die verschiedenen Marktteilnehmer des Energiesektors terminologisch einzuordnen sind.

---

366 Simitis/*Dammann*, BDSG, § 3 Rn. 225.
367 *Hladjk*, e|m|w 2011, 64.

In das Smart Grid sind auf Anbieterseite verschiedene Akteure eingebunden: Energieerzeuger, Netzbetreiber, Energielieferanten, Messstellenbetreiber, Messstellendienstleister, Ablese- und Abrechnungsdienstleister sowie andere Energiedienstleister.[368] Dies sind regelmäßig juristische Personen des privaten Rechts. Abgesehen von den bereichsspezifischen Spezialnormen unterfallen diese Unternehmen dem BDSG, § 1 Abs. 2 Nr. 3 i. V. m. § 2 Abs. 4.[369] Hierbei kommt es nicht auf die konkrete Rechtsform, sondern lediglich auf die Eigenschaft als juristische Person an.[370] Für die datenschutzrechtliche Einordnung dieser privaten Marktteilnehmer bedarf es folglich keiner weiteren Unterteilung.

1. Verantwortlichkeit kommunaler Energieversorgungsunternehmen

Problematisch ist hingegen die Einordnung von öffentlich-rechtlichen Energieversorgungsunternehmen. Trotz der Privatisierungstendenzen in den 1990er Jahren sind immer noch viele kommunale Versorger im Besitz der öffentlichen Hand.[371]

Sofern eine Kommune ein Stadtwerk als Eigenbetrieb konstituiert, ist letzteres keine eigenständige datenverarbeitende Stelle; dies ist dann vielmehr die Kommune selbst.[372] Anwendbar wäre dann das jeweilige Landesdatenschutzgesetz.

Zwar obliegt die Gewährleistung der Grunddaseinsvorsorge grundsätzlich dem Staat in seiner Funktion als Sozialstaat. Soweit dieser seine Aufgaben jedoch, – wie im Fall der Energieversorgung – an Private übertragen hat, unterliegen diese der besonderen sozialen Verantwortung und sie müssen sich in ähnlicher Weise binden lassen, wie der Staat es müsste.[373] Ein Energieversorgungsunternehmen, welches als juristische Person des Privatrechts organisiert ist, gilt nach § 2 Abs. 3 S. 1 Nr. 2 BDSG als öffentliche Stelle des Bundes, wenn das Unternehmen Aufgaben der öffentlichen Verwaltung wahrnimmt und dem Bund die absolute Mehrheit der Anteile gehört oder die absolute Mehrheit der Stimmen zusteht. Bei privatrechtlich organisierten Stadtwerken liegt die Anteils- bzw. Stimmenmehrheit regelmäßig beim Hoheitsträger.[374] Fraglich ist mithin, ob die von einem Energieversorgungsunternehmen wahrgenommenen Tätigkeiten als Aufgaben der öffentlichen Verwaltung zu qualifizieren sind.

Zu den *Aufgaben der öffentlichen Verwaltung* gehört zum einen dasjenige, „was durch staatliche Rechtsvorschrift der öffentlichen Verwaltung zugewiesen ist" sowie

---

368 *Hladjk*, DuD 2011, 552 (554); *ders.*, e|m|w 2011, 64 f.
369 *Windoffer/Groß*, VerwArch 2012, 491 (504).
370 DKWW/*Weichert*, BDSG, § 2 Rn. 16; *Plath*, BDSG, § 1 Rn. 26; Taeger/Gabel/ *Schmidt*, BDSG, § 1 Rn. 27.
371 Isensee/Kirchhof/*Schmidt-Preuß*, HdbStR IV, § 93 Rn. 39.
372 *ULD*, Geltung des BDSG für Energielieferanten, S. 1.
373 *Buchner*, Inf. Sb., S. 266 f.
374 BGH, GRUR 2012, 1273; Isensee/Kirchhof/*Schmidt-Preuß*, HdbStR IV, § 93 Rn. 39.

zum anderen das, „was zur Koordinierung zwischen Trägern öffentlicher Verwaltung nötig ist".[375] Darunter fällt auch die Energieversorgung.[376]

Wenn diese öffentlichen Stellen indes am Wettbewerb teilnehmen, unterliegen sie zwar der Kontrolle der behördlichen Datenschutzaufsicht; um Wettbewerbsverzerrungen vorzubeugen, sind sie materiell-rechtlich jedoch den Regelungen der nicht-öffentlichen Stellen zuzuordnen, § 27 Abs. 1 Nr. 2a BDSG.[377] Teilnahme am Wettbewerb besteht, wenn die Stellen am Markt Leistungen anbieten, „die auch von Privaten erbracht werden".[378]

Auf privatrechtlich organisierte Unternehmen der öffentlichen Hand (z.B. „Stadtwerke AG") finden daher grundsätzlich der 3. und 4. Abschnitt des BDSG (§§ 27–38a bzw. 39–42a) Anwendung.[379]

Fraglich ist, ob etwas anderes für privatrechtlich organisierte Unternehmen gilt, die Aufgaben der Daseinsvorsorge wahrnehmen. Leistungen der Daseinsvorsorge sind solche, „deren der Bürger zur Sicherung einer menschenwürdigen Existenz unumgänglich bedarf".[380] Dazu werden diejenigen Güter und Dienstleistungen gezählt, auf die die Menschen existenziell angewiesen sind.[381] Früher wurde die Durchführung der Energieversorgung zum Bereich der Daseinsvorsorge gezählt.[382] Indes wurde die Stromversorgung aus dem staatlichen Monopol entlassen und dem Wettbewerb zugeführt. Anders als etwa die Trinkwasserversorgung, die gem. Art. 72 Abs. 3 S. 1 Nr. 5, Art. 74 Abs. 1 Nr. 32 GG nach Landesrecht gesundheitspolizeilich und daher öffentlich-rechtlich geprägt ist, steht die Stromversorgung wegen der europarechtlichen Vorgaben der Elt-RL[383] im privatrechtlichen Wettbewerb.[384] Trotz allem wird die Stromversorgung auch heute noch zur Daseinsvorsorge gezählt.[385]

Diese Unternehmen sind trotzdem als nicht-öffentliche Unternehmen zu behandeln und unterfallen daher den Regelungen der §§ 27–38a BDSG.[386]

---

375 *Bergmann/Möhrle/Herb*, BDSG, § 2 Rn. 33; DKWW/*Weichert*, BDSG, § 2 Rn. 12; Kilian/Heussen/*Polenz*, CHB, Kap. 13, Mat. DSR Rn. 6.
376 DKWW/*Weichert*, BDSG, § 2 Rn. 12; Kilian/Heussen/*Polenz*, CHB, Kap. 13, Mat. DSR Rn. 6; Simitis/*Dammann*, BDSG, § 2 Rn. 52.
377 Kilian/Heussen/*Polenz*, CHB, Kap. 13, Mat. DSR Rn. 7; *Tinnefeld/Buchner/Petri*, Datenschutzrecht, S. 338.
378 Kilian/Heussen/*Polenz*, CHB, Kap. 13, Mat. DSR Rn. 7.
379 Erbs/Kohlhaas/*Ambs*, BDSG, Vorb. Rn. 5.
380 BVerfGE 66, 248 = NJW 1984, 1872 (1873).
381 Isensee/Kirchhof/*Rüfner*, HdbStR IV, § 96 Rn. 29 ff.
382 BVerfGE 66, 248 = NJW 1984, 1872 (1873); BVerfG NJW 1990, 1783; OLG Celle, ZNER 2008, 248; *Bendig*, Öffentliche Wettbewerbsunternehmen, S. 174 f.; Isensee/Kirchhof/*Rüfner*, HdbStR IV, § 96 Rn. 7.
383 Vgl. vor allem Erwägungsgründe 1, 5, 8, 19 und 20 der Richtlinie.
384 Simitis/*Petri*, BDSG, § 38 Rn. 27.
385 *Badura*, StaatsR, Kap. I Rn. 110; Isensee/Kirchhof/*Rüfner*, HdbStR IV, § 96 Rn. 7; *Kloepfer*, StaatsR I; § 11 Rn. 39.
386 Simitis/*Petri*, BDSG, § 38 Rn. 27.

2. Verantwortlichkeit im Rahmen einer Konzernstruktur

Fraglich ist des Weiteren, wer bei rechtlich selbstständigen Unternehmen, die in eine Unternehmensgruppe (Konzern) eingebunden sind, als verantwortliche Stelle gilt. Die fünf größten deutschen Energieversorgungsunternehmen E.ON, RWE, EnBW, Vattenfall und EWE sind ausnahmslos in eine Konzernstruktur integriert und somit einer Muttergesellschaft untergeordnet.

In einer Konzernstruktur sind mehrere Unternehmen zwar rechtlich selbstständig, allerdings gleichzeitig wirtschaftlich mit anderen Unternehmen verbunden, §§ 15 ff. AktG. In vielen Rechtsbereichen hat der Gesetzgeber Sonderregelungen geschaffen, wonach alle Bestandteile einer Unternehmensgruppe als Organisationseinheit gelten, vgl. etwa §§ 290 ff. HGB, § 17 KStG, § 1 Abs. 3 Nr. 2 AÜG, § 2 Abs. 2 GewStG, § 2 Abs. 2 Nr. 2 UStG oder § 54 BetrVG.

Dem BDSG ist ein Konzernprivileg indes fremd.[387] Mangels Sondernormen gelten im BDSG mithin die allgemeinen Bestimmungen. Hieraus folgt, dass der datenschutzrechtliche Ansatzpunkt die jeweilige juristische Person ist.[388] Tochtergesellschaften gelten daher aus datenschutzrechtlicher Sicht – unabhängig davon, wie die Geschäfts- und Produktionsbereiche innerhalb des Konzerns aufgeteilt sind – nicht als Teil der Muttergesellschaft.[389] Der Konzern besteht mithin aus verschiedenen einzelnen nicht-öffentlichen Stellen.[390] Verantwortliche Stelle ist immer das jeweilige Unternehmen. Dessen unselbstständige Abteilungen, Niederlassungen und Zweigstellen gelten wiederum als unternehmenszugehörig und sind daher nicht selbst Verantwortliche bzw. Dritte.[391]

Ebenso wenig wie das BDSG sehen auch die DSRL[392] sowie der derzeitige Entwurf der Datenschutz-Grundverordnung[393] ein Konzernprivileg vor.

Nach § 21b Abs. 2 EnWG besteht die Möglichkeit, dass der Betrieb der Messstelle statt vom Netzbetreiber durch einen ausgewählten Dritten durchgeführt wird. Einige Energieversorgungsunternehmen gründen eigens hierfür Tochterunternehmen, die als derartige Messstellenbetreiber fungieren.[394] Aus den soeben ausgeführten Erläuterungen ergibt sich, dass diese Unternehmen *Dritte* i. S. v. § 3 Abs. 8 S. 2 BDSG

---

387 DKWW/*Weichert*, BDSG, § 3 Rn. 59; *Gola/Schomerus*, BDSG, § 27 Rn. 4; *Kühling/ Seidel/Sivridis*, Datenschutzrecht, S. 100; *Schulz*, BB 2011, 2552 (2553).
388 *Bergmann/Möhrle/Herb*, BDSG, § 2 Rn. 52 f.
389 DKWW/*Weichert*, BDSG, § 3 Rn. 59.
390 *Bergmann/Möhrle/Herb*, BDSG, § 2 Rn. 52; *Plath/Schreiber*, BDSG, § 3 Rn. 67.
391 *Gola/Schomerus*, BDSG, § 27 Rn. 3; *Plath/Schreiber*, BDSG, § 3 Rn. 67; *Schaffland/ Wiltfang*, BDSG, § 3 Rn. 86; *Simitis/Dammann*, BDSG, § 3 Rn. 233; Taeger/Gabel/ *Buchner*, BDSG, § 3 Rn. 53.
392 *Ehmann/Helfrich*, DSRL, Art. 2 Rn. 55; *Grapentin*, CR 2011, 102.
393 Vorschlag i. d. F. vom 25.1.2012; LIBE-Fassung v. 30.6.2014: www.cr-online.de/ ST_11028_2014_INIT_EN.pdf.
394 Z. B. Watt Synergia GmbH (EnBW); E.ON Metering GmbH; Syna GmbH (Süwag/ RWE).

sind. Sie agieren im datenschutzrechtlichen Sinne selbstständig und sind damit jeweils eigene datenverarbeitende Stellen.

3. Auftragsdatenverarbeitung

Nach § 21g Abs. 4 EnWG i. V. m. § 11 BDSG können Messstellenbetreiber, Netzbetreiber und Lieferanten die Erhebung, Verarbeitung und Nutzung von personenbezogenen Daten durch einen Dienstleister im Wege der Auftragsdatenverarbeitung durchführen lassen.

Im Falle einer Auftragsdatenverarbeitung darf der Auftragnehmer die Daten nur im Rahmen der Weisungen des Auftraggebers erheben, verarbeiten und nutzen, § 11 Abs. 3 S. 1 BDSG. Der Auftragnehmer ist gem. § 3 Abs. 8 Nr. 3 BDSG kein *Dritter*. Das Handeln des Auftragnehmers ist dem Auftraggeber zuzurechnen und letzterer bleibt im Außenverhältnis verantwortliche Stelle.[395] Da Auftraggeber und Auftragnehmer mithin als „rechtliche Einheit" gelten, stellt der Datentransfer zwischen beiden keine Übermittlung i. S. d. § 3 Abs. 4 S. 2 Nr. 3 BDSG dar.[396]

Sobald der Dienstleister für die Aufgabe, deren Erfüllung die Datenverarbeitung dient, selbst rechtlich zuständig wird, handelt es sich nicht mehr um eine Auftragsdatenverarbeitung.[397] Wenn die Verantwortlichkeit auf den Dienstleister übertragen wird, kann ein Fall der sogenannten *Funktionsübertragung* vorliegen. Der Dienstleister wäre dann selbst verantwortliche Stelle.[398]

4. *Private Einspeiser* (Prosumer)

Fraglich ist schließlich, inwieweit Privatpersonen, die selbst als Anbieter fungieren[399], verantwortliche Stelle i. S. d. BDSG sein können, wenn sie in irgendeiner Form personenbezogene Daten erheben, verarbeiten oder übermitteln.

Gem. § 2 Abs. 4 S. 1 BDSG können natürliche Personen ebenfalls verantwortliche Stellen sein. Allerdings endet der Geltungsbereich des BDSG bei rein privater Datenverarbeitung, § 1 Abs. 2 Nr. 3 HS 2 BDSG. Das Gesetz ist danach nicht anwendbar, soweit die Daten ausschließlich für private oder familiäre Zwecke und zum persönlichen Gebrauch verarbeitet und genutzt werden; der Umfang der Datenverarbeitung

---

395 BerlKommEnR/*Lorenz/Raabe*, EnWG, § 21g Rn. 77; Simitis/Petri, BDSG, § 11 Rn. 1.
396 BerlKommEnR/*Lorenz/Raabe*, EnWG, § 21g Rn. 77; *Gola/Schomerus*, BDSG, § 11 Rn. 4; Taeger/*Gabel*, BDSG, § 11 Rn. 1.
397 *Gola/Schomerus*, BDSG, § 11 Rn. 9.
398 *Duisberg*, : Peters/Kersten/Wolfenstetter, Innovativer Datenschutz, S. 254.
399 S. dazu oben Kap. 2 B.III.3.c).

ist dabei irrelevant.[400] Gemeint sind objektiv erkennbare Freizeit- oder Familientätigkeiten.[401] Was davon erfasst ist, richtet sich nach der Verkehrsanschauung.[402] Gewerbliche oder kommerzielle Tätigkeiten gelten keinesfalls mehr als „persönlich oder familiär"[403]. Dies gilt sogar schon für Vorbereitungshandlungen, die einem gewerblichen Zweck dienen sollen.[404] Eine derartige Tätigkeit ist als kommerziell zu qualifizieren. Der Datenumgang privater Einspeiser beschränkt sich vorliegend nicht auf eine rein persönliche Tätigkeit, sondern dient der Kosteneinsparung oder sogar Gewinnerzielung durch Zuführung von Energie in das Netz. Hieraus folgt, dass auch Privatpersonen in ihrer Rolle als Energieeinspeiser verantwortliche Stelle i. S. d. BDSG sein können.

Dies gilt jedoch nur für den Umgang mit personenbezogenen Daten von anderen Betroffenen. Die Verarbeitung ihrer eigenen Daten fällt nach Sinn und Zweck des Datenschutzrechts nicht in den Schutzbereich des BDSG.

Von der Verantwortlichkeit zu trennen ist die Frage der Schutzfähigkeit der Privatpersonen. Die Tatsache, dass sie in ihrer Funktion als Einspeiser verantwortliche Stellen sind, schließt nicht aus, dass sie zugleich Betroffene der Datenverarbeitung durch andere Stellen sind.

III. Zwischenergebnis

Es zeigt sich, dass eine trennscharfe Abgrenzung der verschiedenen verantwortlichen Stellen im BDSG schwierig ist. Unabhängig davon, wer nach den soeben erläuterten Definitionen als verantwortliche Stelle i. S. d. BDSG in Betracht kommt, bezieht sich die Untersuchung im Folgenden daher aus Gründen der Praktikabilität lediglich auf die privaten Akteure auf dem Elektrizitätsmarkt als nicht-öffentliche Stellen nach § 27 Abs. 1 S. 1 Nr. 1 BDSG.

Für den Fall, dass § 21g EnWG als bereichsspezifische Datenschutznorm anwendbar wäre, sind die Normadressaten dort eindeutig identifiziert. § 21g Abs. 2 S. 1 EnWG benennt die sogenannten *berechtigten Stellen*: Messstellenbetreiber, Netzbetreiber, Lieferant sowie der Dritte i. S. v. § 21b Abs. 2 EnWG. Diese Aufzählung ist abschließend.[405] Nach § 21g Abs. 2 S. 2 EnWG tragen diese Stellen Verantwortung für die Einhaltung der datenschutzrechtlichen Vorschriften. Eine Unterteilung in öffentliche und nicht-öffentliche Stellen ist nicht erforderlich, da die berechtigten Stellen abschließend in § 21g EnWG definiert sind.

---

400 *Plath*, BDSG, § 1 Rn. 30; *Simitis/Dammann*, BDSG, § 1 Rn. 150; *Taeger/Gabel/Schmidt*, BDSG, § 1 Rn. 31.
401 *Bergmann/Möhrle/Herb*, BDSG, § 1 Rn. 21; *Plath*, BDSG, § 1 Rn. 31; *Schaffland/Wiltfang*, BDSG, § 1 Rn. 22.
402 *Simitis/Dammann*, BDSG, § 1 Rn. 151; *Taeger/Gabel/Schmidt*, BDSG, § 1 Rn. 31.
403 *Plath*, BDSG, § 1 Rn. 32.
404 *Simitis/Dammann*, BDSG, § 1 Rn. 151.
405 RegBegr, BT-Drs. 17/6072, S. 80.

C. Betroffenheit

Der Frage nach der datenschutzrechtlichen Verantwortlichkeit steht spiegelbildlich die Frage gegenüber, wer durch die datenschutzrechtlichen Vorschriften geschützt wird, mithin was die Schutzrichtung des Gesetzes ist.

Fraglich ist, wer im System des Smart Grid überhaupt durch das BDSG geschützt wird. Schutzfähig i. S. d. BDSG ist der sogenannte Betroffene.[406] Betroffener ist derjenige, auf dessen Schutz das Gesetz abzielt und dem die Rechte aus dem Gesetz eingeräumt sind.[407] Dies ist nach der Legaldefinition des § 3 Abs. 1 BDSG jede natürliche Person, über die Einzelangaben zu persönlichen oder sachlichen Verhältnissen verarbeitet werden. Juristische Personen sind mithin niemals Betroffene i. S. d. Datenschutzrechts.[408]

Das EnWG enthält keine Begriffsbestimmung für den Betroffenen. Dieser wird lediglich in einigen Normen[409] erwähnt. Geht man davon aus, dass der Betroffene nur der Anschlussnehmer oder der Anschlussnutzer sein kann, ist es zwar grundsätzlich denkbar, dass dies auch eine juristische Person sein kann. Dies wäre indes sinnwidrig. Das Datenschutzrecht ist Ausfluss des allgemeinen Persönlichkeitsrechts (Art. 2 Abs. 1 i. V. m. Art. 1 Abs. 1 GG) und beschränkt sich daher zwangsläufig auf den Schutz von natürlichen Personen.[410] Dies gilt nicht nur für die allgemeinen Datenschutzgesetze, wo dies ausdrücklich geregelt ist. Im Hinblick auf die Einheit der Rechtsordnung kann für die datenschutzrechtlichen Regelungen des EnWG nichts anderes gelten.[411]

Sofern Großabnehmer (= juristische Personen) als Letztverbraucher fungieren, hat dies keine datenschutzrechtliche Relevanz. Eine Untersuchung der datenschutzrechtlichen Belange der weiteren unternehmerischen Akteure im Umfeld des Smart Grid erübrigt sich von daher. Zwar mögen die verarbeiteten Daten selbst durchaus schutzwürdig sein; dies jedoch nicht aus datenschutzrechtlicher, sondern vielmehr aus zivil-, straf-, handels- und wettbewerbsrechtlicher Sicht.[412]

Betroffener ist vorliegend also diejenige natürliche Person, deren Daten im Rahmen des Smart Metering bzw. im gesamten Smart Grid in irgendeiner Weise i. S. d. § 3 Abs. 3–5 BDSG verarbeitet werden. Regelmäßig wird dies der Anschlussnutzer oder der Anschlussinhaber sein.

---

406 Statt vieler *Gola/Schomerus*, BDSG, § 1 Rn. 6.
407 *Gola/Schomerus*, BDSG, § 3 Rn. 13.
408 *Bergmann/Möhrle/Herb*, BDSG, § 3 Rn. 11; Erbs/Kohlhaas/*Ambs*, BDSG, § 3 Rn. 1; Gierschmann/Saeugling/*Schmitz*, BDSG, § 3 Rn. 7; *Kühling/Seidel/Sivridis*, Datenschutzrecht, S. 79; zu den Ausnahmen im TKG Arndt/*Fetzer*/Scherer, TKG, § 91 Rn. 11.
409 Z. B. § 21b Abs. 2 S. 1, Abs. 3, Abs. 5 S. 1, § 21g Abs. 6 S. 7, § 21h Abs. 2 EnWG.
410 DKWW/*Weichert*, BDSG, § 3 Rn. 10; *Härting*, Internetrecht, Rn. 177; Hoeren/Sieber/Holznagel/*Helfrich*, Multimedia-Recht, 16.1 Rn. 30.
411 I. d. S. bzgl. § 21g EnWG auch Auernhammer/*Heun*, EnWG, § 21g Rn. 22.
412 Z. B. § 823 BGB, §§ 201 ff. StGB, § 333 HGB oder § 17 UWG.

Die Feststellung der Betroffenheit wird erschwert, wenn sich der Datenbezug auf mehrere Personen verteilt, wie etwa in einem Haushalt mit mehreren Bewohnern. Betroffener kann ausweislich § 3 Abs. 1 BDSG stets nur ein Einzelner sein;[413] dies ist immer nur derjenige, auf dessen Verhältnisse sich die Daten unmittelbar beziehen.[414] Daten einer Person werden nicht allein dadurch zugleich zu Daten einer anderen Person, dass beide in einer – familiären, geschäftlichen oder sonstigen – Beziehung zueinander stehen.[415] Das bedeutet nicht, dass andere Haushaltsmitglieder, die in dem betroffenen Haushalt ebenfalls leben, nicht gleichwohl Betroffene sein können. Voraussetzung dafür wäre lediglich, dass die verantwortliche Stelle Kenntnis von ihrer Person hat und damit einen Bezug zu den verarbeiteten Daten herstellen kann.

Selbst wenn also in einem Haushalt nur von einem der Mitglieder Bestandsdaten für die Abrechnung erhoben und verarbeitet werden, ist nicht ausgeschlossen, dass auch die datenschutzrechtlichen Belange der sonstigen Mitbewohner betroffen sind. Denn die datenschutzrechtlichen Probleme beschränken sich nicht auf den direkten Vertragspartner des Energieversorgers, sondern sind vielmehr auch bezüglich der sonstigen Haushaltsmitglieder denkbar. Wenn in einem Haushalt mehrere Bewohner leben, so ist danach jeder Betroffener i. S. d. BDSG, dessen personenbezogene Daten beim Smart Metering in irgendeiner Form erfasst werden, sodass dadurch ein Personenbezug hergestellt werden kann.

Problematischer ist in diesem Zusammenhang indessen die Frage der Bestimmtheit, welche an anderer Stelle näher erörtert wird.[416]

D. Personenbezogene Daten im Smart Grid

Der Schutzbereich des BDSG ist gem. § 1 Abs. 1 eröffnet, wenn es sich bei den betreffenden Daten um personenbezogene Daten handelt.[417] Ob die im System des Smart Grid anfallenden Daten überhaupt unter das Schutzregime des Datenschutzrechts fallen, hängt mithin davon ab, ob es sich dabei um personenbezogene Daten handelt.

I. Einzelangaben über persönliche und sachliche Verhältnisse (§ 3 Abs. 1 BDSG)

Nach Art. 2 lit. a) DSRL sind personenbezogene Daten Informationen über eine bestimmte oder bestimmbare natürliche Person („betroffene Person"). Der Begriff des personenbezogenen Datums ist schon vom Wortlaut her weit gefasst und großzügig auszulegen.[418] Nach der Legaldefinition des § 3 Abs. 1 BDSG sind personenbezogene

---

413 Erbs/Kohlhaas/*Ambs*, BDSG, § 3 Rn. 3.
414 Simitis/*Dammann*, BDSG, § 3 Rn. 41 ff.
415 Simitis/*Dammann*, BDSG, § 3 Rn. 41.
416 S. dazu unten Kap. 3 D.II.2.
417 *Kühling/Seidel/Sivridis*, Datenschutzrecht, S. 79.
418 *Art.-29-Datenschutzgruppe*, WP 136, S. 7; Simitis/*Dammann*, BDSG, § 3 Rn. 7.

Daten Einzelangaben über persönliche oder sachliche Verhältnisse eines Betroffenen. Die nationale Umsetzung ist mithin enger, als die Vorgaben der EU-Richtlinie. Daher ist der Begriff auch im nationalen Recht durch richtlinienkonforme Auslegung möglichst weit zu fassen.[419] Erfasst sind nach diesem weiten Verständnis Daten, die Informationen über den Betroffenen selbst oder über einen auf ihn beziehbaren Sachverhalt enthalten.[420]

Ein „Verhältnis" i.S.v. § 3 Abs. 1 BDSG ist nur dann gegeben, wenn zwischen dem Betroffenen und dem Datum eine Beziehung besteht.[421] *Persönliche* Verhältnisse werden beschrieben durch Angaben über den Betroffenen selbst, also über persönliche Tatsachen, Eigenschaften, Errungenschaften oder Vorlieben. Hierzu gehören neben Name, Geburtstag, Familienstand und Beruf auch Reisen, Hobbys und Gewohnheiten oder Gesundheitszustand sowie Bilder und biometrische Daten.[422] *Sachliche* Verhältnisse sind Angaben über einen auf den Betroffenen bezogenen Sachverhalt,[423] beispielsweise seinen Grundbesitz,[424] seine vertraglichen oder sonstigen Beziehungen zu Dritten, Einkommensverhältnisse oder Telefonnummern[425].

Die im Gesetzeswortlaut vorgenommene Unterscheidung zwischen persönlichen und sachlichen Verhältnissen ist indes irrelevant und dient nur der Verdeutlichung der Tatsache, dass nicht nur Daten erfasst sind, die auf menschliche Eigenschaften bezogen sind.[426] Vielmehr können auch solche Daten personenbezogen sein, die lediglich Aussagen über eine Sache enthalten. Es ist denkbar, dass nur eine indirekte Beziehung zwischen einer Person und einer Information besteht. Dies ist beispielsweise der Fall, wenn sich die von Daten vermittelten Informationen primär auf Gegenstände oder Situationen beziehen, die wiederum einem Einfluss durch bzw. auf eine Person unterliegen.[427] Auch in diesen Fällen handelt es sich um personenbezogene Daten.[428] Eine Zuordnung zu einer der beiden Kategorien ist daher mangels unterschiedlicher Rechtsfolgen weder aus rechtlicher noch aus praktischer Sicht erforderlich und wird auch von der Rechtsprechung nur ausnahmsweise vorgenommen.[429]

---

419 Hoeren/Sieber/Holznagel/*Helfrich*, Multimedia-Recht, 16.1 Rn. 28 ff.; Taeger/Gabel/*Buchner*, BDSG, § 3 Rn. 3.
420 *Gola/Schomerus*, BDSG, § 3 Rn. 5.
421 DKWW/*Weichert*, BDSG, § 3 Rn. 19; *Schaffland/Wiltfang*, BDSG, § 3 Rn. 11.
422 *Bergmann/Möhrle/Herb*, BDSG, § 3 Rn. 24; DKWW/*Weichert*, BDSG, § 3 Rn. 19; *Gola/Schomerus*, BDSG, § 3 Rn. 5.
423 DKWW/*Weichert*, BDSG, § 3 Rn. 19; *Gola/Schomerus*, BDSG, § 3 Rn. 7.
424 BVerfG, NVwZ 1990, 1162.
425 *Gola/Schomerus*, BDSG, § 3 Rn. 7; *Schaffland/Wiltfang*, BDSG, § 3 Rn. 12.
426 *Gola/Schomerus*, BDSG, § 3 Rn. 5.
427 Art.-29-Datenschutzgruppe, WP 136, S. 10 f.
428 Taeger/Gabel/*Buchner*, BDSG, § 3 Rn. 10.
429 *Bergmann/Möhrle/Herb*, BDSG, § 3 Rn. 23; *Gola/Schomerus*, BDSG, § 3 Rn. 5; Simitis/*Dammann*, BDSG, § 3 Rn. 7.

Irrelevant ist des Weiteren auch die Herkunft der Informationen.[430] Es spielt keine Rolle, ob die Daten vom Betroffenen selbst, von einem Dritten oder aus allgemein zugänglichen Quellen stammen.[431] Darüber hinaus können auch „Wahrscheinlichkeitsaussagen zu einer Person" personenbezogene Daten sein; die Information muss weder zutreffend noch bewiesen sein.[432]

Fraglich ist nun, ob die beim Smart Metering erhobenen und sodann verwendeten Daten, Einzelangaben i. S. v. § 3 Abs. 1 BDSG sind. Für die folgende Untersuchung gilt es daher zu klären, welche Arten von Daten im Smart-Grid-System bestehen und welche davon datenschutzrechtlich relevant sind.

Nach Auffassung einiger soll es sich bei *sämtlichen* durch Smart Meter erhobenen Informationen um personenbezogene Daten handeln.[433] Die folgende Untersuchung zeigt jedoch, dass diese undifferenzierte Auffassung abzulehnen ist.[434] Es ist vielmehr zwischen verschiedenen Daten zu unterscheiden.

Bei den durch Smart Metering gewonnenen Informationen kann zwischen abrechnungsrelevanten, steuerungsrelevanten und technischen Daten unterschieden werden.

1. Abrechnungsrelevante Daten

Abrechnungsrelevant sind solche Daten, die Auskunft über Verbindungszeiten und Zahlungsmodalitäten des Kunden geben.[435] Sie können wiederum in zwei Kategorien unterteilt werden: Zum einen die Bestandsdaten des Kunden und zum anderen dessen Verbrauchsdaten.[436]

a) Bestandsdaten

Der Begriff *Bestandsdaten* taucht im EnWG lediglich in § 21g Abs. 3 auf; die Norm ist fast wortgleich aus § 100 Abs. 3 TKG übernommen. Allerdings fehlt es im EnWG – anders als im TKG – an einer Legaldefinition des Begriffs. Da die Definitionen aus dem TKG nicht ipso iure auch Geltung für das EnWG beanspruchen können, liegt hier ein gesetzgeberisches Versäumnis vor.[437] Unter Heranziehung des § 3 Nr. 30 TKG könnte man unter *Bestandsdaten* i. S. d. EnWG solche Daten des Anschlussnutzers verstehen, die für die Begründung, inhaltliche Ausgestaltung, Änderung

---

430 *Kühling/Seidel/Sivridis*, Datenschutzrecht, S. 79.
431 *Bergmann/Möhrle/Herb*, BDSG, § 3 Rn. 21.
432 Taeger/Gabel/Buchner, BDSG, § 3 Rn. 6; *Weichert*, DuD 2002, 133 (134).
433 *Düsseldorfer Kreis*, Orientierungshilfe, S. 9; *Güneysu/Vetter/Wieser*, DVBl 2011, 870 (873); *Lüdemann/Jürgens/Sengstacken*, ZNER 2013, 592; offenbar auch *Weichert*, DuD 2013, 251 (257).
434 Ähnlich auch Auernhammer/*Heun*, EnWG, § 21g Rn. 28.
435 *Roßnagel*, Handbuch, Kap. 7.9 Rn. 58.
436 *Wiesemann*, MMR 2011, 355 (356).
437 *Düsseldorfer Kreis*, Orientierungshilfe, S. 12; *Duisberg*, in: Peters/Kersten/Wolfenstetter, Innovativer Datenschutz, S. 257; *Weichert*, Stellungnahme ULD, S. 5.

oder Beendigung eines Vertragsverhältnisses über die Lieferung von Energie oder die Erbringung von Energiedienstleistungen erhoben werden.[438]

Zu den Bestandsdaten des Kunden gehören etwa dessen Name und Anschrift, Kontaktinformationen wie Telefonnummer oder E-Mailadresse, die Kontoverbindung, die Stromzählernummer und sonstige Daten, die zur Ausgestaltung und Abwicklung der Vertragsverhältnisse zwischen Energieversorgungsunternehmen und Endkunden erforderlich sind.[439] Darüber hinaus fallen hierunter auch die Wohnraumgröße und die Anzahl der im Haushalt lebenden Personen.[440]

All diesen Daten ist gemeinsam, dass sich daraus Informationen über die jeweils betroffenen Anschlussnutzer ergeben. Es handelt sich mithin bei sämtlichen Bestandsdaten um Einzelangaben über persönliche oder sachliche Verhältnisse eines Betroffenen und somit um personenbezogene Daten nach § 3 Abs. 1 BDSG.[441]

b) Verbrauchsdaten

Verbrauchsdaten geben Auskunft über die entnommene Energiemenge, mithin darüber, wie viele Kilowattstunden Strom konkret im jeweiligen Tarifzeitraum aus dem Netz entnommen wurden.[442]

Fraglich ist, ob bereits der Stromverbrauch als solcher ein personenbezogenes Datum ist. Angesichts der Tatsache, dass Energieverbrauch heutzutage beinahe für jede Alltagshandlung unerlässlich ist, lassen sich aus der Feststellung, dass eine Person überhaupt Strom verbraucht, noch kein Schlüsse auf dessen persönliche oder sachliche Verhältnisse ziehen. Im Gegensatz dazu wäre die Information, dass eine Person überhaupt keinen Strom verbraucht wohl als personenbezogen zu qualifizieren. Denn aus dieser Information lässt sich auf die Lebensverhältnisse dieser Person schließen, unterschieden sich diese doch gravierend von einer weit überwiegenden Menge der Bevölkerung.

Umstritten ist daher vielmehr die Frage, ob ein bestimmter Verbrauchswert personenbezogen i. S. v. § 3 Abs. 1 BDSG ist.

Nach einer Auffassung sind Energieverbrauchsdaten personenbezogene Daten.[443] Hierfür spricht zunächst die Tatsache, dass der Begriff des

---

438 Ähnlich Auernhammer/*Heun*, EnWG, § 21g Rn. 29; *Duisberg*, in: Peters/Kersten/Wolfenstetter, Innovativer Datenschutz, S. 258 und *Wiesemann*, ZD 2012, 447 (448).
439 *Hornung/Fuchs*, DuD 2012, 20 (21); *Roßnagel/Jandt*, SR 88, S. 22; *Wiesemann*, MMR 2011, 355 (356).
440 Vgl. *Roßnagel/Jandt*, SR 88, S. 21, die hierfür wiederum den Begriff *Grunddaten* verwenden.
441 *Haubrich*, in: Britz/Eifert/Reimer, Energieeffizienzrecht, S. 229.
442 *Karg*, DuD 2010, 365 (366); *Wiesemann*, MMR 2011, 355 (356).
443 LG Dortmund, Urt. v. 28.10.2014, Az. 9 S 1/14; *Brink*, ZWE 2014, 75; *de Hert/Kloza*, in: Schweighofer/Kummer, IRIS 2011, S. 194; sowie jeweils ohne nähere Begründung AG Karlsruhe, GE 2008, 1269; AG Flensburg, WuM 1985, 347; AG Charlottenburg, GE 2007, 1323.

personenbezogenen Datums weit auszulegen ist.[444] Des Weiteren können – je nach Häufigkeit der Messungen – „detaillierte und aussagekräftige Einzelangaben über persönliche oder sachliche Verhältnisse" der Bewohner gewonnen werden, nämlich über deren Heizverhalten und damit auch über die Nutzung bestimmter Räume sowie die Anwesenheit in der Wohnung.[445] Darüber hinaus lassen sich der zeitliche Tagesablauf, Schlafgewohnheiten oder die Häufigkeit von Besuch als *persönliche* Verhältnisse i. S. d. § 3 Abs. 1 BDSG einordnen. Aussagen über den Besitz und den Zustand bestimmter elektrischer Verbrauchsgeräte beschreiben *sachliche* Verhältnisse i. S. v. § 3 Abs. 1 BDSG.

Nach entgegenstehender Auffassung sind Verbrauchsdaten in Bezug auf angefallenen Stromkosten keine personenbezogenen Daten.[446] Dies ergebe sich aus dem Schutzzweck des Datenschutzrechts, wonach das Persönlichkeitsrecht des Betroffenen geschützt werden solle. Dem Energieverbrauch einer Wohnung mangele es an einem Bezug zum Persönlichkeitsrecht.[447] Im Gegensatz zu ausdrücklich geschützten Rechtsgütern wie dem Briefgeheimnis (Art. 10 GG) oder dem Sozialgeheimnis (§ 35 SGB I), bestünde kein „Energiegeheimnis".[448] Dies wird daraus hergeleitet, dass die Strom- oder Gaszähler eines Mehrfamilienhauses regelmäßig im Keller oder Treppenhaus angebracht und somit jedermann zugänglich seien. Wenn ein „Energiegeheimnis" bestünde, müssten diese Zähler stets abzudecken sein, was jedoch nicht der Fall ist.[449] Gegen diese Argumentation spricht indes, dass das *Ablesen* durch den Vermieter oder Nachbarn keine „Erhebung durch eine nicht-öffentliche Stelle unter Einsatz von Datenverarbeitungsanlagen" gem. § 1 Abs. 2 Nr. 3 BDSG darstellt und mithin das BDSG hierauf überhaupt nicht anwendbar wäre.

Sofern die Energiekostenverteilung nach dem Verhältnis des Einzelverbrauchs zum Gesamtverbrauch erfolge, sei es – nach der ablehnenden Auffassung – für den zahlungspflichtigen Bewohner außerdem wichtig, die Verbräuche der anderen Hausbewohner zu kennen; erstere hätten daher einen Anspruch, die Verbrauchswerte ihrer Nachbarn zu erfahren.[450] Dieser Argumentation ist entgegenzuhalten, dass ein Bewohner zur Heizkostenabrechnung lediglich den Gesamtverbrauch aller Nachbarn im Verhältnis zu seinem eigenen Verbrauch kennen muss, nicht jedoch den jedes einzelnen Bewohners. Dass dies bei Widersprüchen im Einzelfall

---

444 S. dazu oben Kap. 3 D.I.
445 *Brink*, ZWE 2014, 75.
446 So ohne Begründung LG Karlsruhe, NZM 2009, 907 (908); wohl auch AG Dortmund, ZD 2014, 151 (152).
447 *Horst*, NZM 2008, 145 (150).
448 *Pfeifer*, WuM 2009, 503; *Horst*, NZM 2008, 145 (150).
449 *Pfeifer*, WuM 2009, 503; hiergegen wendet sich *Brink*, ZWE 2014, 75 f., indem er unter Hinweis auf den Grundsatz der Datensparsamkeit nach § 3a BDSG pauschal die Zulässigkeit des öffentlichen Zugangs zu Verbrauchserfassungsgeräten bestreitet.
450 AG Dortmund, ZD 2014, 151 (152).

erforderlich sein mag, lässt nicht den Schluss zu, dass ein genereller Anspruch auf Kenntnisnahme aller Verbrauchswerte besteht.[451]

Soweit unter Verweis auf ein Urteil des Bundesgerichtshofs[452] behauptet wird, dass die Videoüberwachung des Eingangsbereichs einer Wohnungseigentumsanlage vergleichbar sei mit dem öffentlichen Anbringen von Verbrauchszählern[453], verkennt diese Auffassung einen wesentlichen Unterschied: Der vom BGH als rechtmäßig anerkannten Maßnahme liegt eine ausdrückliche Rechtsgrundlage, namentlich § 6b BDSG, zugrunde. Dies ist beim öffentlichen Anbringen von Verbrauchszählern gerade nicht der Fall.

Darüber hinaus wird gegen die Annahme des Personenbezugs eingewandt, dass „es rein vom Zufall" bzw. von der Gestaltung des Mietvertrages abhinge, ob der Mieter selbst mit dem Versorger abrechne oder ob die Abrechnung über den Vermieter liefe.[454] Auch dieses Argument vermag nicht zu überzeugen. Denn daraus, dass bestimmte Personen mit Daten umgehen, lassen sich keine Rückschlüsse darauf ziehen, ob diese Daten personenbezogen sind.

Nach allem sprechen die besseren Argumente für die Einstufung von Verbrauchswerten als personenbezogene Daten. Energie- und Ressourcenverbrauchsdaten geben Auskunft über die Lebensweise und -verhältnisse der privaten Letztverbraucher.[455] Da das Konsumverhalten – und damit auch der Stromverbrauch – einer Person ein Teil von dessen Persönlichkeit und als solches schützenswert ist, ist ein datenschutzrechtlicher Schutz erforderlich.[456] Dies gilt sogar unabhängig davon, wie oft die Messungen erfolgen. Denn selbst bei langen Ablesezyklen haben die einzelnen Messdaten Personenbezug, da jeder Wert für sich genommen eine Aussagekraft besitzt. Es bietet sich ein Vergleich mit dem Jahreseinkommen einer Person an. Dieser Betrag ist ebenfalls lediglich ein einziger Wert, der jedoch unstreitig personenbezogen ist.[457] Nichts anderes kann für den Stromverbrauch gelten. Dass die datenschutzrechtliche Relevanz mit der Anzahl der Messpunkte steigt,[458] steht außer Zweifel. Diese führt indes nicht dazu, dass ein Verbrauchswert, der auf einem größeren Zeitzyklus basiert, nicht trotzdem personenbezogen ist. Hieraus folgt, dass jeder einzelne Strommesswert ein personenbezogenes Datum darstellt.

---

451 *Brink*, ZWE 2014, 75 (76).
452 BGH, ZD 2013, 447 = NJW 2013, 3089.
453 AG Dortmund, ZD 2014, 151 (152).
454 *Horst*, NZM 2008, 145 (150).
455 *Göge/Boers*, ZNER 2009, 368 (369); *Guckelberger*, DÖV 2012, 613 (618).
456 Simitis/*Dammann*, BDSG, § 3 Rn. 11.
457 *Bergmann/Möhrle/Herb*, BDSG, § 3 Rn. 24; *Schaffland/Wiltfang*, BDSG, § 3 Rn. 12; Simitis/*Dammann*, BDSG, § 3 Rn. 10.
458 S. hierzu insbesondere zum Problem der *Profilbildung* Kap. 4 A.II.2.

2. Steuerungsrelevante Daten

Steuerungsrelevante bzw. *netzbetriebsrelevante*[459] Daten enthalten Informationen darüber, zu welchem Zeitpunkt welche Menge an Energie durch den Abnehmer verbraucht wird.[460] Diese Daten, die bei der Übertragung, Lieferung und Messung von Energie anfallen, dienen den Energieversorgungsunternehmen dazu, die Netzkapazität und -leistung zu berechnen um damit die Energienetze zu steuern. Sie sind außerdem erforderlich, um individuelle Lastprofile, d. h. „den zeitlichen Verlauf der abgenommenen Energieleistung über einen bestimmten Zeitraum" zu erstellen.[461] Da diese Daten Aufschluss über Lebensgewohnheiten von Letztverbrauchern geben können, sind sie ebenfalls personenbezogen.[462]

3. Technische Daten

Schließlich fällt im Smart Grid eine Vielzahl von weiteren Daten an, etwa technische Informationen wie „Einspeisedaten" oder „Preis- und Tarifsignale für Verbrauchseinrichtungen und Speicheranlagen".[463] Des Weiteren existieren Informationen über Ausfälle im Stromnetz, Frequenz-, Spannungs- und Stromwerte, Phasenwinkel, Speicherkapazitäten sowie Wetterdaten.[464] Derartige Daten beinhalten in der Regel reine Systeminformationen und haben keinen Bezug zu einzelnen Haushalten oder gar bestimmten Konsumenten und sagen auch durch Hinzufügung weiterer Daten nichts über Letztere aus.[465] Solche Daten, die nur auf eine Sache bezogen sind oder diese beschreiben, unterliegen nicht dem Schutz des Datenschutzrechts.[466] Erst dann, wenn sich aus der Information zu einer Sache ein Bezug zu einer Person herstellen lässt, handelt es sich um Daten i. S. d. § 3 Abs. 1 BDSG.[467]

Etwas anderes gilt für die sogenannten Smart-Meter-Identifikationsdaten. Jedes Verbrauchsmessgerät enthält eine solche individuelle Kennnummer. Bei der Einordnung des Personenbezugs dieser Smart-Meter-Daten besteht eine Parallele zur Diskussion um den Personenbezug von Internet-Protokoll-Adressen (*IP-Adressen*). Die Einordnung von IP-Adressen als personenbezogene Daten ist umstritten und

---

459 So die Bezeichnung in § 21e Abs. 2 Nr. 7 lit. e) EnWG.
460 *Karg*, DuD 2010, 365 (366).
461 *Karg*, DuD 2010, 365 (366).
462 *Raabe et al.*, Empfehlungen, S. 11; *Lüdemann/Jürgens/Sengstacken*, ZNER 2013, 592 (595); *Wiesemann*, MMR 2011, 355 (356); s. zudem ausführlich Kap. 4 A.II.1.
463 *Duisberg*, in: Peters/Kersten/Wolfenstetter, Innovativer Datenschutz, S. 258.
464 *Düsseldorfer Kreis*, Orientierungshilfe, S. 12; *Roßnagel/Jandt*, SR 88, S. 21; vgl. auch die beispielhafte Aufzählung in § 21i Abs. 2 Nr. 7 lit. e) EnWG sowie § 2 Nr. 4 MsysV-E (*Zustandsdaten*).
465 *de Hert/Kloza*, in: Schweighofer/Kummer, IRIS 2011, S. 194; *Haubrich*, in: Britz/Eifert/Reimer, Energieeffizienzrecht, S. 229.
466 Auernhammer/*Heun*, EnWG, § 21g Rn. 28; *Schaffland/Wiltfang*, BDSG, § 3 Rn. 17; *de Hert/Kloza*, in: Schweighofer/Kummer, IRIS 2011, S. 194.
467 Taeger/Gabel/*Buchner*, BDSG, § 3 Rn. 10.

höchstrichterlich bislang nicht entschieden.[468] Nach einer weiten Auffassung (*absoluter* Personenbezug) ist der Personenbezug zu bejahen, nach einer engeren Auffassung (*relativer* Personenbezug) ist er abzulehnen, nach anderer Ansicht ist zwischen dynamischen und statischen IP-Adressen zu unterscheiden.[469]

Anders als bei IP-Adressen sind Smart Meter und die entsprechenden Gateways durch Identifikationsnummern jedoch meist ausdrücklich einer bestimmten Person zugeordnet.[470] Sofern es sich bei dieser um einen natürliche Person handelt, ist mithin ein Personenbezug ohne Weiteres herstellbar.[471] Deshalb ist hierbei grundsätzlich der Personenbezug zu bejahen, ohne dass es vorliegend auf eine Entscheidung des Streits ankommt.

II. Bestimmtheit/Bestimmbarkeit der Energiedaten

Daten gelten nach § 3 Abs. 1 BDSG nur dann als personenbezogen, wenn sie bestimmt oder bestimmbar sind. Einzelangaben sind nur dann schutzfähige Daten i. S. d. BDSG, wenn sie einer bestimmten natürlichen Person zugeordnet sind, zugeordnet werden können oder aufgrund der Individualdaten der Bezug zu einer Person hergestellt werden kann.[472] Dies ist dann nicht mehr der Fall, wenn sich die Angaben zwar auf eine einzelne Person beziehen, diese jedoch nicht identifizierbar ist.[473] Die Frage danach, ob eine Person *bestimmt* oder *bestimmbar* ist, ist rein dogmatisch und nicht von praktischer Relevanz; virulent ist hingegen die Abgrenzung zwischen Bestimmbarkeit und Nichtbestimmbarkeit.[474]

Gerade bei Daten, die sich nicht von vornherein auf eine bestimmte Person beziehen, hängt deren Bestimmbarkeit von entsprechenden Zusatzinformationen und den Möglichkeiten der verantwortlichen Stelle ab. Eine Person ist bestimmbar, wenn die grundsätzliche Möglichkeit besteht, ihre Identität festzustellen,[475] d.h. „wenn sie mit Hilfe weiterer verfügbarer Erkenntnisse identifiziert werden kann".[476] Eine Person ist daher bestimmt, wenn feststeht, dass sich die Angaben auf sie und nicht auf eine andere Person beziehen.[477]

---

468 Vgl. Vorlage des BGH zum EuGH durch Beschl. v. 28.10.2014, Az. VI ZR 135/13.
469 Zum Streit eingehend *Krüger/Maucher*, MMR 2011, 433 ff.; *Sachs*, CR 2010, 547 ff.; *Wójtowicz*, PinG 2013, 65 (66).
470 Art.-29-Datenschutzgruppe, WP 183, S. 6.
471 Art.-29-Datenschutzgruppe, WP 183, S. 6.
472 *Bergmann/Möhrle/Herb*, BDSG, § 3 Rn. 15; *Erbs/Kohlhaas/Ambs*, BDSG, § 3 Rn. 3; *Gierschmann/Saeugling/Schmitz*, BDSG, § 3 Rn. 18; *Gola/Schomerus*, BDSG, § 3 Rn. 3.
473 *Gola/Schomerus*, BDSG, § 3 Rn. 3.
474 *Gierschmann/Saeugling/Schmitz*, BDSG, § 3 Rn. 18; *Simitis/Dammann*, BDSG, § 3 Rn. 23.
475 *Taeger/Gabel/Buchner*, BDSG, § 3 Rn. 11 f.
476 *Erbs/Kohlhaas/Ambs*, BDSG, § 3 Rn. 3.
477 *Simitis/Dammann*, BDSG, § 3 Rn. 21.

Wenn die Stelle über Zusatzwissen verfügt, mit dessen Hilfe sie in Verbindung mit der betreffenden Einzelangabe eine Person bestimmbar machen kann, wird diese Information im Verhältnis zu dieser Stelle zu einem personenbezogenen Datum.[478] Ein und dieselbe Person kann für verschiedene Akteure daher bestimmbar oder auch nicht sein; der Begriff der Bestimmbarkeit ist relativ.[479] Daraus folgt, dass es für die Bestimmbarkeit vorliegend darauf ankommt, ob der jeweilige datenverarbeitende Akteur dazu in der Lage ist, mit angemessenem Aufwand zu diesen Daten einen Personenbezug herzustellen.[480]

Anders als bestimmte personelle Identifikationsdaten haben Energiedaten für sich genommen niemals einen Bezug zu einer bestimmten Person; es bedarf stets noch der Verknüpfung der Energiedaten mit einer natürlichen Person. Durch Energiedaten ist der Betroffene mithin zwar nicht bestimmt, aber regelmäßig bestimmbar.

1. Einpersonenhaushalt

In der Prozesskette des Smart Grid kann davon ausgegangen werden, dass beinahe allen Marktakteuren aufgrund der jeweiligen Vertragsbindung die Angaben zum Anschlussinhaber vorliegen, die für die personale Zuordnung der Messdaten erforderlich sind.[481] Für den Verteilernetzbetreiber gilt dies allerdings nur dann, wenn er gleichzeitig auch Messdienstleister ist.[482]

In einem Einpersonenhaushalt ist die Bestimmbarkeit unproblematisch, da der Energieverbrauch zwangsläufig auf diese Person als Anschlussnutzer zurückzuführen ist.[483] Unter der Prämisse, dass die verantwortliche Stelle Kenntnis über die Tatsache hat, dass der Anschlussnutzer in einem Einzelhaushalt lebt, sind dessen Daten mithin ohne Weiteres bestimmbar.

Etwas anderes gilt indes dann, wenn der Anschlussnutzer (Mieter) nicht selbst Vertragspartner des Versorgers ist, etwa weil der Strom direkt durch den Anschlussinhaber (Vermieter) bezogen wird. Da zwischen dem Versorger und dem tatsächlichen Stromkonsumenten dann kein Vertragsverhältnis besteht, kann der Anbieter die Energiedaten keiner bestimmten Person zuordnen, weswegen es an der Bestimmtheit und damit an einem Personenbezug fehlt. Dies ist indessen regelmäßig nicht der Fall, da heute nahezu jeder Mieter seinen Stromanbieter selbst wählt und dementsprechend in einem Vertragsverhältnis zu diesem steht.

---

478 *Kühling/Seidel/Sivridis*, Datenschutzrecht, S. 81 f.
479 *Gola/Schomerus*, BDSG, § 3 Rn. 10; *Kühling/Seidel/Sivridis*, Datenschutzrecht, S. 80; *Plath*, BDSG, § 3 Rn. 15; *Simitis/Dammann*, BDSG, § 3 Rn. 32.
480 Erbs/Kohlhaas/*Ambs*, BDSG, § 3 Rn. 3.
481 *Raabe*, DuD 2010, 379 (381).
482 *Raabe*, DuD 2010, 379 (381).
483 *Guckelberger*, DÖV 2012, 613 (619); *Hornung/Fuchs*, DuD 2012, 20 (22).

2. Mehrpersonenhaushalt und gewerbliche Einrichtungen

Problematisch ist die Bestimmbarkeit allerdings bei Haushalten, die von mehr als einer Person bewohnt werden. Denn die Zuordnung des Energieverbrauchs zum jeweiligen Betroffenen gestaltet sich hier schwierig.

Wie erläutert, erfasst der Schutz des BDSG nur Einzelangaben, die sich auf bestimmte Personen beziehen. Hierunter fallen keine „Sammelangaben über Personengruppen, wie z. B. Familienangaben".[484] Wenn eine einzelne Person als Mitglied einer Personengruppe gekennzeichnet wird, gelten die zu dieser Gruppe erhobenen Daten dann als personenbezogen, wenn sie auf diese Einzelperson „durchschlagen".[485] Verfügt die verantwortliche Stelle indes über entsprechendes Zusatzwissen, kann sie allerdings auch bei Haushalten mit mehreren Bewohnern konkrete Verhaltensprofile einzelner Haushaltsmitglieder im innerhäuslichen Bereich ermitteln und diesen zuordnen.[486]

Ebenso kompliziert ist die Bestimmbarkeit von Einzelpersonen bzw. deren Daten bei Arbeitsplätzen, die von mehreren Arbeitnehmern gleichzeitig genutzt werden. Datensätze, die lediglich Informationen über den Energieverbrauch von bestimmten Unternehmen oder Behörden – also von juristischen Personen – enthalten, treffen grundsätzlich noch keine Aussage über das Verhalten der dort tätigen Einzelpersonen und sind daher nicht personenbezogen.[487] Sobald sich jedoch mittels Zusatzinformationen Rückschlüsse auf eine in der Einrichtung tätige Person ziehen lassen, handelte es sich um personenbezogene Daten. Dies wäre beispielsweise der Fall, wenn durch die Messung des Energieverbrauchs in einem bestimmten Raum die IT-Nutzung eines einzelnen Mitarbeiters analysiert würde.[488]

Selbiges gilt beispielsweise bei Studentenwohnheimen oder Pflegeheimen sowie in Einrichtungen mit häufig wechselnden Bewohnern wie etwa Krankenhäusern oder Hotels.

Es zeigt sich, dass die Bestimmbarkeit in vielen Fällen von verschiedenen Faktoren abhängt; eine generelle Beantwortung verbietet sich von daher. Im Folgenden wird davon ausgegangen, dass zwischen dem Anschlussnutzer und der verantwortlichen Stelle ein Vertragsverhältnis besteht oder anderweitig eine Bestimmbarkeit der Daten gegeben ist.

---

484 Erbs/Kohlhaas/*Ambs*, BDSG, § 3 Rn. 3.
485 BAG NJW 1986, 2069 und NZA 1995, 185; *Gola/Schomerus*, BDSG, § 3 Rn. 3.
486 *Hornung/Fuchs*, DuD 2012, 20 (22); *Raabe*, DuD 2010, 379 (381).
487 *Guckelberger*, DÖV 2012, 613 (619).
488 *Guckelberger*, DÖV 2012, 613 (619).

3. Aufhebung des Personenbezugs durch Anonymisierung und Pseudonymisierung

Wie soeben erläutert, sind Daten nicht personenbezogen, wenn die Angaben sich zwar auf eine einzelne Person beziehen, diese jedoch nicht identifizierbar ist.[489] Das Datenschutzrecht ist auf derartige Daten nicht anwendbar. Es gibt verschiedene rechtliche und technische Mittel, den Personenbezug von Daten aufzuheben. Hierunter fallen auch die im BDSG vorgesehenen Möglichkeiten der Anonymisierung (§ 3 Abs. 6 BDSG) und der Pseudonymisierung (§ 3 Abs. 6a BDSG). Auch das EnWG enthält eine entsprechende Vorschrift: Gem. § 21g Abs. 5 EnWG sind personenbezogene Daten zu anonymisieren oder zu pseudonymisieren, soweit dies möglich und im Verhältnis zum angestrebten Schutzzweck verhältnismäßig ist.

Beim Smart Metering werden daher oftmals anonymisierte oder pseudonymisierte Datensätze verwendet.[490]

III. Zwischenergebnis

Insgesamt lässt sich festhalten, dass die meisten anfallenden Energiedaten personenbezogen sind. Dies gilt nur dann nicht, wenn sie rein gerätebezogene Informationen enthalten oder der Personenbezug durch Anonymisierung oder Pseudonymisierung entfallen ist.

E. Die Verarbeitungsschritte personenbezogener Energiedaten beim Smart Metering

Fraglich ist schließlich, welche konkreten Verarbeitungsvorgänge personenbezogener Energiedaten im Rahmen des Smart Metering im Einzelnen vor sich gehen. § 3 Abs. 3–5 BDSG sieht verschiedene Formen des Datenumgangs vor, die jeweils datenschutzrelevante Verarbeitungsprozesse beschreiben.

Die folgende Untersuchung orientiert sich an den folgenden „Datenströmen": Erfassung [I.], Weitergabe [II.], Aufbereitung und Verwendung [III.] der Energiedaten. Die Einteilung dieser Verarbeitungsstufen dient der Übersichtlichkeit. Allerdings erfolgt der Datenumgang nicht nur in dieser vorgegebenen Reihenfolge, sondern vielmehr auch in mehreren Zwischenstufen. Die Benennung der verschiedenen Verarbeitungsszenarien ist dabei nur exemplarischer Natur. Es können im Rahmen der vorliegenden Arbeit nicht sämtliche denkbaren Datenverarbeitungsprozesse beim Smart Metering abgebildet werden, weswegen die folgende Darstellung keinen Anspruch auf Vollständigkeit erhebt.

---

489 S. dazu oben Kap. 3 D.II.
490 S. dazu im Einzelnen Kap. 5 B.I.2.

I. Erfassung der Energiedaten

Der erste datenschutzrechtlich relevante Schritt ist die Messung der Verbrauchswerte, also „die Feststellung der Höhe der verbrauchten Energie über einen gegebenen Zeitraum".[491] Gem. § 18 StromNZV i.V.m. §§ 9, 10 Abs. 1 MessZV erfolgt die Messung der entnommenen Elektrizität beim Letztverbraucher durch Erfassung der entnommenen elektrischen Arbeit (= Energie) sowie gegebenenfalls durch Registrierung der Lastgänge am Zählpunkt (= zeitlicher Verlauf der abgenommenen Leistung) oder durch Feststellung der maximalen Leistungsaufnahme.[492] Unter *Messung* ist gem. § 3 Nr. 26c EnWG die Ab- und Auslesung der Messeinrichtung beim Kunden zu verstehen. Bei der „herkömmlichen" Ablesung vor Ort werden die Daten manuell durch Personal oder den Endverbraucher (*Kundenselbstablesung*) erfasst. Im Gegensatz dazu können die Daten bei der Nahbereichsablesung (*Offsite Meter Reading*) mit Hilfe eines Messgeräts per Funkübertragung von der Straße aus erfolgen.[493] Bei der Fernbereichs- bzw. Zählerfernauslesung (*Telemetrie* bzw. *Advanced Meter Reading*) können die Verbrauchsdaten sogar vollautomatisch „aus der Ferne" erfasst werden.[494] Bei letzterer wird grundsätzlich zwischen zwei Formen der Datenerfassung unterschieden: Beim *Push-Betrieb* werden die Daten aktiv vom Zähler aus gesendet, beim *Pull-Betrieb* holt sich die verantwortliche Stelle die Daten ab.[495]

Die *Messung* durch den jeweiligen Messstellenbetreiber[496] beim Letztverbraucher stellt eine Datenerhebung dar.[497] Gem. § 3 Abs. 3 BDSG meint Datenerhebung die Beschaffung von Daten über einen Betroffenen. Das Erheben besteht in einer Aktivität, durch die die verantwortliche Stelle Kenntnis von den betreffenden Daten erhält oder Verfügungsmacht über diese begründet.[498]

Solange Messwerte ausschließlich geräteintern erfasst werden und der Energieverbrauch nur im Haushalt des Letztverbrauchers visualisiert wird, werden noch keine Daten über das Smart Meter Gateway nach außen gegeben.[499] Dieses Stadium der Informationsverarbeitung stellt daher noch keine Datenerhebung dar.[500] Beim Smart Metering gelten die personenbezogenen Energiedaten daher erst dann als erhoben, wenn die verantwortliche Stelle „unmittelbar technisch auf die Messdaten

---

491 *Karg*, ULD-Gutachten, S. 5.
492 Die Messung bei sonstigen Anschlussnutzern gem. § 10 Abs. 2 MessZV ist datenschutzrechtlich irrelevant.
493 *Wulf*, Smart Metering, S. 19.
494 *Wulf*, Smart Metering, S. 19.
495 *Knott*, in Köhler/Schute, Smart Metering, S. 98.
496 Dies kann der Netzbetreiber, der Energielieferant oder ein sonstiger Dienstleister sein.
497 BerlKommEnR/*Lorenz/Raabe*, EnWG, § 21g Rn. 23; Simitis/*Dammann*, BDSG, § 3 Rn. 105; *Haubrich*, in: Britz/Eifert/Reimer, Energieeffizienzrecht, S. 233; *LVwA S-A*, 5. Datenschutzbericht 2012, S. 53.
498 Simitis/*Dammann*, BDSG, § 3 Rn. 102; Taeger/Gabel/*Buchner*, BDSG, § 3 Rn. 25.
499 *Bräuchle*, in: Plödereder et al., Informatik 2014, GI-Proceedings 2014, S. 520.
500 *Bräuchle*, in: Taeger, Big Data & Co., S. 461.

zugreifen kann", d.h. sobald „keine weitere Mitwirkungshandlung" des betroffenen Letztverbrauchers mehr erforderlich ist.[501]

Das Fernmessen ist in § 21g Abs. 6 Nr. 5 EnWG an besondere Voraussetzungen geknüpft. Darüber hinaus existieren in einigen Bundesländern datenschutzrechtliche Spezialvorschriften zur Durchführung von Fernmessungen.[502]

Wie bereits erläutert, beschränkt sich die Messung des Stromverbrauchs zukünftig nicht mehr auf eine jährliche Ablesung, sondern geschieht je nach Konfiguration des Messsystems mehrmals pro Stunde. Es handelt sich dabei nicht etwa um eine „Dauererhebung"; vielmehr stellt jede einzelne Messung eine eigenständige Datenerhebung gem. § 3 Abs. 3 BDSG dar.

Nachdem der Messstellenbetreiber die Daten erhoben hat, wird er diese regelmäßig zunächst so verarbeiten, dass er die Verfügungsmacht darüber behält. Dies stellt eine Speicherung dar. *Speichern* bedeutet gem. § 3 Abs. 4 S. 2 Nr. 1 BDSG das Erfassen, Aufnehmen oder Aufbewahren von Daten zum Zwecke ihrer weiteren Verarbeitung oder Nutzung.

II. Weitergabe der Energiedaten

Sofern die Daten nicht direkt durch den Netzbetreiber, sondern durch einen dritten Messstellenbetreiber oder Messdienstleister erhoben worden sind, werden sie gem. § 4 Abs. 3 MessZV an den Netzbetreiber weitergeleitet, damit dieser seine Pflichten aus § 4 Abs. 4 MessZV erfüllen kann. Von dort aus werden die Daten in veränderter Form an den Stromerzeuger und den Stromlieferanten des Anschlussnutzers weitergeleitet.[503]

Bei jeder denkbaren Datenweitergabe in diesem Zusammenhang handelt es sich um eine Datenübermittlung. Übermitteln bedeutet gem. § 3 Abs. 4 S. 2 Nr. 3 BDSG das Bekanntgeben personenbezogener Daten an einen Dritten durch Weitergabe oder Ermöglichung der Einsichtnahme oder des Abrufs der Daten durch den Dritten. Dritter ist nach § 3 Abs. 8 S. 2 u. 3 BDSG jede Person oder Stelle, die nicht verantwortliche Stelle, Betroffener oder Auftragsdatenverarbeiter ist. Sofern der Messstellenbetreiber zugleich der Netzbetreiber ist[504], liegt daher keine Übermittlung vor, da es an einer tatbestandlich vorausgesetzten Weitergabe der Daten an einen *Dritten* fehlt. Innerhalb eines Konzerns gelten selbstständige verantwortliche Stellen als Dritte i.S.v. § 3 Abs. 8 BDSG.[505] Daraus folgt, dass Datenweitergaben in Konzernstrukturen als datenschutzrechtlich relevante Übermittlung einzuordnen sein können.[506] Da der Betroffene gem. § 3 Abs. 8 S. 3 BDSG selbst niemals Dritter

---

501 BerlKommEnR/*Lorenz/Raabe*, EnWG, § 21g Rn. 23.
502 Bspw.: § 29 HmbDSG, § 36 HDSG oder § 30 NRWDSG; dazu BeckOK DSR/*Wagner/Brink*, LandesDS, Syst. D Rn. 71 m.w.N.
503 *Wiesemann*, MMR 2011, 355 (356).
504 Dies ist gem. § 21b Abs. 1 EnWG der gesetzlich vorgesehene Regelfall.
505 S. oben Kap. 3 B.II.2.
506 *Bergmann/Möhrle/Herb*, BDSG, § 2 Rn. 53.

sein kann, stellt die Weiterleitung von Daten an den Anschlussnutzer (etwa zur Information über sein Verbrauchsverhalten) keine Übermittlung i.S.d. § 3 Abs. 4 S. 2 Nr. 3 BDSG dar.

III. Aufbereitung und Verwendung der Energiedaten

Nachdem der jeweilige Akteur Daten erhoben hat, wird er diese Daten regelmäßig in irgendeiner Form verwenden, sei es, um damit eine Abrechnung für den Kunden zu erstellen oder sie in anderer Form nutzbar zu machen. So bleibt etwa der Netzbetreiber gem. § 4 Abs. 4 Nr. 2 MessZV verantwortlich für die Aufbereitung und Weitergabe von Messdaten an die Netznutzer (= Energielieferanten). Daneben sind verschiedene weitere Datennutzungen wie etwa Datenauswertung bzw. Datenanalyse zum Data Mining, die Erstellung von Nutzerprofilen für das (nachfrageseitige und angebotsseitige) Lastenmanagement oder die Aufbereitung zur Energieberatung denkbar.[507]

Die Daten werden dabei meist verändert. *Verändern* meint das inhaltliche Umgestalten gespeicherter Daten, § 3 Abs. 4 S. 2 Nr. 2 BDSG. Maßgeblich ist, dass mit der Bearbeitung des Datums eine Kontextveränderung einhergeht, d.h. dass das Datum eine neue Bedeutung erlangt.[508] Unerheblich ist dabei, wie der neue Informations- und Aussagegehalt erreicht wird; dies kann beispielsweise durch Berichtigung, Pseudonymisierung oder Anonymisierung der Daten oder durch die Verknüpfung mit anderen Daten erreicht werden.[509]

Teilweise werden Energiedaten im Rahmen der verschieden Verwendungsmöglichkeiten auch *genutzt*. Nach der „Negativdefinition" des § 3 Abs. 5 BDSG ist „Nutzen" jede Verwendung personenbezogener Daten, bei der es sich nicht um eine Verarbeitung handelt. Der Terminologie des BDSG folgend, ist die Datennutzung daher nicht etwa ein Unterfall der Datenverarbeitung, sondern stellt vielmehr einen Auffangtatbestand dar, der immer dann einschlägig ist, wenn ein bestimmter Umgang mit Daten keiner Verarbeitungsphase i.S.d. § 3 Abs. 4 BDSG entspricht.[510]

Im Einzelnen ist teilweise umstritten, ob bestimmte Verarbeitungsschritte eine Veränderung oder eine Nutzung darstellen. Dies kann aber angesichts der Tatsache, dass die Rechtfertigungstatbestände regelmäßig beide Verarbeitungsarten umfassen, vorliegend dahinstehen.[511]

---

507 Dazu vertiefend DKWW/*Weichert*, BDSG, § 3 Rn. 35; PwC/*Netzband/Albert*, Entflechtung, S. 567 f.; *Raabe*, DuD 2010, 379 (380); *Roßnagel/Jandt*, SR 88, S. 17 ff.; s. zu den „Kommerzialisierungsmöglichkeiten" Kap. 4 A.II.3.
508 DKWW/*Weichert*, BDSG, § 3 Rn. 35; Simitis/*Dammann*, BDSG, § 3 Rn. 129; Taeger/Gabel/*Buchner*, BDSG, § 3 Rn. 30.
509 DKWW/*Weichert*, BDSG, § 3 Rn. 35; *Kühling/Seidel/Sivridis*, Datenschutzrecht, S. 91.
510 Gierschmann/Saeugling/*Schmitz*, BDSG, § 3 Rn. 99; *Tinnefeld/Buchner/Petri*, Datenschutzrecht, S. 231 f.
511 Ähnlich DKWW/*Weichert*, BDSG, § 3 Rn. 35.

Kapitel 4: Datenschutzrechtliche Beurteilung von Smart Grid und Smart Metering

Nachdem die technischen und rechtlichen Grundlagen des Smart Grid dargestellt wurden, sollen im Folgenden die datenschutzrechtlichen Fragen, die damit in Zusammenhang stehen, näher beleuchtet werden.

Zunächst stellt sich die Frage, welche Herausforderungen aus datenschutzrechtlicher Sicht mit dem Smart Grid im Einzelnen einhergehen [A.]. Darüber hinaus ist fraglich, inwieweit die jeweiligen Datenverarbeitungsprozesse mit einfachem Recht [B.] und Verfassungsrecht [C.] in Einklang zu bringen sind.

A. Datenschutzrechtliche Herausforderungen

Im Folgenden soll eine Auswahl der aus Sicht des Verfassers besonders drängenden und klärungsbedürftigen Herausforderungen dargestellt werden. Dabei spielt auch deren Vereinbarkeit mit bestimmten datenschutzrechtlichen Grundsätzen eine Rolle, die teilweise gesetzlich normiert und teilweise auch durch die (höchstrichterliche) Rechtsprechung geprägt wurden und nunmehr allgemein anerkannt sind.

I. Datenproliferation und moderne Datenverarbeitungsmöglichkeiten

1. Ausgangslage

Die herkömmliche Verbrauchsmessung beschränkte sich bislang regelmäßig auf die Erfassung eines einzigen jährlichen Verbrauchswertes.[512] Bei der Verbrauchserfassung durch intelligente Stromzähler im Viertelstundentakt fallen dagegen jährlich mehr als 35.000 Messpunkte pro Smart Meter an. Sogar eine sekundengenaue Verbrauchserfassung ist technisch möglich, was zur Folge hätte, dass jedes Gerät jährlich rund 31,5 Millionen Datensätze generiert.[513] Die §§ 21b ff. EnWG enthalten keine Vorgaben für den Messintervall. Das bedeutet, dass sich die Anzahl der anfallenden Daten beim Smart Metering im Vergleich zur herkömmlichen Messung um ein Vielfaches erhöht. Damit einher geht eine entsprechende Vermehrung von Datenverarbeitungsprozessen, sogenannte *Datenproliferation*. Denn statt des Umgangs mit einem einzigen Messdatum finden nunmehr – je nach Konfiguration der Hardware und des gewählten Tarifs – jährlich Tausende oder Millionen von Datenverarbeitungsschritten statt.

---

512 *Raabe et al.*, Smart Grids, S. 11.
513 *Lüdemann/Jürgens/Sengstacken*, ZNER 2013, 592; *Raabe et al.*, Empfehlungen, S. 7; *Roßnagel/Jandt*, SR 88, S. 33.

Ermöglicht wird die Datenvermehrung durch die Veränderung der technologischen Vorbedingungen für die Aufbewahrung von Daten.[514] Ohne moderne Datenverarbeitungsmöglichkeiten wäre ein Smart Grid nicht denkbar. Denn sämtliche damit zusammenhängende Technologien basieren auf der Verarbeitung von riesigen Datenmengen. Heutzutage sind – nicht zuletzt wegen der preisgünstigen Speichermöglichkeiten – derart gigantische Datenmengen handhabbar, dass der Erfassung und -speicherung von Informationen beinahe keine (technischen) Grenzen gesetzt sind. Löschungsbedarf besteht dementsprechend kaum noch.[515] Extrem leistungsfähige Rechner machen es möglich, dass „Massen an Rohdaten" in kürzester Zeit so aufbereitet werden, „dass brauchbares Wissen daraus extrahiert werden kann".[516]

Dies kommt all jenen verantwortlichen Stellen entgegen, deren Ziel es ist, Daten gewinnbringend zu verarbeiten. Denn je breiter die Basis an Daten ist, desto zuverlässiger können daraus wertvolle Erkenntnisse gewonnen werden. Die technischen Errungenschaften der letzten Zeit, die auch unter dem Stichwort *Big Data* diskutiert werden, bilden somit die Grundlage für die lukrative Nutzung von Daten.

Neben dem quantitativen Zuwachs des Datenvolumens kommt es darüber hinaus aber auch zu einer qualitativen „Verbesserung" der Daten. Insbesondere wegen der hohen zeitlichen Auflösung der Messwerte haben diese Datensätze einen ungleich höheren Detailgrad als solche, die nur aus einem einzigen Messwert bestehen.[517] Die für das Smart Grid benötigten Daten weisen eine „neue Qualität" auf, „die vor allem in der inhaltlichen und zeitlichen Nähe zum realen Geschehen, sowie in der Dichte der Angaben liegt".[518]

2. Konflikt mit dem Datensparsamkeitsgebot

Angesichts der Flut an Daten stellt die Vereinbarkeit mit dem Gebot der Datensparsamkeit eine der zentralen Herausforderungen im Zusammenhang mit Smart Metering dar. § 3a BDSG postuliert den Grundsatz der Datenvermeidung und Datensparsamkeit. Danach ist die Erhebung, Verarbeitung und Nutzung personenbezogener Daten und die Auswahl und Gestaltung von Datenverarbeitungssystemen an dem Ziel auszurichten, keine oder so wenig personenbezogene Daten wie möglich zu erheben, zu verarbeiten oder zu nutzen.[519] Der Grundsatz der Datensparsamkeit dient der Umsetzung der verfassungsrechtlich gebotenen Verhältnismäßigkeit und

---

514 *Mayer-Schönberger/Cukier*, Big Data, S. 30.
515 *Katko/Knöpfle/Kirschner*, ZD 2014, 238.
516 *Stampfl*, Die berechnete Welt, S. 42.
517 *Quinn*, CEES No. 09–001, S. 20.
518 *Roßnagel/Jandt*, SR 88, S. 8.
519 *Tinnefeld/Buchner/Petri*, Datenschutzrecht, S. 238.

Erforderlichkeit der Datenverarbeitung[520] und ergänzt insoweit das allgemeine Erforderlichkeitsprinzip um einen technisch-organisatorischen Aspekt.[521]

Es ist umstritten, ob sich aus § 3a BDSG eine – durchsetzbare – Rechtspflicht ergibt.[522] Insbesondere ist dabei strittig, ob es den darin niedergelegten Grundsätzen an einer prinzipiellen Verpflichtungsqualität fehlt. Dieser Streit muss jedoch vorliegend nicht entschieden werden, da zumindest Einigkeit dahingehend herrscht, dass es sich bei der Regelung des § 3a BDSG um eine „Zielvorgabe" handelt, die es einzuhalten gilt.[523]

Smart Meter sind technisch in der Lage und sogar explizit darauf ausgelegt, sehr häufig und sehr viele Daten zu erfassen. Diese Tatsache widerspricht zwangsläufig der Forderung nach Datensparsamkeit.

II. Zweckfremde Nutzung von Energiedaten

Die im Smart Grid befindlichen Energiedaten sollen neben Abrechnungszwecken vorrangig der Optimierung der Stromversorgung, dem Energiemanagement sowie der Verbrauchs- und Gerätesteuerung dienen.[524]

Daneben können Energiedaten aber – entgegen diesen eigentlichen Verwendungszwecken – zu einer Menge weiterer Zwecke ge- und missbraucht werden.[525] Sobald die Energiedaten erst einmal erhoben worden sind, gibt es nahezu unbeschränkte und gleichzeitig unkontrollierbare Nutzungsmöglichkeiten.[526] Je mehr Informationen „aktuell, umfassend, schnell und lückenlos" zur Verfügung stehen, desto bedrohlicher wird ein möglicher Missbrauch der zu einer Person gesammelten Informationen.[527]

Fraglich ist, auf welche Weise die gewonnenen Energiedaten zu Zwecken genutzt werden können, die nicht unmittelbar in Zusammenhang mit der Energieversorgung i. w. S. stehen, wer hieran im Einzelnen Interesse hat und welche Risiken sich daraus für die Betroffenen ergeben.

---

520 RegBegr, BT-Drs. 14/4329, S. 33; DKWW/*Weichert*, BDSG, § 3a Rn. 1; *Roßnagel*, Handbuch, Kap. 3.4 Rn. 12.
521 *Haubrich*, in: Britz/Eifert/Reimer, Energieeffizienzrecht, S. 231.
522 Dazu eingehend: Abel/*Ehmann*, BDSG, § 3a Rn. 1; DKWW/*Weichert*, BDSG, § 3a Rn. 4; ErfKomm ArbR/*Wank*, BDSG, § 3a Rn. 1; Gola/Schomerus, BDSG, § 3a Rn. 2; *Kühling/Seidel/Sividris*, Datenschutzrecht, S. 112 f.; Plath/*Schreiber*, BDSG, § 3a Rn. 14; Schaffland/Wiltfang, BDSG, § 3a Rn. 2; Simitis/*Scholz*, BDSG, § 3a Rn. 27 ff.; Taeger/Gabel/*Zscherpe*, BDSG, § 3a Rn. 22; *Härting*, NJW 2013, 2065 (2066).
523 Simitis/Scholz, BDSG, § 3a Rn. 27 f.; vgl. RegBegr., BT-Drs. 16/13657, S. 17.
524 S. zu den Möglichkeiten Kap. 2. C.II.
525 *Roßnagel/Jandt*, SR 88, S. 9; *Stampfl*, Die berechnete Welt, S. 67.
526 *Haubrich*, in: Britz/Eifert/Reimer, Energieeffizienzrecht, S. 230 f.; einen Überblick mit zahlreichen Beispielen für mögliche Verwendungen von Energiedaten bietet *Quinn*, CEES No. 09–001, S. 30 f.
527 *Heußner*, in: Gitter/Thieme/Zacher, FS für Wannagat, S. 175.

1. Ausforschbarkeit von Lebensgewohnheiten

Wenn beim Smart Metering Energiedaten aus dem Haushalt eines Bewohners in kurzen Intervallen an die Energieversorgungsunternehmen übermittelt werden, lässt sich mithilfe dieser Daten ein detaillierter Tagesablauf der Betroffenen nachzeichnen. Durch die kleinteilige Aufzeichnung von Verbrauchswerten kann ein „Ablaufprotokoll" erstellt werden, welches Informationen für ein Verhaltensprofil des Betroffenen enthält.[528]

Zunächst kann etwa anhand der Nutzung eines Radioweckers, der Einschaltung des Lichts sowie der Nutzung der Toilette[529] und Dusche beobachtet werden, wann der Betroffene aufsteht.[530] Sodann geben die Verbrauchsdaten Informationen darüber, wie er sein Essen zubereitet (Wasserkocher, Toaster, Herd, Mikrowelle), wann er das Haus verlässt und ob er zuvor die Alarmanlage aktiviert hat.[531] Im Verlauf des Tages werden möglicherweise bestimmte programmierte oder ferngesteuerte Geräte während der Abwesenheit des Betroffenen genutzt, etwa Geschirrspül- oder Waschmaschine. Nach der Rückkehr des Betroffenen lassen sich Art und Umfang seines elektronischen Medienkonsums (Radio, TV, Internet) sowie schließlich seine Schlafzeiten analysieren.[532]

Jeder Elektrogerätetyp weist ein individuelles Lastprofil auf. Da die Anzahl der gleichzeitig betriebenen Elektrogeräte in einem Haushalt begrenzt ist, ist ein Großteil der Geräte eindeutig bestimmbar.[533] Analysesoftware kann aus den Schwankungen des Stromverbrauchs errechnen, „welche Geräte zu welcher Zeit und zu welchem Zweck" in der jeweiligen Wohnung betrieben worden sind.[534] Verschiedene Methoden erlauben bereits heute die Erkennung einzelner Geräte anhand ihrer Lastkurve.[535] So kann etwa mittels *Non-Intrusive Appliance Load Monitoring (NIALM)* jeder elektrische Verbraucher nur anhand seines spezifischen Stromverbrauchs identifiziert werden.[536]

---

528 *BfDI*, 23. Datenschutzbericht 2011, S. 57.
529 *Karg*, www.datenschutzzentrum.de/vortraege/20100921-karg-smart-meter.pdf, S. 16 beschreibt die Tatsache, dass der Wasserverbrauch Aufschluss über nächtliche Toilettenbesuche gibt, als „Granufink-Problem".
530 *Müller*, DuD 2010, 359 (360 f.).
531 *Cavoukian/Polonetsky/Wolf*, IDIS 2010, 275 (284).
532 *Hornung/Fuchs*, DuD 2012, 20 (22).
533 *Hornung/Fuchs*, DuD 2012, 20 (22); *Müller*, DuD 2010, 359 (360); *Schomerus*, NVwZ 2009, 418 (422).
534 *Smiljanic*, www.deutschlandfunk.de/moderne-technik-und-datenschutz.724.de.html?dram:article_id=98786.
535 S. ausführlich zur Analyse von Lastprofilen (incl. Abbildungen von Lastkurven) einzelner Verbrauchsgeräte: *Müller*, DuD 2010, 359 (360 f).
536 *Ellerbrock/Loviscach*, c't 2/2010, S. 70; *Quinn*, CEES No. 09–001, S. 21 ff.; *Zoha et al.*, sensors 2012, 16389 ff.

Andererseits lässt auch die Auswertung von typischen Arbeitszyklen, Nutzungszeitpunkten oder der Verwendungshäufigkeit auf einzelne Geräte schließen.[537] So kann das datenverarbeitende Energieversorgungsunternehmen herausfinden, welche Geräte der Betroffene wann und wie nutzt.

Ein außergewöhnlich hoher Energieverbrauch im Winter kann Aufschluss über eine schlechte Wärmedämmung geben; im Sommer hingegen ließe sich auf die Nutzung einer veralteten Klimaanlage schließen.[538] Vom Zustand und der Energieeffizienzklasse der verwendeten Haushaltsgeräte lassen sich außerdem Schlüsse über die finanziellen Verhältnisse der Bewohner ziehen.[539]

Die jeweilige Verbrauchsmenge bietet darüber hinaus auch Erkenntnisse darüber, ob der Betroffene sich alleine im Haushalt aufhält oder ob er Besuch hat.

Selbst aus der Erkenntnis, dass in einem bestimmten Zeitraum weniger Energie verbraucht wird, lassen sich Rückschlüsse ziehen.[540] Zum Beispiel lässt sich daraus ableiten, dass der Endverbraucher abwesend ist, sei es aufgrund von Arbeit, Krankheit oder Urlaub.[541] Abhängig davon, wie lange die Abwesenheit fortdauert, kann diese mit einer gewissen Wahrscheinlichkeit der Berufstätigkeit, einem Krankenhausaufenthalt oder aber auch einer Wochenend- oder Urlaubsreise zugeordnet werden.[542]

Untersuchungen der *FH Münster* haben ergeben, dass durch die Analyse der Hell- und Dunkelphasen eines Fernsehgerätes aufgedeckt werden kann, welchen Film eine Person guckt.[543] Diese Messwerte können mithilfe von intelligenten Stromzählern trotz diverser sonstiger parallel eingeschalteter Stromverbraucher zielgenau zugeordnet und ausgewertet werden. Da eine Überlagerung oder Störung durch andere Messwerte dabei fast gänzlich ausgeschlossen werden kann, funktioniert dies mithin auch dann, wenn der Smart Meter den Verbrauch für einen gesamten Mehrpersonenhaushalt misst, also nicht direkt mit dem Fernsehgerät verbunden wurde.[544]

Je mehr Geräte in einen Haushalt und damit in die Verbrauchserfassung eingebunden sind, desto genauer kann die Analyse des Geräteeinsatzes erfolgen.[545] Mit dem Detailgrad der Verbrauchserfassung erhöht sich gleichzeitig auch das Ausforschungspotenzial hinsichtlich der Lebensgewohnheiten des Betroffenen. Dies gilt

---

537 S. zu den Identifikationskriterien im Einzelnen: *Müller*, DuD 2010, 359 (361).
538 *Schriegel/Jasperneite*, e&i 4/2012, 265 (268).
539 *Haubrich*, in: Britz/Eifert/Reimer, Energieeffizienzrecht, S. 230; *Schriegel/Jasperneite*, e&i 4/2012, 265 (268).
540 *Gómez Mármol et al.*, Int. J. Inf. Secur. Vol. 12/2, 67 (68).
541 *Hornung/Fuchs*, DuD 2012, 20 (22).
542 *Roßnagel/Jandt*, SR 88, S. 9.
543 *Greveler et al.*, in: Arabmia/Deligiannidis/Hashemi, IKE'12, S. 383 ff.
544 *Greveler/Justus/Löhr*, IEEE Workshop 2012, S. 6763; dies. in: Suri/Waidner, GI Proceedings, Vol. 195, S. 36.
545 S. zur „Vision" des komplett vernetzten Haushalts *(Smart Home)* Kap. 2 C.II.2.a).

umso mehr, als neben dem Gesamtverbrauch eines Haushalts auch der Verbrauch von Einzelgeräten erfasst werden kann.[546]

Der Verbrauch einzelner Geräte lässt sich außerdem aus dem Haushaltsgesamtverbrauch herausrechnen und erleichtert dadurch die Identifikation weiterer Geräte.[547] Es ist dadurch sogar möglich, funktionsgleiche Geräte unterschiedlicher Hersteller voneinander zu unterscheiden.[548] Energieversorgungsunternehmen und Spezialdienstleister verfügen über Datenbanken mit den Standardverbrauchsprofilen elektrischer Haushaltsgeräte.[549] Mit deren Hilfe lässt sich herausfinden, welche Art von Geräten von welchem Hersteller der Nutzer besitzt und wie oft er sie verwendet. Dieses Wissen kann kommerziell nutzbar gemacht werden.[550]

Das bedeutet, dass Schlaf-, Bewegungs- und Konsumgewohnheiten ebenso analysiert werden können wie Aufenthaltsdaten und Gesundheitszustände oder Präferenzen für bestimmte Gegenstände, Ereignisse und sogar Personen.[551]

Dadurch wird ein äußerst detailgetreues Abbild des Tagesablaufs der betroffenen Bewohner möglich.

2. Bildung von Persönlichkeitsprofilen

Eine weitere datenschutzrechtliche Herausforderung stellt die Möglichkeit der Bildung von Persönlichkeitsprofilen mit Hilfe von Smart Metering dar.

Unternehmerische Entscheidungen beruhen vielfach auf Vorhersagen, die auf Konsumentendaten basieren. Um möglichst viele Informationen über (potenzielle) Kunden zu erhalten, greifen Unternehmen auf verschiedene statistische, mathematische und spieltheoretische Verfahren zurück, die Zusammenhänge zwischen bestimmten Geschehnissen und zukünftigen Ereignissen mit einer gewissen Wahrscheinlichkeit bewerten.[552] Eines dieser Verfahren zielt auf die Bildung von Persönlichkeitsprofilen ab.[553]

Ein *Persönlichkeitsprofil* wird definiert als ein Datensatz, der „umfassende Auskunft über die Persönlichkeit" eines Menschen gibt.[554] Dabei werden Einzelpersonen kategorisiert, indem anhand einiger beobachteter Eigenschaften auf andere Eigenschaften geschlossen werden kann, die sich nicht beobachten lassen.[555] Das Profil kann Auskunft über Konsumgewohnheiten, Vorlieben und Ansichten der

---

546 *BfDI*, 23. Datenschutzbericht 2011, S. 57 f.
547 *Jeske*, DuD 2011, 530 (531).
548 *BlnBDI*, Jahresbericht 2011, S. 21.
549 *Breyer*, www.daten-speicherung.de/data/Intelligente_Stromzaehler_2010-05-29.pdf.
550 S. dazu unten Kap. 4 A.II.3.
551 jurisPK-ITR/*Heckmann*, Kap. 9 Rn. 75; *Heckmann*, K&R 2011, 1 (3).
552 *Stampfl*, Die berechnete Welt, S. 50.
553 *Schaar*, DuD 2001, 383 ff.
554 *Podlech*, DVR 1972, 149 (157).
555 *Dinant et al.*, Profiling Mechanism, S. 3.

Betroffenen geben und stellt dadurch ein Abbild der Konsumentenpersönlichkeit dar, das eine zuverlässige Aussage über die Lebensgewohnheiten der Betroffenen zulässt.[556]

Persönlichkeitsprofile können einerseits *unveränderliche* Merkmale wie etwa Alter, Geschlecht, ethnische Herkunft oder Körpergröße enthalten. Andererseits können sie auch *veränderliche* Eigenschaften wie Vermögensverhältnisse, Gesundheitszustände, Gewohnheiten, Vorlieben und andere Verhaltensweisen beschreiben.[557]

a) Verfahren

Üblicherweise erfolgt die Erstellung von Personenprofilen, das sogenannte *Profiling*[558] in mehreren Schritten: Zunächst werden (anonyme) Daten gesammelt und gespeichert.[559] Diese Datensammlung kann als Grundlage für ein sogenanntes *Data Warehouse* fungieren.[560] In einem solchen Datenlager werden Daten, die für einen bestimmten Zweck (rechtmäßig) erhoben wurden, mit anderem Datenmaterial systematisch „zu einem gemeinsamen Datenbestand aggregiert" mit dem Ziel, diese Daten später zu analysieren.[561]

Im nächsten Schritt werden die Daten gezielt ausgewertet, „veredelt" und weiterverwertet.[562] Bei diesem als *Data Mining* bezeichneten Prozess werden relevante Variablen korreliert, um daraus neue Informationskategorien zu erstellen.[563]

Daraufhin werden die zusammengefassten Informationen zu einer Person interpretiert, um daraus Schlüsse auf das zukünftige Verhalten der Person zu ziehen, sogenannte *Inferenz*.[564] Im Rahmen dieser Schlussfolgerung wird auf bekannte statistische bzw. demografische Daten zurückgegriffen, die bestimmte Verhaltensmuster und Zusammenhänge mit einer bestimmten Wahrscheinlichkeit belegen. Wenn der Datenbestand umfangreich genug ist, können darauf basierend konkrete Kundenprofile gebildet werden.[565]

Der Zusammenhang zwischen Handlungen und Eigenschaften von Personen lässt sich auch „andersherum" herstellen, indem von bestimmten Verhaltensmustern

---

556 *Scholz*, Internet-Einkauf, S. 95; *Polakiewicz*, in: Gutwirth et al., European Data Protection, S. 372.
557 DKWW/*Weichert*, BDSG, § 29 Rn. 23; *FRA*, Ethnic Profiling, S. 8; Kilian/Heussen/ *Polenz*, CHB, Kap. 13, VerfR Rn. 19.
558 Vgl. Definition des Begriffs „Profiling" in Art. 4 Nr. 3a DSchGVO-E.
559 *FRA*, Ethnic Profiling, S. 8.
560 *Conrad*, DuD 2006, 405 (407).
561 *Weidner-Braun*, Privatsphäre, S. 127.
562 *Unseld*, Kommerzialisierung, S. 4.
563 *FRA*, Ethnic Profiling, S. 8.
564 *FRA*, Ethnic Profiling, S. 9.
565 *Weidner-Braun*, Privatsphäre, S. 127.

einer Person auf deren Charaktereigenschaften bzw. Persönlichkeitsmerkmale geschlossen wird.[566]

Mithilfe der sogenannten *Korrelationsanalyse* kann aus Eigenschaften oder Verhaltensweisen von Menschen mit einer hohen mathematischen Wahrscheinlichkeit auf deren zukünftiges Handeln geschlossen werden.[567]

Die Inferenz der erhobenen Daten erlaubt es, aus Erkenntnissen des Konsum- oder Nutzungsverhaltens des Betroffenen auf bestimmte Interessen und Einstellungen zu schließen und all dies zu einem detaillierten Persönlichkeitsprofil zusammenzuführen.[568] Das bedeutet, dass selbst dann, wenn Daten anonym erhoben werden, durch einen Abgleich mit Standardprofilen Rückschlüsse auf bestimmte Persönlichkeitsmerkmale möglich sind, da bestimmte wiederkehrende Verhaltensweisen nahelegen, dass eine Person bestimmte Eigenschaften aufweist. So lässt beispielsweise der Konsum bestimmter Medien und dessen Tageszeit auf das Alter der Person schließen.

b) Predictive Analysis

Darüber hinaus gibt es weitere mathematische bzw. statistische Verfahren, die auf die „Vorsehbarkeit menschlicher Reaktionen"[569] abzielen. Durch die verschiedenen Möglichkeiten der *predictive analysis* soll ein „Blick in die Zukunft" möglich werden.[570] Die gewonnenen Persönlichkeitsmerkmale können etwa durch sogenannte *Scoring-Verfahren* bewertet werden.[571] Sofern über einen Betroffenen genügend Informationen bekannt sind, kann anhand verschiedener Merkmale wie z. B. dem Konsumverhalten, dem Alter, der Anzahl der Kinder, der Adresse oder bestimmter Finanzdaten dessen Kaufkraft oder Kreditwürdigkeit bewertet werden.[572] Aus diesen Daten wird das künftige Verhalten des Betroffenen (z. B. Rückzahlung eines Kredits) mit einem Wahrscheinlichkeitswert *(Score)* prognostiziert.[573] Der Berechnung des Scorewertes liegen insbesondere Erfahrungen mit Personen mit vergleichbaren Merkmalen zugrunde.[574]

---

566 *FRA*, Ethnic Profiling, S. 8.
567 Zu diesem bereits im 19. Jahrhundert von Sir Francis Galton entwickelten Verfahren eingehend *Mayer-Schönberger/Cukier*, Big Data, S. 72 ff.
568 *Weidner-Braun*, Privatsphäre, S. 128.
569 *Karg*, www.datenschutzzentrum.de/vortraege/20100921-karg-smart-meter.pdf, S. 16.
570 *Stampfl*, Die berechnete Welt, S. 50 f., die außerdem darauf hinweist, dass diese Vorhersagen nicht nur zu kommerziellen Zwecken dienen, sondern z. B. auch bei der Stadt- und Raumplanung oder bei der Früherkennung der Verbreitung von menschlichen oder elektronischen Viren hilfreich sein können.
571 *Beckhusen*; Datenumgang, S. 218 ff.; DKWW/*Weichert*, BDSG, § 6a Rn. 5.
572 DKWW/*Weichert*, BDSG, § 6a Rn. 5.
573 DKWW/*Weichert*, BDSG, § 6a Rn. 5.
574 DKWW/*Weichert*, BDSG, § 6a Rn. 5.

c) Einbeziehung externer Quellen

Die zur Profilbildung gesammelten Informationen lassen sich außerdem mit Daten „aus externen Quellen Dritter ergänzen".[575] Ein aus den erhobenen Energiedaten gebildetes Persönlichkeitsprofil könnte im Nachgang durch Daten aus öffentlich zugänglichen Quellen wie etwa sozialen Netzwerken genauso ergänzt werden wie durch statistische Daten über die Straße oder den Wohnbereich.[576] Wenn Daten aus verschiedenen Quellen, die beim Betroffenen in einem anderen Kontext erhoben worden sind, nunmehr zu den Profildaten hinzugefügt und verknüpft werden, erhöht sich durch diese Zusammenführung die Präzision des Konsumentenprofils und mithin auch die Gefährdung für dessen informationelle Selbstbestimmung.[577] Die Verknüpfung von Datenbeständen verschiedener Stellen erhöht stets die Wahrscheinlichkeit, dass Persönlichkeitsprofile angelegt werden.[578]

Personenbezogenen Profile können auf einer Vielzahl von Daten beruhen. Zum einen gibt es Bewegungsprofile, die auf Daten von Fahrzeugen oder Mobiltelefonen basieren. Zum anderen existieren Zahlungsverkehrsprofile, denen die Auswertung von Kredit- oder Maestro-Karten zugrunde liegt sowie Sozial- oder Nutzerprofile, die auf der Nutzung von Webangeboten (insbesondere von sozialen Netzwerken) beruhen.[579]

Bislang besaßen Energieversorger regelmäßig nur Adressinformationen, Zählernummer, den Jahres-Verbrauchswert sowie ggf. Bankdaten ihrer Kunden. Auch auf Basis dieser Daten waren Analysen der Nutzer möglich. Indes beruhten derartige Auswertungen auf einer qualitativ und quantitativ sehr beschränkten Datenbasis, was dementsprechend nur vage Rückschlüsse – etwa auf die finanzielle Situation oder den Familienstand des Kunden – und daher nur eine sehr grobe Profilbildung über ihn zuließ.[580]

d) Ökonomischer Wert

Wie zuvor dargestellt, können beim Smart Metering zahlreiche sensible Daten der Betroffenen ausgelesen und ausgewertet werden. Dass Unternehmen, die diese Daten erlangen, sie dazu nutzen, Persönlichkeitsprofile von Verbrauchern zu erstellen oder zu erweitern, ist angesichts der mittlerweile weitverbreiteten Anwendung dieser Methoden naheliegend. Hierfür spricht außerdem der kommerzielle Stellenwert von Profilen. Denn die gesammelten Verbrauchsdaten bilden einen „Datenschatz" von immensem ökonomischen Wert. Dabei übersteigt der Wert eines Profils den Wert der dafür erforderlichen Einzeldaten bei Weitem. Seit einiger Zeit messen Unternehmen Daten einen ähnlichen ökonomischen Wert bei wie den hergebrachten

---

575 *Scholz*, Internet-Einkauf, S. 95.
576 *Roßnagel/Jandt*, SR 88, S. 9; *Wiesemann*, MMR 2011, 355 (356).
577 *Scholz*, Internet-Einkauf, S. 95; *Wiesemann*, MMR 2011, 355 (356).
578 So schon *Bull*, Ziele und Mittel des Datenschutzes, S. 43.
579 *Albers*, Inf. Sb., S. 125.
580 *Roßnagel/Jandt*, SR 88, S. 8.

Produktionsfaktoren *Arbeit, Kapital* und *Rohstoff*.[581] Ein Persönlichkeitsprofil kann – je nach dessen Aussagekraft – zwischen 30 und 350 Euro wert sein.[582]

Der Einwand, dass ein Mitarbeiter des Energieversorgers beim Ablesen durch den Zutritt zur Wohnung bereits heute Erkenntnisse gewinnen kann, „die ihm spezifischere Einblicke in das Innenleben der Wohnungsinhaber erlauben, als jede Volkszählung"[583] ist zwar nicht von der Hand zu weisen, dem ist jedoch entgegenzuhalten, dass es sich dabei nicht um eine automatisierte Datenverarbeitung i. S. v. § 1 Abs. 2 Nr. 3 BDSG handelt, da der Mitarbeiter nur persönliche Eindrücke gewinnt, die jedoch nicht elektronisch verarbeitet werden. Es besteht mithin ein wesentlicher Unterschied zu einer möglichen Profilbildung mit Hilfe von intelligenten Stromzählern.

3. Verwendung der Energiedaten zu kommerziellen Zwecken

Neben den zuvor bereits dargestellten Vorteilen der Profilbildung und des Scoring, bestehen an der Sammlung und systematischen Auswertung von Energiedaten aus Sicht von Unternehmen zahlreiche weitere privatwirtschaftlichen Interessen. Schon seit Längerem bemühen sich Unternehmen intensiv darum, den Wert der verarbeiteten personenbezogenen Daten zu kapitalisieren.[584] Bereits in der Vergangenheit wurden Energieversorgungsunternehmen mit einer Vielzahl von Anfragen unterschiedlicher Akteure konfrontiert, die Einzelauskünfte über den Stromverbrauch bestimmter Personen erlangen wollten.[585]

Wirtschaftsunternehmen aus den Bereichen Marktforschung, Energie-Beratung, Gebäudeüberwachung und Objektschutz zeigen ebenso Interesse an Energiedaten wie Versandhändler, Telekommunikationsdienstleister, (Haushalts-)Gerätehersteller oder die Unterhaltungsindustrie.[586]

Die Verwendung dieser Daten dient verschiedenen Zwecken, wie der Verbesserung von Dienstleistungen bzw. Produkten, der zielgerichteten Werbung oder für personalisierte Versicherungstarife.

a) Optimierung von Produkten und Dienstleistungen

Durch eine Analyse der Energiedaten können Gerätehersteller oder Diensteanbieter einerseits Kenntnisse über die Marktdurchdringung ihrer Produkte erlangen sowie andererseits Informationen darüber, wie die Konsumenten die Geräte oder

---

581 *Scholz*, Internet-Einkauf, S. 107.
582 Čas/Peissl, in: Hofmann, Wissen und Eigentum, S. 274; Anhaltspunkte für die Bestimmung des Wertes von Daten (auf dem US-Markt) gibt der sogenannte *Data Calculator*: http://turbulence.org/Works/swipe/calculator.html.
583 So *Vogelgesang*, Inf. Sb., S. 150.
584 *Scholz*, Internet-Einkauf, S. 108; *Simitis*, NJW 1998, 2473 (2476 f.).
585 *Peus*, DuD 1994, 703 (704).
586 *Guckelberger*, DÖV 2012, 613 (619).

Dienstleistungen tatsächlich einsetzen und nutzen.[587] Basierend auf diesen Informationen können sie sich besser auf Kundenwünsche einstellen und ihre Geräte entsprechend anpassen, weiterentwickeln und optimieren. Ein praktischer Anwendungsfall ist die Erfassung von Lebensgewohnheiten als Grundlage für altersgerechte Assistenzsysteme im Smart Home.[588]

b) Zielgerichtete Werbung
Ein weiterer Anwendungsbereich für die Verwendung von Energiedaten sind Werbezwecke.

Je mehr Informationen ein werbendes Unternehmen über einen bestimmten Kunden hat, desto spezifischer und zielgerichteter kann es seine Werbung auf die Bedürfnisse des Adressaten zuschneiden. Profiling kann Unternehmen dabei helfen, ihre Produkte und Dienstleistungen besser an die Bedürfnisse ihrer Kunden anzupassen, „indem sie anhand der Eigenschaften ihrer Kunden auf deren Vorlieben und Verhaltensweisen schließen".[589] Diese sogenannte zielgerichtete Werbung *(Targeted Advertising/Marketing)* verspricht eine passgenaue Ansprache einzelner Kunden.[590]. Individualisierte Werbeansprachen können dadurch fortlaufend an die Gewohnheiten und Präferenzen der (potenziellen) Kunden angepasst werden. Produzenten, Verkäufer und Dienstanbieter erlangen so mehr und präzisere Informationen, was ihnen nicht nur ein zielgruppengenaues, sondern sogar ein käufergenaues Marketing ermöglicht.[591]

Bislang waren werbende Unternehmen darauf beschränkt, sich mit ihren Werbebotschaften an bestimmte Zielgruppen zu wenden, die zuvor mittels verschiedener soziodemografischer Faktoren ermittelt wurden.[592] Um Zielgruppen einzugrenzen, bedienen sich die Unternehmen oder deren Werbedienstleister aller möglichen Daten, die Rückschlüsse auf ihre Kunden zulassen, nicht zuletzt auch auf Energiedaten, deren Aussagekraft hinsichtlich der Eigenschaften von Verbrauchern – wie oben erläutert – immens sein kann. Denn umso breiter die Datenbasis ist, auf der die Zielgruppeneinteilung basiert, desto detailgetreuer und damit realistischer sind die Zielgruppenprofile; im „Idealfall" kann diese Gruppe sogar auf eine einzelne Person beschränkt werden.[593] Durch derart *individualisierte* Werbung kann der jeweilige Konsument „bedürfnisgerecht" angesprochen werden.[594]

---

587 *Quinn,* Smart Metering, S. B-7; *Wolf/Maxwell,* Com&Strat 2009, 127 (128).
588 Vgl. dazu etwa das Forschungsprojekt des BMBF „Mensch-Technik-Interaktion im demografischen Wandel" (www.mtidw.de).
589 *FRA,* Ethnic Profiling, S. 10.
590 *Quinn,* Smart Metering, S. B-7.
591 So *Langheinrich/Mattern,* APuZ 2003, 6 (11) hinsichtlich „Customer-Relationship-Systemen" bei *smarten* Alltagsprodukten.
592 *Stampfl,* Die berechnete Welt, S. 37.
593 *Stampfl,* Die berechnete Welt, S. 37 f.
594 *Wittig,* RDV 2000, 59.

Zielgerichtete Werbung bietet erhebliche Kosteneinsparungspotenziale, da sie die hohen Streuverluste von Werbung verringert, die bei einem Großteil der Angesprochenen auf keinerlei Interesse stößt und damit ihre Wirkung größtenteils verfehlt.[595] Durch die bedürfnisgerechte Ansprache wird zum einen die Wahrscheinlichkeit eines erfolgreichen Geschäftsabschlusses erhöht, zum anderen ermöglicht *targeted marketing* Effizienzgewinne im Vertrieb. Denn eine persönliche Kontaktaufnahme wird wahrscheinlicher, wenn das werbende Unternehmen weiß, wann der Kunde – entsprechend seines üblichen Verhaltensmusters – vermutlich zu Hause sein wird.[596]

Für Unternehmen mag in diesem Zusammenhang etwa interessant sein, wann und wie lange der Bewohner Fernseher oder Computer nutzt, wie oft er zu Hause isst, ob er warme oder kalte Speisen bevorzugt oder welche Haushaltsgeräte er besitzt.[597] Besitzer veralteter Wasch- und Spülmaschinen oder von verbrauchsintensiven Kühlgeräten sind ideale Adressaten von Werbeofferten für Neugeräte.[598] Die Gewohnheit, lange zu duschen, lässt auf den Wunsch nach einem optimierten Duschkopf schließen, häufiger Fernsehkonsum auf das Interesse nach einem größeren TV-Gerät; die Nutzung eines Heizstrahlers legt die Vermutung nahe, dass der Bewohner an Angeboten für Windeln interessiert sein könnte; nächtliches Lichteinschalten mag auf den Bedarf an Schlafmitteln schließen.[599] Wenn ein Rasierklingen-Hersteller Kenntnis davon hat, dass ein Haushalt von einer männlichen Person bewohnt wird und dort niemals ein Elektrorasierer zum Einsatz kommt, kann er darauf schließen, dass der Bewohner einen Nassrasierer verwendet. Diese Tatsache kann das Unternehmen nun zur Werbung für seine Rasierprodukte verwenden und den Kunden dabei gezielt ansprechen, ohne dass dieser gegenüber dem werbenden Unternehmen jemals ausdrücklich sein Interesse an dem Produkt oder der Dienstleistung bekundet hat.

Dass Energiedaten bereits für solche Zwecke eingesetzt werden, belegt folgendes Beispiel: Zu Studienzwecken wurde eine Reihenhaussiedlung in Baden-Württemberg mit intelligenten Stromzählern ausgestattet. Schon nach kurzer Zeit erhielten diejenigen Haushalte, die eine Mikrowelle benutzten, regelmäßig Werbeproben vom Hersteller eines Mikrowellen-Fertiggerichts, ohne dass die Betroffenen zuvor Auskunft darüber gegeben hatten, ob sie ein solches Gerät besitzen.[600]

---

595 *Unseld*, Kommerzialisierung, S. 4; *Weidner-Braun*, Privatsphäre, S. 128; *Schafft/ Ruoff*, CR 2006, 499.
596 *Quinn*, Smart Metering, S. B-7; *Unseld*, Kommerzialisierung, S. 4.
597 *Quinn*, CEES No. 09–001, S. 31.
598 *Malinka*, DANA 2014, 62 (63).
599 Weitere Beispiele nennt *Fox*, DuD 2010, 408.
600 *Smiljanic*: www.deutschlandfunk.de/moderne-technik-und-datenschutz.724.de. html?dram:article_id=98786.

c) Nutzungsbezogene Versicherungstarife

Unter den Akteuren der Privatwirtschaft haben insbesondere auch Versicherungsunternehmen ein genuines Interesse daran, so viel wie möglich über ihre Kunden zu erfahren. Insbesondere in den USA ist einen Trend zu sogenannten Individualtarifen *(insurance adjusting)* zu verzeichnen. Für Versicherungsunternehmen könnte – unabhängig von einzelnen Schadenereignissen – von großem Interesse sein, ob ein Fahrer regelmäßig nachts fährt, ob er vor dem Fahrtantritt „ausgeschlafen" ist, ob er häufig verschläft und daher „rasen" muss, um pünktlich bei der Arbeit zu erscheinen oder ob er dazu neigt, beim Verlassen der Wohnung (versehentlich) Geräte eingeschaltet zu lassen.[601] Aus diesen Informationen können Versicherer die dem Verhalten einer Person immanenten Risiken mit Wahrscheinlichkeitswerten für den Eintritt eines Schadens belegen und daran die Höhe des Versicherungstarifs anpassen.

Im US-Bundesstaat Alabama wurde ein Gesetz verabschiedet, welches übergewichtige Beamte dazu zwingt, ihre Krankenversicherung selbst zu zahlen, sofern sie nicht regelmäßig zur Verbesserung ihrer Gesundheit Sport treiben.[602] Über die Auswertung der Energiedaten könnte der Arbeitgeber herausfinden, dass der Betroffene diese Voraussetzungen nicht erfüllt hat, da er weder lange genug außer Haus war, um Sport zu treiben, noch das heimische Laufband genutzt hat.[603]

Wenn ein Personenprofil Aufschluss darüber gibt, dass ein Betroffener sehr viel fernsieht und sich gleichzeitig aus Daten einer Kundenkarte ergibt, dass er sich hauptsächlich von Fastfood ernährt, kann daraus geschlossen werden, dass er tendenziell einen ungesunden Lebenswandel führt. Eine (Kranken-)Versicherung könnte ihre Versicherungsprämien an derartige Verhaltensweisen anpassen.[604]

Die US-amerikanische Gesundheitsreform erlaubt Versicherungsunternehmen, in ihren Tarifen einen „Strafaufschlag" für rauchende Versicherungsmitglieder vorzusehen.[605] Angesichts der Probleme im Zusammenhang mit der Überprüfbarkeit der Abstinenz eines Versicherten, böte eine Auswertung von Sensoren (z. B. Rauchmelder), die in ein Smart Home eingebunden sind, eine effiziente Kontrollmöglichkeit.

4. Sonstige Verwendungsmöglichkeiten

Die überwiegende Anzahl der Verarbeitung personenbezogener Daten findet heute im privaten Bereich statt.[606] Angesichts der dargestellten Datenverwendungsmöglichkeiten beschränkt sich das Interesse an der Auswertung von Energiedaten

---

601 *Quinn*, CEES No. 09–001, S. 30.
602 S. zur sog. „Alabama Obesity Penalty" näher *Don Fernandez*, www.webmd.com/diet/news/20080825/alabama-obesity-penalty-stirs-debate.
603 *Quinn*, CEES No. 09–001, S. 31.
604 Beispiel nach *Stampfl*, Die berechnete Welt, S. 32.
605 S. zur sogenannten „ObamaCare Smoker Penalty" *Tozzi*, www.businessweek.com/articles/2013-12-03/how-much-more-will-smokers-pay-for-obamacare.
606 *Simitis*, NJW 1998, 2473 (2477).

allerdings nicht auf die Privatwirtschaft. Auch bei öffentlichen Einrichtungen und vielen weiteren Stellen und Personen wecken Energiedaten bzw. die sich durch deren Auswertung ergebenden Erkenntnisse, großes Interesse.

a) Nutzung durch öffentliche Einrichtungen

Die originäre Schutzrichtung des Datenschutzrechts ist es, als Abwehrrecht gegen den Staat zu wirken.[607] Insbesondere vor dem Hintergrund, dass viele traditionell hoheitliche Aufgaben privatisiert worden sind, entstehen statt den ehemals von staatlicher Seite ausgehenden Bedrohungen nunmehr Gefährdungen durch private Datenverarbeiter.[608] Es ist mithin eine teilweise Verlagerung des Gefahrenverursachers zu konstatieren; dies gilt nicht zuletzt auch für den weitgehend privatisierten Strommarkt.

Daraus folgt, dass sowohl von staatlicher als auch von privater Seite ein Bedrohungspotenzial besteht. Die Frage danach, ob die Bedrohung durch staatliche oder durch privatwirtschaftliche Datenverarbeitung größer ist, ist in diesem Zusammenhang nicht zielführend und soll daher hier keine Rolle spielen.

Regelmäßig lässt sich feststellen, dass die bloße Existenz von (privaten) Datensammlungen Begehrlichkeiten bei staatlichen Institutionen weckt und letztere großes Interesse an der Erlangung von Kenntnissen über Bürger zeigen.[609]

Denn außer zur kommerziellen Nutzung können die Informationen, die sich aus Energiedaten ergeben, etwa auch für präventive polizeiliche Maßnahmen eingesetzt werden. *Prädiktive Personenprofile* erlauben es, Personen zu identifizieren, „die in zukünftige strafbare Handlungen verwickelt sein könnten".[610] Als Reaktion auf die Terroranschläge im September 2001 hat der Europäische Rat den Mitgliedsstaaten empfohlen, sogenannte *Terroristenprofile* zu entwickeln. Er definiert derartige Profile als eine „Zusammensetzung von physischen, psychologischen und verhaltensbezogenen Kennwerten, die als typisch für solche Personen, die in terroristische Aktivitäten involviert sind, identifiziert wurden und die dadurch in dieser Hinsicht einen gewissen Vorhersagewert haben könnten".[611] Die Auswertung von Energiedaten könnte als Grundlage für die Zuordnung von Menschen zu derartigen Gruppen dienen.

Denkbar ist darüber hinaus, dass Sozialbehörden aus Verbrauchsdaten Rückschlüsse darauf ziehen, wie viele Personen tatsächlich in einem Haushalt leben

---

607 S. dazu *Tinnefeld/Buchner/Petri*, Datenschutzrecht, S. 219.
608 *Albers*, Inf. Sb., S. 124; *Roßnagel/Pfitzmann/Garstka*, Modernisierung, S. 23 f.
609 *Guckelberger*, DÖV 2012, 613 (619); *Kühling*, VERW 2007, 153 (160); vgl. auch den „Transparenzbericht" des Unternehmens *Google* zu Behördenanfragen www.google.com/transparencyreport.
610 *Moeckli*, in: Bielefeldt et al., Nothing to hide, S. 166.
611 Übersetzt aus: Council Recommendation of 28/11/2002 on the development of terrorist profiles, Annex A.

und ob Anhaltspunkte für eine eheähnliche Lebensgemeinschaft vorliegen.[612] Beides kann für die Bewilligung von bestimmten Sozialleistungen entscheidend sein. Des Weiteren könnten Strafverfolgungsbehörden Kenntnis über bestimmte illegale Aktivitäten von Bürgern erlangen.[613] Aus der Nutzung von besonders energieintensiven Lampen und dem damit einhergehenden hohen Stromverbrauch kann auf den Anbau von Cannabis geschlossen werden. Einige US-Bundesstaaten haben ausdrücklich gesetzliche Regelungen, die die Verwendung von Verbrauchsaufzeichnungen der Energieversorger als Beweismittel in Strafverfahren erlauben.[614] Auch hierzulande wäre die Verwendung von Verbrauchswerten als Beweismittel wohl zulässig.

Außerdem können Verbrauchsdaten auch als be- oder entlastende Beweismittel verwendet werden, wenn sich daraus ergibt, dass eine Person während einer Tatzeit (nicht) zu Hause war.[615] Ferner könnte das Gewerbeaufsichtsamt über die Analyse von Energiedaten ausmachen, ob Arbeitnehmer bei Unternehmen außerhalb der gesetzlich erlaubten Arbeitszeiten tätig sind. Schließlich könnten Jugendämter durch die Auswertung von Energiedaten erfahren, ob, wie oft und wie lange bestimmte Eltern ihre Kinder allein zu Hause lassen,[616] die Rundfunkbeitrags-Behörde[617] könnte aufklären, ob ein Haushalt überhaupt bewohnt ist und das Finanzamt könnte herausfinden, ob der angegebene „Lebensmittelpunkt"[618] eines Steuerpflichtigen tatsächlich der Wahrheit entspricht.[619]

b) Verwendung durch Arbeitgeber

Schließlich dürften auch einige Unternehmen in ihrer Funktion als Arbeitgeber Interesse an der Auswertung von Energiedaten haben, bieten die Daten doch viele aufschlussreiche Informationen über einen Bewerber. Der Arbeitgeber kann sich ein genaues Bild über Tagesabläufe, Gewohnheiten und Hobbys machen und dadurch auf bestimmte Charaktereigenschaften des potenziellen Kandidaten schließen. Der Arbeitgeber erlangt so einen Wissensvorsprung gegenüber dem Arbeitnehmer, was sogar dazu führen könnte, dass Letzterer gar nicht erst zu einem Vorstellungsgespräch eingeladen wird, obwohl er von seinen sonstigen Fähigkeiten das Stellenprofil erfüllt.

---

612 *Roßnagel/Jandt*, SR 88, S. 9.
613 *Albrecht*, Unsere Daten, S. 147 ff.; *Mayer-Schönberger/Cukier*, Big Data, S. 192; *Balough*, CKLR 2011, 161 (171 f.).
614 Z. B. Sec. 1326.1 California Penal Code („allowing law enforcements to subpoena utility records").
615 *Stampfl*, Die berechnete Welt, S. 33.
616 *Cavoukian/Polonetsky/Wolf*, IDIS 2010, 275 (284); *Quinn*, CEES No. 09–001, S. 31.
617 Die ist gem. § 10 Abs. 1 RBStV die jeweils örtlich zuständige Landesrundfunkanstalt.
618 Der sogenannte *gewöhnliche Aufenthalt* ist gem. § 9 AO der steuerrechtliche Anknüpfungspunkt für die Steuerpflicht.
619 *Knyrim/Trieb*, IDPL 2011, 121 (122).

Besonders einfach in den Besitz dieser Daten kommen Arbeitgeber im Bereich der Energieversorgung, da diese in ihrer Funktion ggf. bestimmungsgemäß Energiedaten eines Angestellten erhalten, sofern dieser auch Kunde ist. Der Arbeitgeber könnte Informationen darüber erhalten, dass ein Angestellter während seiner Krankheitszeit nicht oder kaum zu Hause war.[620] Dies kann dazu führen, dass Letzterer zu Unrecht verdächtigt wird, eine Krankheit vorgetäuscht zu haben, da er sich möglicherweise zu dieser Zeit im Krankenhaus oder einer anderen Pflegeeinrichtung aufhielt oder schlicht zu Erholungszwecken (legal) verreist war.

c) Interesse von Privatpersonen

Nicht zuletzt werden teilweise auch Privatpersonen Interesse an Verbrauchsdaten anderer Nutzer zeigen. Smart Meter bzw. Auslesegeräte sind in Mehrfamilienhäusern teilweise außerhalb der Wohnung angebracht. Wenn diese nicht hinreichend vor dem Zugriff Dritter geschützt sind, können etwa Nachbarn oder Vermieter Einblick in das Verbrauchsverhalten des Bewohners erlangen. Aber auch ausdrücklich Berechtigte wie etwa (Ehe-)Partner oder Eltern eines Haushaltsmitglieds erlangen (bestimmungsgemäß) Zugriff auf Messdaten, und können so die Anwesenheit und das Verhalten ihrer Mitbewohner überprüfen.[621] Es kann dadurch zu einer innerfamiliären Überwachung kommen.[622] Zwar ist dies auch bei herkömmlichen Stromzählern oftmals der Fall. Allerdings erlauben diese – wie dargestellt – keine tages- oder minutengenaue Auswertung und geben daher kein detailgetreues Abbild der Tagesabläufe des betroffenen Bewohners.

Wegen der soeben dargestellten enormen Aussagekraft von Energiedaten, gibt es darüber hinaus auch eine Vielzahl an weiteren Institutionen, die potenziell Interesse an diesen Daten haben werden.[623] Viele dieser Dritten, an die möglicherweise Daten fließen, sind noch völlig unbekannt.[624]

5. Gefahren der Zweckentfremdung und Auswirkungen auf die Betroffenen

Sowohl die Ausforschbarkeit der Lebensgewohnheiten, als auch die Profilbildung sowie die sonstigen Möglichkeiten der kommerziellen Nutzung von Energiedaten entsprechen nicht dem originären Zweck des Smart Grid. Die „zweckfremde"

---

620 *Jawurek/Johns/Rieck*, in: ACSAC 2011, S. 229; *Demling*, www.spiegel.de/wirtschaft/intelligente-stromzaehler-sollen-spitzen-beim-energieverbrauch-glaetten a-893910.html.
621 *Breyer*, www.daten-speicherung.de/data/Intelligente_Stromzaehler_2010-05-29.pdf.
622 *Bräuchle*, in: Plödereder et al., Informatik 2014, GI-Proceedings 2014, S. 520; *Raabe et al.*, CR 2011, 831 (836 f.).
623 *Roßnagel/Jandt*, SR 88, S. 9.
624 *Zeidler/Brüggemann*, CR 2014, 248 (249).

Nutzung von Energiedaten wirkt sich in mannigfaltiger Form auf die informationelle Selbstbestimmung der betroffenen Nutzer aus und kann für diese teils verheerende Folgen haben. Dabei ist einerseits fraglich, inwieweit die Zweckentfremdung mit dem Zweckbindungsgrundsatz zu vereinbaren ist und andererseits, welche ökonomischen und sozialen Folgen sich daraus für die Betroffenen ergeben.

Im Rahmen der Profilbildung stellt die Verarbeitung einzelner Daten noch nicht zwangsläufig ein Risiko für das Recht auf informationelle Selbstbestimmung des Betroffenen dar. Selbst von einer großen Menge einzelner Daten lässt sich nicht zwingend auf die Gefährdung für die Persönlichkeitsrechte der Betroffenen schließen.[625] Viele der erhobenen Daten mögen für sich genommen sogar oftmals harmlos bzw. belanglos sein. Erst dadurch dass die Einzeldaten zu einem Gesamtdatensatz kombiniert werden, um daraus Erkenntnisse zu gewinnen, entsteht eine Bedrohung für die informationelle Selbstbestimmung des Betroffenen.[626] Denn durch die Zusammenführung der Einzelinformationen können neue „Meta-Informationen" über dessen Persönlichkeit gewonnen werden, die über die Summe der Einzeldaten weit hinausreichen.[627]

Neben der Tatsache, dass aus den beim Smart Metering gewonnenen Erkenntnissen derartige Profildatensätze erstellt werden können, ist vor allem die daran anschließende Verwendungspraxis problematisch. Denn kaum eine datenverarbeitende Stelle wird Persönlichkeitsprofile von Nutzern aufbauen, wenn sie nicht plant, diese zu einem späteren Zeitpunkt zu bestimmten Zwecken zu verwenden. Besonders dann, wenn Stakeholder aus diesen Datensätzen bestimmte Schlüsse ziehen und Entscheidungen daran knüpfen, wirkt sich dies für den Betroffenen aus.[628] Dies mag etwa dann der Fall sein, wenn aufgrund der Datenanalyse eine bestimmte Leistung verweigert wird.

a) Rechtsprechung des Bundesverfassungsgerichts

Nach der Rechtsprechung des Bundesverfassungsgerichts ist es mit der Menschenwürde unvereinbar, wenn der Einzelne „zwangsweise in seiner ganzen Persönlichkeit" registriert und katalogisiert werde, „sei es auch in der Anonymität einer statistischen Erhebung"; der Mensch würde ansonsten wie eine Sache behandelt.[629]

Insbesondere durch die Integration automatisierter Informationssysteme entstünde die Gefahr, dass Personendaten zu einem „teilweisen oder weitgehend vollständigen Persönlichkeitsprofil zusammengefügt" werden, „ohne dass der

---

625 *Schnabel*, Location Based Services, S. 178.
626 *Scholz*, Internet-Einkauf, S. 94 f.; *Heußner*, in: Gitter/Thieme/Zacher, FS für Wannagat, S. 175; *Siddiqui et al.*, ICCCN 2012, S. 2.
627 *Scholz*, Internet-Einkauf, S. 95.
628 *Albers*, Inf. Sb., S. 457.
629 BVerfGE 27, 1 (6) = NJW 1969, 1707 – *Mikrozensus*; 65, 1 (42, 48, 53) = NJW 1984, 419 – *Volkszählung*.

Betroffene dessen Richtigkeit und Verwendung zureichend kontrollieren kann".[630] Die Einführung der elektronischen Datenverarbeitung im staatlichen Bereich wurde als Bedrohung für die Privatsphäre erachtet, da es dem Staat erst mit diesen modernen Methoden und Speicherkapazitäten ermöglicht wurde, umfassende Persönlichkeitsprofilen zu bilden.[631] Wenn staatliche Institutionen genügend Einzelinformationen so zusammenzufügen können, dass sie daraus ein „Röntgenbild der Persönlichkeit"[632] formen können, begründe dies die Gefahr, dass Persönlichkeitsprofile von Bürgern angelegt werden können.[633] Zwar bezogen sich die Entscheidungen des Bundesverfassungsgerichts auf staatliche Eingriffe; das Verbot der zwangsweisen und heimlichen Erstellung von Persönlichkeitsbildern gilt indes auch für den privaten Bereich.[634] Weder öffentlichen noch privaten Stellen soll es möglich sein, „relevante Teildimensionen der Persönlichkeit" oder gar „die ganze Persönlichkeit" eines Betroffenen zu erforschen.[635]

Darüber hinaus gilt es zu bedenken, dass die im Jahre 1983 vom Bundesverfassungsgericht zu bewertenden Methoden der Persönlichkeitsprofilbildung im Vergleich zu den heutigen Möglichkeiten vergleichsweise aufwendig waren und die Bedrohung durch mögliche Profilbildungen daher heutzutage mit den modernen Datenanalyse- und -Verknüpfungsmöglichkeiten ungleich höher geworden ist.[636]

b) Konflikt mit dem datenschutzrechtlichen Zweckbindungsgrundsatz

Problematisch ist, inwieweit die Datenverarbeitungsvorgänge im Smart Grid mit dem datenschutzrechtlichen Zweckbindungsgrundsatz zu vereinbaren sind.

Der Zweckbindungsgrundsatz ist eines der seit jeher bestimmenden Regelungsprinzipien des deutschen Datenschutzrechts.[637] Dieses Prinzip wird aus dem verfassungsrechtlich verankerten Verhältnismäßigkeitsgrundsatz abgeleitet und schreibt vor, dass Daten von der verantwortlichen Stelle grundsätzlich nur zu dem Zweck

---

630 BVerfGE 27, 1 (6) = NJW 1969, 1707– *Mikrozensus.*
631 Hierzu grundlegend schon *Benda*, in: Leibholz et al., FS für Geiger, S. 36 f. und *Steinmüller et al.,* Grundfragen des Datenschutzes, S. 89 sowie *Seidel*, NJW 1970, 1581 (1582); *Vogelgesang*, Inf. Sb., S. 27 ff.
632 *Benda*, in: Leibholz et al., FS für Geiger, S. 36 f.
633 *Benda*, in: Leibholz et al., FS für Geiger, S. 36 f.; *Podlech*, DVR 1972, 149 ff.
634 BVerwG, NJW 1986, 2331 (2332); DKWW/*Weichert*, BDSG, Einl. Rn. 45; *Gola/ Schomerus*, BDSG, § 29 Rn. 18; Kilian/Heussen/*Polenz*, CHB, Kap. 13, VerfR Rn. 18; *Scholz*, Internet-Einkauf, S. 102.
635 *Bull*, Ziele und Mittel des Datenschutzes, S. 42.
636 *Scholz*, Internet-Einkauf, S. 102.
637 *Kühling/Seidel/Sivridis*, Datenschutzrecht, S. 110; *von Zezschwitz*, in: Roßnagel, Handbuch, Kap. 3.1 Rn. 1 ff.; *Weber-Hassemer*, in: Herzog/Neumann, FS für Hassemer, S. 1254.

verarbeitet und verwendet werden dürfen, für den sie erhoben oder gespeichert worden sind.[638]

Im Gegensatz zu anderen wesentlichen Regelungsprinzipien ist der Zweckbindungsgrundsatz im BDSG nicht ausdrücklich kodifiziert. Vielmehr ergibt er sich zum einen aus Art. 6 Abs. 1 lit. b) und c) DSRL und taucht zum anderen „mittelbar" an verschiedenen Stellen des BDSG als Leitprinzip auf.[639] Hinsichtlich der Verarbeitung personenbezogener Daten im Rahmen des Smart Grid hat der Gesetzgeber in § 21g Abs. 6 S. 3 EnWG ausdrücklich bestimmt, dass die Vorschriften der zukünftigen Rechtsverordnung nach § 21i Abs. 1 Nr. 4 EnWG dem Grundsatz der Zweckbindung Rechnung zu tragen haben.

Aus dem Zweckbindungsgrundsatz folgt außerdem, dass Daten nicht „auf Vorrat" für noch unbekannte Zwecke erhoben werden dürfen.[640] Vor jeder Datenverarbeitung muss deren Zweck, d.h. das Ziel der Datenverwendung festgelegt werden.[641] Sofern sich der ursprüngliche Zweck der Datenverarbeitung verändert, ist daher eine erneute Legitimation durch Einwilligung oder eine Befugnisnorm erforderlich.[642]

aa) Zweckbindung bei Energieversorgungsverträgen

Vorliegend bedeutet dies etwa, dass Abrechnungsdaten nur für die Durchführung der Abrechnung mit dem Endkunden verwendet werden dürfen. Der Vertragszweck erstreckt sich beispielsweise nicht darauf, dass ein Energieversorgungsunternehmen seine Kunden nach der Vertragsbeendigung mittels Werbebriefen kontaktiert, um sie dadurch zurückzugewinnen.[643] Nicht vom Vertragszweck umfasst – und daher grundsätzlich unzulässig – ist weiterhin die „systematische Durchsuchung und Auswertung" des Konsumverhaltens.[644] Die Erhebung und Zusammenfügung von Daten ist dann unzulässig, wenn sie nicht der „Erfüllung zweckbezogener Einzelaufgaben, sondern der Erstellung vollständiger Persönlichkeitsprofile" dient.[645]

Auch Daten, die Energieversorger von öffentlichen Stellen erhalten (z.B. aus dem Liegenschaftskataster), dürfen nur für den daran gebundenen Zweck (Wahrnehmung von Versorgungsaufgaben, Verlegung von Leitungen etc.) genutzt werden.[646]

---

638 *Gola/Schomerus*, BDSG, § 14 Rn. 9; Hoeren/Sieber/Holznagel/*Helfrich*, Multimedia-Recht, 16.1 Rn. 80; *Taeger*, Datenschutzrecht, Kap. III Rn. 114; *Tinnefeld/Buchner/Petri*, Datenschutzrecht, S. 237.
639 S. etwa §§ 4b Abs. 6, 4c Abs. 1 S. 2, 6 Abs. 3, 28 Abs. 5 BDSG.
640 *Gola/Klug*, Datenschutzrecht, S. 48.
641 Hoeren/Sieber/Holznagel/*Helfrich*, Multimedia-Recht, 16.1 Rn. 81; *Kühling/Seidel/Sivridis*, Datenschutzrecht, S. 110.
642 *Kühling/Seidel/Sivridis*, Datenschutzrecht, S. 110; *Taeger*, Datenschutzrecht, Kap. III Rn. 114.
643 OLG Köln, NJW 2010, 90 = GRUR-RR 2010, 34.
644 *Bergmann/Möhrle/Herb*, BDSG, § 28 Rn. 127h.
645 Maunz/Dürig/*Di Fabio*, GG, Art. 2 Rn. 183.
646 *Bergmann/Möhrle/Herb*, BDSG, § 28 Rn. 127h.

Hieraus folgt, dass im Rahmen des Smart Grid der Zweck der Datenverarbeitung bereits vorab im Rahmen der Verträge mit den betroffenen Endkunden festgelegt sein muss. Der sukzessive technische Ausbau der Smart-Grid-Infrastruktur führt zu einer (teilweise unvorhersehbaren) Erweiterung der Möglichkeiten, die mit der Nutzung personenbezogener Daten einhergehen. Insbesondere beim Einsatz moderner Techniken zur Aufbereitung und Kommerzialisierung von Kundendaten ist die Datenverwendung oftmals ganz bewusst auf Zweckänderungen ausgerichtet.[647]

bb) Folgen fehlender Zweckfestlegung

Dies kann dazu führen, dass die verantwortlichen Stellen die vertraglichen Vereinbarungen mit ihren Kunden so offen formulieren, dass davon auch sämtliche zukünftige Verarbeitungszwecke erfasst sind. Denn je offener der Zweck festgelegt wird, desto mehr Auswertungsmöglichkeiten eröffnen sich dadurch für die datenverarbeitende Stelle.[648] Allerdings gehen Unklarheiten in der Zweckfestlegung zu Lasten der datenverarbeitenden Stelle.[649]

Da sich damit allerdings gleichzeitig auch das Risiko für eine Gefährdung der informationellen Selbstbestimmung der Betroffenen erhöht, ist die Zweckfestlegung außerdem stets durch den Bestimmtheitsgrundsatz beschränkt. Das bedeutet, dass die geplante Datenverarbeitung immer hinreichend bestimmt sein muss.[650] Die Zwecke, für welche die Daten verarbeitet oder genutzt werden sollen, müssen „konkret" festgelegt werden, § 28 Abs. 1 a.E. BDSG.[651]

Dem Umfang der Datenverarbeitung durch die beteiligten Akteure sind daher im Rahmen der Zweckbindung klare Grenzen gesetzt.

c) *Erwartungsorientierte Verhaltensanpassung des Einzelnen*

Eine weitere Gefahr, die von Persönlichkeitsprofilen ausgeht, ist, dass die zukünftige „Realität" des Betroffenen aus vergangenen Ereignissen gebildet wird und die Vergangenheit dadurch prägend für die Zukunft des Betroffenen wird.[652]

Unter Hinweis darauf, dass Daten lediglich „rückwirkend" ausgelesen werden, wird teilweise der Schluss gezogen, dass daraus keine „Erkenntnisse über aktuelles Verhalten" gewonnen werden können.[653] Dem ist nicht zu folgen. Denn wie zuvor dargestellt, lässt sich aus dem vergangenen Verhalten einer Person mit hoher

---

647 *Scholz*, Internet-Einkauf, S. 111.
648 *Weichert*, in: Geiselberger/Moorstedt, Big Data, S. 140.
649 Ehmann/Helfrich, DSRL, Art. 6 Rn. 13; Hoeren/Sieber/Holznagel/*Helfrich*, Multimedia-Recht, 16.1 Rn. 92.
650 *Kühling/Seidel/Sivridis*, Datenschutzrecht, S. 110.
651 Hoeren/Sieber/Holznagel/*Helfrich*, Multimedia-Recht, 16.1 Rn. 87.
652 *Gutwirth/Hildebrandt*, in: Gutwirth/Poullet/de Hert, Profiled World, S. 32; Kilian/Heussen/*Polenz*, CHB, Kap. 13, VerfR Rn. 19.
653 AG Dortmund, ZD 2014, 151 (152) – aufgehoben durch LG Dortmund, Urt. v. 28.10.2014, Az. 9 S 1/14.

statistischer Wahrscheinlichkeit auch auf deren zukünftiges Handeln schließen. Verbrauchsdaten werden (außer bei einer permanenten „Live-Ablesung") stets rückwirkend abgelesen. Beinahe alle Daten, die zu einer Person erhoben werden, sind vergangenheitsbezogen. Hieraus zu folgern, dass daher keine Erkenntnisse für die Zukunft gewonnen werden können, geht angesichts der aufgezeigten modernen Analysemöglichkeiten fehl.

Die individuelle Selbstbestimmung des Einzelnen ist immer nur dann gewährleistet, wenn er frei darin ist, Handlungen vorzunehmen oder zu unterlassen und sich entsprechend zu verhalten.[654] Die Sammlung von Fakten und Details, die sich aus dem Stromverbrauch ergeben, kann zu einer allgegenwärtigen Überwachung der Konsumenten führen.[655] Beim Betroffenen kann dies zu einem Gefühl der ständigen Überwachtheit führen. Wenn er nicht überschauen kann, ob und in welchem Umfang welche ihn betreffenden Informationen durch verschiedene Stellen erfasst, analysiert und weitergegeben werden, kann er sich dadurch in seiner Freiheit gehemmt fühlen, „aus eigener Selbstbestimmung zu planen oder zu entscheiden".[656] Denn immer dann, wenn sich ein Einzelner abweichend von einem aggregierten Gruppenprofil bestimmter Personen verhält oder bestimmte Eigenschaften auf ihn im Gegensatz zum statistischen Durchschnitt nicht zutreffen, können diese abweichenden Verhaltensweisen oder Eigenschaften zur Diskriminierung des Betroffenen führen.[657] Der Betroffene kann sich einem psychischen Druck ausgesetzt fühlen, der ihn davon abhält, bestimmte – abweichende – Verhaltensweisen an den Tag zu legen, um nicht aufzufallen.[658]

Die Folge wäre eine „erwartungsvermittelte Anpassung des individuellen Verhaltens".[659] Dies bedeutet, dass der Betroffene sein Verhalten daran orientiert, dass er möglicherweise beobachtet wird und daraus resultierenden Nachteilen durch eine Angleichung seines Verhaltens in der sozialen Interaktion vorbeugen möchte.[660] Es ist anzunehmen, dass – selbst wenn die erhobenen Daten nicht „missbraucht" würden – „schlicht infolge ihres Vorhandenseins" die Möglichkeit besteht, dass es beim Betroffenen zu einem „Spontaneitätsverlust" kommt, der dazu führen kann,

---

654 *Heußner*, BB 1990, 1281.
655 *de Hert/Kloza*, in: Schweighofer/Kummer, IRIS 2011, S. 193.
656 *Gola/Schomerus*, BDSG, § 1 Rn. 9.
657 *Dinant et al.*, Profiling Mechanism, S. 32.
658 *Gola/Schomerus*, BDSG, § 1 Rn. 9; Taeger/Gabel/*Schmidt*, BDSG, § 1 Rn. 9; *Heußner*, BB 1990, 1281; *Schwartz*, Conn. L. Rev. 2000, 815 (821 ff.) und *Zarsky*, Maine L. Rev. 56:1, 13 (30 f.) beschreiben diese (unbemerkte) Beeinflussung des individuellen Verhaltens des Betroffenen als *autonomy trap* (Beschränkung der Willensfreiheit).
659 *Albers*, Inf. Sb., S. 458.
660 *Albers*, Inf. Sb., S. 458; *Hladjk*, Online-Profiling, S. 62; *Mallmann*, Zielfunktionen, S. 39 ff.; *Sasse*, Sinn und Unsinn, S. 13 f.; *Quinn*, CEES No. 09–001, S. 32; *Zeidler/Brüggemann*, CR 2014, 248 (249).

dass seine „Unbefangenheit von Lebensäußerungen" beeinträchtigt wird.[661] Hieraus folgt, dass allein die potenzielle Möglichkeit einer Überwachung eine erhebliche Einschränkung der „personalen Grundbefindlichkeit" des Betroffenen und damit für die Entfaltung seiner Persönlichkeit darstellt.[662]

d) Wirtschaftliche Auswirkungen und finanzielle Benachteiligung
Die Kommerzialisierung von Daten ist aus Verbrauchersicht nicht per se nachteilhaft. Dementsprechend bedeutet auch nicht jede kommerzielle Datennutzung und nicht jedes Persönlichkeitsprofil zwangsläufig eine Beeinträchtigung seiner informationellen Selbstbestimmung. Oftmals stimmen Verbraucher der Bildung von Konsumprofilen sogar (ausdrücklich) zu, um im Gegenzug Preisnachlässe oder kostenlose Leistungen zu erhalten.[663] Im Gegensatz zu „staatlichen Datenninterventionen", die vom Bürger meist als Eingriff wahrgenommen werden und daher auf Ablehnung stoßen, versprechen privatwirtschaftliche Datenverarbeiter ihren Kunden einen Ausgleich für die Preisgabe ihrer Daten.[664] Verbraucher werden durch monetäre Anreize zur Herausgabe ihrer Daten animiert.[665] Bestimmte Dienstleistungen oder Waren werden mit Informationen als Gegenleistung bezahlt.[666] Die Herausgabe der Daten geschieht synallagmatisch *(do ut des)* zu den Leistungen des Anbieters. Dadurch sind Daten zu einer Form von Ersatzwährung geworden, ohne die eine Vielzahl von Online-Angeboten[667] vermutlich überhaupt nicht existierte.[668]

Auch das *Scoring* erfolgt beispielsweise häufig „im Interesse und zu Gunsten des Einzelnen", da er mithilfe eines guten Scorewertes die Möglichkeit erhält, „auf Rechnung zu bestellen oder Kredite zu erhalten".[669]

Probleme entstehen jedoch dann, wenn Unternehmen wirtschaftliche Entscheidungen auf Grund von Profilen oder Score-Werten treffen und der Einzelne dadurch benachteiligt oder von einer Leistung gänzlich ausgeschlossen wird, die ihm ohne die vorhergehende Datenanalyse vermutlich nicht verwehrt worden wäre.

Wie oben dargestellt, beurteilen Unternehmen anhand statistischer Bewertungsmodelle, welcher „Nutzen" von einem bestimmten Kunden „noch zu erwarten ist" und entscheiden auf dieser Grundlage beispielsweise über die Eröffnung eines Kontos, die Gewährung eines Kredits, die Energieversorgung, das Angebot von

---

661 *Sasse*, Sinn und Unsinn, S. 13 f. bezeichnet dies auch als „mausgraues Anpassungsverhalten".
662 *Albers*, Inf. Sb., S. 458.
663 *Stampfl*, Die berechnete Welt, S. 67 f.
664 *Scholz*, Internet-Einkauf, S. 108.
665 *Baeriswyl*, digma 1/2012, 18 f.
666 *Schafft/Ruoff*, CR 2006, 499 (503).
667 Viele Dienstleistungen, wie etwa die von *Facebook*, *Google Mail* oder *WhatsApp*, basieren auf diesem Geschäftsmodell.
668 *Stampfl*, Die berechnete Welt, S. 68.
669 *Hoeren*, LMK 2014, 356425.

Telekommunikationsdienstleistungen oder den Abschluss von Versicherungen.[670] Teilweise haben die Score-Werte sogar Einfluss auf die Preisgestaltung oder die Konditionen der angebotenen Dienstleistung. So kann es zu einer „personenbezogenen Preisdifferenzierung" kommen, bei der jeder Kunde einen individuellen Preis zu entrichten hat.[671] Dies führt dazu, dass diejenigen Kunden, die solvent sind, einen geringeren Preis zahlen müssen, als solche, die in einer wirtschaftlich schwierigen Situation sind. Die Tatsache, dass sie in prekären finanziellen Verhältnissen leben, wirkt sich also noch zusätzlich negativ aus und führt dazu, dass diese Gruppe von Verbrauchern von Leistungen ausgeschlossen wird, weil sie mehr zahlen müssen, als andere, obwohl sie sich einen „normalen" Preis hätten leisten können. Durch eine derartige Entwicklung würden finanzschwache Verbraucher doppelt benachteiligt werden.

e) Nachteile durch fehlerhafte Entscheidungen

Ein besonderes Problem stellt außerdem die Beurteilung Einzelner aufgrund fehlerhafter Daten dar.[672]

aa) Inhaltlich fehlerhafte Daten

Zum einen können die erhobenen Daten inhaltlich fehlerhaft sein.[673] Dem können technische Mess- oder Übermittlungsfehler oder andere Ursachen zugrunde liegen. Die Fehleranfälligkeit steigt mit der Zahl der Messungen und wird dadurch verstärkt, dass „ein gewisses Maß an Unschärfe" von vielen datenverarbeitenden Stellen in Kauf genommen wird, weil es nur bis zu einem bestimmten Ausmaß ökonomisch sinnvoll ist, sich der Fehlervermeidung zu widmen; eine gewisse Fehlertoleranz ist also stets eingerechnet und wird durch den zusätzlichen Gewinn an Daten ausgeglichen.[674] Getreu dem Motto „mehr ist besser als besser"[675] streben viele Unternehmen eher danach, viele Daten zu erheben als danach, dass diese im Einzelfall auch tatsächlich stets korrekt sind, da *einfache* Modelle, die auf einer Vielzahl von Daten basieren gegenüber genau durchdachten Modellen, die auf wenigen Daten basieren, als vorteilhaft gelten.[676]

---

670 *Roßnagel/Pfitzmann/Garstka*, Modernisierung, S. 24.
671 *Langheinrich/Mattern*, APuZ 2003, 6 (11).
672 *Gutwirth/Hildebrandt*, in: Gutwirth/Poullet/de Hert, Profiled World, S. 35.
673 Maunz/Dürig/*Di Fabio*, GG, Art. 2 Rn. 173; *Benda*, in: Leibholz et al., FS für Geiger, S. 36 f.; *Heußner*, BB 1990, 1281 (1282); *Thiele*, DÖV 1980, 639 (643).
674 *Mayer-Schönberger/Cukier*, Big Data, S. 47 f.
675 So *Mayer-Schönberger/Cukier*, Big Data, S. 54.
676 *Halevy/Norvig/Pereira*, IEEE Vol. 24/2 [2009], 8 (9).

bb) Methodisch fehlerhafte Daten

Zum anderen kann auch schon die Erstellung bestimmter Kategorien fehlerbehaftet sein, wenn etwa die Data-Mining-Software versehentlich auf einer falschen Korrelation zwischen zwei korrekt erfassten Tatsachen beruht. Es besteht die Gefahr, dass bei der Verknüpfung von bestimmten Eigenschaften mit bestimmten Vorlieben oder Verhaltensweisen Fehler geschehen.[677] So kann etwa die Feststellung, dass ein Betroffener spät aufsteht, viel fernsieht und den Großteil des Tages zu Hause verbringt, den Anschein erwecken, dass dieser krank oder arbeitslos ist. Statistisch spricht viel dafür, dass der Person diese Eigenschaften tatsächlich zugeordnet werden können. Dem können allerdings auch völlig andere Ursachen zu Grunde liegen, etwa, dass der Betroffene selbstständig von zu Hause arbeitet und der Fernseher aus einer bestimmten Gewohnheit nur im Nebenraum läuft, ohne dass der Betroffene davon tatsächlich Kenntnis nimmt. Dass solche falschen Schlüsse gezogen werden, kann daran liegen, dass an sich korrekte Daten „isoliert" übermittelt werden; es fehlen ergänzende Informationen, die zur korrekten Interpretation der Daten erforderlich wären.[678] Um dieser Gefahr zu begegnen, sollten daher stets auch andere Faktoren Berücksichtigung finden, die von dem Profil nicht erfasst sind.[679]

cc) Konkrete Folgen für die Betroffenen

Problematisch sind solche Fehlkorrelationen in ihrer Auswirkung dann, wenn aus der falschen Schlussfolgerung eine Behandlung resultiert, die den Betroffenen benachteiligt.[680] Dies wäre etwa dann der Fall, wenn ein potenzieller Versorger oder sonstiger Dienstleister aufgrund der (fälschlicherweise) vermuteten Arbeitslosigkeit auf eine geringe Solvenz des Betroffenen schließt und diesem daraufhin eine bestimmte Leistung verweigert. So wenig Konsequenzen dieser „Verlust an Exaktheit"[681] für die datenverarbeitende Stelle bedeuten mag, so gravierend kann er für den Betroffenen sein. Eine sich aus einer fehlerhaften Messung oder Schlussfolgerung ergebende Verweigerung einer Dienstleistung ist für ein Wirtschaftsunternehmen im Einzelfall irrelevant, für den Betroffenen kann sie jedoch weitreichende Folgen haben.

Abgesehen von den wirtschaftlichen Konsequenzen besteht etwa die Gefahr, dass Nutzer zu Unrecht unter den Verdacht des Terrorismus geraten, wenn Personenprofile, die mithilfe von Energiedaten erstellt wurden, in bestimmten Parametern (zufällig) mit den von den europäischen und nationalen Sicherheitsbehörden entwickelten Musterprofilen von Terroristen übereinstimmen.

---

677 *FRA*, Ethnic Profiling, S. 10; *Scholz*, Internet-Einkauf, S. 104.
678 *Benda*/Maihofer/Vogel, HdbVerfR, § 6 Rn. 30.
679 *Thiele*, DÖV 1980, 639 (643).
680 *Albers*, Inf. Sb., S. 456 f.; *Gutwirth/Hildebrandt*, in: Gutwirth/Poullet/de Hert, Profiled World, S. 35.
681 *Mayer-Schönberger/Cukier*, Big Data, S. 48.

dd) Kontrollverlust der Betroffenen über personenbezogene Daten

Kritisch ist in diesem Zusammenhang insbesondere die Tatsache, dass der Betroffene oftmals überhaupt nicht weiß, ob und wenn ja, welche Informationen über ihn gesammelt werden und ob diese korrekt oder falsch sind.[682] Er kann kaum Einfluss darauf nehmen, welche Daten über ihn erhoben und von wem und zu welchem Zweck sie verwendet oder miteinander verknüpft werden.[683] Oftmals wird er überhaupt nicht bemerken, dass unternehmerische Entscheidungen auf datenbasierten Rechenergebnissen beruhen.[684] Dadurch verliert der Betroffene die Möglichkeit einer korrekturbedürftigen oder fehlerhaften Schlussfolgerung durch die verantwortliche Stelle etwas entgegenzusetzen.[685] Hinzu kommt, dass *falsche* Daten immer öfter nicht durch den Betroffenen selbst, sondern (willentlich oder versehentlich) durch Dritte verbreitet werden, beispielsweise über soziale Netzwerke.[686] Wenn sich die datenverarbeitenden Stellen zur Ergänzung von Personenprofilen zusätzlich dieser öffentlich zugänglichen Daten bedienen, erhöht das die Fehleranfälligkeit und verringert gleichzeitig die Einflussmöglichkeiten des Betroffenen.

ee) Problematik der „veralteten" Datensätze

Auch wenn die erhobenen Daten weder falsch sind, noch daraus falsche Schlüsse gezogen werden, können Persönlichkeitsprofile problematisch sein. Denn wenn die dem Profil zugrunde liegenden Informationen nicht ständig aktualisiert werden, können sie ein festgefügtes Bild von einer Person vermitteln, welches in Wirklichkeit gar keinen Bestand mehr hat.

Sogar wenn – durch einen Hinweis des Betroffenen oder auf anderem Wege – später festgestellt würde, dass entweder die Daten oder die daraus gezogenen Schlussfolgerungen fehlerhaft waren, vermag dies nicht immer einen ausreichenden Schutz des Betroffenen zu gewährleisten. Denn selbst wenn Informationen zu einem späteren Zeitpunkt aktualisiert werden, lassen sie sich oftmals gar nicht mehr einem bestimmten Datensatz zuordnen und sind daher nicht mehr geeignet, den veralteten Datensatz so zu korrigieren, dass mögliche Nachteile für den Betroffenen aus der Welt geschafft werden können.[687] Außerdem wurden die Informationen unter Umständen bereits an Dritte weitergeleitet und dort ausgewertet. Bei einer gewissen Anzahl von Weiterleitungen ist es kaum noch möglich, derartige Fehler zu

---

682 *Hoeren*, Big Data, S. 92; *Stampfl*, Die berechnete Welt, S. 48.
683 Taeger/Gabel/*Schmidt*, BDSG, § 1 Rn. 9.
684 *Scholz*, Internet-Einkauf, S. 100.
685 Dazu *Albers*, Inf. Sb., S. 154.
686 *Stampfl*, Die berechnete Welt, S. 48.
687 *Albers*, Inf. Sb., S. 457.

korrigieren.[688] Dies veranschaulicht auch die Debatte zum „Recht auf Vergessenwerden" bzw. zum Anspruch auf Löschung von Informationen auf Suchmaschinen.[689]

ff) Delegation von Entscheidungen auf IT-Systeme

Schließlich sind profilbasierte Entscheidungen oftmals allein deshalb fehlerhaft, weil sie nicht dazu in der Lage sind, menschliche Emotionen einzuplanen. Computergestützte Modelle können zwar mit bestimmter Wahrscheinlichkeit zukünftige Geschehnisse vorhersagen. Allerdings wird dabei außer Acht gelassen, dass Menschen sich irrational verhalten und ihr Verhalten sich nicht immer auf der Grundlage von vorausgegangenem Verhalten vorhersagen lässt. Entscheidungen, die für den einzelnen Betroffenen mitunter von großer Tragweite sind, werden auf Maschinen delegiert. Anders als bei menschlichen Entscheidungsprozessen lassen Algorithmen keinen Raum für Abwägungen, Ausnahmen oder Ermessensentscheidungen, „Vertrauensvorschüsse", „Bauchgefühl" oder Intuition.[690] Die Resultate der Computerkalkulationen basieren ausschließlich auf Daten; Computer *berechnen* statt zu *entscheiden*.

f) Soziale Effekte und Diskriminierung

Neben den wirtschaftlichen Auswirkungen kann sich die Kommerzialisierung von Energiedaten auch im Hinblick auf die soziale Rolle des Betroffenen und seine Beziehungen zu anderen auswirken.[691]

Die Machtverhältnisse zwischen Staat und Bürger, Anbieter und Konsument, Vermieter und Mieter etc. können sich dadurch verschieben, dass die datenverarbeitenden Stellen gegenüber dem Einzelnen einen immensen Wissensvorsprung erlangen. Denn nur erstere wissen, worauf ihre datenbasierten Entscheidungen beruhen. Wenn derartige Machtgefälle im Staat-Bürger-Verhältnis, aber auch am Arbeitsplatz und möglicherweise sogar innerhalb von Familien- und Freundeskreisen entstehen, werden soziale Verwerfungen kaum ausbleiben.

Letztlich verstärkt die Kommerzialisierung von Daten auch die sogenannte *Kommodifizierung* des einzelnen Nutzers.[692] Das bedeutet, dass er nicht mehr als Person, sondern nur noch als „Kombination von Daten" wahrgenommen wird, die sich „beliebig zusammenführen oder auseinandernehmen lassen, um profitabel verwertet zu werden".[693] Er verliert dadurch seinen Wert als individuelle Persönlichkeit,

---

688 *Heußner*, BB 1990, 1281 (1282); dazu auch *Albrecht*, Unsere Daten, S. 147 ff.; *Kurz/Rieger*, Datenfresser, S. 180 ff.
689 Vgl. etwa das Urteil des EuGH zur Verpflichtung des Suchmaschinenbetreibers zum Löschen von Einträgen, GRUR 2014, 895 – *Google Spain/AEPD*.
690 *Stampfl*, Die berechnete Welt, S. 48.
691 *Stampfl*, Die berechnete Welt, S. 42.
692 *Scholz*, Internet-Einkauf, S. 110.
693 *Simitis*, NJW 1998, 2473 (2477).

er verkommt zur „Sache" ohne freie Selbstbestimmung.[694] Stattdessen erhält er eine „digitale Reputation".[695]

Die Auswirkungen der reputationsbasierten Entscheidungen sind für den Betroffenen nicht nur wirtschaftlicher Natur, sondern können sich beispielsweise auch auf dessen Zugang zu Bildung auswirken: Werbebotschaften sind regelmäßig an bestimmte Medieninhalte gekoppelt. Wenn Targeting-Algorithmen mittels Energiedaten herausfinden, dass ein Konsument vermutlich besonders empfänglich für bestimmte Werbeinhalte ist, werden ihm nur noch diese Medieninhalte angeboten.[696] Zwar bleibt dem Betroffenen die Möglichkeit, sich *aktiv* anderweitig zu informieren, angesichts der Informationsflut und der begrenzten (zeitlichen) Kapazitäten des Einzelnen wird er das vorgeschlagene Medienangebot jedoch regelmäßig „dankbar" annehmen. Das Blickfeld der Medienkonsumenten wird dadurch immer enger, was langfristig zu einer sozialen „Verödung" und zu einer Hemmung der gesellschaftlichen Weiterentwicklung führen kann.

6. Zwischenergebnis

Es zeigt sich, dass die Möglichkeiten zur Nutzung von Energiedaten beinahe unbeschränkt sind. Die Datenverwendung entspricht oftmals nicht dem eigentlich vorgesehenen Zweck und steht daher oftmals im Konflikt mit dem datenschutzrechtlichen Zweckbindungsgrundsatz. Hieraus resultiert eine Bedrohung für die informationelle Selbstbestimmung der betroffenen Letztverbraucher.

III. Datendiversifikation

Eine weitere datenschutzrechtliche Herausforderung im Zusammenhang mit dem Smart Grid stellt die Datendiversifikation dar. Dieser Begriff beschreibt den Umstand, dass Daten von sehr vielen verschiedenen verantwortlichen Stellen verarbeitet werden.[697]

1. Problemdarstellung

Problematisch ist die Vielzahl an Akteuren, die im Rahmen des Smart Grid agieren und entsprechend ihrer Rolle bestimmungsgemäß mit personenbezogenen Energiedaten der Konsumenten in Berührung kommen.[698] Aufgrund der energierechtlichen Entflechtungsvorgaben (§§ 6 ff. EnWG) ist die Anzahl der datenverarbeitenden

---

694 *Taeger*, Datenschutzrecht, Kap. I Rn. 5; *LfD Sachsen-Anhalt*, XI. Tätigkeitsbericht, S. 3.
695 *Turow*, The Daily You, S. 118 ff. u. 126 ff. prägte diesbezüglich den Begriff „Reputationssilo"; s. a. *Stampfl*, Die berechnete Welt, S. 49.
696 *Turow*, The Daily You, S. 2.
697 *Sichler*, in: Aichele/Doleski, Smart Market, S. 474 f. nennt es „Diversifizierung".
698 S. dazu oben Kap. 2 A.

Stellen zuletzt stark gestiegen.[699] Anders als früher steht der Betroffene daher im Bereich der Energieversorgung nicht mehr nur einer datenverarbeitenden Stelle gegenüber. Die „klassische und überschaubare Zwei-Fronten-Konstellation" zwischen einem Energieversoger auf der einen und einem Kunden auf der anderen Seite existiert in dieser Schlichtheit kaum noch.[700] Vielmehr besteht ein kaum überschaubares Beziehungsgeflecht zwischen zahlreichen Anbietern, die diverse Aufgaben erfüllen und verschiedenartig am Geschäftsvorfall beteiligt sind; sie treten teilweise nur mittelbar gegenüber dem Endkunden auf.

Teilweise erfüllt ein und derselbe Anbieter verschiedene Funktionen gegenüber dem Kunden, soweit die Vorschriften zur Entflechtung des Energiemarktes dies zulassen. Andererseits sind oftmals diverse Tochterunternehmen innerhalb eines Konzerns für verschiedene Leistungen im Bereich der Energiedienstleistung gegenüber demselben Kunden zuständig. Regelmäßig – aber eben nicht immer – handelt es sich dabei aus datenschutzrechtlicher Sicht um eigenständige verantwortliche Stellen.[701]

Hierdurch kommt es zu einer immensen „Streuung" von Daten. Eine große Anzahl an – voneinander abhängigen oder unabhängigen – Unternehmen verarbeitet die personenbezogenen Daten der Nutzer und tauscht diese untereinander aus.

2. Auswirkungen

Die Komplexität dieser Geschäftsbeziehungen wirkt sich nicht zuletzt auch maßgeblich auf die datenschutzrechtliche Bewertung der Vorgänge im Smart Grid aus. Angesichts der Vielzahl an gleichzeitig ausgeführten Datenverarbeitungsschritten wird es immer komplizierter, zu identifizieren, welche datenverarbeitenden Stellen in welcher Weise tätig werden.[702] Dies hat auch zur Folge, dass „der Vollzug des Datenschutzrechts" erschwert wird.[703]

Die am Geschäftsprozess beteiligten Akteure bedürfen gewisser Daten des Kunden, um ihm gegenüber ihre Dienstleistungen erbringen zu können. Dabei unterscheidet sich je nach Art der Dienstleistung, auf welche konkreten Daten die jeweils verantwortliche Stelle angewiesen ist. Allerdings erhalten verantwortliche Stellen oftmals „nebenbei" auch Daten, die sie zur Erfüllung ihrer Dienste überhaupt nicht benötigen.

Mit der „Verteilung" der Daten auf verschiedene verantwortliche Stellen, erhöht sich die Gefahr, dass diese Daten häufiger bzw. weitreichender verarbeitet werden, als dies eigentlich erforderlich wäre. Darüber hinaus steigt das Risiko, dass Daten

---

699 PwC/*Mussaeus/Rausch/Otto*, Entflechtung, S. 53 ff.; *Roßnagel/Jandt*, SR 88, S. 10; *Wilkes*, WuM 2010, 615 (617).
700 *Scholz*, Internet-Einkauf, S. 103.
701 S. zur Einordnung der „Stelle" innerhalb eines Konzerns Kap. 3 B.II.2.
702 *Kühling*, VERW 2007, 153 (159).
703 *Kühling*, VERW 2007, 153 (159).

bei den zahlreichen Übermittlungsvorgängen von Unberechtigten „ausgespäht oder abgefangen" werden.[704]
Aufgrund der teilweise unklaren Rollenverteilung kann sogar die äußerst wichtige Unterscheidung zwischen verantwortlicher Stelle und Auftragsdatenverarbeitung verschwimmen.[705]
Gleichzeitig sinkt allerdings auch die Anzahl der personenbezogenen Daten, die bei einer einzelnen Stelle gesammelt werden, weil sich die erhobenen Daten auf mehrere verschiedene verantwortliche Stellen verteilen. Daraus folgt, dass diese Stellen die Daten aufgrund ihrer Lückenhaftigkeit schwieriger auswerten können.[706] Dies ist aus datenschutzrechtlicher Sicht vorteilhaft. Allerdings gilt es zu bedenken, dass die Möglichkeit des Datenabgleichs zwischen den verschiedenen Akteuren nahezu „unbegrenzt und unkontrollierbar" ist.[707] Es gibt eine Vielzahl von Möglichkeiten, wie Daten verschiedener Stellen zusammengeführt und verknüpft werden.
Noch ist ungeklärt, wer an welcher Stelle im Smart Grid auf die Daten der Betroffenen zugreifen kann.[708] Die Tatsache, dass mehr Marktakteure beteiligt sind, führt aber vermutlich dazu, dass für die Datenübertragung mehr Schnittstellen erforderlich sind. Dies wiederum erschwert die Einhaltung der gesetzlichen Datenschutzvorgaben.[709] Die hohe Anzahl an potenziell „Datenzuständigen" und Schnittstellen legt neben den datenschutzrechtlichen außerdem auch technische bzw. strukturelle Bedenken nahe: Es könnte zu einer Steigerung der Fehleranfälligkeit kommen, die das effiziente Lastmanagement der Energienetze gefährdet.[710] Hierdurch würde Sinn und Zweck des Smart Grid in sein Gegenteil verkehrt.

IV. Ubiquitous Computing

Im Rahmen einer datenschutzrechtlichen Betrachtung des Smart Grid spielt auch die Vision des sogenannten *Ubiquitous Computing* eine wichtige Rolle. Der Begriff kennzeichnet den Trend, immer mehr Datenverarbeitungsvorgänge im Rahmen einer umfassend vernetzten Computerwelt in Gebrauchsgegenstände des täglichen Lebens zu integrieren.[711]

Der ursprünglich theologisch geprägte Begriff der *Ubiquität* (lat. *ubiquitas*) bedeutet von seinem Wortsinn her *Allenthalbenheit* und beschreibt die „Allgegenwart Gottes".[712] *Weiser* übertrug den Begriff 1991 in seiner visionären Abhandlung *The*

---

704 *Roßnagel/Jandt*, SR 88, S. 10.
705 *de Hert/Kloza*, in: Schweighofer/Kummer, IRIS 2011, S. 194.
706 *Roßnagel/Jandt*, DuD 2010, 373 (375).
707 *Haubrich*, in: Britz/Eifert/Reimer, Energieeffizienzrecht, S. 231.
708 *Cavoukian/Polonetsky/Wolf*, IDIS 2010, 275 (285).
709 *Püschel/Großmann*, in: Großmann/Kunold, Smart Energy 2011, S. 68.
710 *Pielow*, ZUR 2010, 115 (122).
711 *Stampfl*, Die berechnete Welt, S. 29; *Adamowsky*, APuZ 42/2003, 3.
712 *Baur*, TRE 34 [2002], 224.

Computer for the 21st Century auf die moderne Computertechnik.[713] Die Vision des Ubiquitous Computing wird auch unter den Begriffen *Pervasive Computing* („Rechnerdurchdringung") und *Ambient Intelligence* („Umgebungsintelligenz") diskutiert.[714] Zwischen den Begrifflichkeiten bestehen zwar gewisse Unterschiede, diese sind jedoch eher technischer Natur und aus datenschutzrechtlicher Perspektive weitgehend irrelevant; sie bedürfen daher im Folgenden keiner näheren Erläuterung.

1. Problemdarstellung

Immer mehr Alltagsgegenstände werden heute mit Sensoren, Chips, Mikroprozessoren und integrierter drahtloser Kommunikationstechnik ausgestattet. Sie sind mittlerweile so klein, dass sie für den durchschnittlichen Verbraucher „unsichtbar" sind.[715]

Die Technik wird dabei zu einem „Mittel zum Zweck" reduziert; sie tritt in den Hintergrund, „um eine Konzentration auf die Sache an sich zu ermöglichen".[716] Der allgegenwärtige Computer ist in seiner Funktionalität dadurch einerseits überall verfügbar, andererseits aber nicht mehr als Gerät wahrnehmbar.[717]

Intelligente Alltagsgegenstände „können sich gegenseitig identifizieren, sich ihre Zustände mitteilen, Umweltvorgänge erkennen und kontextbezogen reagieren".[718] Dadurch können sie den Nutzer situationsbezogen unterstützen und auf seine Bedürfnisse eingehen.[719] Die rechnergestützten Datenverarbeitungsvorgänge entlasten den Nutzer bei alltäglichen Routineaufgaben (Arbeit, Einkauf, Haushalt, Reise), ohne dass dieser es bemerkt.[720]

Die Verbreitung des allgegenwärtigen Rechnens ist an technologische Entwicklungen geknüpft, zuletzt waren diese insbesondere bestimmt durch die Fortentwicklung in den Bereichen *drahtlose Identifikationstechnologie, integrierte Sensorik* sowie die fortschreitende *Miniaturisierung*.[721] Wenn *smarte* Gegenstände vernetzt sind und sowohl ohne Medienbrüche als auch ohne menschliche Intervention auskommen, entsteht das sogenannte *Internet der Dinge*.[722] Darunter versteht man die vollständige Verschmelzung physischer Gegenstände mit dem Internet.[723]

---

713 *Weiser*, Scientific American, Sep. 1991, S. 94 ff.
714 Zur Abgrenzung der Begrifflichkeiten *Langheinrich/Mattern*, APuZ 42/2003, 6 (7).
715 *Tinnefeld/Buchner/Petri*, Datenschutzrecht, S. 3.
716 *Langheinrich/Mattern*, APuZ 42/2003, 6 (7).
717 *Bilecki*, Verbrauchsseitige Barrieren, S. 9 f.; *Langheinrich/Mattern*, APuZ 42/2003, 6 (7); *Roßnagel/Müller*, CR 2004, 625.
718 *Roßnagel*, MMR 2005, 71 (72).
719 *Stampfl*, Die berechnete Welt, S. 29.
720 *Roßnagel*, Datenschutz in einem informatisierten Alltag, S. 133; *Langheinrich/Mattern*, APuZ 42/2003, 6 (7); *Roßnagel/Müller*, CR 2004, 625.
721 *Stampfl*, Die berechnete Welt, S. 30.
722 *Stampfl*, Die berechnete Welt, S. 29.
723 *Hoberg/Piele/Veit*, HMD 291, 80.

Einen der praktischen Anwendungsbereiche der allgegenwärtigen Datenverarbeitung stellt das *Smart Home* dar.[724] Das vernetzte Haus ist durchgehend mit IKT in Form von Sensoren, intelligenten Haushaltsgeräten und mobilen Computern ausgestattet, die sich adaptiv den Bedürfnissen des jeweiligen Nutzers anpassen können. Die Technik versorgt den Nutzer selbsttätig und unmerklich mit Informationen oder Dienstleistungen und nimmt ihm dabei Tätigkeiten ab, mit dem Ziel, seinen Alltag so angenehm und komfortabel wie möglich zu gestalten.[725]

Die Energieversorgung zählt in Industriestaaten zu den „elementaren Lebensbedürfnissen".[726] Der Gesetzgeber hat der Bedeutung der Stromversorgung dadurch Rechnung getragen, dass er in § 18 EnWG einen allgemeinen Anschlusszwang normiert hat. Dies hat zur Folge, dass beinahe jedes Gebäude in das Energieversorgungsnetz integriert ist. Sämtliche Lebensbereiche sind heute überwiegend mit dem Verbrauch von Energie verbunden und dadurch auch von der damit einhergehenden Datenverarbeitung betroffen.[727] Der Alltag der Industriegesellschaft ist geprägt von einer hochtechnisierten und automatisierten Lebensweise; beinahe alle menschlichen Handlungen führen heute zumindest mittelbar zu einem Verbrauch von Energie.[728] Selbst wenn Betroffene in ihrem häuslichen Umfeld im Rahmen der gesetzlichen Möglichkeiten keinerlei Smart-Grid-Produkte nutzen, werden sie daher an anderer Stelle in irgendeiner Form von den Datenerhebungen betroffen sein. Es sind mithin Rückschlüsse auf beinahe jeden Lebensbereich der Betroffenen möglich.[729] Es wird dadurch beinahe unmöglich, sich den Auswirkungen des *Smart Life* zu entziehen.

2. Auswirkungen beim Betroffenen

Die permanente Preisgabe von Daten ermöglicht den verantwortlichen Stellen effiziente Möglichkeiten zur Überwachung des betroffenen Nutzers.[730] Problematisch ist dabei, dass dem Betroffenen kein Rückzugsort mehr verbleibt, da er sich den Datenverarbeitungsprozessen und dem „Vermessen-werden" nicht entziehen kann.[731] Die damit einhergehenden Konsequenzen sind für den Betroffenen nahezu unausweichlich.

---

724 S. dazu Kap. 2 C.II.2.a).
725 *Roßnagel*, in: Roßnagel, Nutzerschutz, S. 22.
726 *Peus*, DuD 1994, 703.
727 *Roßnagel/Jandt*, DuD 2010, 373 (374).
728 *Karg*, ULD-Gutachten, S. 3.
729 *Roßnagel/Jandt*, DuD 2010, 373 (374).
730 *Stampfl*, Die berechnete Welt, S. 31.
731 *Stampfl*, Die berechnete Welt, S. 41 beschreibt dieses Phänomen als „always-on-Gesellschaft".

Die den Nutzer umgebenden smarten Alltagsgegenstände sind permanent aktiv und damit beschäftigt, sein Verhalten zu erfassen.[732] Im Vergleich zum herkömmlichen Umgang mit dem Internet, wo der Nutzer sich dafür entscheiden konnte, die Online-Verbindung zu trennen und somit in eine *Offline-Welt* zurückzukehren, beraubt ihn das Ubiquitous Computing dieser Möglichkeit. Denn der Allgegenwärtigkeit der technischen Anwendungen ist gerade immanent, dass sie jederzeit verfügbar, d.h. *online* sind.[733] Die „Dauerverbindung" besteht heutzutage durch mobile Kommunikationsgeräte ohnehin weitgehend und wird sich in Zukunft noch weiter verbreiten, sei es auf weitere Nutzergruppen oder auf Geräte, die bislang ausschließlich *offline* im Einsatz waren. Selbst durch das Deaktivieren einzelner Geräte würde die automatische Datensammlung nicht beendet werden, da *intelligente Umgebungen* nicht von einzelnen Geräten abhängen und daher weiterhin „aktiv" bleiben.[734]

Das *metakommunikative Axiom*, wonach man „nicht nicht kommunizieren" kann,[735] bewahrheitet sich hierbei dadurch äußerst anschaulich, dass jeder Verbraucher fortwährend und überall mit Maschinen und Computern interagiert, die in Alltagsgegenstände integriert sind und alle Nutzersignale einfangen.[736] Der „mobile Mensch" ist „stets und überall mit Computeranwendungen konfrontiert".[737]

Da die Datenfreigabe in der Systemstruktur bereits angelegt ist, bedarf es keines besonderen Willensaktes mehr, um Datenverarbeitungsprozesse in Gang zu bringen.[738] Der Mensch als Nutzer der Technik begibt sich seiner Entscheidungskompetenz hinsichtlich der Aktivität der Geräte und verliert den Einfluss darauf; es kann dazu kommen, dass zwischen dem Entscheidungswillen des Nutzers und den vom Gerät ausgeführten Aktionen kein Kausalzusammenhang mehr besteht.[739] Viele Endkunden hegen die Befürchtung, dass sie durch die Automatisierung im *Smart Home* den Einfluss auf die Steuerung des Energiehaushalts verlieren und sorgen sich vor Bevormundung und Fremdsteuerung.[740] Sobald der Nutzer die Vorzüge des Smart Home verinnerlicht und seine Gewohnheiten entsprechend angepasst hat, entsteht darüber hinaus zwangsläufig „eine hohe Abhängigkeit von der Funktionsfähigkeit der Technik".[741]

---

732 *Langheinrich/Mattern*, APuZ 2003, 6 (12); *Stampfl*, Die berechnete Welt, S. 31.
733 *Stampfl*, Die berechnete Welt, S. 29.
734 *Langheinrich/Mattern*, APuZ 2003, 6 (12).
735 *Watzlawick/Beavin/Jackson*, Menschliche Kommunikation, S. 58 ff.
736 *Stampfl*, Die berechnete Welt, S. 33.
737 *Kühling*, VERW 2007, 153.
738 *Scholz*, Internet-Einkauf, S. 105.
739 *Enquete-Kommission*, Zukunft der Medien, BT-Drs. 13/11002, S. 26.
740 *forsa*, Smart Metering, S. 17; *Münchner Kreis*, Zukunftsbilder, S. 151.
741 *Roßnagel*, in: Roßnagel, Nutzerschutz, S. 22.

3. Konflikt mit dem datenschutzrechtlichen Transparenz- und Direkterhebungsgrundsatz

Darüber hinaus könnten die Datenverarbeitungsvorgänge beim Ubiquitous Computing und insbesondere bei der Fernmessung gegen den Transparenz- und Direkterhebungsgrundsatz verstoßen.

a) Vereinbarkeit mit dem Transparenzgebot

Die Integration von Mikrochips in Alltagsgegenstände führt zu einer *kognitiv-emotionalen Unsichtbarkeit*, die darin begründet liegt, dass der durchschnittliche Endverbraucher *intelligente* Gegenstände nicht mehr als solche wahrnimmt.[742] Die Datenverarbeitungsvorgänge sind aufgrund ihrer Unkörperlichkeit nicht sinnlich wahrnehmbar und gehen daher unbemerkt vor sich.[743] Die Nichtwahrnehmbarkeit der Datenverarbeitung hat zur Folge, dass der Betroffene kaum darauf reagieren oder sich ihr entziehen kann, da er nicht weiß, wann, wo und in welcher Form Datenerhebungen stattfinden.[744] Wenn der Einzelne nicht weiß, ob, wann und wo seine personenbezogenen Daten verarbeitet werden, ist es für ihn schwierig zu erkennen, ob und inwieweit sein Handeln „datenschutzrechtlich relevant" ist.[745]

Dies steht in einem immanenten Widerspruch zum datenschutzrechtlichen Transparenzgrundsatz.[746]

Das Transparenzgebot ist Ausfluss des Rechts auf informationelle Selbstbestimmung und basiert auf Art. 6 Abs. 1 lit. a) DSRL wonach personenbezogene Daten nach Treu und Glauben verarbeitet werden sollen. Dies setzt voraus, dass „die betroffenen Personen in der Lage sind, das Vorhandensein einer Verarbeitung zu erfahren und ordnungsgemäß und umfassend über die Bedingungen der Erhebung informiert zu werden".[747]

Denn nur derjenige, der überblicken kann, wer was und bei welcher Gelegenheit über ihn weiß, vermag frei und selbstbestimmt zu entscheiden und zu planen.[748] Nur wenn der Betroffene entsprechende Kenntnis über seine Daten hat, kann er über deren Verwendung befinden und die ihm zustehenden Rechte wahrnehmen.[749]

Die Massenhaftigkeit der Datenabfragen lässt dies zunehmend unrealistisch erscheinen.[750] Der „durchschnittliche Betroffene" wird vielmehr durch den immensen Umfang der alltäglichen Datenverarbeitungsprozesse überfordert. Es wird

---

742 *Bilecki*, Verbrauchsseitige Barrieren, S. 9.
743 *Scholz*, Internet-Einkauf, S. 105.
744 *Langheinrich*, in: Fleisch/Mattern, Internet der Dinge, S. 336.
745 *Stampfl*, Die berechnete Welt, S. 68.
746 *Kühling*, VERW 2007, 153 (159).
747 Erwägungsgrund 38 zur RL 95/46/EG.
748 BVerfGE 65, 1 (43) = NJW 1984, 419 (422) – *Volkszählung*.
749 *Kühling/Seidel/Sivridis*, S. 111.
750 *Kühling*, VERW 2007, 153 (159).

angesichts der weiter steigenden Anzahl von Datenverarbeitungsvorgängen in allen Lebensbereichen schlechterdings nicht mehr möglich sein, diese in ihrer Gesamtheit aufmerksam zu verfolgen.

b) Vereinbarkeit mit dem Direkterhebungsgrundsatz
Charakteristisch für intelligente Zähler ist das kontaktlose Auslesen der gespeicherten Daten und die Übermittlung der Messdaten via Internet oder Funkverbindung. Diese sogenannte Fernauslesung bzw. Fernmessung ist ein spezifischer Anwendungsfall des Ubiquitous Computing im Rahmen des Smart Grid und bringt besondere datenschutzrechtliche Herausforderungen mit sich.

Bei der Fernauslesung bzw. der automatischen Übermittlung der Messwerte durch die Smart Meter ist der Ablesevorgang für den Betroffenen nicht mehr erkennbar; er hat keine Kenntnis darüber und keinen Einfluss darauf, welcher Akteur, wann welche Daten ausliest.[751] Bei der physischen Ablesung durch einen Mitarbeiter des Energieversorgers in der Wohnung kann der Letztverbraucher feststellen, wann und in welchem Umfang Daten erhoben werden. Dass dies nun nicht mehr der Fall ist, könnte einen Verstoß gegen den Grundsatz der Direkterhebung darstellen.[752]

Der in § 4 Abs. 2 S. 1 BDSG kodifizierte Direkterhebungsgrundsatz ist Ausfluss des Transparenzgebotes und verlangt, dass personenbezogene Daten direkt beim Betroffenen und nicht über Dritte zu beschaffen sind.[753] Der Betroffene soll an der Erhebung mitwirken.[754] Hierdurch soll gewährleistet werden, dass er Kenntnis von der Datenerhebung erlangt.[755] Zwar sieht § 4 Abs. 2 S. 1 BDSG eine Kenntnis des Betroffenen nicht ausdrücklich vor,[756] aus der Formulierung der Ausnahmeregelung in § 4 Abs. 2 S. 2 BDSG „ohne seine Mitwirkung" ergibt sich jedoch, dass die Mitwirkung (und damit auch die Kenntnis) im Regelfall vorausgesetzt wird.[757] Der Betroffene soll hierdurch in die Lage versetzt werden, zu bestimmen und einzuschätzen, wer was wann und bei welcher Gelegenheit über ihn weiß.[758]

---

751 *Lüdemann/Jürgens/Sengstacken*, ZNER 2013, 592 (593).
752 *Brink*, ZWE 2014, 75 (76); *Haubrich*, in: Britz/Eifert/Reimer, Energieeffizienzrecht, S. 246.
753 Spindler/Schuster/*Spindler/Nink*, BDSG, § 4 Rn. 6; *Wedde* in: Roßnagel, Handbuch, Kap. 4.4 Rn. 20.
754 *Bergmann/Möhrle/Herb*, BDSG, § 4 Rn. 28; *Plath*, BDSG, § 4 Rn. 7; Simitis/*Sokol*, BDSG, § 4 Rn. 20.
755 DKWW/*Weichert*, BDSG, § 4 Rn. 5; *Tinnefeld/Buchner/Petri*, Datenschutzrecht, S. 237.
756 Vgl. im Gegensatz dazu etwa die Regelungen in § 12 Abs. 1 S. 3 DSG NRW oder § 12 Abs. 1 S. 1 HDSG.
757 *Gola/Schomerus*, BDSG, § 4 Rn. 21; Simitis/*Sokol*, BDSG, § 4 Rn. 20.
758 BVerfGE 65, 1 (43) = NJW 1984, 419 – *Volkszählung*; BeckOK DSR/*Bäcker*, § 4 Rn. 26; *Gola/Schomerus*, BDSG, § 4 Rn. 21; *Kühling/Seidel/Sivridis*, Datenschutzrecht, S. 89.

Außerdem soll dies „die beste Gewähr für die Authentizität und Richtigkeit der Daten" bieten.[759] Der Betroffene muss die tatsächliche Möglichkeit haben, darüber zu entscheiden, ob und welche der zu erhebenden Daten er preisgeben möchte.[760] Wie oben festgestellt,[761] stellt jede einzelne Messung eine Datenerhebung dar. Daraus folgt, dass die Betroffenen konkret über jede einzelne Messung informiert werden müssten und diese im Einzelfall verweigern könnten. Eine Datenerhebung ohne Mitwirkung des Betroffenen ist daher generell verboten.

Sofern die Daten Einzelangaben zu mehreren Personen eines Haushalts enthalten, müssten die Daten dementsprechend bei der jeweils betroffenen Person erhoben werden.[762] Allerdings genügt es hinsichtlich Daten, die Bezug zu mehreren Personen haben, wenn die „am direktesten betroffene Person" mitwirkt.[763] Der Grundsatz der Direkterhebung schließt außerdem die Erhebung bei einem durch den Betroffenen ausdrücklich bevollmächtigten Dritten nicht aus.[764]

aa) Mitwirkung des Betroffenen

Die Art der Direkterhebung unterliegt dem Ermessen der verantwortlichen Stelle und richtet sich nach den Umständen des Einzelfalls sowie nach den zu erhebenden Daten.[765] Die Mitwirkung des Betroffenen kann auf verschiedene Arten erfolgen: Entweder *aktiv* durch Information seitens des Betroffenen oder *passiv* durch ausdrückliche und bewusste Duldung der Erhebung trotz Möglichkeit der Entziehung.[766] Sofern also der Betroffene die Möglichkeit hat, die Fernmessung zu unterbinden, stellt letztere bei bewusster Duldung keinen Verstoß gegen den Direkterhebungsgrundsatz dar.

bb) Ausnahme vom Direkterhebungsgebot beim „Pull-Betrieb"

Bei der Fernauslesung werden die Daten zwar am Zähler des Kunden und damit faktisch beim Betroffenen erhoben. Allerdings bedarf es im „Pull-Betrieb" weder einer Mitwirkungshandlung des Betroffenen, noch weiß dieser darüber Bescheid, wann und wie seine Daten abgelesen werden.[767] Die Verbrauchsinformationen werden somit ohne Mitwirkung oder gar Kenntnis des Betroffenen erhoben.[768] Dies widerspricht dem Grundsatz der Direkterhebung. Eine Erhebung ohne Mitwirkung ist jedoch ausnahmsweise unter den Voraussetzungen des § 4 Abs. 2 S. 2 BDSG zulässig.

---

759 DKWW/*Weichert*, BDSG, § 4 Rn. 5; Simitis/*Sokol*, BDSG, § 4 Rn. 20.
760 *Gola/Schomerus*, BDSG, § 4 Rn. 21.
761 S. o. Kap. 3 E.I.
762 Simitis/*Sokol*, BDSG, § 4 Rn. 21.
763 DKWW/*Weichert*, BDSG, § 4 Rn. 5.
764 *Gola/Schomerus*, BDSG, § 4 Rn. 21; Simitis/*Sokol*, BDSG, § 4 Rn. 23.
765 Simitis/*Sokol*, BDSG, § 4 Rn. 22.
766 Simitis/*Sokol*, BDSG, § 4 Rn. 23.
767 *Karg*, ULD-Gutachten, S. 6.
768 *LVwA S-A*, 5. Datenschutzbericht 2012, S. 51.

Nach § 4 Abs. 2 S. 2 Nr. 1 BDSG dürfen personenbezogene Daten auch ohne Mitwirkung des Betroffenen erhoben werden, wenn eine Rechtsvorschrift dies vorsieht oder zwingend voraussetzt. Die Rechtsvorschrift muss „ausdrücklich festlegen", dass die Datenerhebung zur Erfüllung einer Aufgabe der Mitwirkung des Betroffenen nicht bedarf.[769] Eine derartige Vorschrift ist (bislang) nicht ersichtlich.

Auch die Ausnahme des § 4 Abs. 2 S. 2 Nr. 2 lit. a) BDSG ist nicht gegeben. Danach müsste der Geschäftszweck der verschiedenen mit der Ablesung betrauten Akteure eine Erhebung ohne Mitwirkung des Betroffenen verlangen. Dies ist nicht der Fall.

Nach § 4 Abs. 2 S. 2 Nr. 2 lit. b) BDSG ist eine Mitwirkung des Betroffenen dann obsolet, wenn die Erhebung bei selbigem einen unverhältnismäßig hohen Aufwand erfordern würde. Bei der Bestimmung der *Höhe des Aufwands* ist der Aufwand in Verhältnis zur Sensibilität der Daten zu setzen.[770] Bislang war eine Mitwirkung des Betroffenen bei der Ablesung unproblematisch möglich, da die Ablesung regelmäßig nur jährlich stattfand. Hierfür war mithin kein *unverhältnismäßiger Aufwand* erforderlich.[771]

Im Falle eines fünfzehnminütigen Ableseintervalls erscheint der Aufwand für die Mitwirkung des Betroffenen für das ablesende Unternehmen so hoch, dass dies in Hinblick auf Kosten oder Arbeitsaufwand unzumutbar erscheint. Eine Ablesung ohne Mitwirkung des Betroffenen wäre daher nach § 4 Abs. 2 S. 2 Nr. 2 lit. b) BDSG zulässig. Wenn die Ablesung monatlich stattfände, wäre eine Mitwirkung des Betroffenen hingegen zumutbar. Die Notwendigkeit der Mitwirkung des Letztverbrauchers hängt mithin maßgeblich vom Ableseintervall ab.

Im Übrigen werden alle Ausnahmen nach § 4 Abs. 2 S. 2 a. E. BDSG dadurch beschränkt, dass keine Anhaltspunkte dafür bestehen dürfen, dass überwiegende schutzwürdige Interessen des Betroffenen beeinträchtigt werden.[772]

4. Zwischenergebnis

Dies zeigt, dass die Möglichkeiten der allgegenwärtigen Datenverarbeitung im Smart Grid, namentlich im Smart Home, zahlreiche datenschutzrechtliche Fragen aufwerfen, insbesondere hinsichtlich der Vereinbarkeit mit verschiedenen datenschutzrechtlichen Grundsätzen.

V. Bedrohung der Informationssicherheit

Eine weitere Herausforderung für das Smart Grid stellt schließlich die Gewährleistung der Informationssicherheit dar.

---

769 *Gola/Schomerus*, BDSG, § 4 Rn. 23.
770 *Gola/Schomerus*, BDSG, § 4 Rn. 28; Simitis/*Sokol*, BDSG, § 4 Rn. 35; Spindler/Schuster/*Spindler/Nink*, BDSG, § 4 Rn. 7.
771 *Karg*, ULD-Gutachten, S. 6.
772 S. zu den Interessen der Letztverbraucher ausführlich die Prüfung unter Kap. 4 B.I.

Wie jedes andere komplexe technische System bietet das Stromnetz vielfältige Angriffsflächen und ist daher „verwundbar".[773] Das Versagen der Technik kann auf verschiedenen Ursachen beruhen, z. B. auf Entwurfsfehlern, Materialdefekten, Überlastung, Naturkatastrophen oder Krisensituationen. Insoweit ergibt ein Befund des Bedrohungsszenarios für das *intelligente* keine Unterschiede zum *herkömmlichen* Stromnetz.

Problematisch ist allerdings, dass das Smart Grid – mehr als bislang – von hochkomplexen Computersystemen abhängig ist. Die Netzinfrastruktur wird durch die Implementierung von IKT technisch komplizierter und zwangsläufig fehleranfälliger. Dadurch dass im Smart Grid die Übertragung von Strom und Daten in einem gemeinsamen Netz gebündelt wird, steigt auch die Anfälligkeit der Stromversorgung für Angriffe durch die Kommunikationsnetze. Die dezentrale Architektur des intelligenten Netzes verstärkt diese Gefahren.[774] Bei Attacken auf das Energieinformationsnetz kann IKT einerseits das Ziel eines Angriffs sein, andererseits aber auch als Instrument dafür dienen.[775]

1. Schutzziele der Informationssicherheit

Hierdurch wird nicht nur das Datenschutzrecht i. e. S., sondern auch die sogenannte Informationssicherheit bedroht.

Der *Datenschutz* (engl. *privacy*) befasst sich mit dem Schutz von Menschen hinsichtlich ihrer personenbezogenen Daten und beschreibt deren Fähigkeit, die Weitergabe von Informationen zu kontrollieren, die sie persönlich betreffen.[776] Im Gegensatz dazu beschreibt die *Informationssicherheit* (engl. *security*)[777] die Eigenschaft eines Systems, nur solche Systemzustände anzunehmen, die zu keiner unautorisierten Informationsveränderung oder -gewinnung führen.[778] Hierfür muss das System vor externen Störeinflüssen geschützt werden, d.h. beispielsweise gegen unbefugten Zugriff, Veränderung oder Zerstörung.[779] Hierbei geht es primär um organisatorische und technische Maßnahmen zur Sicherstellung von verschiedenen Schutzzielen: *Datenintegrität* ist gegeben, wenn es unautorisierten Dritten nicht möglich ist, die zu schützenden Daten zu manipulieren[780]; *Authentizität* bedeutet, dass die Echtheit eines Objekts oder Subjekts zweifelsfrei bestimmt werden kann[781];

---

773 *Khurana et al.*, IEEE Security & Privacy 1/2010, 81 (82).
774 *Eckert/Krauß/Schoo*, SR 90, S. 20.
775 *Eckert/Krauß*, DuD 2011, 535 (536).
776 *Eckert*, IT-Sicherheit, S. 6.
777 Oftmals auch mit *Datensicherheit* (engl. *data protection*) gleichgesetzt.
778 *Eckert*, IT-Sicherheit, S. 6; vgl. vertiefend zum Begriff *Datensicherheit* im Smart Grid auch *Sichler*, in: Aichele/Doleski, Smart Market, S. 466 f.
779 *Beenken*, Schutz von Informationen, S. 7; *Steckler*, Grundzüge IT-Recht, S. 289.
780 *Eckert*, IT-Sicherheit, S. 9.
781 *Müller*, in: Paulsen, Sicherheit in vernetzten Systemen, S. A-5 (8); *Rosinger*, in: Appelrath et al., IT-Architekturentwicklung im Smart Grid, S. 84.

Verfügbarkeit besteht, wenn die Befugten jederzeit auf das IT-System zugreifen können und dessen Funktionalität nicht beeinträchtigt ist[782]; *Vertraulichkeit* liegt vor, wenn ein unautorisierter Erkenntnisgewinn ausgeschlossen ist, wenn also nur autorisierte Nutzer auf die Daten zugreifen können[783].

2. Bedrohung der Schutzziele

Aus sicherheitstechnischer Perspektive wird als eines der wesentlichen Risiken die Fälschung von Messwerten identifiziert.[784] Hieraus können sich Fehler hinsichtlich der Abrechnung, der Anzeige von Lastgängen, der Tariffindung sowie der Steuerung ergeben. Dies stellt eine Bedrohung für die *Integrität* der Daten dar.[785]

Die *Authentizität* eines Smart Meters ist bedroht, wenn ein Angreifer das Gerät so manipuliert, dass daraus falsche Abrechnungsergebnisse resultieren. Die Messwerte können dann einer Abrechnung nicht mehr zuverlässig zugeordnet werden.[786] Die Verletzung der Authentizität von Messdaten kann neben Unsicherheiten über die korrekte Adressierung von Abrechnungen auch zu Unsicherheiten über die Richtigkeit der angezeigten Lastgänge, der Tariffindung und der Steuerungen führen.[787]

Wenn der Zugriff auf Messgeräte nicht gewährleistet ist, und daher Daten nicht übertragen werden können, leidet die *Verfügbarkeit* der Daten. Daraus können sich Abrechnungsausfälle ergeben, woraus wiederum wirtschaftliche Einbußen bei den jeweiligen Akteuren (Messdienstleister, Netzbetreiber, Energieerzeuger) resultieren.[788] Schlimmstenfalls kann es sogar zum Ausfall der Energieversorgung kommen.[789]

Schließlich ist auch die *Vertraulichkeit* bedroht, etwa wenn Leitungen von Dritten angezapft und hierdurch überwacht werden können. Die hieraus gewonnenen Schlüsse können für mannigfaltige Straftaten missbraucht werden.

3. Konkrete Bedrohungsszenarien im Smart Grid

In Bezug auf die Schutzziele der Informationssicherheit bestehen verschiedene praktische Bedrohungsszenarien im Smart Grid: Die Beeinträchtigung der

---

782 Hoeren/Sieber/Holznagel/*Kramer/Meints*, Multimedia-Recht, 16.5 Rn. 3; *Müller*, in: Paulsen, Sicherheit in vernetzten Systemen, S. A-5 (7).
783 *Tinnefeld/Buchner/Petri*, Datenschutzrecht, S. 431; *Khurana et al.*, IEEE Security & Privacy 1/2010, 81 (82).
784 *Gerhager*, DuD 2012, 445 (446); *Heibey*, in: Roßnagel, Nutzerschutz, S. 59 f.
785 *Heibey*, in: Roßnagel, Nutzerschutz, S. 59 f.; *Rosinger*, in: Appelrath et al., IT-Architekturentwicklung im Smart Grid, S. 94.
786 *Rosinger*, in: Appelrath et al., IT-Architekturentwicklung im Smart Grid, S. 94.
787 *Heibey*, in: Roßnagel, Nutzerschutz, S. 59 f.
788 *Heibey*, in: Roßnagel, Nutzerschutz, S. 60.
789 *Heibey*, in: Roßnagel, Nutzerschutz, S. 60; *Piqué*, Markteinführung von Smart Metern, S. 78.

Funktionsfähigkeit durch Ausfall von Komponenten, Überlastung oder Softwarefehler ist ebenso vorstellbar wie gezielte Angriffe auf die Netzinfrastruktur.[790]

Unbefugte könnten durch „Cyber-Attacken" auf das Smart Grid oder einzelne Energieversorger unautorisierten Zugriff auf Daten erhalten und diese sodann manipulieren, löschen oder stehlen.[791] Die Verfügbarkeit einzelner Komponenten kann durch sogenannte *DoS-Attacken (Denial of Service)* eingeschränkt oder unterbrochen werden.[792] Im Extremfall könnten Angreifer sogar dafür sorgen, dass ganze Gebiete von der Energieversorgung getrennt werden.[793] Hierbei können verheerende Kaskadeneffekte entstehen, die bewirken, dass alle angeschlossenen Systemkomponenten „Stück für Stück infiziert" werden.[794] So können sich lokale zu globalen Katastrophen ausweiten.[795]

„Hacker" können sich die Vernetzung zu Nutze machen und durch das Eindringen in sicherheitsrelevante Systeme erhebliche Schäden an der kompletten Infrastruktur auslösen. Intelligente Zähler könnten zur Verbreitung von Viren und Würmern oder zur Unterbrechung der Stromversorgung missbraucht werden.[796] Schädlingsprogramme wie der bekannte Stuxnet-Wurm[797] lassen sich in Kontrollsysteme einschleusen, um Infrastrukturen wie Stromnetze zu manipulieren.[798]

Gleiches gilt für Angriffe auf vernetzte Haushaltsgeräte. So ist es Hackern gelungen, unbefugt auf digitale Messeinrichtungen zuzugreifen.[799] Die Energiedaten könnten – ähnlich wie Bankdaten im Jahre 2008[800] – in kriminelle Hände gelangen und dort gehandelt werden. Im Jahr 2013 wurden bei Heizungsanlagen des Herstellers Vaillant, die mit dem Internet verbunden sind, kritische Sicherheitslücken bekannt: Dritten gelangt es, sich gegenüber Heizungssystemen als Besitzer,

---

790 *Eckert/Krauß*, DuD 2011, 535 (537); *Sichler*, in: Aichele/Doleski, Smart Market, S. 469 ff.
791 *Gerhager*, DuD 2012, 445 (447 f.); *Siddiqui et al.*, ICCCN 2012, S. 5; vgl. zur Gefahr von Cyber-Attacken auch die NNCEIP-Studie der OSZE: www.osce.org/atu/103500?download=true.
792 *Eckert/Krauß/Schoo*, SR 90, S. 21 f.; *Schriegel/Jasperneite*, e&i 4/2012, 265 (268).
793 *Knyrim/Trieb*, IDPL 2011, 121 (122).
794 *Khurana et al.*, IEEE Security & Privacy 1/2010, 81 (82).
795 *Gaycken/Karger*, MMR 2011, 3 (4).
796 *Knoke*, www.spiegel.de/netzwelt/web/netzwelt-ticker-intelligente-stromzaehler-als-einfallstor-fuer-hacker-a-686431.html.
797 Dazu: *Brumfiel*, www.theguardian.com/smart-revolution/safe-smart-metering und allgemein *Gaycken/Karger*, MMR 2011, 3 (4).
798 *Piqué*, Markteinführung von Smart Metern, S. 78.
799 *Pennell*, www.zeit.de/digital/internet/2010-04/smartgrid-strom-hacker; sowie zur unbemerkten Umfunktionierung von smarten Haushaltsgeräten als „Thingbots" in illegalen Botnetzen *Kremp*, www.spiegel.de/netzwelt/web/kuehlschrank-verschickt-spam-botnet-angriff-aus-dem-internet-der-dinge-a-944030.html.
800 Dazu *Kroker/Berke/Klesse*, WirtschaftsWoche Nr. 50/2008, S. 64 ff.

Techniker oder Entwickler zu identifizieren und auf diesem Wege Einstellungen zu manipulieren.[801]

Denkbar ist zudem, dass Stromrechnungen durch Veränderung von Verbrauchsdaten oder digitale Zählermanipulation verfälscht werden, sowohl zugunsten als auch zulasten der Anschlussnutzer.[802] Bei einem groß angelegten Hackerangriff haben kriminelle Mitarbeiter eines Energieversorgers auf Malta Anfang 2014 ungefähr 1.000 Smart Meter manipuliert und Strom im Wert von 30 Mio. EUR „abgezweigt".[803] Ähnliche Vorfälle sind aus den USA bekannt.[804]

Möglich sind weiterhin (Wirtschafts-)Spionage und Sabotageakte.[805] Vor dem Hintergrund der 2013 bekannt gewordenen groß angelegten Abhör-Tätigkeiten von EU- und Drittstaaten[806] erscheinen Spionage oder Beeinflussung des Netzes durch ausländische Unternehmen oder auch durch inländische Wettbewerber nicht undenkbar. Im Übrigen ist – angesichts der dadurch hervorrufbaren Schäden – auch die Gefahr terroristischer Angriffe auf das Stromnetz nicht zu unterschätzen.[807]

Dies zeigt, dass mit der Vernetzung der Energieinfrastruktur auch erhebliche Gefahren für die Informationssicherheit einhergehen.

B. Rechtmäßigkeit der Datenverarbeitungsvorgänge im Smart Grid nach einfachgesetzlichem Datenschutzrecht

Neben den aufgezeigten allgemeinen datenschutzrechtlichen Herausforderungen, die mit dem Smart Grid zusammenhängen, ist weiterhin fraglich, ob und inwieweit die einzelnen Datenverarbeitungsvorgänge mit einfachem Datenschutzrecht in Einklang zu bringen sind.

Im Rahmen des Smart Grid findet eine derart große Menge an verschiedenen Verarbeitungsschritten statt, dass es nahezu unmöglich ist, sämtliche dieser einzelnen Datenflüsse juristisch zu erfassen und aufzuschlüsseln. Daher beschränken sich die folgenden Ausführungen exemplarisch auf einige wesentliche Verarbeitungsvorgänge beim Smart Metering. Die Prüfung orientiert sich dabei an den im vorhergehenden Kapitel erläuterten Datenverarbeitungsschritten.[808]

---

801 *Kremp*, www.spiegel.de/netzwelt/gadgets/vaillant-sicherheitsluecke-bedroht-hightech-heizungen-a-894665.html.
802 *Eckert/Krauß/Schoo*, SR 90, S. 23.
803 *Lang*, www.energie-und-technik.de/smart-energy/artikel/106080/.
804 *Krebs*, www.krebsonsecurity.com/2012/04/fbi-smart-meter-hacks-likely-to-spread.
805 *Gaycken/Karger*, MMR 2011, 3.
806 S. zusammenfassend zum „PRISM-Skandal": *Beuth/Biermann*, www.zeit.de/digital/datenschutz/2013-06/nsa-prism-faq.
807 *Ward*, www.bbc.com/news/technology-29643276.
808 S. dazu Kap. 3 E.

Sofern es sich bei den Energiedaten um personenbezogene Daten handelt, ist deren Erhebung, Verarbeitung und Nutzung aufgrund des in § 4 Abs. 1 BDSG verankerten datenschutzrechtlichen Verbots mit Erlaubnisvorbehalt grundsätzlich unzulässig. Der Umgang mit den Daten ist nur dann zulässig, wenn und soweit eine Rechtsvorschrift dies ausdrücklich erlaubt oder der Betroffene eingewilligt hat.

Fraglich ist mithin, ob die einzelnen Datenverarbeitungsvorgänge entweder durch eine gesetzliche Norm (I.) oder durch eine Einwilligung (II.) gerechtfertigt sind.

I. Rechtfertigung durch gesetzliche Erlaubnistatbestände

Eine gesetzliche Legitimation kann sich gem. § 4 Abs. 1 BDSG sowohl direkt aus dem BDSG als auch aus anderen (spezielleren) Datenschutznormen ergeben.[809]

Wie erläutert, entsprechen die mit der Novelle 2011 in das EnWG eingefügten Datenschutznormen nicht den Anforderungen an die Normenklarheit und können die allgemeinen Datenschutzregelungen des BDSG daher nicht verdrängen.[810]

Folgt man – entgegen der hier vertretenen Auffassung – der Meinung, dass § 21g EnWG eine derogierende Spezialnorm darstellt und damit anwendbar ist, richtet sich die Rechtmäßigkeit der einzelnen Datenverarbeitungsprozesse nach dem Katalog des § 21g Abs. 1 EnWG. Dieser regelt abschließend die Erhebung, Verarbeitung und Nutzung personenbezogener Daten aus dem Messsystem oder mithilfe des Messsystems durch zum Datenumgang berechtigte Stellen.[811]

Im Folgenden beschränkt sich die Untersuchung allerdings auf die Legitimationstatbestände des BDSG.

Bei der Untersuchung der Rechtmäßigkeit ist einerseits zwischen verschiedenen Arten von Energiedaten zu unterscheiden,[812] andererseits muss sich die Prüfung aber auch am Zweck der jeweiligen Datenverarbeitung orientieren.

1. Rechtmäßigkeit des Datenumgangs mit abrechnungsrelevanten Daten nach § 28 BDSG

Zunächst ist fraglich, ob die Erfassung und sonstige Verarbeitung von Daten zu Abrechnungszwecken[813] gem. § 28 BDSG zulässig ist.

Dabei wird nach den einzelnen Verarbeitungsschritten im Rahmen des Smart Metering durch verschiedene verantwortliche Stellen unterschieden.

---

809 *Kühling/Seidel/Sivridis*, Datenschutzrecht, S. 106; *Taeger*, Datenschutzrecht, Kap. III Rn. 133.
810 S. o. Kap. 3 A.II.1.
811 BerlKommEnR/*Lorenz/Raabe*, EnWG, § 21g Rn. 33 ff.
812 S. zur Abgrenzung zwischen abrechnungs- und steuerungsrelevanten Daten Kap. 3 D.I.
813 S. zur Definition der abrechnungsrelevanten Daten Kap. 3 D.I.1.

a) Datenerfassung durch den Messstellenbetreiber
Die Datenerfassung (= *Messung* gem. § 3 Nr. 26c EnWG) durch den Messstellenbetreiber stellt eine *Datenerhebung* gem. § 3 Abs. 3 BDSG dar; sobald die Daten daraufhin beim Messstellenbetreiber aufbewahrt werden, handelt es sich um eine *Speicherung* gem. § 3 Abs. 4 Nr. 1 BDSG.[814]
Grundsätzlich übt der Netzbetreiber die Funktion des Messstellenbetreibers aus und ist damit auch für die Messung zuständig.[815] Allerdings kann unter bestimmten Umständen auch eine andere verantwortliche Stelle als Messstellenbetreiber fungieren. Für die Rechtmäßigkeit der Erhebung und Speicherung ergeben sich dadurch Unterschiede, weswegen im Folgenden zwischen drei Szenarien unterschieden wird: Messstellenbetrieb durch den Netzbetreiber [*aa)*], durch den Energielieferanten [*bb)*] oder durch einen Dritten [*cc)*].

aa) Szenario 1: Netzbetreiber ist Messstellenbetreiber
Fraglich ist, ob Erhebung und Speicherung von Verbrauchsdaten durch den Netzbetreiber zulässig sind, wenn dieser selbst Messstellenbetreiber ist.
Maßgeblich ist hierbei zunächst, wie das Rechtsverhältnis zwischen dem Anschlussnutzer und dem zuständigen Netzbetreiber ausgestaltet ist. Gem. § 20 Abs. 1a S. 1 EnWG i.V.m. §§ 3, 24 StromNZV haben Letztverbraucher und Netzbetreiber grundsätzlich einen *Netznutzungsvertrag*[816] abzuschließen, der gem. § 20 Abs. 1a S. 3 EnWG den Anspruch des Letztverbrauchers auf Netznutzung regelt.[817] Darüber hinaus werden im Rahmen dieses Vertrages auch die Bedingungen der Messung vereinbart.[818]
Regelmäßig besteht jedoch zwischen dem Letztverbraucher und dem Netzbetreiber kein derartiges direktes Vertragsverhältnis. Stattdessen schließt der Letztverbraucher mit seinem Energielieferanten sogenannte *All-inclusive-Verträge* ab, welche auch den Netzzugang umfassen.[819] In diesen Fällen regelt der Energielieferant die Netznutzung im eigenen Namen mit dem Netzbetreiber innerhalb eines sogenannten *Lieferantenrahmenvertrages*, § 20 Abs. 1a S. 2 EnWG i.V.m. §§ 3, 25 StromNZV.[820]

---

814 S. o. Kap. 3 E.I.
815 Britz/Hellermann/Hermes/*Herzmann*, EnWG, § 21b Rn. 17; PwC/*Netzband/Albert*, Entflechtung, S. 567.
816 Dieser wird teilweise auch (terminologisch unrichtig) als Netzzugangsvertrag bezeichnet.
817 BerlKommEnR/*Säcker/Boesche*, EnWG, § 20 Rn. 71; *Britz*/Hellermann/Hermes, EnWG, § 20 Rn. 38; *Koenig/Kühling/Rasbach*, Kap. 3 Rn. 51.
818 *Göge/Boers*, ZNER 2009, 4; *Karg*, ULD-Gutachten, S. 5 f.
819 *Koenig/Kühling/Rasbach*, Energierecht, Kap. 6 Rn. 39; Schneider/Theobald/*de Wyl/ Soetebeer*, EnWR, § 11 Rn. 12; *Theobald/Theobald*, Grundzüge EnWR, S. 139.
820 *Koenig/Kühling/Rasbach*, Energierecht, Kap. 6 Rn. 39; *Theobald/Theobald*, Grundzüge EnWR, S. 275.

Da sich hieraus hinsichtlich der datenschutzrechtlichen Bewertung der Erhebung und Speicherung von Messdaten Unterschiede ergeben, ist für die Prüfung der Rechtmäßigkeit zu unterscheiden, ob ein entsprechender Vertrag zwischen Netzbetreiber und Anschlussnutzer vorliegt oder nicht.

(1) Bestehender Netznutzungsvertrag zwischen Netzbetreiber und Anschlussnutzer

Für den Fall, dass zwischen Netzbetreiber und Anschlussnutzer ein Netznutzungsvertrag besteht, könnten sowohl die Erhebung als auch die Speicherung durch den Erlaubnistatbestand des § 28 Abs. 1 S. 1 Nr. 1 BDSG legitimiert sein.

Danach ist das Erheben und Speichern personenbezogener Daten für die Erfüllung eigener Geschäftszwecke zulässig, wenn es für die Begründung oder Durchführung eines rechtsgeschäftlichen oder rechtsgeschäftsähnlichen Schuldverhältnisses mit dem Betroffenen erforderlich ist.

(a) Eigener Geschäftszweck

Es muss also zunächst ein *eigener Geschäftszweck* des Netzbetreibers vorliegen. Dies setzt voraus, dass die Erhebung bzw. Speicherung von Daten lediglich ein „Hilfsmittel" für die Erreichung der Geschäftstätigkeit darstellt und nicht der Zweck der Tätigkeit der verantwortlichen Stelle ist.[821] Andernfalls wäre § 29 BDSG einschlägig, der die geschäftsmäßige Datenerhebung zum Zwecke der Übermittlung regelt. Anders als bei § 29 BDSG ist für § 28 Abs. 1 S. 1 Nr. 1 BDSG ein eigenes inhaltliches Interesse der verantwortlichen Stelle an den Daten erforderlich.[822]

Die Datenerhebung und -speicherung durch den Netzbetreiber in seiner Rolle als Messstellenbetreiber ist nicht etwa dessen originäre Geschäftstätigkeit, sondern sie stellt lediglich eine von mehreren ihm gem. §§ 8, 9 MessZV gesetzlich zugewiesenen Aufgaben dar.[823] Seine Tätigkeit beschränkt sich nicht auf den geschäftsmäßigen Umgang mit Daten und stellt somit nicht nur einen „Selbstzweck" dar. Es besteht mithin ein eigener Geschäftszweck i. S. d. § 28 Abs. 1 BDSG.

(b) Erforderlichkeit für die Vertragserfüllung

Des Weiteren müsste die Messung und Speicherung für die Durchführung des rechtsgeschäftlichen Schuldverhältnisses *erforderlich* sein.

Erforderlichkeit bedeutet, dass die Erhebung der Daten für die Abwicklung des konkreten Vertrages unerlässlich ist. Zwischen dem konkreten Zweck des Schuldverhältnisses und der beabsichtigten Datenerhebung muss ein unmittelbarer

---

821 DKWW/*Wedde*, BDSG, § 28 Rn. 10; *Kühling/Seidel/Sivridis*, Datenschutzrecht, S. 139; *Simitis*, BDSG, § 28 Rn. 22; *Taeger*/Gabel, BDSG, § 28 Rn. 31.
822 *Taeger*/Gabel, BDSG, § 29 Rn. 12.
823 Ähnlich *Raabe et al.*, Empfehlungen, S. 48.

sachlicher Zusammenhang bestehen.[824] Dies ist dann nicht der Fall, wenn der Geschäftszweck auch ohne die Kenntnis dieser Daten erfüllt werden kann.[825]

Sofern der Netzbetreiber als Messstellenbetreiber fungiert, werden im Rahmen des Netznutzungsvertrages auch die Bedingungen der Messung geregelt. Gem. §§ 9 Abs. 1, 10 Abs. 1 MessZV ist er als Messstellenbetreiber gesetzlich dazu verpflichtet, die Messung durch Erfassung der verbrauchten Energie beim Letztverbraucher durchzuführen. Zur Abwicklung des Vertragsverhältnisses ist die Ermittlung und Aufbewahrung der Verbrauchsdaten unerlässlich, da die Daten die Grundlage für die spätere Abrechnung legen.

Darüber hinaus muss der Netzbetreiber gem. § 18 Abs. 1 EnWG i.V.m. § 3 NAV im Rahmen der allgemeinen Anschlusspflicht das Netznutzungsentgelt gegenüber dem Letztverbraucher berechnen.[826] Hierfür benötigt er zwangsläufig die erhobenen Verbrauchsdaten, da diese die Grundlage für die Berechnung darstellen.[827]

Daraus folgt, dass die Erhebung der Energiedaten des betroffenen Letztverbrauchers bei Vorliegen eines Netznutzungsvertrages für dessen Durchführung unerlässlich und damit gem. § 28 Abs. 1 S. 1 Nr. 1 BDSG zulässig ist.[828]

Dies gilt jedoch nur für *lange* Messintervalle. Eine Messung im Viertelstundentakt gem. § 10 Abs. 2 MessZV ist für Abrechnungszwecke nicht erforderlich und wäre daher auch nicht durch § 28 Abs. 1 S. 1 Nr. 1 BDSG gerechtfertigt. Dies ist bei Letztverbrauchern jedoch gem. § 10 Abs. 2 MessZV auch nicht vorgesehen.

(2) Kein Netznutzungsvertrag zwischen Netzbetreiber und Anschlussnutzer

Fraglich ist, wie die Rechtmäßigkeit des Umgangs mit den Abrechnungsdaten zu beurteilen ist, wenn zwischen dem Letztverbraucher und dem Netzbetreiber kein Netznutzungsvertrag vorliegt.

(a) § 28 Abs. 1 S. 1 Nr. 1 BDSG

Es ist zweifelhaft, ob in diesem Fall die Datenerhebung und -speicherung ebenfalls nach § 28 Abs. 1 S. 1 Nr. 1 BDSG gerechtfertigt sein kann.

---

824 BAG, NJW 1987, 2459 (2460); *Bergmann/Möhrle/Herb*, BDSG, § 28 Rn. 25; Erbs/Kohlhaas/*Ambs*, BDSG, § 28 Rn. 4; *Simitis*, BDSG, § 28 Rn. 57; *Wolff*/Brink, BDSG, § 28 Rn. 33.
825 *Plath*, BDSG, § 28 Rn. 21; *Taeger*/Gabel, BDSG, § 28 Rn. 47.
826 Schneider/Theobald/*de Wyl/Thole/Bartsch*, EnWR, § 16 Rn. 390; *Göge/Boers*, ZNER 2009, 368; *Karg*, DuD 2010, 365 (368); *Lüdemann/Jürgens/Sengstacken*, ZNER 2013, 592 (595).
827 *Karg*, DuD 2010, 365 (369); *Lüdemann/Jürgens/Sengstacken*, ZNER 2013, 592 (595).
828 Göge/Boers, ZNER 2009, 4; *Karg*, DuD 2010, 365 (368); *Lüdemann/Jürgens/Sengstacken*, ZNER 2013, 592 (595); *Raabe et al.*, Empfehlungen, S. 8; *Roßnagel/Jandt*, SR 88, S. 23.

Mangels Netznutzungsvertrag fehlt es an einer direkten Vertragsbeziehung zwischen dem Letztverbraucher und dem Netzbetreiber.[829] Stattdessen besteht zwischen ihnen gem. § 18 EnWG und § 3 NAV lediglich ein sogenanntes Anschlussnutzungsverhältnis, welches ein gesetzliches Schuldverhältnis darstellt.[830] § 28 Abs. 1 S. 1 Nr. 1 BDSG erfordert indes ein rechtsgeschäftliches Schuldverhältnis, d. h. ein Rechtsgeschäft, welches durch Willenserklärungen – und nicht, wie ein gesetzliches Schuldverhältnis, kraft Gesetzes – begründet wurde.[831] § 28 Abs. 1 S. 1 Nr. 1 BDSG scheidet daher als Rechtsgrundlage aus.

(b) § 28 Abs. 1 S. 1 Nr. 2 BDSG

Möglicherweise sind Datenerhebung und -speicherung jedoch nach § 28 Abs. 1 S. 1 Nr. 2 BDSG zulässig. Danach dürften die Daten auch ohne das Bestehen eines rechtsgeschäftlichen Schuldverhältnisses erhoben werden, wenn dies zur Wahrung berechtigter Interessen der verantwortlichen Stelle erforderlich ist und kein *schutzwürdiges Interesse des Betroffenen* die Datenverarbeitung ausschließt.

(aa) Wahrung berechtigter Interessen des Netzbetreibers

Der Begriff des berechtigten Interesses ist weit auszulegen und erfasst nicht nur rechtliche, sondern auch wirtschaftliche und ideelle Interessen;[832] es muss von der Rechtsordnung als schutzwürdig anerkannt sein.[833] Das Interesse darf jedoch nicht nur ganz allgemein sein, es bedarf eines spezifischen Interesses an ganz bestimmten Daten.[834]

Das berechtigte Interesse des Netzbetreibers ergibt sich vorliegend daraus, dass er die Verbrauchsdaten für die Berechnung der Netznutzungsentgelte benötigt, §§ 18 Abs. 1 EnWG, 3 NAV.[835] Dies stellt ein wirtschaftliches und damit ein berechtigtes Interesse i. S. v. § 28 Abs. 1 S. 1 Nr. 2 BDSG dar.

(bb) Schutzwürdige Interessen des Betroffenen

Darüber hinaus dürfen gem. § 28 Abs. 1 S. 1 Nr. 2 HS 2 BDSG die schutzwürdigen Interessen der betroffenen Anschlussnutzer das Interesse des Netzbetreibers am Datenumgang nicht überwiegen.

---

829 *Koenig/Kühling/Rasbach*, Energierecht, Kap. 6 Rn. 39.
830 Britz/Hellermann/Hermes/*Bourwieg*, EnWG, § 18 Rn. 20; Danner/Theobald/*Hartmann*, NAV, § 3 Rn. 3.
831 BeckOK DSR/*Wolff*, § 28 Rn. 23.
832 BGHZ 91, 233 = NJW 1984, 1886 (1887); VGH Mannheim, NJW 1984, 1911 (1912); *Simitis*, BDSG, § 28 Rn. 104.
833 Spindler/Schuster/*Spindler/Nink*, BDSG, § 28 Rn. 6; *Hoeren*, in: Roßnagel, Handbuch, Kap. 4.6 Rn. 31.
834 DKWW/*Wedde*, BDSG, § 28 Rn. 48; Erbs/Kohlhaas/*Ambs*, BDSG, § 28 Rn. 7; *Simitis*, BDSG, § 28 Rn. 108; *Taeger*/Gabel, BDSG, § 28 Rn. 56.
835 *Karg*, DuD 2010, 365 (368).

Dies bedeutet, dass für die verantwortliche Stelle keine konkreten Anhaltspunkte erkennbar sein dürfen, die von vornherein darauf hindeuten, dass entgegenstehende Interessen des Betroffenen ihre berechtigten Interessen erheblich überwiegen.[836] Hierfür ist eine summarische Abwägung zwischen den Interessen der verantwortlichen Stelle und des Anschlussnutzers vorzunehmen.[837]

Für die Datenerhebung spricht das oben erläuterte Interesse des Netzbetreibers an den Verbrauchsdaten.

Hinsichtlich der entgegenstehenden Interessen der Betroffenen genügt „nicht jede theoretisch denkbare Annahme einer möglichen Interessenverletzung", da ansonsten eine Datenverarbeitung in der Praxis faktisch immer ausgeschlossen wäre.[838]

Die Erhebung und Speicherung der abrechnungsrelevanten Energiedaten dient vorrangig Abrechnungszwecken. Zwar tangiert dies die datenschutzrechtlichen Belange des Letztverbrauchers, diese überwiegen indes nicht die Interessen des Netzbetreibers.[839] Es sind mithin keine schutzwürdigen Interessen des Betroffenen erkennbar, die die Rechtmäßigkeit des Datenumgangs ausschließen.[840]

Etwas anderes gilt auch hier für kurze Messintervalle. Eine Messung im Viertelstundentakt dient nicht mehr lediglich Abrechnungszwecken. Deswegen überwiegen in diesem Fall die schutzwürdigen Interessen der Betroffenen.

Für den Fall, dass zwischen Anschlussnutzer und Netzbetreiber kein Netznutzungsvertrag vorliegt, ist die Messung mithin gem. § 28 Abs. 1 S. 1 Nr. 2 BDSG zulässig.

(3) Zwischenergebnis

Sofern zwischen dem Letztverbraucher und dem Netzbetreiber als Messstellenbetreiber ein Netznutzungsvertrag besteht, ist die Erhebung und Speicherung von Verbrauchsdaten mithin gem. § 28 Abs. 1 S. 1 Nr. 1 BDSG zulässig. Wenn kein derartiger Vertrag besteht, ist § 28 Abs. 1 S. 1 Nr. 2 BDSG einschlägig.

bb) Szenario 2: Energielieferant ist Messstellenbetreiber

Sofern der Energielieferant selbst als Messstellenbetreiber fungiert, stellt der jeweilige Energielieferungsvertrag die nach § 28 Abs. 1 S. 1 Nr. 1 BDSG erforderliche Rechtsgrundlage für die Datenerhebung dar. Denn zur Abrechnung mit dem

---

836 *Bergmann/Möhrle/Herb*, BDSG, § 28 Rn. 239; DKWW/*Wedde*, BDSG, § 28 Rn. 52; *Gola/Schomerus*, BDSG, § 28 Rn. 28; *Kühling/Seidel/Sivridis*, Datenschutzrecht, S. 139; *Plath, BDSG, § 28 Rn. 52; Taeger*/Gabel, BDSG, § 28 Rn. 62.
837 *Plath*, BDSG, § 28 Rn. 53; *Simitis*, BDSG, § 28 Rn. 129.
838 *Gola/Schomerus*, BDSG, § 28 Rn. 28.
839 *Lüdemann/Jürgens/Sengstacken*, ZNER 2013, 592 (595).
840 Soweit im Rahmen der Abwägung auch die allgemeinen datenschutzrechtlichen Grundsätze und sonstigen Rechtsgüter des Betroffenen Berücksichtigung finden müssen, wird auf die sonstigen Ausführungen verwiesen, s. o. Kap. 4 A.

Letztverbraucher, und damit zur Erfüllung dieses Vertrages, ist die Messung der Verbrauchsdaten erforderlich.[841] Hierfür spricht auch § 11 Abs. 2 StromGVV, wonach der Energielieferant unter bestimmten Umständen Messeinrichtungen selbst ablesen kann.

cc) Szenario 3: Dritter ist Messstellenbetreiber

Fraglich ist schließlich, was gilt, wenn der Letztverbraucher – wie in der Praxis üblich – gem. § 21b Abs. 2 EnWG i.V.m. § 9 Abs. 2 MessZV von der Möglichkeit Gebrauch macht, den Messstellenbetrieb – und damit auch die Messung – von einem Dritten vornehmen zu lassen.

Die Übertragung des Messstellenbetriebs wird zwar zwischen dem Netzbetreiber und dem Dritten im Rahmen eines Messstellenvertrages geregelt, §§ 2 Abs. 1, 3 Abs. 1 u. 2, 9 Abs. 2 MessZV;[842] der Dritte übernimmt die Messung gem. § 21b Abs. 2 EnWG i.V.m. § 2 Abs. 1 MessZV jedoch nur auf ausdrücklichen Wunsch des Anschlussnutzers. Die Regelung lässt dabei offen, ob Letzterer seinen Wunsch gegenüber dem Netzbetreiber oder gegenüber dem Dritten äußern muss.[843] Aus § 5 Abs. 1 S. 1 u. 3 MessZV ergibt sich, dass der Anschlussnutzer die Erklärung sowohl gegenüber dem Netzbetreiber als auch gegenüber dem Dritten erklären kann.

Sofern er seinen Willen gegenüber dem Dritten erklärt, besteht ein Auftragsverhältnis und dementsprechend ein Rechtsverhältnis i.S.v. § 28 Abs. 1 S. 1 Nr. 1 BDSG, welches die Datenverarbeitung legitimieren würde.

Sofern der Letztverbraucher seinen Wunsch jedoch gegenüber dem Netzbetreiber äußert, fehlt es an einem unmittelbaren Vertragsverhältnis zwischen dem Letztverbraucher und dem Dritten. Dann wäre wiederum nur eine Rechtfertigung über § 28 Abs. 1 S. 1 Nr. 2 BDSG möglich.

b) Datenweitergabe vom Messstellenbetreiber an den Netzbetreiber

Sofern Netzbetreiber und Messstellenbetreiber nicht identisch sind, leitet der Messstellenbetreiber die gespeicherten Energiedaten an den zuständigen Netzbetreiber weiter. Bei diesem Vorgang handelt es sich um eine *Übermittlung* gem. § 3 Abs. 4 Nr. 3 BDSG.[844] Wenn Messstellenbetreiber und Netzbetreiber identisch sind, liegt schon keine Übermittlung vor, da es an einer tatbestandlich vorausgesetzten Weitergabe der Daten an einen *Dritten* fehlt, § 3 Abs. 4 Nr. 3 BDSG.

Sofern die Weitergabe der Messdaten im Rahmen des Messstellenvertrages zwischen dem Anschlussnutzer und dem Messstellenbetreiber ausdrücklich geregelt wurde, ist sie nach § 28 Abs. 1 S. 1 Nr. 1 BDSG zulässig.[845]

---

841 *Karg*, ULD-Gutachten, S. 6.
842 BerlKommEnR/*Drozella*, EnWG, § 21b Rn. 31; Danner/Theobald/*Eder*, EnWG, § 21b Rn. 37.
843 BerlKommEnR/*Drozella*, EnWG, § 21b Rn. 33.
844 S.o. Kap. 3 E.II.
845 *Karg*, ULD-Gutachten, S. 10; *Raabe et al.*, Empfehlungen, S. 11.

Zweifelhaft ist allerdings, was gilt, wenn es an einer vertraglichen Beziehung zwischen dem Anschlussnutzer und dem Messstellenbetreiber fehlt. Eine Rechtfertigung über § 28 Abs. 1 S. 1 Nr. 1 BDSG ist dann nicht möglich.
Der Übermittlungsvorgang könnte allerdings durch § 28 Abs. 1 S. 1 Nr. 2 oder § 28 Abs. 2 Nr. 2 lit. a) BDSG legitimiert sein.

aa) Berechtigtes Interesse der verantwortlichen Stelle

Hierfür müsste die Übermittlung entweder den berechtigten Interessen der verantwortlichen Stelle dienen (§ 28 Abs. 1 S. 1 Nr. 2 BDSG) oder durch die Übermittlung müssten die berechtigten Interessen eines Dritten gewahrt werden (§ 28 Abs. 2 Nr. 2 lit. a) BDSG).

Im ersten Fall geht es um die Interessen der Stelle, die die Daten übermittelt, mithin dem Messstellenbetreiber. Im zweiten Fall geht es um die Interessen einer anderen Stelle, etwa derjenigen, die die übermittelten Daten erhält, vorliegend also der Netzbetreiber.

Wie oben dargestellt, muss der Netzbetreiber im Rahmen seiner allgemeinen Anschlusspflicht gem. §§ 18 Abs. 1 EnWG, 3 NAV das Netznutzungsentgelt berechnen, wofür er die Verbrauchsdaten benötigt.[846] Es besteht mithin ein berechtigtes Interesse des Netzbetreibers als Drittem i. S. v. § 28 Abs. 2 Nr. 2 lit. a) BDSG daran, die Daten übermittelt zu bekommen.

Darüber hinaus verpflichtet die gesetzliche Aufgabenzuweisung in §§ 4 Abs. 3, 12 Abs. 2 MessZV den Messstellenbetreiber dazu, dem Netzbetreiber die von ihm ab- oder ausgelesenen Messdaten zur Verfügung zu stellen. Ein berechtigtes Interesse nach § 28 Abs. 1 S. 1 Nr. 2 BDSG an der Datenübermittlung liegt mithin auch beim übermittelnden Messstellenbetreiber selbst vor.[847]

bb) Schutzwürdige Interessen des Betroffenen

Beiden Rechtfertigungstatbestandständen ist darüber hinaus gemein, dass kein Grund zu der Annahme bestehen darf, dass schutzwürdige Interessen des Betroffenen einer Übermittlung entgegenstehen, § 28 Abs. 1 S. 1 Nr. 2 HS 2 bzw. § 28 Abs. 2 S. 2 HS 2 BDSG.

Auch hier gilt insoweit nichts anderes als bei der Datenerhebung durch den Messstellenbetreiber. Zwar sind die Interessen der Anschlussnutzer durch die Übermittlung der Daten an den Netzbetreiber tangiert, eine summarische Abwägung ergibt indes aber kein offensichtliches Überwiegen der Betroffeneninteressen an einem Ausschluss der Datenübertragung.

Die Übermittlung abrechnungsrelevanter Daten vom Messstellenbetreiber an den Netzbetreiber ist mithin nach § 28 Abs. 1 oder 2 BDSG zulässig.

---

846 *Göge/Boers*, ZNER 2009, 4; *Karg*, DuD 2010, 365 (368); *Lüdemann/Jürgens/Sengstacken*, ZNER 2013, 592 (595).
847 *Karg*, DuD 2010, 365 (369); *Lüdemann/Jürgens/Sengstacken*, ZNER 2013, 592 (595).

c) Datenweitergabe vom Netzbetreiber an den Energielieferanten
Schließlich leitet der Netzbetreiber die aufbereiteten Messwerte an den Energielieferanten weiter.[848] Hierbei handelt es sich ebenfalls um eine Übermittlung i. S. v. § 3 Abs. 4 Nr. 3 BDSG.
Eine direkte Weitergabe der Messdaten durch den Messstellenbetreiber an den Energielieferanten ist nur bei vertraglicher Vereinbarung erlaubt.[849] Auch hier gilt, dass die Übermittlung der Verbrauchsdaten an den Energielieferanten gem. § 28 Abs. 1 S. 1 Nr. 1 BDSG zulässig ist, wenn sie im Rahmen des Messstellenvertrages zwischen dem Messstellenbetreiber und dem betroffenen Letztverbraucher geregelt ist.[850]
Ohne eine derartige vertragliche Vereinbarung könnte die Datenübermittlung nach § 28 Abs. 1 S. 1 Nr. 2 oder Abs. 2 Nr. 2 lit. a) BDSG zulässig sein.

aa) Berechtigtes Interesse der verantwortlichen Stelle oder des Dritten
Hierfür müsste der Netzbetreiber als verantwortliche Stelle wiederum ein eigenes oder fremdes berechtigtes Interesse geltend machen können.
Gem. § 11 Abs. 1 StromGVV ist der Energielieferant als Grundversorger (§ 36 EnWG) berechtigt, Daten, die er vom Netzbetreiber oder vom Messstellenbetreiber erhalten hat zu Abrechnungszwecken zu verwenden. Darüber hinaus verpflichtet § 4 Abs. 1 Nr. 4 MessZV die Vertragsparteien dazu, Regelungen zur Datenübermittlung in den Messstellenvertrag aufzunehmen.
Anders als hinsichtlich der Übermittlung von Abrechnungsdaten vom Messstellenbetreiber an den Netzbetreiber (§§ 4 Abs. 3, 12 Abs. 2 MessZV) fehlt es im Verhältnis zum Stromlieferanten an einer gesetzlichen Übermittlungspflicht. Hieraus schließt eine Ansicht, dass ein berechtigtes Interesse nach § 28 Abs. 1 S. 1 Nr. 2 bzw. Abs. 2 Nr. 2 lit. a) BDSG nicht vorliegt.[851] Hierfür spreche auch, dass § 4 Abs. 3 S. 4 MessZV vertragliche Verpflichtungen des Messstellenbetreibers gegenüber dem Anschlussnutzer zur Datenübermittlung unberührt lässt. Denn hieraus sei im Umkehrschluss zu folgern, dass „eine anderweitige gesetzliche Verpflichtung des Messstellenbetreibers zur Übermittlung von Daten an weitere Stellen" nicht existiere.[852]
Gegen diese Auffassung spricht, dass es keiner gesetzlichen Verpflichtung bedarf, um ein berechtigtes Interesse i. S. d. § 28 BDSG zu begründen. Es genügt vielmehr jedes von der Rechtsordnung gebilligte Interesse, sei es wirtschaftlicher oder ideeller Natur.[853]
Wie erläutert, möchte der Netzbetreiber mit Hilfe der erhobenen Daten zum einen seine Kapazitätsvorhaltungen optimieren und zum anderen seine vertraglichen

---

848 PwC/*Netzband/Albert*, Entflechtung, S. 568.
849 PwC/*Netzband/Albert*, Entflechtung, S. 568.
850 *Karg*, ULD-Gutachten, S. 10.
851 *Karg*, DuD 2010, 365 (370).
852 *Karg*, DuD 2010, 365 (370); so wohl auch *Raabe et al.*, Empfehlungen, S. 11.
853 S. oben Fn. 832.

Verpflichtungen gegenüber dem jeweiligen Energielieferanten aus dem Lieferantenrahmenvertrag erfüllen. Nach allem ist ein berechtigtes Interesse des Netzbetreibers i. S. v. § 28 BDSG mithin zu bejahen.[854]

Schließlich kommen die Daten auch dem Energielieferanten zu Gute. Dieser kann auf Basis der zur Verfügung gestellten Informationen die Verbrauchsabrechnung unter Berücksichtigung der Netzentgelte an den Endkunden stellen und damit auch seine vertraglichen Verpflichtungen aus dem Energielieferungsvertrag mit dem Kunden erfüllen.[855]

Es besteht mithin auch ein berechtigtes Drittinteresse nach § 28 Abs. 2 Nr. 2 lit a).

bb) Schutzwürdige Interessen der Betroffenen

Es stehen dem auch keine überwiegenden schutzwürdigen Belange des Betroffenen entgegen.

Zwar stellt die Übermittlung der Verbrauchsdaten eine gewisse Beeinträchtigung der informationellen Selbstbestimmung der Betroffenen dar, aber diese ist nicht zu umgehen. Angenommen, eine Übermittlung der Energiedaten an den Energielieferanten wäre unzulässig, müsste dieser sich die Daten anderweitig beschaffen, da er zwingend mit dem Letztverbraucher abrechnen muss. Eine derartige eigenständige Messung (§ 11 Abs. 2 StromGVV) stellt jedoch für den Letztverbraucher eine nicht weniger belastende Maßnahme dar und böte daher aus datenschutzrechtlicher Sicht keinen Mehrwert.

Hieraus folgt, dass eine Übermittlung der verbrauchsrelevanten Energiedaten an den Energielieferanten entweder durch § 28 Abs. 1 S. 1 Nr. 1, Nr. 2 oder durch § 28 Abs. 2 Nr. 2 lit. a) BDSG gerechtfertigt ist.

2. Rechtmäßigkeit des Datenumgangs mit steuerungsrelevanten Daten

Darüber hinaus werden im Smart Grid auch zahlreiche steuerungsrelevante Daten[856] erhoben und verarbeitet. Fraglich ist, ob und inwieweit dies durch gesetzliche Erlaubnistatbestände des BDSG gedeckt sein kann.

Sofern eine vertragliche Beziehung zwischen dem Letztverbraucher und der datenverarbeitenden Stelle (Netzbetreiber oder Energielieferant) besteht, wird der Datenumgang regelmäßig nach § 28 Abs. 1 S. 1 Nr. 1 BDSG zulässig sein.

a) Datenerhebung durch und Weitergabe an den Netzbetreiber

Fehlt es an einer vertraglichen Grundlage bezüglich des Umgangs mit steuerungsrelevanten Daten, sind Erhebung und Übermittlung dieser Daten durch bzw. an den Netzbetreiber allerdings weder durch den in § 28 Abs. 1 S. 1 Nr. 2 noch durch die

---

854 *Windoffer/Groß*, VerwArch 2012, 491 (507).
855 PwC/*Netzband/Albert*, Entflechtung, S. 568; *Windoffer/Groß*, VerwArch 2012, 491 (507).
856 S. dazu Kap. 3 D.I.2.

in Abs. 2 Nr. 2 lit. a) BDSG normierten Erlaubnistatbestand gedeckt. Denn es fehlt bereits an einem berechtigten Interesse der verantwortlichen Stelle. Ein berechtigtes Interesse kann immer nur an tatsächlich erforderlichen Daten bestehen.[857] „Zur Netzversorgung und Netzoptimierung" benötigt der Netzbetreiber jedoch lediglich aggregierte und anonymisierte Netzbetriebsdaten.[858] Darüber hinaus überwiegen diesbezüglich die schutzwürdigen Interessen der Betroffenen. Im Gegensatz zur Abrechnung ist aus Sicht der Letztverbraucher bezüglich der steuerungsrelevanten Daten kein Umstand erkennbar, der eine Datenübermittlung vorteilhaft erscheinen lässt.[859]

b) Datenweitergabe an Energielieferant

Gleiches gilt für die Weitergabe der steuerungsrelevanten Daten an den Energielieferanten. Hier könnte die Datenübermittlung gem. § 28 Abs. 2 Nr. 2 lit. a) BDSG zulässig sein. Das berechtigte Interesse ergibt sich daraus, dass der Energielieferant gem. § 40 Abs. 5 S. 1 EnWG dazu verpflichtet ist, Letztverbrauchern einen Tarif anzubieten, der einen Anreiz zur Energieeinsparung oder zur Steuerung des Energieverbrauchs setzt. Darunter fallen gem. § 40 Abs. 5 S. 2 EnWG vor allem lastvariable oder tageszeitabhängige Tarife.[860] Diese gesetzliche Vorgabe ist ohne die Erhebung steuerungsrelevanter Daten praktisch nicht möglich.[861]

Allerdings bestehen auch hier erhebliche Bedenken hinsichtlich eines Verstoßes gegen die schutzwürdigen Interessen der Betroffenen. Letztere profitieren nicht unmittelbar von der Übermittlung der steuerungsrelevanten Energiedaten, weswegen deren „Interesse am selbstbestimmten Umgang mit den sensiblen personenbezogenen Daten überwiegt".[862]

Die Erhebung und Übermittlung von steuerungsrelevanten Daten kann mithin nicht durch § 28 BDSG gerechtfertigt werden.

3. Rechtmäßigkeit des Datenumgangs zu sonstigen Zwecken

Neben der Verwendung von Energiedaten zu Abrechnungszwecken können Energiedaten zu einer Vielzahl von weiteren Zwecken eingesetzt werden. Dies sind – neben den oben erläuterten kommerziellen und behördlichen Zwecken[863] – vor allem solche Zwecke, die im weitesten Sinne einen „Energiebezug" aufweisen.

---

857 *Simitis*, BDSG, § 28 Rn. 180.
858 *Lüdemann/Jürgens/Sengstacken*, ZNER 2013, 592 (595); *Roßnagel/Jandt*, DuD 2010, 373 (375); *Wiesemann*, MMR 2011, 355 (358); s. dazu im Übrigen Kap. 5 B.I.2.
859 *Lüdemann/Jürgens/Sengstacken*, ZNER 2013, 592 (595); *Wiesemann*, MMR 2011, 355 (358).
860 *Koenig/Kühling/Rasbach*, Energierecht, Kap. 6 Rn. 50.
861 *Lüdemann/Jürgens/Sengstacken*, ZNER 2013, 592 (596); *Roßnagel/Jandt*, SR 88, S. 17.
862 *Lüdemann/Jürgens/Sengstacken*, ZNER 2013, 592 (596).
863 S. o. Kap. 4 A.II.

Hierunter fallen verschiedene „Energiedienstleistungen" wie etwa Energiemanagement, -statistik, -steuerung oder -speicherung.[864]
Ob eine Übermittlung von Energiedaten an einen Energiedienstleister zulässig ist, hängt von der Art der durch diesen zu erbringenden Dienstleistung ab. Hierbei kommen die Rechtsgrundlagen der §§ 28 ff. BDSG ebenso in Betracht wie Einwilligungen.
Solange beispielsweise eine Energieberatung im Verantwortungsbereich des Betroffenen erfolgt, etwa durch ein „Home Display", ist eine zusätzliche Datenübermittlung an den Dienstleister nicht erforderlich und daher auch nicht zulässig.[865] Wenn hingegen ein Energiedienstleister die „übergeordnete Energiesteuerung" für den Verbraucher abwickelt, so benötigt er eine Vielzahl von Daten, welche in kurzen Intervallen zur Verfügung gestellt werden müssen.[866] Eine Übermittlung könnte dann zulässig sein.[867]
Im Übrigen gilt für alle übermittelten Daten, dass der Empfänger sie nur zu dem Zweck verarbeiten oder nutzen darf, zu dessen Erfüllung sie ihm übermittelt wurden, § 28 Abs. 5 S. 1 BDSG.[868]
Insgesamt lässt sich hinsichtlich der Datenerhebungen und -verarbeitungen im Rahmen von Energiedienstleistungen feststellen, dass deren Zulässigkeit maßgeblich von den Umständen des Einzelfalls abhängt und sich daher nicht pauschal bewerten lässt.

II. Rechtfertigung durch Einwilligung

Sofern die Erhebung, Verarbeitung und Nutzung personenbezogener Energiedaten nicht auf gesetzliche Legitimationsnormen gestützt werden kann, besteht gem. § 4 Abs. 1 BDSG die Möglichkeit, auf das Institut der Einwilligung zurückzugreifen.[869]
Mithilfe des Instruments der Einwilligung lässt sich der Umgang mit personenbezogenen Daten „flexibel legitimieren".[870] Da sich in Einwilligungskonstellationen oftmals wirtschaftlich ungleiche Partner gegenüberstehen, sieht das Gesetz jedoch verschiedene Schutzmaßnahmen vor, die den Einsatz dieses Instruments begrenzen bzw. dieses nur unter bestimmten Voraussetzungen erlauben. Es verlangt, dass hinsichtlich Form und Inhalt der Einwilligung gewisse Mindeststandards erfüllt sind.[871] Die jeweils verantwortliche Stelle hat dafür Sorge zu tragen, dass diese

---

864 Zu diesen Beispielen ausführlich: *Roßnagel/Jandt*, SR 88, S. 18 ff.
865 *Lüdemann/Jürgens/Sengstacken*, ZNER 2013, 592 (596) *Roßnagel/Jandt*, SR 88, S. 31.
866 *Lüdemann/Jürgens/Sengstacken*, ZNER 2013, 592 (596); *Roßnagel/Jandt*, SR 88, S. 31.
867 *Lüdemann/Jürgens/Sengstacken*, ZNER 2013, 592 (596).
868 *Windoffer/Groß*, VerwArch 2012, 491 (508).
869 *Lüdemann/Jürgens/Sengstacken*, ZNER 2013, 592 (596 f.); *Windoffer/Groß*, VerwArch 2012, 491 (508).
870 *Kühling/Seidel/Sivridis*, Datenschutzrecht, S. 114 f.
871 *Haubrich*, in: Britz/Eifert/Reimer, Energieeffizienzrecht, S. 233.

Anforderungen erfüllt werden, da die Einwilligung ansonsten unwirksam und der Datenumgang dementsprechend unzulässig ist.

Auch im Bereich der Verarbeitung von Energiedaten im Smart Grid besteht die Möglichkeit, auf Einwilligungen zurückzugreifen. Aus verschiedenen Gründen ergeben sich im Zusammenhang mit dem Smart Grid hinsichtlich der erwähnten Anforderungen zahlreiche Probleme und Herausforderungen.

1. Konflikt mit § 21g Abs. 2 S. 1 EnWG

Auch das EnWG enthält spezielle Einwilligungsvorschriften: So definiert etwa § 21g Abs. 2 EnWG, dass neben Messstellenbetreiber, Netzbetreiber und Lieferant diejenigen Stellen „zum Datenumgang berechtigt" sind, die eine Einwilligung des Anschlussinhabers nachweisen können.

Wie bereits festgestellt, sind die Normen gegenüber dem BDSG jedoch nicht spezieller und daher nicht anwendbar.[872] Selbst unter der Prämisse, dass das EnWG anwendbar ist, gälten trotzdem die allgemeinen Grundsätze des BDSG zur Einwilligung. Sofern insoweit die Auffassung vertreten wird, dass sich § 21g Abs. 2 S. 1 EnWG nur auf den personellen Anwendungsbereich des Gesetzes bezieht und im Übrigen die Einwilligungsregeln des § 4a BDSG auf Energiedaten nicht anwendbar sind,[873] kann dem nicht gefolgt werden. Aus dem Wortlaut von § 21g Abs. 1 EnWG ergibt sich, dass die Datenverarbeitung nur durch berechtigte Stellen erfolgen darf. Der dahinter stehende Satzabschluss, der die Datenverarbeitung an die Erlaubnistatbestände des Regelkatalogs der darauffolgenden Nummern 1–8 beschränkt, ist nicht etwa als zusätzliche Bedingung zu verstehen. Er steht vielmehr alternativ dahinter und meint, dass die Datenverarbeitung „auf Grund dieses Gesetzes" nur unter den genannten Bedingungen erfolgen darf. Die Datenverarbeitung durch die berechtigten Stellen bezieht sich nach § 21g Abs. 2 S. 1 EnWG ausdrücklich auf eine Einwilligung nach § 4a BDSG. Es wäre widersinnig, die Möglichkeit einer Einwilligung nur auf die sonstigen Stellen i. S. d. § 21g Abs. 2 S. 1 EnWG zu beschränken. Ansonsten würde dem Kunden seine Einwilligungsmöglichkeit genommen, die von seiner vom Gesetzgeber intendierten „Datenhoheit"[874] gerade umfasst sein müsste.[875] Darüber hinaus stellt die Einwilligung ein datenschutzrechtliches Grundprinzip dar, welches auch durch Spezialgesetze nicht ausgeschlossen werden kann. Das Institut der Einwilligung ist ein Wesensmerkmal des verfassungsrechtlich garantierten Rechts auf informationelle Selbstbestimmung.[876] Die Einwilligung steht daher als Ausprägung dieses Selbstbestimmungsrechts dem Betroffenen auch dann offen,

---

872 S. o. Kap. 3 A.II.1.
873 In diesem Sinne BerlKommEnR/*Lorenz/Raabe*, EnWG, § 21g EnWG, Rn. 62; *Duisberg* in: Peters/Kersten/Wolfenstetter, Innovativer Datenschutz, S. 252; *Raabe et al.*, CR 2011, 831 (836).
874 Vgl. RegBegr, BR-Drs. 343/11, S. 202 und RegBegr, BT-Drs. 17/6072, S. 80.
875 Dies räumen auch *Raabe et al.*, CR 2011, 831 (836) ein.
876 *Roßnagel/Pfitzmann/Garstka*, Modernisierung, S. 72; *Simitis*, BDSG, § 4a Rn. 2.

wenn eine bereichsspezifische Norm die Legitimation durch Einwilligung nicht ausdrücklich vorsieht.[877]

2. Freiwilligkeit

Nach § 4a Abs. 1 S. 1 BDSG bedarf die Wirksamkeit der Einwilligung der „freien Entscheidung" des Betroffenen. Hierdurch wird Art. 2 lit. h) DSRL umgesetzt, welcher vorschreibt, dass die Willensbekundung ohne Zwang erfolgt. Die sogenannte *Freiwilligkeit* ist eine zentrale Maxime der Einwilligung.[878]

Ein Zwang in vorgenanntem Sinne ist insbesondere dann anzunehmen, „wenn die Einwilligung in einer Situation wirtschaftlicher oder sozialer Schwäche oder Unterordnung erteilt wird".[879] In Privatrechtsbeziehungen, bei denen eine der Vertragsparteien eine starke Marktstellung innehat, kommt es regelmäßig zu ungleicher Verhandlungsmacht.[880]

Oftmals nutzen verantwortliche Stellen diese Machtposition aus und knüpfen den Vertragsschluss an die Einwilligung in die Verarbeitung personenbezogener Daten, um so an wertvolle Informationen über den Kunden zu gelangen.[881] Der Betroffene sieht sich in derartigen Situationen mit der Entscheidung konfrontiert, ob er der verlangten Datenverarbeitung zustimmt oder auf die Erbringung der Leistung verzichtet („Alles-oder-Nichts-Prinzip").[882]

An der Freiwilligkeit mangelt es allerdings nicht allein deswegen, weil die Bereitstellung einer Leistung von einer Einwilligung in die Datenverarbeitung abhängig gemacht wird.[883] Eine Zwangssituation entsteht erst dann, wenn keine Alternative zu der offerierten Leistung existiert, also auch nicht die Möglichkeit besteht, die Leistung überhaupt nicht in Anspruch zu nehmen.[884] Entscheidungsfreiheit besteht dann nicht mehr, wenn der Betroffene auf den Vertragsschluss angewiesen ist und eine Einwilligung in derartigen Fällen zu einer „reinen Formalität absinkt".[885]

---

877 *Taeger*/Gabel, BDSG, § 4a Rn. 15; So i.E. auch *Düsseldorfer Kreis*, Orientierungshilfe, S. 11, die bzgl. § 21g Abs. 1 EnWG erläutern, dass „jegliche darüber hinausgehende Datenverarbeitung" nur mit Einwilligung des Letztverbrauchers zulässig sei; ähnlich auch *Bräuchle*, in: Plödereder et al., Informatik 2014, GI-Proceedings 2014, S. 523.
878 *Buchner*, DuD 2010, 39 (41); *Kutscha*, DuD 2011, 461 (463).
879 BGHZ 177, 253 (257) = NJW 2008, 3055 (3056) – *Payback*.
880 *Bethge*, Grundrechtsverzicht, S. 173 f.; *Taeger*/Gabel, BDSG, § 4a Rn. 50.
881 *Rogosch*, Einwilligung, S. 80 f.
882 *Rogosch*, Einwilligung, S. 81; ähnlich *Tinnefeld/Buchner/Petri*, Datenschutzrecht, S. 352: „take it or leave it".
883 *Buchner*, DuD 2010, 39 (41).
884 *Buchner*, DuD 2010, 39 (41) nennt insoweit die Beispiele Kontoeröffnung, Wohnungsmiete, Versicherung und Telefonanschluss.
885 BGHZ 95, 362 (368) = NJW 1986, 46 (47) – *Schufa-Klausel*.

a) Koppelungsverbot

Um auch in derartigen Fällen die Freiwilligkeit zu gewährleisten, ist das sogenannte *Koppelungsverbot* im Datenschutzrecht verankert worden. Bestimmte sektorspezifische Datenschutzgesetze sehen daher vor, dass die verantwortliche Stelle das Angebot seiner Dienste an den Betroffenen nur dann von dessen Einwilligung in die Datenverarbeitung abhängig machen darf, wenn Letzterem auch eine andere zumutbare Möglichkeit zur Nutzung der Dienste offensteht.[886] Mit Aufnahme des § 28 Abs. 3b BDSG im Jahre 2009[887] – der die zeitgleich gestrichenen bereichsspezifische Regelung in § 12 Abs. 3 TMG ersetzte – wurde das Koppelungsverbot als allgemeiner Rechtsgedanke in das BDSG eingeführt und erlangte dadurch allgemeine Geltung.[888]

Das Koppelungsverbot dient dem Schutz der freien und eigenständigen Willensbetätigung des Betroffenen und soll verhindern, dass er eine bestimmte Dienstleistung nur unter der Bedingung erhält, dass er der Verwendung seiner Daten für andere Zwecke zustimmt.[889] Das Verbot bezieht sich also nur auf solche Datenverarbeitungen, die für die Durchführung des avisierten Vertrages nicht erforderlich sind.[890] Sofern die verantwortliche Stelle darlegen kann, dass sie die konkret gewünschten Daten unmittelbar für den Vertragszweck benötigt, ist die Freiwilligkeit unproblematisch und die Stelle dürfte dementsprechend einer verweigerten Einwilligung mit der Ablehnung eines Vertragsschlusses begegnen.[891]

b) Anforderungen an die Freiwilligkeit

Fraglich ist, ob unter dieser Prämisse Einwilligungen im Bereich des Smart Grid den Anforderungen an die Freiwilligkeit genügen können.

Gem. § 36 Abs. 1 S. 1 EnWG sind Energieversorgungsunternehmen in ihrer Eigenschaft als Grundversorger dazu verpflichtet, Haushaltskunden mit Strom zu beliefern. Zumindest hinsichtlich der Grundversorgung stehen dem Betroffenen kaum weitergehende Möglichkeiten offen; er kann sich faktisch nicht dagegen entscheiden, die Leistung des Grundversorgers in Anspruch zu nehmen, da ihm keine

---

886 Z.B. § 95 Abs. 5 TKG; Gleiches galt auch gem. § 3 Abs. 4 TDDSG a.F. und § 17 Abs. 4 MDStV a.F.
887 Durch die BDSG-Novelle v. 1.9.2009.
888 RegBegr, BT-Drs. 16/12011, S. 43; BeckOK DSR/*Kühling*, § 4a Rn. 38; *Simitis*, BDSG, § 4a Rn. 63; *Specht*, Ökonomisierung, Rn. 122; Spindler/Schuster/*Spindler/Nink*, TMG, § 12 Rn. 8 und BDSG § 28 Rn. 9; ähnlich *Wolff*/Brink, BDSG, § 28 Rn. 168.
889 RegBegr, BT-Drs. 13/7385, S. 22 zu § 12 Abs. 3 TMG a.F.; *Bergmann/Möhrle/Herb*, BDSG § 4a Rn. 6; *Rogosch*, Einwilligung, S. 81; Spindler/Schuster/*Spindler/Nink*, TMG, § 12 Rn. 9a.
890 DKWW/*Däubler*, BDSG, § 4a Rn. 24.
891 *Simitis*, BDSG, § 4a Rn. 92.

andere – zumutbare – Möglichkeit offensteht, den Zugang zu einer entsprechenden Leistung zu erhalten.[892]

Freiwilligkeit liegt jedenfalls dann nicht mehr vor, wenn dem Betroffenen andernfalls der Zugang zur „zivilisatorischen Grundversorgung" verwehrt würde.[893] So verdeutlicht der Gesetzgeber in der Gesetzesbegründung zur Einführung des § 28 Abs. 3b BDSG, dass die Einwilligung nur so lange als „Verwendungsregulativ" akzeptabel sei, „wie sich die Betroffenen nicht in einer Situation befinden, die sie faktisch dazu zwingt, sich mit dem Zugriff auf ihre jeweils verlangten Daten einverstanden zu erklären"; dies sei jedoch „bei der Inanspruchnahme von Leistungen, auf welche die Betroffenen existenziell angewiesen sind", regelmäßig der Fall.[894] Die Durchführung der Energieversorgung wird zum Bereich der Daseinsvorsorge gezählt und ist insofern als eine der Leistungen zu definieren, auf die der Betroffene *existenziell angewiesen* ist.[895]

Die Angst der Endverbraucher, von der Energieversorgung abgeschnitten zu sein, kann dazu führen, dass diese sich dazu gezwungen sehen, entsprechende Einwilligungen zu erteilen, obwohl sie dies eigentlich nicht wollen.[896]

c) Ergebnis

Daraus folgt, dass Energieversorger regelmäßig die Erbringung ihrer Leistung nicht von einer Einwilligung in eine Datenverarbeitung abhängig machen dürfen, wenn letztere über den zum unmittelbaren Vertragszweck erforderlichen Datenumgang hinausgeht. Dies bedeutet, dass dem Anschlussnutzer trotz einer verweigerten Zustimmung die Grundversorgung niemals verwehrt werden darf. Wegen der „Machtposition" des Versorgers sähe sich der Betroffene ansonsten dazu gezwungen, eine Einwilligungserklärung abzugeben.[897] Dem kann nur dadurch begegnet werden, dass der Versorger dem Kunden Geschäftsmodelle zur Verfügung stellt, die auch für den Fall einer abgelehnten Zustimmung eine Grundversorgung gewährleisten. Dies wäre etwa der Fall, wenn dem Betroffenen die Möglichkeit offen stünde, bestimmte Zählermodelle sowie Tarife zu wählen, die lediglich solche Datenerhebungen und -verarbeitungen zulassen, die unbedingt für die Verbrauchserfassung erforderlich sind.[898]

Zur Gewährleistung der Freiwilligkeit bestimmt daher § 21g Abs. 6 S. 4 EnWG, dass die Belieferung mit Energie nicht von der Angabe personenbezogener Daten abhängig gemacht werden darf, die hierfür nicht erforderlich sind.

---

892 *Buchner*, Inf. Sb., S. 267; *Haubrich* in: Britz/Eifert/Reimer, Energieeffizienzrecht, S. 234; *Karg*, DuD 2010, 365 (371).
893 *Roßnagel/Pfitzmann/Garstka*, Modernisierung, S. 93.
894 RegBegr, BT-Drs. 16/12011, S. 43.
895 S. dazu Kap. 3 B.II.1.
896 *Lüdemann/Jürgens/Sengstacken*, ZNER 2013, 592 (596).
897 *Haubrich* in: Britz/Eifert/Reimer, Energieeffizienzrecht, S. 234.
898 *Haubrich* in: Britz/Eifert/Reimer, Energieeffizienzrecht, S. 234.

3. Informiertheit des Betroffenen

Damit sich der Betroffene *frei* für oder gegen eine datenschutzrechtliche Einwilligung entscheiden kann, muss er die Reichweite der Erklärung verstehen und korrekt einschätzen können.[899] Nach den Vorgaben des Art. 2 lit. h) DSRL soll der Betroffene nur „in Kenntnis der Sachlage" einwilligen. Denn nur bei Kenntnis aller entscheidungsrelevanter Tatsachen hat der Betroffene die reelle Möglichkeit, die Tragweite seiner Einwilligung zu überblicken.[900]

Deshalb enthält § 4a Abs. 1 S. 2 BDSG den Grundsatz der informierten Einwilligung, wonach der Betroffene auf den vorgesehenen Zweck der Erhebung, Verarbeitung oder Nutzung sowie auf die Folgen der Verweigerung der Einwilligung hinzuweisen ist. Der Einwilligungstext sollte allgemeinverständlich und zielgruppenorientiert auf den „typischerweise Betroffenen" ausgerichtet sein.[901]

Im Rahmen der Aufklärung ist der Betroffene – über den Gesetzeswortlaut von § 4a BDSG hinaus – über potenzielle Empfänger von Datenübermittlungen sowie die Art des Übermittlungsweges in Kenntnis zu setzen, Art. 10 lit. c) DSRL.[902] Daraus folgt, dass der Betroffene im Rahmen der Einwilligung über sämtliche denkbaren Datenverwendungen informiert werden muss.

Es ist fraglich, ob die Erfüllung dieser Anforderungen im Rahmen des Smart Grid überhaupt realisierbar ist. Wie im vorhergehenden Abschnitt A. gezeigt wurde, werden die Energiedaten zu mannigfaltigen Zwecken verwendet. All diese Zwecke müssten bereits zum Zeitpunkt der Einwilligung erfasst werden, damit der Betroffene darüber entscheiden kann, ob er der jeweiligen Datenverarbeitungsmaßnahme zustimmen möchte oder nicht.[903] Angesichts der Vielzahl an Akteuren auf dem liberalisierten Energiemarkt und der beinahe unüberschaubaren Zahl an Datenverarbeitungsvorgängen erscheint dies kaum umsetzbar.[904]

Selbst wenn man angesichts der komplexen Verarbeitungszusammenhänge für die Einwilligung eine „relative Unvollständigkeit" genügen lässt[905] und man insoweit kein Verständnis des Betroffenen von den „rechtlichen und technischen Feinheiten des Smart Metering" erwartet, müssen die datenschutzrechtlich relevanten

---

899 *Lindner*, Einwilligung, S. 130 f.; *Plath*, BDSG, § 4a Rn. 31.
900 *Buchner*, Inf. Sb., S. 240; *Rogosch*, Einwilligung, S. 69; *Holznagel/Sonntag*, in Roßnagel, Handbuch, Kap. 4.8 Rn. 48.
901 *Bizer*, DuD 2007, 350 (351); Der BGH spricht diesbezüglich von einem „durchschnittlich informierten und verständigen Verbraucher", BGHZ 177, 253 (262) = NJW 2008, 3055 (3056) – *Payback*.
902 Hoeren/Sieber/Holznagel/*Helfrich*, Multimedia-Recht, 16.1 Rn. 48.
903 Art-29-Datenschutzgruppe, WP 183, S. 9; *Haubrich*, in: Britz/Eifert/Reimer, Energieeffizienzrecht, S. 235.
904 *Lüdemann/Jürgens/Sengstacken*, ZNER 2013, 592 (596); *Weichert*, in: Geiselberger/Moorstedt, Big Data, S. 139.
905 So *Simitis*, BDSG, § 4a Rn. 80.

Vorgänge für den Betroffenen doch zumindest nachvollziehbar sein.[906] Selbst dies erscheint angesichts der Komplexität des Smart Grid beinahe unmöglich.

Es ist mithin sehr zweifelhaft, ob die Anforderungen an eine informierte Einwilligung im Rahmen des Smart Metering erfüllbar sind.

4. Formelle Anforderungen

Neben den inhaltlichen Anforderungen an eine Einwilligung hat die verantwortliche Stelle außerdem auch gewisse formelle Mindeststandards zu erfüllen.

a) Zeitpunkt der Einwilligung

Entsprechend der Terminologie des § 183 BGB, ist die datenschutzrechtliche Einwilligung als antizipierte Zustimmung zu verstehen.[907] Die Einwilligung muss daher der Datenverarbeitung zwingend zeitlich vorausgehen;[908] eine nachträgliche Genehmigung i. S. d. § 184 BGB hat wegen der Schutzrichtung des Datenschutzrechts keine heilende Wirkung.[909] Eine vorherige Einwilligung wird beim Smart Metering regelmäßig möglich sein.[910]

b) Schriftformerfordernis

Darüber hinaus bedarf die Einwilligung gem. § 4a Abs. 1 S. 3 BDSG grundsätzlich der Schriftform. Die Einwilligung muss dabei den Anforderungen des § 126 BGB genügen, d. h. sie muss grundsätzlich durch eigenhändige Namensunterschrift erfolgen.[911] Ein Verstoß gegen das Schriftformerfordernis führt gem. § 125 BGB zur Nichtigkeit der Einwilligung.[912] Die Einholung einer solchen Erlaubnis ist beim Smart Metering möglich, wenn auch aufwändig.[913]

Gem. § 13 Abs. 2 TMG kann die Einwilligung auch in elektronischer Form erfolgen. Sinn und Zweck dieser Regelung ist es, im elektronischen Rechtsverkehr einen Medienbruch zu vermeiden.[914] Dies gilt indes nur für Bestands- und Nutzungsdaten, worunter die Verbrauchsdaten nicht fallen.[915] Für Einwilligungen betreffend

---

906   *Haubrich*, in: Britz/Eifert/Reimer, Energieeffizienzrecht, S. 234.
907   *Gola/Schomerus*, BDSG, § 4a Rn. 2; *Zscherpe*, MMR 2004, 723 (724).
908   Hoeren/Sieber/Holznagel/*Helfrich*, Multimedia-Recht, 16.1 Rn. 74; *Plath*, BDSG, § 4a Rn. 11.
909   OLG Köln, NJW 1993, 793 (794); *Gola/Schomerus*, BDSG, § 4a Rn. 32; Spindler/Schuster/*Spindler/Nink*, BDSG, § 4a Rn. 1; Wolff/Brink/*Kühling*, BDSG, § 4a Rn 32.
910   *Haubrich*, in: Britz/Eifert/Reimer, Energieeffizienzrecht, S. 234.
911   *Simitis*, BDSG, § 4a Rn. 33.
912   *Lindner*, Einwilligung, S. 179; *Lübking/Zilkens*, Datenschutz, Rn. 166; *Simitis*, BDSG, § 4a Rn. 26.
913   Vgl. *Haubrich*, in: Britz/Eifert/Reimer, Energieeffizienzrecht, S. 234, die die Einhaltung der Formvorschriften im Smart Grid als „unproblematisch" bezeichnet.
914   RegBegr, BT-Drs. 13/7385, S. 23; *Roßnagel*, Telemediendienste, TMG, § 13 Rn. 66.
915   *Raabe*, DuD 2010, 379 (384).

Inhaltsdaten gilt die Regelung des § 4a BDSG.[916] Problematisch ist hierbei, dass die Betroffenen mit einem Medienbruch konfrontiert sind, wenn sie verkörperte und unterschriebene Erklärung versenden müssten.[917] Anders als das TMG, das TKG (§ 94) sowie einige LDSG[918], sieht das BDSG die Möglichkeit einer elektronischen Einwilligung nicht vor. Aus § 126 Abs. 3 BGB folgt indes, dass die elektronische Form immer dann möglich ist, wenn sich aus dem Gesetz nicht ausdrücklich etwas anderes ergibt. Mangels eines entsprechenden Hinweises in § 4a BDSG kann die Schriftform daher gem. § 126a BGB durch Verwendung einer *qualifizierten elektronischen Signatur* i. S. d. § 2 Nr. 3 SigG ersetzt werden.[919] Allerdings ist die elektronische Form kein adäquates und praxistaugliches Substitut für die Schriftform, da sie im Rechtsverkehr (bislang) kaum verwendet wird.[920] Es wird daher vorgeschlagen, die Erteilung der Einwilligung an der Messgerätekonsole im Haushalt „per Druckknopf" zu ermöglichen.[921] Diese Lösung dürfte indes kaum den zuvor erläuterten Anforderungen an die Form genügen.[922]

5. Widerrufsmöglichkeit

Darüber hinaus muss der Betroffene seine Einwilligung jederzeit frei widerrufen können.[923] Auch wenn dies im BDSG – im Gegensatz zu anderen Datenschutzgesetzen[924] – nicht ausdrücklich geregelt ist,[925] kann der Betroffene seine Einwilligung widerrufen.[926] Denn der Widerruf ist als Kehrseite der erteilten Einwilligung ebenso integraler Bestandteil des Rechts auf informationelle Selbstbestimmung.[927] Der Widerruf der Einwilligung darf dem Letztverbraucher dementsprechend keine Nachteile bereiten und außerdem nicht fristgebunden sein.[928] Anbieter müssen daher

---

916 *Schneider*, EDV-Recht, Kap. B. Rn. 651; *Spindler*, CR 2007, 239 (243).
917 *Raabe*, DuD 2010, 379 (384); *Raabe et al.*, CR 2011, 831 (836).
918 Etwa § 6 Abs. 6 BlnDSG; § 4 Abs. 1 S. 6 DSG NRW; § 4 Abs. 4 LDSG BW.
919 *Gola/Schomerus*, BDSG, § 4a Rn. 29; Schulze/*Dörner*, BGB, § 126a Rn. 3; *Simitis*, BDSG, § 4a Rn. 36; *Taeger*/Gabel, BDSG, § 4a Rn. 33.
920 DKWW/*Däubler*, BDSG, § 4a Rn. 11; Staudinger/*Hertel*, BGB, § 126a Rn. 37; *Raabe*, DuD 2010, 379 (384).
921 *Art.-29-Datenschutzgruppe*, WP 183, S. 10.
922 So auch *Lüdemann/Jürgens/Sengstacken*, ZNER 2013, 592 (597).
923 *Gola/Schomerus*, BDSG, § 4a Rn. 38; Hoeren/Sieber/Holznagel/*Helfrich*, Multimedia-Recht, 16.1 Rn. 75; Spindler/Schuster/*Spindler/Nink*, BDSG, § 4a Rn. 1a.
924 Vgl. etwa § 13 Abs. 2 Nr. 4 TMG, § 94 Nr. 4 TKG, § 13 § 4 Abs. 2 S. 4 LDSG BW, § 4 Abs. 2 S. 3 BbgDSG oder § 4 Abs. 1 S. 2 DSG NW.
925 Ausnahme: Widerruf bei der Verwendung für Werbezwecke oder den Adresshandel gem. § 28 Abs. 3a S. 1 BDSG.
926 *Buchner*, Inf. Sb., S. 232 ff.; *Lübking/Zilkens*, Datenschutz, Rn. 168; *Simitis*, BDSG, § 4a Rn. 94; *Taeger*/Gabel, BDSG, § 4a Rn. 81.
927 *Holznagel/Sonntag*, in: Roßnagel, Handbuch, Kap. 4.8 Rn. 64; *Rogosch*, Einwilligung, S. 132.
928 *Düsseldorfer Kreis*, Orientierungshilfe, S. 11.

technisch und organisatorisch darauf vorbereitet sein, die Datenverarbeitung im Einzelfall zu unterlassen, sofern ein Nutzer seine Einwilligung widerruft.[929]

Fraglich ist, ob die Möglichkeit des jederzeitigen Widerrufs im Konzept des Smart Grid gewährleistet werden kann und welche Folgen sich aus einem Widerruf ergäben. Problematisch ist darüber hinaus, wer die Kosten für die Folgen eines Widerrufs zu tragen hätte. In diesem Zusammenhang könnte sich etwa die Frage ergeben, ob in einem Haushalt nach einem Widerruf wieder ein herkömmlicher Stromzähler eingebaut werden müsste.

Die Effizienz des Smart Grid kann sich nur dann entfalten, wenn möglichst viele Kunden individuelle Lastprofile erlauben. Dieses Ziel könnte durch den Widerruf einer entsprechenden Menge von Kunden gefährdet werden.[930] Selbst wenn ein flächendeckender Widerruf unwahrscheinlich anmutet, besteht aus Sicht der Anbieter doch eine gewisse Planungs- und Rechtsunsicherheit.[931] In Anbetracht des nicht unerheblichen Kapitalaufwands der beteiligten Unternehmen stellt die Widerrufsmöglichkeit ein hohes Investitionsrisiko dar.[932] Hieraus kann sich sogar ein Hemmnis für die Verbreitung und den Ausbau des Smart Grid entwickeln.[933]

6. Einwilligung bei mehreren Haushaltsmitgliedern

Problematisch im Zusammenhang mit der Einwilligung ist schließlich Folgendes: Sind in einem Haushalt mehrere Bewohner von der Datenverarbeitung tangiert, so ist jeder für sich genommen ein Betroffener und mithin ein geschütztes Rechtssubjekt i. S. v. § 1 Abs. 1 BDSG.[934] Es ist insoweit unklar, ob zur Rechtmäßigkeit der Datenverarbeitung alle Betroffenen jeweils einzeln in die Datenverarbeitung einwilligen müssen oder ob ein Haushaltsmitglied stellvertretend für andere wirksam eine Einwilligung erklären kann.

a) Höchstpersönlichkeit oder Vertretung

Dafür ist zu klären, ob die Einwilligung einer höchstpersönlichen Erklärung bedarf. Dies ist umstritten.

---

929 *Jeske*, DuD 2011, 530 (531).
930 *Karg*, DuD 2010, 365 (371); *Lüdemann/Jürgens/Sengstacken*, ZNER 2013, 592 (596).
931 *Haubrich*, in: Britz/Eifert/Reimer, Energieeffizienzrecht, S. 236.
932 *Haubrich*, in: Britz/Eifert/Reimer, Energieeffizienzrecht, S. 236; *Karg*, DuD 2010, 365 (371); *Körber/Jäger*, ZNER 2010, 41.
933 Ähnlich *Duisberg* in: Peters/Kersten/Wolfenstetter, Innovativer Datenschutz, S. 252.
934 *Bethge*, Grundrechtsverzicht, S. 228; s. dazu auch oben Kap. 3 C.

aa) Höchstpersönlicher Charakter der Einwilligung

Nach einer Auffassung muss der Betroffene die Erklärung zwingend höchstpersönlich abgeben.[935] Dies wird zunächst mit der Warnfunktion der Schriftform begründet, welche nur dann wirklich zur Geltung komme, wenn der Betroffene *eigenhändig* unterschreibe.[936] Nur so könne das vom Gesetzgeber bezweckte „Höchstmaß an Schutz für das Recht auf informationelle Selbstbestimmung" gewährleistet werden.[937] Darüber hinaus ergebe sich dies auch aus dem Sinn und Zweck der Informationspflichten nach § 4a Abs. 1 S. 2 BDSG, weil allein der Betroffene selbst in der Lage sei, die Auswirkungen einer Verarbeitung abzuwägen und dementsprechend auch nur er selbst darüber entscheiden könne, ob er sich hiermit einverstanden erklärt.[938]

bb) Stellvertretung bei Einwilligung möglich

Die besseren Argumente sprechen indes für die entgegenstehende Auffassung, die die Rechtmäßigkeit der Einwilligung nicht von einer persönlichen Erklärung des Betroffenen abhängig macht. Sofern die Vollmacht ausdrücklich die Erteilung der Einwilligung umfasst, kann die Einwilligung nach dieser Ansicht vielmehr durch einen Stell*vertreter* erklärt werden.[939] Hierfür wird zum einen der Wortlaut des Gesetzes angeführt, der eine Höchstpersönlichkeit nicht vorsieht.[940]

Zum anderen spricht auch die Erfüllung der Informationspflicht nicht gegen eine Stellvertretung. Denn auch im Falle einer Stellvertretung muss die verantwortliche Stelle die Hinweispflicht nach § 4a Abs. 1 S. 2 BDSG stets gegenüber dem Betroffenen erfüllen; hierbei kann sich Letzterer unstreitig nicht vertreten lassen.[941]

Schließlich widerspricht auch das Unterschriftserfordernis einer Stellvertretung nicht. Denn ein Vertreter darf auch mit dem Namen des Vertretenen unterzeichnen.[942] Der Betroffene bleibt durchaus „Herr seiner Einwilligung". Im Bewusstsein, diese Entscheidung einem von ihm gewählten Dritten zu überlassen, entschließt er sich jedoch bewusst dazu, die Ausführung seiner Einwilligung an einen Vertreter zu delegieren. Diese Entscheidungshoheit muss dem Betroffenen verbleiben, da sich ansonsten der eigentliche Sinn und Zweck des Datenschutzrechts im Allgemeinen

---

935 DKWW/*Däubler*, BDSG, § 4a Rn. 6; *Lübking/Zilkens*, Datenschutz, Rn. 166; *Simitis*, BDSG, § 4a Rn. 30 ff.
936 *Lübking/Zilkens*, Datenschutz, Rn. 168; *Tinnefeld/Buchner/Petri*, Datenschutzrecht, S. 361.
937 *Simitis*, BDSG, § 4a Rn. 30; ähnlich *Lübking/Zilkens*, Datenschutz, Rn. 166.
938 *Simitis*, BDSG, § 4a Rn. 30; *Zscherpe*, MMR 2004, 723 (725 f.).
939 *Gola/Schomerus*, BDSG, § 4a Rn. 25; *Holznagel/Sonntag*, in: Roßnagel, Handbuch, Kap. 4.8. Rn. 27.
940 *Holznagel/Sonntag*, in: Roßnagel, Handbuch, Kap. 4.8. Rn. 27.
941 *Holznagel/Sonntag*, in: Roßnagel, Handbuch, Kap. 4.8. Rn. 27.
942 St. Rspr., vgl. BGHZ 45, 193 = NJW 1966, 1069 – *Identitätstäuschung*; Wolff/Brink/*Kühling*, BDSG, § 4a Rn. 47.

und der Norm des § 4a BDSG im Konkreten – nämlich der Schutz des Betroffenen – in sein Gegenteil verkehrte. Der Persönlichkeitsschutz darf nicht so weit reichen, dass der Rechtsträger dadurch bevormundet wird.[943]

b) Einwilligungsfähigkeit Minderjähriger

Ein weiteres praktisches Problem der Einwilligung im Rahmen des Smart Metering ergibt sich, wenn betroffene Bewohner minderjährig sind. Fraglich ist, ob Minderjährige, die als Betroffene in einem Mehrpersonenhaushalt leben, selbst in die Verarbeitung ihrer personenbezogenen Daten einwilligen können.

Dafür müssten sie einwilligungsfähig sein. Einwilligungsfähig ist der Betroffene dann, wenn er „nach der Wertung der Rechtsordnung über die Fähigkeit verfügt, selbstständig wirksam in einen Eingriff einwilligen zu können".[944] Die Einsichtsfähigkeit ist dabei nicht abstrakt bestimmbar oder mit einem bestimmten Alter zu verknüpfen,[945] sie hängt vielmehr stets von den konkreten Verarbeitungsabsichten und -bedingungen ab.[946] Aus diesem Verwendungszusammenhang ergibt sich im Einzelfall, ob der Minderjährige selbst über die Datenverarbeitung bestimmen kann, oder ob eine (zusätzliche) Einwilligung seiner gesetzlichen Vertreter erforderlich ist.[947] Hinsichtlich der Einwilligungsfähigkeit von Minderjährigen gilt mithin Folgendes: Je größer deren Einsichtsfähigkeit ist, desto geringer ist der Entscheidungsspielraum der Eltern.[948] Für die Einwilligungsfähigkeit eines minderjährigen Betroffenen kommt es folglich darauf an, ob dieser in der Lage ist, die Konsequenzen zu erkennen, die aus der Verwendung seiner personenbezogenen Daten folgen und er sich deshalb verbindlich hierzu äußern kann.[949]

Hieraus folgt also, dass Minderjährige einwilligungsfähig sein können und somit auch eigenständig über die Verarbeitung ihrer Energiedaten entscheiden können.

c) Ergebnis

Zusammenfassend gilt: In Mehrpersonenhaushalten können Mitbewohner sich hinsichtlich der Einwilligung in die Verarbeitung ihrer personenbezogenen Energiedaten

---

943 *Schricker* in: Forkel/Kraft, FS für Hubmann, S. 413; *Unseld*, Kommerzialisierung, S. 77.
944 *Ohly*, Einwilligung, S. 293.
945 Vgl. hingegen Art. 8 Ziff. 1 DSchGVO-E, wonach Kinder, die das 13. Lebensjahr vollendet haben, eine wirksame Einwilligung abgeben können. Dies entspricht den US-Amerikanischen Regelungen im Children's Online Privacy Protection Act (COPPA), 15 U.S.C. § 6501–6506.
946 DKWW/*Däubler*, BDSG, § 4a Rn. 5; *Plath*, BDSG, § 4a Rn. 8; *Simitis*, BDSG, § 4a Rn. 20; *Taeger*/Gabel, BDSG, § 4a Rn. 29; ähnlich OLG Hamm, ZD 2013, 29.
947 *Simitis*, BDSG, § 4a Rn. 20 sowie *Buchner*, Inf. Sb., S. 249, der hierauf § 1626 Abs. 2 BGB analog anwenden möchte.
948 *Buchner*, Inf. Sb., S. 249; *Simitis*, BDSG, § 4a Rn. 20.
949 *Simitis*, BDSG, § 4a Rn. 20.

wirksam vertreten lassen. Auch Minderjährige können ihre Einwilligung wirksam auf einen Stellvertreter delegieren.

Hieraus folgt ein weiteres Problem: Wenn in einem Haushalt verschiedene Personen hinsichtlich der Verarbeitung ihrer Energiedaten zu einer anderen Auffassung kommen, kann dies dazu führen, dass die verantwortliche Stelle bei der Erhebung ihrer Daten nach einzelnen Personen unterscheiden müsste. Dies ist schlechterdings nicht umsetzbar.

Schließlich ergibt sich folgendes Problem: Dadurch dass einzelne Haushaltsmitglieder in die Datenverarbeitung einwilligen, werden sie faktisch dazu gezwungen, sich gegenüber der verantwortlichen Stelle zu offenbaren. Ohne eine Einwilligung würde der Energieversorger unter Umständen gar keine Kenntnis von der Existenz dieser Person haben, was aus datenschutzrechtlicher Sicht den Interessen der Betroffenen am nächsten käme. Das Instrument der Einwilligung könnte mithin den Interessen der Betroffenen sogar schaden.

7. Einwilligung trotz gesetzlicher Erlaubnis

Aus dem Umstand, dass Einwilligung und legitimierende Rechtsvorschrift als Erlaubnistatbestände formal auf einer Stufe stehen[950], ließe sich herleiten, dass es allein der Wahl der verantwortlichen Stelle obliegt, ob sie eine Einwilligung einholt oder sich auf eine rechtfertigende Rechtsvorschrift zurückzieht. Dagegen spricht indes, dass dem Betroffenen nicht der Eindruck vermittelt werden solle, er habe eine Wahlfreiheit hinsichtlich der Verarbeitung seiner personenbezogenen Daten, obwohl es wegen des gesetzlichen Rechtfertigungsgrundes überhaupt keiner Einwilligung bedarf.[951] Der Betroffene würde über den Umfang seines informationellen Selbstbestimmungsrechts getäuscht werden, wenn die Entscheidung über die Datenverarbeitung unabhängig von seiner Einwilligung getroffen wird.[952] Eine (zusätzliche) Einwilligung ist daher nur dann einzuholen, wenn die verantwortliche Stelle bereit ist, die Verweigerung der Einwilligung zu akzeptieren, weil sie „rechtlich und tatsächlich" in der Lage ist, die Datenverarbeitung durch eine alternative Vorgehensweise zu gestalten.[953]

Etwas anderes gilt nur dann, wenn die Energiedaten zu unterschiedlichen Zwecken verwendet werden, d. h. wenn die verantwortliche Stelle hinsichtlich der Daten eine weitergehende Verwendungsabsicht hat, als dies die gesetzliche Legitimation umfasst. So wird beispielsweise in Fällen, in denen eine Datenverarbeitung schon nach § 28 Abs. 1 BDSG zulässig ist, gem. § 28 Abs. 3 BDSG eine zusätzliche Einwilligung erforderlich sein, da Daten regelmäßig auch zu Werbezwecken verwendet werden. Denn das erklärte Ziel der Energieversorger ist es, „maßgeschneiderte

---

950 Simitis/*Sokol*, BDSG, § 4 Rn. 6.
951 *Taeger*/Gabel, BDSG, § 4 Rn. 47.
952 Simitis/*Sokol*, § 4 Rn. 6; *Kühling/Seidel/Sivridis*, Datenschutzrecht, S. 115.
953 *Kühling/Seidel/Sivridis*, Datenschutzrecht, S. 114.

Energietarife" zu entwickeln; diese werden dem Kunden sodann in Form von Werbung angeboten, um ihn an den jeweiligen Anbieter zu binden.[954]

III. Ergebnis

Die diversen datenschutzrechtlichen Verarbeitungsschritte im Smart Grid können durch verschiedene Legitimationsnormen bzw. mithilfe von Einwilligungen gerechtfertigt werden.

Bei dieser formellen Betrachtungsweise darf allerdings nicht außer Acht gelassen werden, dass die Beurteilung der Rechtmäßigkeit nicht auf die einzelnen Datenverarbeitungsvorgänge begrenzt ist. Daraus, dass Datenverarbeitungsprozesse für sich genommen gesetzlich erlaubt sind, lässt sich nicht schließen, dass damit sämtliche datenschutzrechtliche Risiken eingedämmt sind, die sich erst aus dem Zusammenspiel verschiedener Datenverarbeitungsvorgänge im Smart Grid ergeben.[955] Insbesondere vor dem Hintergrund der erläuterten potenziellen Konflikte mit datenschutzrechtlichen Grundprinzipien, müssen stets auch diejenigen datenschutzrechtlichen Herausforderungen bedacht werden, die sich erst aus dem Zusammenspiel aller einzelnen Verarbeitungsschritte ergeben.

Es kann ein rechtswidriger Zustand entstehen, der von der Generalklausel des § 28 Abs. 1 BDSG nicht erfasst wird, da diese nur jeweils einzelne Datenverarbeitungsvorgänge legitimieren kann.[956] Angesichts der Tatsache, dass § 28 Abs. 1 BDSG diese Zusammenhänge nicht angemessen berücksichtigen kann, ist ein ausreichendes Schutzniveau nicht gewährleistet. Entscheidend ist daher nicht nur die Rechtmäßigkeit der einzelnen Verarbeitungsschritte, sondern vielmehr eine datenschutzkonforme Ausgestaltung des Zusammenspiels der verschiedenen Prozesse im Smart Grid und insbesondere beim Smart Metering.[957]

Gleiches gilt für die Einwilligung, die keine „flächendeckende" Erlaubnis für sämtliche denkbaren Datenverarbeitungsszenarien bieten kann. Das Institut der Einwilligung wird zunehmend grundsätzlich hinterfragt und teilweise auch als nicht mehr zeitgemäß abgelehnt.[958] Auch und gerade im Hinblick auf Smart Metering erscheint die Einwilligung in Anbetracht der dargestellten Probleme wenig zweckmäßig.

Die Tatsache, dass der Datenumgang ohne gesetzliche Erlaubnis oder Einwilligung nicht nur zu einer Löschpflicht führt (§ 35 Abs. 2 Nr. 1 BDSG), sondern dies gem. § 43 Abs. 2 Nr. 1 BDSG gleichzeitig eine (bußgeldbewährte) Ordnungswidrigkeit darstellt, verstärkt die Schwierigkeiten für die Anbieter.

---

954 *Windoffer/Groß*, VerwArch 2012, 491 (508).
955 *Roßnagel/Jandt*, SR 88, S. 23.
956 *Roßnagel/Jandt*, SR 88, S. 24.
957 *Roßnagel/Jandt*, SR 88, S. 24.
958 So etwa *Hoeren*, ZD 2011, 145.

C. Verfassungsrechtliche Bewertung

Bei datenschutzrechtlichen Fragestellungen spielen stets auch Grundrechte eine Rolle. Auch wenn der Datenschutz im Grundgesetz (anders als etwa in Art. 16 AEUV und Art. 8 Abs. 1 EMRK) nicht ausdrücklich geregelt ist, liegen doch sämtlichen einfachgesetzlichen Datenschutzregelungen verfassungsrechtliche Wertungen zugrunde und konkretisieren letztere.[959] Dies ist auch bei der Implementierung der Smart Grids bzw. des Smart Metering nicht anders.

Neben der zuvor dargestellten (einfachgesetzlichen) datenschutzrechtlichen Rechtmäßigkeit soll daher auch ein Überblick über mögliche verfassungsrechtliche Schwierigkeiten gegeben werden, die im Zusammenhang mit der Einführung dieser Technologien bestehen.

I. Beeinträchtigung von Grundrechten und Bindung privater Akteure an das Verfassungsrecht

Zunächst ist fraglich, wodurch vorliegend überhaupt Grundrechte betroffen werden.

Denkbar ist zum einen, dass §§ 21c und 21g EnWG sowie die zukünftige Rechtsverordnung als (datenschutzrechtliche) Rechtsgrundlage für das Smart Metering Grundrechte der betroffenen Letztverbraucher beeinträchtigen.

Anknüpfungspunkt für Verfassungsverstöße könnten zum anderen aber auch die Messungen sowie die sonstigen Datenverarbeitungsmaßnahmen sein.

Die datenschutzrelevanten Datenverarbeitungsprozesse beim Smart Metering werden heutzutage in aller Regel nicht mehr durch staatliche Hoheitsträger vorgenommen, sondern werden stattdessen von privatrechtlich organisierten Akteuren veranlasst.[960] Grundrechte sind gem. Art. 1 Abs. 3 GG vor allem jedoch als Abwehrrechte gegen Eingriffe des Staates konzipiert und gelten dementsprechend regelmäßig nur unmittelbar im Verhältnis zwischen Bürger und Staat.[961] Private unterliegen grundsätzlich keiner Grundrechtsbindung. Die Grundrechte dienen nicht dazu, dem Betroffenen einen direkten Abwehranspruch gegenüber Privaten zu gewähren, da die Grundrechte auf das Verhältnis zwischen Privaten nicht unmittelbar anwendbar sind.[962] Das bedeutet indes nicht, dass Private nicht an die verfassungsmäßige Ordnung gebunden sind.

---

959 *Tinnefeld/Buchner/Petri*, Datenschutzrecht, S. 91; Schwartmann/*Keber*, Praxishandbuch, Kap. 20 Rn. 33.
960 S. dazu und zu den Ausnahmen (Stadtwerke etc.) oben Kap. 3 B.II.
961 BVerfGE 7, 198 = NJW 1958, 257 – *Lüth* und 50, 290 = NJW 1979, 699 – *Mitbestimmungsgesetz*; BGHZ 63, 196 = NJW 1975, 158; von Münch/Kunig, GG, Vorb. Art. 1–19 Rn. 16; *Roßnagel/Schnabel*, NJW 2008, 3534 (3535).
962 *Dreier*, GG, Art. 1 III Rn. 38; *Jarass*/Pieroth, GG, Art. 1 Rn. 50; Maunz/Dürig/*Herdegen*, GG, Art. 1 Abs. 3 Rn. 99; *Gurlit*, NZG 2012, 249 (250); *Roßnagel/Schnabel*, NJW 2008, 3534 (3535).

Über die Frage, inwieweit Grundrechte in das Privatrecht einwirken, herrscht bis heute ein dogmatischer Streit.[963] Es besteht jedenfalls Einigkeit darüber, dass das Privatrecht durch Grundrechte insoweit beeinflusst wird, als die Grundrechte zum einen staatliche Schutzpflichten begründen und zum anderen „zentrale Elemente der objektiven Ordnung darstellen".[964] Das bedeutet, dass Grundrechte unter Privaten zwar nicht direkt anwendbar sind, aber die Grundrechte in alle Rechtsbereiche hineinwirken und die gesamte Rechtsordnung durchdringen.[965] Aus der „Ausstrahlungswirkung der Grundrechte" folgt, dass die „Wertentscheidungen der Grundrechte" bei der Anwendung und Auslegung des einfachen Rechts stets zu beachten sind;[966] die Grundrechte binden die Legislative bei der Normierung und die Exekutive und Judikative bei der Anwendung des einfachen Rechts[967]. Das Gewicht der Ausstrahlungswirkung hängt maßgeblich von der Intensität der Belastung für den Grundrechtsträger ab.[968] Daher ist die Ausstrahlungswirkung umso intensiver, je mehr sich der Schutz des Einzelnen gegen „wirtschaftliche und soziale Macht" auf Seiten des „Beeinträchtigers" richtet.[969] Ein Machtgefälle in diesem Sinne liegt insbesondere dann vor, wenn zwischen den Parteien eine ungleiche Verhandlungsstärke besteht.[970] In Anbetracht der bereits aufgezeigten Machtposition der Anbieter auf dem Stromsektor gegenüber den betroffenen Anschlussnutzern[971] ist von einer besonders starken Ausstrahlungswirkung der grundrechtlichen Implikationen auf die maßgeblichen Rechtsvorschriften auszugehen.

Anknüpfungspunkt für die verfassungsrechtliche Prüfung sind danach einerseits die einzelnen Datenverarbeitungsmaßnahmen durch die (privaten) datenverarbeitenden Stellen und andererseits die diesen zu Grunde liegenden Rechtsnormen, namentlich §§ 21c und 21g EnWG sowie die nach § 21i EnWG zu erlassende Rechtsverordnung.

Diese Rechtsnormen, die darauf beruhenden Vertragsbedingungen zwischen den jeweiligen Anbietern und den Betroffenen über den Umgang mit Energiedaten sowie die Datengewinnung unterliegen den besonderen Wertungen der einschlägigen Grundrechte.

---

963 S. dazu grundlegend *Stern*, StaatsR III/1, S. 1511 ff.; *Volle*, Datenschutz, S. 42 ff.
964 *Roßnagel/Schnabel*, NJW 2008, 3534 (3535); ähnlich *Volle*, Datenschutz, S. 40.
965 *Epping*, Grundrechte Rn. 347; *Ipsen*, StaatsR II Rn. 69 f.; *Pieroth et al.*, StaatsR II Rn. 196; *Hoffmann-Riem*, AöR 128, 173 (190); krit. zum hierfür oftmals verwendeten Terminus „mittelbare Drittwirkung" *Stern*, StaatsR III/1, S. 1513 f.
966 *Jarass/Pieroth*, GG, Vorb. Art. 1 Rn. 33.
967 *Hoffmann-Riem*, AöR 128, 173 (191).
968 BVerfGE 42, 143 (148 f.) = NJW 1976, 1677 – *Deutschland-Magazin*.
969 *Jarass/Pieroth*, GG, Vorb. Art. 1 Rn. 58.
970 BVerfGE 89, 214 (234) = NJW 1994, 36 (39) – *Bürgschaftsverträge*.
971 S. dazu Kap. 4 B.II.2.

II. Tangierte Grundrechte der Betroffenen

Um sich auf verfassungsmäßige Rechte berufen zu können, ist es erforderlich, dass der Betroffene überhaupt grundrechtlichen Schutz beanspruchen kann. Dies erfordert, dass ein subjektives Grundrecht zugunsten des Betroffenen besteht. Die heute allgemein anerkannte *Schutznormlehre* geht davon aus, dass ein subjektives Grundrecht dann vorliegt, „wenn eine Grundrechtsbestimmung für diese Person objektiv günstige Rechtswirkungen gezielt und mit der Intention ihrer Durchsetzbarkeit begründet".[972]

Fraglich ist, welche Grundrechte der betroffenen Letztverbraucher durch das Smart Grid und insbesondere das Smart Metering berührt werden. Hierbei soll es im Folgenden nur um solche Grundrechte gehen, die den Schutz von personenbezogenen Daten betreffen. Neben den „klassischen Datenschutzgrundrechten" des Art. 2 i.V.m. Art. 1 GG sind möglicherweise auch weitere verfassungsrechtlich geschützte Positionen tangiert, namentlich die sich aus Artt. 10, 13 und 14 GG ergebenden Grundrechte.

Die Untersuchung erfolgt unter der Prämisse, dass die Verbrauchsmessung in so kurzen Intervallen erfolgt, dass sich daraus Erkenntnisse über die Letztverbraucher ableiten lassen. Bei langen Ableseintervallen besteht kein Unterschied zur derzeitigen Verbrauchsmessung, weswegen es insoweit an einer Prüfungsrelevanz mangelt.

1. *Unverletzlichkeit der Wohnung (Art. 13 GG)*

Fraglich ist zunächst, ob die fortwährende Erhebung von Daten im Rahmen des Smart Metering einen unzulässigen Eingriff in das Grundrecht auf Unverletzlichkeit der Wohnung nach Art. 13 GG darstellt.

Sofern der Grundrechtsinhaber in die „Überwachung" wirksam eingewilligt hat und daher damit *einverstanden* ist, liegt keine Beeinträchtigung des Grundrechts vor.[973] Problematisch sind demnach nur die Fälle eines Eingriffs in den Schutzbereich, in denen eine Einwilligung nicht (wirksam) erteilt wurde oder in denen auf eine gesetzliche Legitimation zurückgegriffen wird.

a) *Eingriff in den Schutzbereich*

Dafür müsste zunächst ein Eingriff in den Schutzbereich des Art. 13 Abs. 1 GG vorliegen.

Träger des Grundrechts aus Art. 13 GG ist jede natürliche Person, die die betreffende Räumlichkeit bewohnt.[974] Wenn bei vermietetem Wohnraum Anschlussnehmer

---

972 *Sachs*, VerfR II, A 4 Rn. 6.
973 BeckOK GG/*Fink*, Art. 13 Rn. 11; *Bethge*, Grundrechtsverzicht, S. 125 ff.; *Hömig*, GG, Art. 13 Rn. 8; *Hufen*, StaatsR II Rn. 10; *Jarass*/Pieroth, GG, Art. 13 Rn. 10; Sachs/ *Kühne*, GG, Art. 13 Rn. 23; *Sodan*, GG, Art. 13 Rn. 5.
974 BeckOK GG/*Fink*, Art. 13 Rn. 4; *Hufen*, StaatsR II Rn. 7; *Sachs*, GG, Art. 13 Rn. 17 ff.; *Sodan*, GG, Art. 13 Rn. 4.

und Anschlussnutzer auseinanderfallen[975], ist nur derjenige geschützt, der die Wohnung als Mieter selbst bewohnt;[976] mithin also der Anschlussnutzer.
Der Begriff der Wohnung i. S. d. Art. 13 GG ist weit auszulegen.[977] Davon erfasst sind „alle Räume, die der allgemeinen Zugänglichkeit durch eine Abschottung entzogen und zur Stätte privaten Wirkens gemacht sind".[978] Hierzu gehören neben Wohnräumen i. e. S. auch Nebenräume wie Flure, Treppen, Veranden, Gartenhäuser, Garagen;[979] außerdem Hotelzimmer, Geschäftsräume, Werkstätten oder Vereinsbüros. Maßgeblich ist die nach außen erkennbare Zweckbestimmung des Nutzungsberechtigten.[980]

Eingriffe sind alle Maßnahmen, die die „Privatheit der Wohnung" beeinträchtigen.[981] Entscheidendes Kriterium für jeden Eingriff ist, dass ein Bezug zu Vorgängen in der Wohnung besteht.[982] Historisch hergeleitet wird das Grundrecht als ein Abwehrrecht gegen Eingriffe durch *physische Anwesenheit* von Trägern öffentlicher Gewalt in der Wohnung.[983] Dies ist beim Smart Metering gerade nicht der Fall.

Ein Zugriff auf Informationen in einer Wohnung erfordert heutzutage nicht mehr das körperliche Eindringen in dieselbe. Daher wird der Schutzbereich des Art. 13 Abs. 1 GG heute so weit verstanden, dass neben dem Betreten und dem gezielten Durchsuchen auch sonstige Maßnahmen erfasst sind, mittels derer eine datenverarbeitende Stelle sich mit besonderen Hilfsmitteln einen Einblick in Vorgänge innerhalb einer Wohnung verschafft, die der natürlichen Wahrnehmung von außen entzogen sind.[984] Die Überwachungsmaßnahme kann dabei auch von außerhalb der Wohnung erfolgen.[985]

Fraglich ist, ob die Datenerhebung beim Smart Metering mit einer derartigen Wohnraumüberwachung vergleichbar ist und daher als Eingriff in den Schutzbereich des Art. 13 Abs. 1 GG zu qualifizieren ist.

---

975 S. dazu Kap. 2 A.
976 *Jarass*/Pieroth, GG, Art. 13 Rn. 6; Maunz/Dürig/*Papier*, GG, Art. 13 Rn. 12; *Sachs*, GG, Art. 13 Rn. 17.
977 St. höchstrichterliche Rspr.: BVerfGE 32, 54 (69 ff.) = NJW 1971, 2299 – *Betriebsbetretungsrecht*; BGHSt 42, 372 = NJW 1997, 1018 (1019).
978 BGHSt 44, 138 = NJW 1998, 3284 (3285).
979 VGH Mannheim, DVBl 1993, 762; BK/*Herdegen*, GG, Art. 13 Rn. 26.
980 BK/*Herdegen*, GG, Art. 13 Rn. 27; Friauf/Höfling/*Ziekow/Guckelberger*, GG, Art. 13 Rn. 36; von Münch/*Kunig*, GG, Art. 13 Rn. 10.
981 *Jarass*/Pieroth, GG, Art. 13 Rn. 7; Sachs/*Kühne*, GG, Art. 13 Rn. 21 ff.; Schmidt-Bleibtreu/*Hofmann*/Henneke, GG, Art. 13 Rn. 7; *Sodan*, GG, Art. 13 Rn. 5.
982 von Münch/*Kunig*, GG, Art. 13 Rn. 18.
983 BeckOK GG/*Fink*, Art. 13 Rn. 12; Friauf/Höfling/*Ziekow/Guckelberger*, GG, Art. 13 Rn. 35; *Hornung/Fuchs*, DuD 2012, 20 (22).
984 St. Rspr. seit BVerfGE 109, 279 (327) = NJW 2004, 999 (1006) – *Großer Lauschangriff*.
985 BVerfGE 120, 274 (309 f.) = NJW 2008, 822 (835) – *Online-Durchsuchung*.

aa) Kein Wohnungsbezug

Nach einer Auffassung ist der Schutzbereich des Art. 13 GG nicht eröffnet. Sowohl bei einer Wohnungsdurchsuchung als auch beim Einsatz technischer Hilfsmittel bei der Überwachung bedürfe es eines direkten Bezuges zur Wohnung.[986] Beim Smart Metering fielen jedoch lediglich Verbrauchsdaten an, denen es an einem zielgerichteten Bezug zum Wohngeschehen mangele.[987]

Darüber hinaus wird behauptet, dass sich allein aus dem Standort der zum Abhören genutzten technischen Einrichtung nicht auf die Eröffnung des Schutzbereichs oder gar auf einen Eingriff schließen lasse.[988] Abzustellen sei lediglich darauf, ob sich ein Zugriff auf die gewonnen Erkenntnisse als „Blick oder als Lauschen in die Wohnung" darstellt; nur dann fiele die Erhebung in den Schutzbereich des Art. 13 GG.[989] Deshalb sei die Verarbeitung von Energiedaten solange am allgemeinen Persönlichkeitsrecht nach Art. 2 Abs. 1 i. V. m. Art. 1 Abs. 1 GG zu messen, wie ihr primäres Ziel nicht darin liegt, das Verhalten Einzelner in der Wohnung zu ermitteln.[990]

Art. 13 GG ist nicht auf die *Online-Durchsuchung* anwendbar, d. h. auf die Erhebung von Daten aus einem Speicher eines in einer Wohnung befindlichen IT-Systems durch Infiltration des Systems.[991] Deshalb wird teilweise das Vorliegen eines Eingriffs in Art. 13 GG beim Smart Metering verneint, da die Ablesung von Energiedaten hiermit vergleichbar sei.[992]

bb) Ausspähung durch Smart Metering

Nach entgegenstehender Auffassung liegt ein Eingriff in Art. 13 GG vor.

So wird insbesondere behauptet, dass – abgesehen von der Ton- und Videoüberwachung – kaum eine Technologie in der Lage sei, derart kleinteilige Lebensprofile von einzelnen Bewohnern zu ermöglichen, wie das Smart Metering.[993] Ein solcher Eingriff in die Privatsphäre käme einem „messtechnischen Lauschangriff" gleich.[994] Es liege daher ein mit einer optischen oder akustischen Überwachung vergleichbar intensiver Grundrechtseingriff vor.[995] Selbst wenn die Aussagekraft von Energiedaten nicht mit einer optischen oder akustischen Überwachung gleichgesetzt werden könne, sei dies für den sachlichen Anwendungsbereich des Art. 13 GG unerheblich.[996] Denn ob der Schutzbereich eines Grundrechts eröffnet sei, hänge

---

986 S. oben Fn. 982.
987 *Goege/Boers*, ZNER 2009, 368 (369); *Guckelberger*, DÖV 2012, 613 (620).
988 *Gudermann*, Online-Durchsuchung, S. 106; *Buermeyer*, HRRS 2007, 329 (335).
989 *Gudermann*, Online-Durchsuchung, S. 106; *Buermeyer*, HRRS 2007, 329 (335).
990 *Guckelberger*, DÖV 2012, 613 (620).
991 BVerfGE 120, 274 = NJW 2008, 822 – *Online-Durchsuchung*.
992 *Guckelberger*, DÖV 2012, 613 (620).
993 *Karg*, DuD 2010, 365 (366).
994 *Düsseldorfer Kreis*, Orientierungshilfe, S. 6.
995 *Müller*, DuD 2010, 359 (364).
996 *Hornung/Fuchs*, DuD 2012, 20 (22).

grundsätzlich weder von der Intensität des Eingriffs noch davon ab, ob der Eingriff „mit bisher üblichen Eingriffen" vergleichbar sei.[997]

cc) Stellungnahme

Für die ablehnende Auffassung spricht, dass nicht jede kernbereichsrelevante Information unabhängig vom Ort ihrer Erhebung dem Grundrecht nach Art. 13 GG unterfällt.[998] Auch in anderen Bereichen werden Vorgänge, die sich innerhalb einer Wohnung ereignen, nicht von Art. 13 GG geschützt. So lassen sich beispielsweise bei einem Telekommunikationsvorgang, bei dem sich ein Telekommunikationspartner in einer Wohnung befindet, stets auch Umstände erkennen, die sich innerhalb einer Wohnung abspielen; eine Telekommunikationsüberwachung wird trotzdem nicht an Art. 13 GG, sondern nur an Art. 10 GG gemessen.[999]

Des Weiteren liegt der primäre Zweck der Datenerfassung beim Smart Metering nicht in der Überwachung der Wohnung, sondern in der erstrebten Gewinnung von Energiedaten. Anders als bei einer *klassischen* Durchsuchung ist die originäre Intention des Smart Metering nicht die Erlangung von persönlichen Informationen über die Bewohner der Wohnung. Es ließe sich daher vertreten, dass für eine Anwendung des Art. 13 GG auf andere als die *klassische* Durchsuchung oder den *großen Lauschangriff* kein Bedürfnis bestehe.[1000]

Die ablehnende Auffassung vermag trotz allem nicht zu überzeugen.

Wie oben erläutert, entstammen die durch intelligente Stromzähler erhobenen und verarbeiteten Daten der räumlichen Privatsphäre und lassen Rückschlüsse auf die Lebensgewohnheiten der Haushaltsmitglieder zu. Durch die Analyse von Energiedaten können viele intime Details des Privatlebens der Bewohner (z.B. Fernsehprogramm, Schlafzeiten, Krankheiten[1001]) preisgegeben werden. Selbst wenn sich daraus – im Gegensatz zu einer optischen oder akustischen Überwachung – keine absolut sicheren Schlüsse über die jeweiligen Geschehnisse innerhalb der Wohnung ableiten lassen, so vermag dies nichts an der potenziellen Überwachungssituation zu verändern. Dass die Erkenntnisse aus den Energiedaten nur *mittelbar* und nicht – wie bei einer Kameraüberwachung – *unmittelbar* sichtbar sind, ist für die Frage des Eingriffs in den Schutzbereich irrelevant und spielt erst auf der Stufe der Rechtfertigung des Eingriffs eine Rolle.[1002] Die Behauptung, dass das Smart Metering nicht mit einer akustischen oder optischen Wohnungsüberwachung vergleichbar sei, ist daher unzutreffend.

Sofern außerdem gegen das Vorliegen eines Eingriffs angeführt wird, dass das Ausspähen des Letztverbrauchers nicht das eigentliche Ziel des Smart Metering sei

---

997 *Hornung/Fuchs*, DuD 2012, 20 (22).
998 *Gudermann*, Online-Durchsuchung, S. 105.
999 *Gudermann*, Online-Durchsuchung, S. 106.
1000 So für die Online-Durchsuchung: *Gudermann*, Online-Durchsuchung, S. 107.
1001 S. dazu oben Kap. 4 A.II.1.
1002 So auch *Hornung/Fuchs*, DuD 2012, 20 (22).

und die Erkenntnisse über die Geschehnisse innerhalb der Wohnung lediglich ein
„Nebeneffekt" seien,[1003] schließt dies die Anwendbarkeit des Art. 13 GG nicht aus. In
den bislang durch die Rechtsprechung als Eingriff anerkannten Fällen handelte es
sich stets um *zielgerichtete* Abhörmaßnahmen. Dies lässt jedoch nicht den Schluss
zu, dass auch zukünftig technische Innovationen, die beiläufig oder unbeabsichtigt
die Privatsphäre Betroffener tangieren, nicht unter den Schutzbereich des Art. 13
GG fallen. Nach dem modernen Eingriffsbegriff ist es vielmehr allgemein anerkannt,
dass die Rechtsbeeinträchtigung nicht zwingend *final*, sondern lediglich *zurechenbar*
sein muss.[1004] Dem handelnden Organ sind danach auch solche Eingriffe zuzurechnen, die nur *mittelbar* von deren Tätigkeit ausgehen.[1005] Das „beiläufige" Gewinnen
von privaten Erkenntnissen stellt mithin ebenso einen Eingriff dar.

Des weiteren spricht auch der Schutzzweck des Art. 13 GG für die bejahende
Auffassung. Das Bundesverfassungsgericht hat verdeutlicht, dass angesichts der
modernen technischen Gegebenheiten, der Schutzbereich des Art. 13 GG auf solche Sachverhalte zu erweitern sei, die den „Schutzzweck der Grundrechtsnorm" zu
vereiteln drohen.[1006] Das Smart Metering bildet einen solchen Sachverhalt ab, indem
es die physische Abgeschlossenheit der Wohnung des Betroffenen potenziell nach
außen öffnet. Die „Veränderungen der technischen Möglichkeiten und der kulturellen Gepflogenheiten" dürfen nicht zu einer Verkürzung der Verfassungsrechte
des Betroffenen führen.[1007] Letzterer soll nicht mit dem Entzug von Grundrechten
dafür „bestraft" werden, dass er die gegenwärtigen technischen Möglichkeiten ausschöpft.[1008] Ansonsten stünden die Grundrechte unter dem „Vorbehalt des technischen Fortschritts".[1009]

Sofern unter Verweis auf das Urteil des Bundesverfassungsgerichts zur *Online-Durchsuchung* ein Eingriff in Art. 13 GG auch beim Smart Metering verneint wird, ist
diese Auffassung abzulehnen. Zwar bestehen insoweit Ähnlichkeiten, als sowohl bei
der *Online-Durchsuchung* als auch beim Smart Metering eine Datenerhebung- und -
verarbeitung ohne physisches Eingreifen der datenverarbeitenden Stelle erfolgt.
Allerdings lehnte das Bundesverfassungsgericht in der Entscheidung einen Eingriff
in Art. 13 GG vor allem mit der Begründung ab, dass sich der infiltrierte Computer
nicht in der Wohnung befand und daher „die durch die Abgrenzung der Wohnung
vermittelte räumliche Privatsphäre unberührt" bliebe.[1010] Der „Standort des Systems"
sei in vielen Fällen für die datenverarbeitende Stelle „ohne Belang" und teilweise

---

1003 So *Guckelberger*, DÖV 2012, 613 (620).
1004 *Epping*, Grundrechte Rn. 393 ff.; *Pieroth et al.*, StaatsR II Rn. 253.
1005 *Kloepfer*, VerfR II, § 51 Rn. 31; ähnlich *Ipsen*, StaatsR II Rn. 136 ff., der stattdessen
   den Begriff „Einwirkung" favorisiert.
1006 BVerfGE 109, 279 (327) = NJW 2004, 999 (1006) – *Großer Lauschangriff*.
1007 *Schantz*, KritV 2007, 310 (317).
1008 *Schantz*, KritV 2007, 310 (317).
1009 *Schantz*, KritV 2007, 310 (317).
1010 BVerfGE 120, 274 (310 f.) = NJW 2008, 822 – *Online-Durchsuchung*.

sogar „nicht einmal erkennbar".[1011] Intelligente Stromzähler hingegen befinden sich – genauso wie die Geräte, deren Energieverbrauch sie messen – ausnahmslos in der Wohnung des Betroffenen. Anders als Energiedaten, ergeben sich aus den auf einem Computer gespeicherten Daten regelmäßig keine Erkenntnisse über die Vorgänge in der Wohnung. Im Gegensatz dazu offenbaren ausgelesene Energiedaten viele Details über die Lebensumstände innerhalb der Wohnung und damit über die geschützte „Privatheit der Wohnung". Eine Vergleichbarkeit mit der *Online-Durchsuchung* ist daher nicht gegeben.

Insgesamt sprechen daher die besseren Gründe dafür, dass die Datenverarbeitungsprozesse beim Smart Metering einen Eingriff in den Schutzbereich des Art. 13 Abs. 1 GG darstellen.

b) Rechtfertigung des Eingriffs

Fraglich ist nunmehr, ob der Eingriff auch gerechtfertigt sein kann. In den Schutzbereich darf nur unter den besonderen Voraussetzungen des Art. 13 Abs. 2–7 GG eingegriffen werden.[1012] Keiner dieser Rechtfertigungstatbestände ist vorliegend einschlägig.[1013] Beim Smart Metering handelt es sich weder um eine *Durchsuchung* i. S. d. Abs. 2, noch um eine *akustische* oder *optische Wohnraumüberwachung* nach Abs. 3–5.[1014] Auch die Voraussetzungen des Abs. 7 sind nicht gegeben, denn es liegt weder eine *gemeine Gefahr* oder *Lebensgefahr für einzelne Personen* noch eine *dringende Gefahr für die öffentliche Sicherheit und Ordnung* vor.

Allerdings könnte das Grundrecht durch entgegenstehende Verfassungsgüter beschränkt sein. In Betracht kommt dabei vorliegend der Umweltschutz, der in Art. 20a GG als Staatszielbestimmung festgelegt ist.

Grundsätzlich sind alle Grundrechte – unabhängig von den ausdrücklich normierten Schranken – ungeschriebenen Gesetzesvorbehalten unterworfen.[1015] So sind „kollidierende Grundrechte Dritter und andere mit Verfassungsrang ausgestattete Rechtswerte" ausnahmsweise dazu imstande „auch uneinschränkbare Grundrechte in einzelnen Beziehungen zu begrenzen".[1016] Dabei ist durch eine Güterabwägung zu ermitteln, welches der kollidierenden Verfassungsgüter das höhere Gewicht hat.[1017] Im Rahmen von Art. 13 GG ist jedoch eine Einschränkung durch verfassungsimmanente Schranken nicht möglich. In den abschließend formulierten Schrankennormen der Vorbehaltsabsätze 2–7 hat der Verfassungsgeber bereits alle in Betracht kommenden Konfliktlagen erfasst, die mit anderen Rechten oder Gütern in Konflikt

---

1011 BVerfGE 120, 274 (311) = NJW 2008, 822 – *Online-Durchsuchung*.
1012 Maunz/Dürig/*Papier*, GG, Art. 13 Rn. 1.
1013 *Göge/Boers*, ZNER 2009, 368 (369).
1014 *Hornung/Fuchs*, DuD 2012, 20 (23).
1015 BK/*Herdegen*, GG, Art. 13 Rn. 91.
1016 BVerfGE 28, 243 (261) = NJW 1970, 1729 (1730) – *Dienstpflichtverweigerung*.
1017 BVerfGE 28, 243 (261) = NJW 1970, 1729 (1730) – *Dienstpflichtverweigerung*; von Mangoldt/Klein/Starck/*Gornig*, GG, Art. 13 Rn. 170.

geraten können.[1018] Es besteht daher „weder Anlass noch Möglichkeit zur Bildung hierüber hinausreichender Eingriffslegitimationen".[1019] Im Gegensatz zu vorbehaltlos gewährleisteten Grundrechten, wie etwa Art. 4 Abs. 1 u. 2 und Art. 5 Abs. 3 GG, enthält Art. 13 GG einen ausführlichen Katalog mit Eingriffsbefugnissen. Diesen zu erweitern, erscheint angesichts der bereits vorhandenen Regelungstiefe nicht sachgerecht. Dafür spricht auch, dass das Grundgesetz lediglich in Art. 17a Abs. 2 GG einen ausdrücklichen Hinweis auf eine mögliche Einschränkung von Art. 13 GG enthält. Selbst nach der teilweise vertretenen Auffassung, die eine verfassungsimmanente Schrankenregelung bejaht, sollen Eingriffe nur „in außergewöhnlichen Konfliktlagen" durch kollidierende Verfassungsgüter gerechtfertigt werden können.[1020] Angesichts des Eingriffsvorbehalts im Auffangtatbestand des Art. 13 Abs. 7 GG bei „dringenden Gefahren für die öffentliche Sicherheit" ist aber der Rückzug auf derartige verfassungsimmanente Schranken in der Praxis kaum denkbar.[1021] Dementsprechend scheidet eine Rechtfertigung für Eingriffe nach Art. 13 Abs. 2–7 GG oder sonstigen Verfassungsnormen aus.

c) Ergebnis

Sofern also personenbezogene Energiedaten in kurzen Intervallen ohne ein Einwilligung der betroffenen Bewohner erhoben und verarbeitet werden, stellt dies einen nicht gerechtfertigten Eingriff in den Schutzbereich von Art. 13 GG dar.

2. Allgemeines Persönlichkeitsrecht und Recht auf informationelle Selbstbestimmung (Art. 2 Abs. 1 i.V.m. Art. 1 Abs. 1 GG)

Des Weiteren könnte die Datenverarbeitung beim Smart Metering das allgemeine Persönlichkeitsrecht der Bewohner gem. Art. 2 Abs. 1 i.V.m. Art. 1 Abs. 1 GG tangieren.

Eine besondere Ausprägung des allgemeinen Persönlichkeitsrechts ist das Recht auf informationelle Selbstbestimmung.[1022] Das Recht wurde zunächst auf die allgemeine *Selbstbestimmung*[1023] zurückgeführt und verstanden als „das individuelle Recht, über höchstpersönliche Güter zu bestimmen".[1024] Der Betroffene sollte danach

---

1018 von Münch/*Kunig*, GG, Art. 13 Rn. 23 m.w.N.
1019 von Münch/*Kunig*, GG, Art. 13 Rn. 23.
1020 BK/*Herdegen*, GG, Art. 13 Rn. 91; von Mangoldt/Klein/Starck/*Gornig*, GG, Art. 13 Rn. 170.
1021 BK/*Herdegen*, GG, Art. 13 Rn. 91; so i.E. auch *Hornung/Fuchs*, DuD 2012, 20 (23).
1022 BVerfGE 65, 1 (43 ff.) = NJW 1984, 419 – *Volkszählung*; Schwartmann/*Keber*, Praxishandbuch, Kap. 20 Rn. 33; krit. zu der Begrifflichkeit von Mangoldt/Klein/*Starck*, GG, Art. 2 Rn. 114 ff. u. 177, der stattdessen die Bezeichnung „Integrität persönlicher Daten" favorisiert.
1023 Zu diesem Begriff eingehend BVerfGE 54, 148 (155) = NJW 1980, 2070 – *Eppler*; *Höfelmann*, Inf. Sb., S. 31.
1024 *Vogelgesang*, Inf. Sb., S. 23.

die Entscheidungshoheit darüber besitzen, „ob und inwieweit von Dritten über seine Persönlichkeit verfügt werden kann".[1025]

Das Bundesverfassungsgericht hat das Rechtsinstitut unter dem Eindruck „neuartiger Gefahren der Datenverarbeitung" weiterentwickelt und im *Volkszählungsurteil* erstmals ausdrücklich als „die Befugnis des Einzelnen, grundsätzlich selbst über die Preisgabe und Verwendung seiner persönlichen Daten zu bestimmen" beschrieben.[1026] Aus der Feststellung des Bundesverfassungsgerichts, dass es „unter den Bedingungen der automatischen Datenverarbeitung kein belangloses Datum mehr" gebe,[1027] folgt nicht, dass jedes Datum in gleicher Weise des Schutzes bedarf. Vielmehr wollte das Gericht lediglich verdeutlichen, dass jedes für sich genommen belanglose Datum je nach dem Kontext bedeutsam werden kann, etwa wegen der Möglichkeit der Verknüpfung mit anderen Daten.[1028] Das Recht auf informationelle Selbstbestimmung soll dem Grundrechtsträger „Schutz gegen, Einfluss auf und eigenes Wissen über den Umgang anderer mit den sie betreffenden" personenbezogenen Daten vermitteln.[1029] Es gewährleistet dem Einzelnen die Befugnis, selbst zu entscheiden, wann und innerhalb welcher Grenzen persönliche Lebenssachverhalte offenbart werden.[1030] Der Grundrechtsträger soll davor geschützt werden, Objekt „systematischer Datensammlung" zu werden.[1031] Die Datenverarbeitung ohne oder gegen den Willen des Betroffenen stellt daher einen Eingriff in das allgemeine Persönlichkeitsrecht dar.[1032]

Wenn und soweit im Zusammenhang mit Smart Metering ohne eine Einwilligung des Betroffenen fortwährend personenbezogene Energiedaten erhoben, verarbeitet oder genutzt werden, stellt dies daher eine Beeinträchtigung des Rechts auf informationelle Selbstbestimmung dar und damit einen Eingriff in das allgemeine Persönlichkeitsrecht.[1033]

Bei Datenverarbeitungsprozessen in Wohnungen ist Art. 13 GG lex specialis gegenüber dem allgemeinen Persönlichkeitsrecht des Art. 2 Abs. 1 i.V.m. Art. 1 Abs. 1 GG;[1034] das Grundrecht auf informationelle Selbstbestimmung wird mithin

---

1025 BVerfGE 54, 148 (155) = NJW 1980, 2070 – *Eppler*.
1026 BVerfGE 65, 1 (43) = NJW 1984, 419 – *Volkszählung*; seitdem st. Rspr., etwa BVerfGE *128, 1* = NVwZ 2011, 94 (99) – *Gentechnikgesetz*.
1027 BverfGE 65, 1 (45) = NJW 1984, 419 – *Volkszählung*.
1028 *Hoffmann-Riem*, AöR 123, 513 (530).
1029 *Albers*, Inf. Sb., S. 21.
1030 BVerfGE 65, 1 (41 f.) = NJW 1984, 419 – *Volkszählung*.
1031 Maunz/Dürig/*Di Fabio*, GG, Art. 2 Rn. 173.
1032 St. Rspr. vgl. BVerfGE 100, 313 (366) = NJW 2000, 55 (59) – *Telekommunikationsüberwachung I*; Maunz/Dürig/*Di Fabio*, GG, Art. 2 Rn. 176.
1033 *Göge/Boers*, ZNER 2009, 368 (370); *Hornung/Fuchs*, DuD 2012, 20 (21).
1034 BVerfGE 49, 325 = NJW 1979, 1539 – *Zwangsvollstreckung I*; Friauf/Höfling/*Ziekow/ Guckelberger*, GG, Art. 13 Rn. 35; Jarass/Pieroth, GG, Art. 13. Rn. 2; Maunz/Dürig/ *Papier, GG, Art. 13* Rn. 148; *Göge/Boers*, ZNER 2009, 368 (369).

verdrängt.¹⁰³⁵ Die Spezialität erstreckt sich auch auf die notwendigen Vorbereitungsakte sowie die anschließenden Datenverarbeitungsvorgänge.¹⁰³⁶ Sofern sich eine Maßnahme nicht auf die Überwindung der räumlichen Grenzen der Privatsphäre begrenzt, sondern diese auch Aufschluss über einen Kommunikationsvorgang geben soll, erfährt der Eingriff hierdurch eine zusätzliche grundrechtsrelevante Qualität.¹⁰³⁷ In derartigen Ausnahmefällen können Art. 13 GG und das Recht auf informationelle Selbstbestimmung parallel zur Anwendung kommen.¹⁰³⁸

Da – wie oben dargestellt – beinahe alle Datenverarbeitungsvorgänge einen Wohnungsbezug haben und daher von Art. 13 GG erfasst sind, bleibt beim Smart Metering für das allgemeine Persönlichkeitsrecht kein praktischer Anwendungsbereich.

3. Recht auf Gewährleistung der Vertraulichkeit und Integrität informationstechnischer Systeme (Art. 2 Abs. 1 i. V. m. Art. 1 Abs. 1 GG)

Fraglich ist weiterhin, ob die Datenverarbeitungsmaßnahmen im Zusammenhang mit dem Smart Metering das Grundrecht auf Gewährleistung der Vertraulichkeit und Integrität informationstechnischer Systeme beeinträchtigen. Das sogenannte „IT-Grundrecht"¹⁰³⁹ ergibt sich unmittelbar aus dem allgemeinen Persönlichkeitsrecht nach Art. 2 Abs. 1 i. V. m. Art. 1 Abs. 1 GG.¹⁰⁴⁰

a) Rechtsprechung zur Online-Durchsuchung

In Erweiterung seiner ständigen Rechtsprechung seit dem *Volkszählungsurteil* hat das Bundesverfassungsgericht 2008 im Urteil zur *Online-Durchsuchung*¹⁰⁴¹ den Schutz des allgemeinen Persönlichkeitsrechts insoweit konkretisiert, als der Einzelne in bestimmten Fällen auch durch ein sogenanntes *Recht auf Gewährleistung der Vertraulichkeit und Integrität eigengenutzter informationstechnischer Systeme*

1035 *Hömig*, GG, Art. 13 Rn. 4; Maunz/Dürig/*Di Fabio*, GG, Art. 2 Rn. 21 ff.; *Papier*, in: Merten/Papier, HGR IV, § 91 Rn. 1; Schmidt-Bleibtreu/*Hofmann*/Henneke, GG, Art. 13 Rn. 43.
1036 BVerfGE 109, 279 = NJW 2004, 999 (1005) – *Großer Lauschangriff;* Maunz/Dürig/ *Papier*, Art. 13 Rn. 148; Göge/Boers, ZNER 2009, 368 (369).
1037 BVerfGE 115, 166 = NJW 2006, 976 – *Kommunikationsverbindungsdaten*.
1038 BVerfGE 115, 166 (187 f.) = NJW 2006, 976 – *Kommunikationsverbindungsdaten*; *Jarass*/Pieroth, GG, Art. 13 Rn. 2.
1039 Inzwischen allgemeingebräuchliche Bezeichnung, vgl. etwa *Bäcker*, in: Lepper, Privatsphäre, S. 4; BeckOK DSR/*Brink*, Grundl. VerfassungsR Rn. 144; *Holznagel/ Schumacher*, MMR 2009, 3; *Luch*, MMR 2011, 75; gebräuchlich ist auch die Bezeichnung „Computergrundrecht", so etwa *Dreier*, GG, Art. 2 I Rn. 82; *Ipsen*, StaatsR II Rn. 325a und *Kutscha*, NJW 2008, 1042 (1044).
1040 BVerfGE 120, 274 = NJW 2008, 822 – *Online-Durchsuchung*.
1041 BVerfGE 120, 274 = NJW 2008, 822 – *Online-Durchsuchung*.

geschützt ist, soweit der Schutz des Persönlichkeitsrechts nicht über das Recht auf informationelle Selbstbestimmung gewährleistet werden kann.[1042]

Begründet wurde die Schaffung des neuen „Grundrechts"[1043] damit, dass das Recht auf informationelle Selbstbestimmung den Gefährdungen des Persönlichkeitsrechts heutzutage nicht mehr ausreichend Geltung verschaffen könne.[1044]

Das IT-Grundrecht schütze das Interesse des Nutzers daran, dass die von einem „informationstechnischen System erzeugten, verarbeiteten und gespeicherten Daten vertraulich bleiben".[1045] Der Einzelne sei zur Entfaltung seiner Persönlichkeit „auf die Nutzung informationstechnischer Systeme angewiesen" und liefere „dem System" daher allein schon durch dessen Nutzung zwangsläufig persönliche Daten.[1046] Dritte, die Zugriff auf das System hätten, könnten sich so ohne weitere Datenverarbeitungsmaßnahmen, „einen potentiell äußerst großen und aussagekräftigen Datenbestand verschaffen", der von seinen Auswirkungen her über einzelne – durch das Recht auf informationelle Selbstbestimmung geschützte – Datenerhebungen weit hinausgehe.[1047] Aufgrund der großen Menge an erzeugten, verarbeiteten und gespeicherten Daten seien weitreichende Rückschlüsse auf die Persönlichkeit des Betroffenen bis hin zu einer Bildung von Verhaltens- und Kommunikationsprofilen" möglich.[1048] Darüber hinaus sei ein „durchschnittlicher Nutzer" aufgrund der Komplexität der informationstechnischen Systeme heute kaum noch in der Lage, sich wirksam gegen Eingriffe zu schützen.[1049]

b) Einschränkung bzgl. „informationstechnischer Systeme"

Das Gericht wies in seiner Entscheidung zur Online-Durchsuchung allerdings daraufhin, dass „nicht jedes informationstechnische System, das personenbezogene Daten [...] verarbeiten [...] kann, des besonderen Schutzes durch eine eigenständige persönlichkeitsrechtliche Gewährleistung" bedürfe, denn „soweit ein derartiges System nach seiner technischen Konstruktion lediglich Daten mit punktuellem Bezug zu einem bestimmten Lebensbereich des Betroffenen enthält – zum Beispiel nicht vernetzte elektronische Steuerungsanlagen der Haustechnik –, unterscheidet sich ein [...] Zugriff auf den vorhandenen Datenbestand qualitativ nicht von

---

1042 *Badura*, StaatsR, Kap. C Rn. 37; BeckOK GG/*Lang*, Art. 2 Rn. 46; *Kloepfer*, VerfR II, § 56 Rn. 97; *Hoffmann-Riem*, in: Klumpp et al., Netzwelt, S. 168.
1043 Über die Frage, ob es sich hierbei tatsächlich um ein eigenständiges Grundrecht handelt, herrscht ein dogmatischer Streit, s. dazu eingehend *Kühling/Seidel/Sivridis*, Datenschutzrecht, S. 69 f.; *Hoffmann-Riem*, in: Klumpp et al., Netzwelt, S. 165 ff.; *Kutscha*, NJW 2008, 1042 ff. und *Luch*, MMR 2011, 75 (76).
1044 Zusammenfassend *Rudolf*, in: Merten/Papier, HGR IV, § 90 Rn. 74.
1045 BVerfGE 120, 274 (314) = NJW 2008, 822 – *Online-Durchsuchung*.
1046 BVerfGE 120, 274 (313) = NJW 2008, 822 – *Online-Durchsuchung*.
1047 BVerfGE 120, 274 (312 f.) = NJW 2008, 822 – *Online-Durchsuchung*.
1048 BVerfGE 120, 274 (323) = NJW 2008, 822 – *Online-Durchsuchung*.
1049 BVerfGE 120, 274 (306) = NJW 2008, 822 – *Online-Durchsuchung*.

anderen Datenerhebungen".[1050] In diesen Fällen seien die berechtigten Geheimhaltungsinteressen des Betroffenen hinreichend durch das Recht auf informationelle Selbstbestimmung geschützt.[1051]

Das Urteil enthält keine generelle Aussage darüber, welche *Systeme* in den Schutzbereich des IT-Grundrechts fallen sollen.[1052] Exemplarisch genannt sind *Personalcomputer, Mobiltelefone* und *elektronische Kalender*.

Voraussetzung ist jedenfalls, dass die Systeme durch ihre Komplexität oder durch die Vernetzung mit anderen Datensystemen „personenbezogene Daten des Betroffenen in einem Umfang und in einer Vielfalt enthalten können, dass ein Zugriff auf das System es ermöglicht, einen Einblick in wesentliche Teile der Lebensgestaltung einer Person zu gewinnen oder gar ein aussagekräftiges Bild der Persönlichkeit zu erhalten".[1053]

c) Anwendung auf Smart Metering

Ob dies beim Smart Metering der Fall ist, hängt von der technischen Gestaltung im Einzelfall ab. Grundsätzlich bleiben die Daten der intelligenten Stromzähler in ihrer Aussagekraft deutlich hinter denen eines PC zurück.[1054] Die Information über den Stromverbrauch ist für sich genommen lediglich als *punktuelle Aussage* über einen bestimmten Lebensbereich zu qualifizieren und ist nach den genannten Maßstäben daher nicht vom Schutzbereich des IT-Grundrechts erfasst. Wie zuvor gezeigt, geben die Informationen, die sich durch das Smart Metering gewinnen lassen können, aber unter Umständen detailliert Aufschluss über die *Lebensgestaltung* der betroffenen Bewohner und lassen dadurch ein *aussagekräftiges Bild der Persönlichkeit* entstehen. Von Belang ist in diesem Zusammenhang auch, dass das Bundesverfassungsgericht nicht voraussetzt, dass das IT-System tatsächlich besonders sensible Informationen enthält, es genügt vielmehr, dass es dazu potenziell in der Lage ist.[1055] Dies wird beim Smart Metering regelmäßig der Fall sein.[1056]

d) „Anvertrauen"

Verlangt wird weiterhin, dass der Nutzer dem System persönliche Daten „anvertraut". Systeme, die Daten eigenständig sammeln, ohne dass der Nutzer diese im Vertrauen auf die Unzugänglichkeit herausgibt, sind nicht Gegenstand des

---

1050 BVerfGE 120, 274 (313) = NJW 2008, 822 (827) – *Online-Durchsuchung.*
1051 BVerfGE 120, 274 (313 f.) = NJW 2008, 822 (827) – *Online-Durchsuchung.*
1052 Kritisch zum undefinierten Begriff „System" *Hoeren,* MMR 2008, 365 f. und *Kutscha,* NJW 2008, 1042 (1043).
1053 BVerfGE 120, 274 (313 f.) = NJW 2008, 822 (827) – *Online-Durchsuchung.*
1054 *Guckelberger,* DÖV 2012, 613 (621).
1055 BVerfGE 120, 274 (313 f.) = NJW 2008, 822 (827) – *Online-Durchsuchung.*
1056 So auch *Hornung/Fuchs,* DuD 2012, 20 (23); wohl auch *Bretthauer/Bräuchle,* in: Horbach, Informatik 2013, GI-Proceedings 2013, S. 2108.

IT-Grundrechts.¹⁰⁵⁷ Die „Vertraulichkeits- und Integritätserwartung" sei nur dann anzuerkennen, wenn der Betroffene das informationstechnische System „als eigenes nutzt und deshalb den Umständen nach davon ausgehen darf, dass er allein oder zusammen mit anderen zur Nutzung berechtigten Personen über das [...] System selbstbestimmt verfügt".¹⁰⁵⁸ Dabei ist es irrelevant, dass die Messeinrichtungen und Messsysteme i. S. d. § 21d EnWG nicht im Eigentum der Letztverbraucher stehen, denn entscheidend ist nicht die „sachenrechtliche Zuordnung", sondern „die selbstbestimmte Nutzung ‚als' eigenes System".¹⁰⁵⁹ Sofern das IT-System nach seiner Konzeption darauf angelegt ist, Daten an Dritte zu übermitteln, besteht indes keine berechtigte Vertraulichkeitserwartung des Betroffenen.¹⁰⁶⁰ Beim Smart Metering haben Dritte aber gerade bestimmungsgemäßen Zugriff auf die Energiedaten; der Nutzer geht nicht davon aus, dass die Daten in seiner Hoheitssphäre verbleiben. Dies bezieht sich indes nur auf die Energiedaten an sich. Etwas anderes gilt hinsichtlich der hieraus gewinnbaren Erkenntnisse über die Lebensverhältnisse des Betroffenen. Diese Informationen möchte der Bewohner regelmäßig nicht offenbaren, weswegen sein Vertrauen insoweit schutzwürdig ist.

e) Vernetzung von IT-Systemen im Haushalt

Das Bundesverfassungsgericht stellt weiterhin klar, dass insbesondere die Vernetzung von IT-Systemen im Haushalt die Gefährdungen für das Grundrecht des Betroffenen „in verschiedener Hinsicht vertieft", denn durch „die mit der Vernetzung verbundene Erweiterung der Nutzungsmöglichkeiten" würden noch viel mehr Daten verarbeitet als bei einem „alleinstehenden System".¹⁰⁶¹ Die Vernetzung der Haushaltsgeräte ist gerade das Ziel des *Smart Home*, welches zukünftig einen integralen Bestandteil des Smart Grid darstellen soll. Sofern daher der Betroffene die sonstigen im Haushalt befindlichen IT-Systeme als *eigene* nutzt, liegt regelmäßig eine verfassungsrechtlich anzuerkennende Vertraulichkeits- und Integritätserwartung vor.¹⁰⁶²

f) Subsidiarität

Allerdings ist auch das IT-Grundrecht gegenüber den speziellen Freiheitsgrundrechten und auch gegenüber dem Recht auf informationelle Selbstbestimmung subsidiär und nur dann anwendbar, wenn diese anderen Grundrechte keinen

---

1057 *Holznagel/Schumacher*, MMR 2009, 3 (4).
1058 BVerfGE 120, 274 (315) = NJW 2008, 822 (827) – *Online-Durchsuchung*.
1059 *Hornung/Fuchs*, DuD 2012, 20 (23); ähnlich *Luch*, MMR 2011, 75 (76), die insoweit „Datenhoheit" verlangt.
1060 *Luch*, MMR 2011, 75 (76).
1061 BVerfGE 120, 274 (305) = NJW 2008, 822 (824) – *Online-Durchsuchung*.
1062 *Guckelberger*, DÖV 2012, 613 (620 f.); *Hornung/Fuchs*, DuD 2012, 20 (23).

(hinreichenden) Schutz bieten können.[1063] Daher ist auch hier die Anwendung des Art. 13 GG vorrangig.

4. Fernmeldegeheimnis (Art. 10 GG)

Darüber hinaus könnte Smart Metering gegen das durch Art. 10 Abs. 1 Var. 3 GG geschützte Fernmeldegeheimnis verstoßen. Schutzgut dieses Grundrechts ist die distanzierte individuelle Kommunikation mittels unkörperlicher Signale.[1064] Art. 10 Abs. 1 Var. 3 GG schützt „die Vertraulichkeit der ausgetauschten Informationen" und schirmt dadurch „den Kommunikationsinhalt gegen unbefugte Kenntniserlangung durch Dritte" ab.[1065]

Entscheidend ist, dass die Übermittlung von Informationen zwischen individuellen Sendern und Empfängern stattfindet.[1066] Das bedeutet, dass an dem Kommunikationsvorgang mindestens eine Person beteiligt sein muss.[1067] Die Beteiligten sollen dabei möglichst so gestellt werden, wie sie bei einer Kommunikation unter Anwesenden stünden.[1068]

Vom Schutzbereich ausgenommen sind daher rein technische Übermittlungsvorgänge, die an die Allgemeinheit oder einen unbestimmten Personenkreis gerichtet sind.[1069]

Die Datenübermittlung beim Smart Metering findet automatisch und ohne individuelle Kenntnisnahme auf Absender- oder Empfängerseite statt. Selbst wenn die Geräte so konfiguriert sind, dass der Betroffene die Übertragung manuell freigeben muss („Push-Betrieb"), stellt dies angesichts des unbestimmten Empfängerkreises keinen grundrechtlich geschützten Kommunikationsvorgang dar.

Das Fernmeldegeheimnis nach Art. 10 Abs. 1 Var. 3 GG ist daher nicht tangiert.

1063 BVerfGE 124, 43 (57) = NJW 2009, 2431 (2433) – *Beschlagnahme von E-Mails*; *Kloepfer*, VerfR II, § 56 Rn. 98; *Leibholz/Rinck*, GG, Art. 2 Rn. 124; *Simitis/Sokol/Scholz*, BDSG, § 13 Rn. 2.
1064 St. Rspr., BVerfGE 125, 260 = NJW 2010, 833 – *Vorratsdatenspeicherung*; von Münch/Kunig/*Löwer*, GG, Art. 10 Rn. 18; Sachs/*Pagenkopf*, GG, Art. 10 Rn. 14; *Badura*, StaatsR, Kap. C Rn. 42; *Ipsen*, StaatsR II Rn. 306; *Kühling/Seidel/Sivridis*, Datenschutzrecht, S. 68.
1065 BVerfGE 115, 166 (183) = NJW 2006, 976 (978) – *Kommunikationsverbindungsdaten*.
1066 Dreier/*Hermes*, GG, Art. 10 Rn. 39; *Jarass*/Pieroth, GG, Art. 10 Rn. 6; Maunz/Dürig/*Durner*, GG, Art. 10 Rn. 85; Schmidt-Bleibtreu/Hofmann/Henneke/*Guckelberger*, GG, Art. 10 Rn. 22.
1067 *Hömig*, GG, Art. 10 Rn. 6.
1068 BVerfGE 115, 166 (182) = NJW 2006, 976 (978) – *Kommunikationsverbindungsdaten*.
1069 *Jarass*/Pieroth, GG, Art. 10 Rn. 6; *Kloepfer*, VerfR II, § 65 Rn. 14; Sachs/*Pagenkopf*, GG, Art. 10 Rn. 14a; Schmidt-Bleibtreu/Hofmann/Henneke/*Guckelberger*, GG, Art. 10 Rn. 22.

5. Eigentumsfreiheit (Art. 14 GG)

Weiterhin könnte Smart Metering auch das Eigentumsgrundrecht der Betroffenen aus Art. 14 GG tangieren.

Die Frage, ob durch den „Einbauzwang" von intelligenten Stromzählern gem. § 21c EnWG in das Eigentumsgrundrecht des Anschlussnehmers in seiner Rolle als Eigentümer der betreffenden Wohnung eingegriffen wird, kann aufgrund des Umfangs und der Komplexität der Fragestellung im Rahmen dieser datenschutzrechtlichen Arbeit nicht beantwortet werden.

a) Energiedaten als eigentumsfähige Rechte i. S. v. Art. 14 GG

Datenschutzrechtlich relevant ist hingegen die Frage, ob die beim Smart Metering generierten und verarbeiteten personenbezogenen Energiedaten unter den Schutzbereich des Art. 14 GG fallen. Dafür müssten die Daten *eigentumsfähig* sein. Eigentumsfähig sind alle konkreten, vermögenswerten Rechtspositionen, die dem Einzelnen als Ausschließlichkeitsrechte zur privaten Nutzung und zur eigenen Verfügung zugeordnet sind.[1070]

aa) Vermögenswerte Rechtsposition

Personenbezogene Daten besitzen einen Marktwert. Ihre Kommerzialisierung wurde sogar vom Gesetzgeber erlaubt, was beispielsweise in § 28 Abs. 3 S. 1 BDSG zum Ausdruck kommt.[1071] Dass die verschiedenen Akteure auf dem Energiemarkt aus den Daten einen kommerziellen Nutzen ziehen können, wurde bereits ausführlich erläutert.[1072] Die Energiedaten haben einen kommerziellen Charakter[1073] und stellen folglich eine vermögensrechtliche Position i. S. v. Art. 14 GG dar.

bb) Zuordnung durch einfaches Recht

Allerdings genießen die Energiedaten als vermögensrechtliche Position nur dann den Schutz des Art. 14 GG, wenn sie auch dem betroffenen Letztverbraucher als Grundrechtsträger zugeordnet werden können. Träger des Eigentumsgrundrechts ist diejenige Person, die in dem ihr zugeordneten Eigentum betroffen ist.[1074] Daraus folgt, dass der personelle Schutzbereich nur dann eröffnet ist, wenn die Energiedaten dem betroffenen Letztverbraucher eigentumsrechtlich zugeordnet werden können.

1070 St. Rspr. BVerfGE 78, 58 (71) = NJW 1988, 2594; 126, 331 (358) = ZEV 2010, 518.
1071 Kilian/Heussen/*Polenz*, CHB, Kap. 13, VerfR Rn. 61.
1072 S. dazu oben Kap. 4 A.II.3.
1073 So auch *Hornung/Fuchs*, DuD 2012, 20 (24).
1074 von Münch/Kunig/*Bryde*, GG, Art. 14 GG Rn. 8; *Kloepfer*, VerfR II, § 72 Rn. 80.

Fraglich ist deshalb, ob die beim Smart Metering generierten und verarbeiteten Energiedaten den Bewohnern oder den Akteuren auf der Anbieterseite „gehören" bzw. wer die Hoheit darüber innehat.[1075]

(1) Zivilrechtliche Zuordnung einer Eigentumsposition

Der Schutzbereich des Art. 14 GG erfasst zunächst das zivilrechtliche Sach- und Grundeigentum.[1076] Die sachenrechtlichen Vorschriften des BGB kennen indes kein Eigentumsrecht an Daten.[1077] Eine Verfügungsbefugnis gem. § 903 BGB besteht nur bei Sachen i. S. v. § 90 BGB.[1078] Da Daten keine körperlichen Gegenstände i. S. v. § 90 BGB darstellen, sind sie nicht eigentumsfähig i S. d. Sachenrechts.[1079]

Der Eigentumsbegriff des Art. 14 GG ist allerdings nicht statisch, sondern wandelbar und dadurch entwicklungsoffen.[1080] Er erfasst nicht nur das Eigentum i. S. v. § 903 BGB, sondern auch sonstige private vermögenswerte Güter, die einem Rechtsträger zugeordnet sind.[1081] Darunter fallen neben dem Eigentum i. e. S. etwa auch Grundpfandrechte, bestimmte relative Rechte, Besitzrechte und Urheberrechte.[1082] Auch unter diese Kategorien fallen Daten indes nicht.

Eine Zuordnung des Rechts an Energiedaten über die sachenrechtlichen Vorschriften des BGB ist folglich nicht möglich.

(2) Entsprechende Anwendung der strafrechtlichen Vorschriften

Allerdings könnte die Zuordnung über das Strafrecht erfolgen. § 303a Abs. 1 StGB stellt die rechtswidrige Veränderung von Daten unter Strafe. Strafbar ist die Datenveränderung nach Sinn und Zweck der Norm durch eine einschränkende Tatbestandsauslegung nur dann, wenn es sich um für den Täter *fremde* Daten handelt.[1083] Dies ist der Fall, wenn ein Dritter an den Daten eine „eigentümerähnliche Datenverfügungsbefugnis" innehat.[1084]

1075 S. zum Problem der Datenhoheit beim Smart Metering allgemein *Raabe et al.*, CR 2011, 831 (834).
1076 von Mangoldt/Klein/Starck/*Depenheuer*, GG, Art. 14 Rn. 33; *Ipsen*, StaatsR II Rn. 721.
1077 *Dorner*, CR 2014, 617 (620).
1078 BGHZ 153, 182 = NJW 2003, 826; Palandt/*Bassenge*, BGB, § 903 Rn. 2; Staudinger/ *Jickeli/Stieper*, BGB, § 90 Rn. 17.
1079 *Hoeren*, Annual Multimedia 2013, 28; *Peschel/Rockstroh*, MMR 2014, 571 (572).
1080 Hömig/*Antoni*, GG, Art. 14 Rn. 4; *Manssen*, StaatsR II Rn. 677; *Pieroth et al.*, StaatsR II Rn. 977; Schmidt-Bleibtreu/*Hofmann*/Henneke, GG, Art. 14 Rn. 11; von Münch/ Kunig/*Bryde*, GG, Art. 14 Rn. 12.
1081 BeckOK GG/*Axer*, Art. 14 Rn. 42; Dreier/*Wieland*, GG, Art. 14 Rn. 48 ff. m. w. N.
1082 *Jarass*/Pieroth, GG, Art. 14 Rn. 8 ff.; *Sodan*, GG, Art. 14 Rn. 10 ff.; *Stein/Frank*, StaatsR, S. 349.
1083 *Rengier*, StrafR BT I, § 26 Rn. 7; *Welp*, IuR 1988, 443 (447).
1084 Schönke/Schröder/*Stree/Hecker*, StGB, § 303a Rn. 3; ähnlich *Rengier*, StrafR BT I, § 26 Rn. 7.

In diesem Zusammenhang stellt sich die Frage, wie die Daten einer Person zugeordnet werden können.

Unter verschiedenen in der Literatur vertretenen Auffassungen zur Bestimmung der *Datenhoheit*,[1085] vermag allein die Auffassung zu überzeugen, wonach derjenige originär Berechtigter an den Daten ist, der die „technische Urheberschaft" innehat. Technischer Urheber oder „Skribent" ist danach, wer die Daten durch Eingabe oder Ausführung eines Programms selbst erzeugt.[1086] Sofern die Skriptur „automatisch" durch ein Elektrogerät stattfindet, soll derjenige Berechtigter sein, der das Programm ausführt, welches das Datum erstellt.[1087]

Hieraus ergibt sich nunmehr die Frage, ob die betroffenen Letztverbraucher nach § 303a StGB als Berechtigte der Energiedaten anzusehen sind. Dafür müssten sie Skribenten der Energiedaten sein.

In § 21g Abs. 2 EnWG sind verschiedene „zum Datenumgang berechtigte" Stellen definiert. Die dort genannten Akteure sind nach dem Willen des Gesetzgebers die exklusiv berechtigten Stellen.[1088] Die Regelung ist indes nicht so zu deuten, dass *allein* die in der Norm genannten Akteure umgangsberechtigt sind und der Betroffene dadurch vom Umgang mit den Energiedaten ausgeschlossen würde. Sinn und Zweck dieser Datenschutzregelung ist es, den Betroffenen vor der Verarbeitung seiner personenbezogenen Daten durch unberechtigte *Dritte* zu schützen.[1089]

Dass die Smart Meter, auf denen die Energiedaten gespeichert werden, grundsätzlich im Eigentum der Energielieferanten stehen, ist nicht maßgeblich. Denn die Smart Meter sind für sich genommen nur „Messgeräte", die die Daten sichtbar machen. Die Energiedaten entstehen durch die Nutzung der Haushaltsgeräte, deren Energieverbrauch letztlich in den intelligenten Stromzählern gespeichert und dargestellt wird. Diese verbrauchsursächlichen Haushaltsgeräte werden i.d.R. ausschließlich durch die Letztverbraucher betrieben. Letztere sind folglich Skribenten der Energiedaten und haben daher als *Berechtigte* i.S.v. § 303a StGB eine *eigentümerähnliche Datenverfügungsbefugnis* inne.

(3) Übertragung auf das Zivilrecht

Des Weiteren ist nunmehr fraglich, ob diese Grundsätze aus dem Strafrecht wiederum auf das Zivilrecht übertragen werden können.

Unter Berufung auf die Einheit der Rechtsordnung soll nach einer Auffassung derjenige, der eine Datenverfügungsbefugnis nach § 303a StGB innehat, analog § 903 BGB auch als zivilrechtlich Berechtigter angesehen werden.[1090] Die Voraussetzungen

---

1085 Zu den verschiedenen Anknüpfungspunkten ausführlich und m.w.N. *Meister*, Datenschutz, S. 101 ff.; *Hoeren*, MMR 2013, 486 ff.; *Welp*, IuR 1988, 443 (447 f.).
1086 *Welp*, IuR 1988, 443 (447 f.); dem folgend *Hoeren*, MMR 2013, 486 (487).
1087 *Welp*, IuR 1988, 443 (447); i.E. auch *Hoeren*, MMR 2013, 486 (487 f.).
1088 BerlKommEnR/*Lorenz/Raabe*, EnWG, § 21g Rn. 56.
1089 *Jandt/Roßnagel/Volland*, ZD 2011, 99 (101).
1090 So *Hoeren*, MMR 2013, 486 (488).

für die analoge Anwendung des § 903 BGB lägen vor, da der historische Gesetzgeber des BGB die Existenz von Daten „im Kontext der zivilen Rechtsordnung" nicht bedacht habe und daher eine planwidrige Regelungslücke vorliege.[1091] Daten seien zudem zu einem „fühlbaren Wert" geworden und im Gegensatz zu Informationen, Know-how und Ideen auch abgrenzbar.[1092] Die Übergabe eines körperlichen Gegenstandes werde bei Daten durch die Fernübertragung als „Quasi-Verkörperung" ersetzt.[1093] Der Verfügungsakt könne analog § 929 S. 1 BGB durch eine faktische Zugangsgewährung verwirklicht werden.[1094]

Die Anerkennung eines „Verfügungsrechts über das eigene Datum" beruht auf der Idee, dass dieses als subjektiv-privates, absolutes Recht zu den geschützten sonstigen Rechten i. S. d. § 823 BGB zu zählen sei.[1095]

Nach entgegenstehender Auffassung ist eine analoge Anwendung der sachenrechtlichen Regelungen auf Daten nicht möglich. Neben dem eindeutigen Wortlaut fehle es an der Vergleichbarkeit der Sachverhalte. Denn das Sacheigentum orientiere sich an der Nutzung körperlicher Gegenstände und sei daher nicht mit den „Besonderheiten der Nutzung unkörperlicher Gegenstände" zu vereinbaren.[1096] Anders als körperliche Gegenstände seien Daten nicht beherrschbar, da sie nicht *exklusiv*, sondern unbegrenzt reproduzierbar seien.[1097] Darüber hinaus unterlägen Daten – im Gegensatz zu Sachen i. e. S. – nicht der *Abnutzung*, welche gerade die Gewährung eines zeitlich unbegrenzten Ausschließlichkeitsrechts nach § 903 BGB rechtfertige.[1098]

Letztendlich kann die Problematik des „Dateneigentums" im Rahmen dieser Untersuchung nicht umfassend geklärt werden. Die Frage der Analogie der Information bzw. des Datums zur körperlichen Sache wird seit langer Zeit wissenschaftlich diskutiert, ohne dass es jemals zu einer übereinstimmenden Lösung oder gar zu einer höchstrichterlichen Entscheidung gekommen ist.[1099]

Insgesamt sprechen aber die besseren Argumente dafür, eine solche Analogie abzulehnen. Das Vorliegen einer planwidrigen Regelungslücke ist in Anbetracht der zahlreichen Regelungen zum Umgang mit Daten (z. B. im BDSG und TMG) nicht

---

1091 *Hoeren*, MMR 2013, 486 (488).
1092 *Hoeren*, MMR 2013, 486 (488 f.).
1093 *Beurskens*, in: Domej et al., Einheit des Privatrechts, S. 443 (457 f.).
1094 *Hoeren*, MMR 2013, 486 (489).
1095 *Meister*, Datenschutz, S. 119 ff.; ders., BB 1976, 1584 (1588).
1096 *Zech*, Information, S. 326.
1097 *Zech*, Information, S. 327, 344 ff.
1098 *Zech*, Information, S. 328 f.
1099 Siehe schon grundlegend zum „Verbot der Analogie zur körperlichen Sache" *Druey*, Information als Gegenstand, S. 93 ff. und zum „Recht an den eigenen Daten" als „Vermögensrecht" auch *Buchner*, Inf. Sb., S. 208 f. m. w. N.

zu erkennen.[1100] Zudem ist die Möglichkeit der unkontrollierbaren Verbreitung der Daten mit der durch § 903 BGB umfassenden Herrschaftszuweisung unvereinbar.[1101] Darüber hinaus lässt sich die Konstruktion eines eigentumsähnlichen Verfügungsrechts an Daten nicht mit dem Wesen des allgemeinen Persönlichkeitsrechts nach Art. 2 Abs. 1 i. V. m. Art. 1 Abs. 1 GG vereinbaren. Denn das allgemeine Persönlichkeitsrecht dient dem Schutz vor der Beeinträchtigung der verfassungsrechtlich garantierten Persönlichkeitsrechte und dient nicht dem Schutz der Verfügungsbefugnisse über einzelne Persönlichkeitsrechte.[1102]

Die Annahme einer eigentumsähnlichen Verfügungsbefugnis über Daten widerspricht schließlich den durch das Bundesverfassungsgericht im *Volkszählungsurteil* niedergelegten Grundsätzen, wonach die Befugnis, über die Datenverwendung zu bestimmen, dem Einzelnen „keine eigentumsähnliche Herrschaft über ‚seine' Daten mit Ausschließlichkeitsanspruch" vermittelt.[1103] Das Gericht hat klargestellt, dass der Einzelne kein Recht im Sinne einer absoluten, unbeschränkten Herrschaft über *seine* Daten habe.[1104] Information stelle, auch soweit sie personenbezogen sei, „ein Abbild sozialer Realität dar, das nicht ausschließlich dem Betroffenen allein zugeordnet werden" könne.[1105] Auch der Bundesgerichtshof ist dieser Wertung gefolgt und stellte klar, dass Daten niemals ausschließlich einem einzelnen Betroffenen zugeordnet werden können.[1106]

Hieraus folgt, dass eine Zuordnung der Verfügungsbefugnis aus § 303a StGB über eine analoge Anwendung der sachenrechtlichen Vorschriften des BGB nicht möglich ist.

b) Ergebnis

Mithin ist festzuhalten, dass die Energiedaten keine eigentumsfähigen Rechte i. S. d. Art. 14 GG sind und dessen Schutzbereich daher nicht eröffnet ist.

Unabhängig von diesem Befund spricht auch eine andere Erwägung gegen die Annahme, dass Art. 14 GG tangiert ist. Sinn und Zweck des Art. 14 GG ist es, „die privat verfügbare ökonomische Grundlage individueller Freiheit" zu gewährleisten.[1107]

1100 *Peschel/Rockstroh*, MMR 2014, 571 (572), die auch auf darauf hinweisen, dass der Gesetzgeber in der Gesetzesbegründung zur Schuldrechtsmodernisierung (BT-Drs. 14/6040, S. 242) Software ausdrücklich als „sonstigen Gegenstand" i. S. v. § 453 Abs. 1 BGB qualifiziert hat und die Problematik mithin erkannt hat.
1101 *Zech*, Information, S. 328.
1102 *Vogelgesang*, Inf. Sb., S. 142; *Simitis*, NJW 1984, 398 (400).
1103 BVerfGE 65, 1 (42) = NJW 1984, 419 (422) – *Volkszählung*; zustimmend BK/*Lorenz*, GG, Art. 2 Rn. 330; *Simitis*, BDSG, Einl. Rn. 26; *Vogelgesang*, Inf. Sb., S. 141 f; *Kutscha*, DuD 2011, 461 (462); *Schneider/Härting*, ZD 2012, 199 (200).
1104 BVerfGE 65, 1 (43 f.) = NJW 1984, 419 (422) – *Volkszählung*.
1105 BVerfGE 65, 1 (43 f.) = NJW 1984, 419 (422) – *Volkszählung*.
1106 BGHZ 181, 328 (338) = NJW 2009, 2888 (2891) – *spickmich.de*.
1107 BVerfGE 97, 350 = NJW 1998, 1934 (1936) – *Euro*.

Bei der Verwendung von Energiedaten durch die Energieversorgungsunternehmen wird diese Funktion der Eigentumsgarantie überhaupt nicht betroffen.[1108]

III. Ergebnis

Insgesamt ist festzuhalten, dass durch das Smart Metering verschiedene Grundrechte der betroffenen Letztverbraucher in Bezug auf ihre Privatsphäre und ihre personenbezogenen Daten zumindest tangiert werden. Ob und inwieweit die Schutzbereiche der einzelnen Grundrechte tatsächlich eröffnet sind oder sogar darin eingegriffen wird, hängt indes von der genauen Ausgestaltung der Messung sowie von der Erteilung von Einwilligungen im Einzelfall ab und ist nicht pauschal zu beantworten.

1108 *Hornung/Fuchs*, DuD 2012, 20 (24).

Kapitel 5: Lösungsvorschläge

Die im vorhergehenden Kapitel erläuterten datenschutzrechtlichen Herausforderungen rund um das Smart Grid sind äußerst vielfältig und komplex. Nichtsdestotrotz soll im Folgenden der Versuch unternommen werden, einige Ansätze darzustellen, die möglicherweise Lösungen für diese Probleme bieten können.

A. Regulierungsbedarf

Wie bei jeder technischen Innovation stellt sich auch bezüglich des Smart Grid die Frage, inwieweit dieses in ein regulatives Umfeld eingebettet werden kann und sollte. Dabei gilt es zu ermitteln, inwieweit der Gesetzgeber die Verbreitung der neuen Technik dem Markt und damit dem Wettbewerb überlässt oder stattdessen regulativ eingreifen sollte.[1109] Hierbei ist zwischen dem Regulierungsbedarf hinsichtlich des Rollouts einerseits und dem Bedarf an datenschutzrechtlichen Regelungen andererseits zu unterscheiden ist.

I. Regulierungsbedarf beim Rollout

Zunächst wurde kontrovers diskutiert, inwieweit eine allgemeine Einbaupflicht von intelligenten Messsystemen einem wettbewerbsorientierten Ansatz vorzuziehen ist, bei dem sich die Verbreitung über einen marktorientierten Wettbewerb regelt.[1110] Im Zentrum stand dabei die Frage, ob anstatt von regulatorischem Zwang, durch verschiedene Anreize die Akzeptanz der Verbraucher erhöht werden kann.[1111] Mit Hinweis darauf, dass der Nutzen des Smart Grid sich parallel zum Anstieg der integrierten Teilnehmer erhöhe, wurde ein Einbau-Wahlrecht kritisiert und bemängelt, dass sich so das Potenzial des Smart Grid nicht entfalten könne; notwendig sei ein umfassender Smart-Meter-Rollout.[1112]

Ein Smart-Meter-Rollout, der mit einer Einbaupflicht für alle Verbraucher bzw. Haushalte verbunden ist, ist in Deutschland aus verschiedenen Gründen noch nicht politisch forciert worden. Der Gesetzgeber hat bislang einen „Mittelweg" beschritten, indem er die Einbaupflicht gem. § 21c Abs. 1 EnWG auf bestimmte Fallgruppen

---

1109 Zu den verschiedenen Ansätzen im internationalen Vergleich *Pallas*, in: Gutwirth et al., European Data Protection, S. 321 ff.; *Wissner/Growitsch*, ZfE 2010, 139 (141 ff.).
1110 Dazu ausführlich *Baasner et al.*, N&R 2012, 12 ff.; *Bothe/Göddeke/Perner*, ET 6/2011, 12 ff.
1111 Hierzu *Bender/Götz*, in: Britz/Eifert/Reimer, Energieeffizienzrecht, S. 207; *Guckelberger*, DÖV 2012, 613 (617); *Gundel*, GewArch 2012, 137 (144).
1112 *Paskert*, WiVerw 2010, 122 (123); *vom Wege/Sösemann*, IR 2009, 55 (56).

begrenzt. Der übrige Rollout steht unter dem Vorbehalt der *technischen Möglichkeit* und *wirtschaftlichen Vertretbarkeit*, § 21c Abs. 1 lit. d) EnWG.[1113]

Angesichts der erheblichen Zweifel an der Wirtschaftlichkeit des Smart Metering für die Letztverbraucher mit geringem Energieverbrauch[1114], erscheint dieser Ansatz nachvollziehbar und zweckmäßig. Ein flächendeckender Rollout ohne Einschränkungen hinsichtlich der Zielgruppen wäre unter den derzeitigen Bedingungen nicht sinnvoll. Es besteht insofern derzeit kein weiterer Regulierungsbedarf.

II. Datenschutzrechtlicher Regulierungsbedarf

Auch im Hinblick auf das Datenschutzrecht ist fraglich, ob und inwieweit der Gesetzgeber hier regulativ eingreifen sollte. Es wäre denkbar, die Verwirklichung des Datenschutzes den Grenzen des Wettbewerbs- und Kartellrechts sowie anderen zivilrechtlichen oder verbraucherschützenden Normen und damit weitgehend einer „Selbstregulierung der Wirtschaft" zu überlassen.

Im Hinblick auf die Schutzinteressen der Letztverbraucher erscheint dies indes nicht praktikabel, da die wirtschaftlichen Interessen der beteiligten Marktakteure regelmäßig zu sehr ausgeprägt sind. So wie Betroffene ihre informationelle Selbstbestimmung schützen wollen, sind Unternehmen entsprechend ihrem Unternehmenszweck darauf ausgerichtet, profitabel zu agieren und Gewinne zu erwirtschaften.[1115]

Vor dem Hintergrund des monetären Wertes von personenbezogenen Daten[1116] haben Unternehmen daher ein immanentes Interesse an einem Zugriff auf all jene Daten, die dem Zweck der Gewinnmaximierung dienen. Private Datenverarbeiter, die „unter den Bedingungen von Wirtschaftlichkeit und Kostendruck" handeln, haben daher teilweise nur ein „begrenztes Interesse" daran, datenschutzkonform zu agieren.[1117]

Die geplante Verschärfung der Bußgelder bei Datenschutzvergehen könnte als Katalysator für die Einhaltung des Datenschutzrechts dienen. Die Gefahr, mit Strafen von bis zu zwei Prozent des globalen Jahresumsatzes belegt zu werden (Art. 79 DschGVO-E), bringt die Sanktionierung von Datenschutzverstößen auf das Niveau von Kartell- oder Geldwäscheverstößen. Inwieweit dies Unternehmen disziplinieren wird, bleibt abzuwarten. Angesichts der vielen datenschutzrechtlichen Schutzlücken und Unklarheiten, ist es für Unternehmen teilweise kaum möglich, sich durchgehend rechtstreu zu verhalten. Viele Rechtsverstöße geschehen zwar ohne Vorsatz, fahrlässige Verletzungen genügen indes für eine Sanktionierung. Um Rechtsunsicherheiten vorzubeugen, ist es für alle beteiligten Akteure daher erforderlich, eine rechtssichere Normierung der Datenverarbeitungsvorgänge im Smart Grid zu schaffen.

1113 Dazu Kap. 2 C.III.1.b)aa).
1114 S. dazu Ernst & Young, KNA, S. 164 ff.
1115 *Hornung*, ZD 2011, 51 (52).
1116 Dazu Kap. 4 A.II.2.d).
1117 *Guckelberger*, DÖV 2012, 613 (622).

Dies wird dadurch verstärkt, dass dem Gesetzgeber bestimmte *Beobachtungs- und Schutzpflichten* zukommen. Angesichts der aufgezeigten verfassungsrechtlichen Implikationen des Smart Grid,[1118] trifft den Gesetzgeber eine Schutzpflicht dahingehend, die Letztverbraucher in ihrer Funktion als Grundrechtsträger zu schützen. Grundrechte dienen nicht nur dem Schutz gegen Verletzungen durch hoheitliche Gewalt, sondern stellen zugleich auch Schutzgebote an den Staat dar.[1119] Die Tatsache, dass der Staat die ehemals hoheitlich organisierte Energieversorgung privatisiert hat, darf nicht zu einem Abfall des Grundrechtsniveaus führen. Auch wenn eine derartige Schutzpflicht nicht ausdrücklich in der Verfassung normiert ist, ergibt sie sich doch aus der in Art. 1 Abs. 1 GG statuierten Verpflichtung zum Schutz der menschlichen Würde durch alle staatlichen Hoheitsträger.[1120] Nach ständiger Rechtsprechung des Bundesverfassungsgerichts ist der Gesetzgeber dazu verpflichtet, die in den Grundrechten zum Ausdruck kommenden Werte und Rechtsgüter auch gegen Verletzungen durch Private zu schützen.[1121] Daher folgt aus Artt. 1 und 2 Abs. 1 GG der Auftrag an den Gesetzgeber, das Recht auf informationelle Selbstbestimmung im Verhältnis zwischen Unternehmen und Privatpersonen zu schützen.[1122] Der Gesetzgeber ist dazu berufen, diesen Schutzauftrag durch die Ausgestaltung des einfachen Rechts – etwa des Datenschutzrechts – zu erfüllen.[1123] Er ist verpflichtet, Machtungleichgewichten zwischen Privaten zu begegnen, indem er einen Ausgleich zwischen deren kollidierenden Grundrechtspositionen findet.[1124]

Daraus folgt jedoch nicht, dass einseitig die Interessen der Letztverbraucher als natürliche Personen geschützt werden dürfen; auch Unternehmen genießen als juristische Personen den Schutz des Grundgesetzes. Den Gesetzgeber trifft daher die Pflicht, auch dem Schutz der wirtschaftlichen Handlungsfähigkeit der unternehmerischen Marktakteure Geltung zu verschaffen.[1125] Die Energiewende sowie die damit verbundene Ergänzung und Umrüstung der Energieinfrastruktur auf neue Technologien erfordert neben staatlichen auch erhebliche privatwirtschaftliche

---

1118 S. Kap. 4 C.
1119 BVerfGE 34, 269 (281) = NJW 1973, 1221 – *Soraya*; *Roßnagel/Schnabel*, NJW 2008, 3534 (3535); *Zöllner*, RDV 1985, 3 (9).
1120 *Schipper*, Neue Instrumente, S. 14; *Canaris*, AcP 184, 201 (226).
1121 BVerfGE 39, 1 (42) = NJW 1975, 573 – *Schwangerschaftsabbruch I*; 46, 160 (164) = NJW 1977, 2255 – *Schleyer*; 49, 24 (53) = NJW 1978, 2235 – *Kontaktsperregesetz*; 53, 30 (57) = NJW 1980, 759 – *Mülheim-Kärlich*; *Maunz/Dürig*, GG, Art. 2 Rn. 189 ff.; *Zöllner*, RDV 1985, 3 (9).
1122 *Hoffmann-Riem*, AöR 123, 513 (524 f.); *Roßnagel/Pfitzmann/Garstka*, Modernisierung, S. 47; *Schipper*, Neue Instrumente, S. 14; *Zöllner*, RDV 1985, 3 (9).
1123 *Volle*, Datenschutz, S. 47; *Guckelberger*, DÖV 2012, 613 (620); *Hornung/Desoi*, K&R 2011, 153 (158); *Raabe*, e21.magazin 1/2013, 34 (35); *Roßnagel/Schnabel*, NJW 2008, 3534 (3538).
1124 *Gurlit*, NZG 2012, 249 (251).
1125 *Püschel/Großmann*, in: Großmann/Kunold, Smart Energy 2011, S. 77.

Investitionen.[1126] Damit die Marktakteure diese Investitionen auch tatsächlich tätigen, benötigen sie Anreize. Ein einseitig verbraucherschützendes Regulierungsumfeld verbietet sich daher.

Die Änderungen und Anpassungen im Energierecht sollten einen regulatorischen Rahmen bieten, der Innovationen fördern und gleichzeitig eine vorschnelle und rechtswidrige Umsetzung zu verhindern vermag.

Es wird die Aufgabe des Gesetzgebers sein, die sich gegenüberstehenden Interessen von Verbrauchern einerseits und der Wirtschaft andererseits in ein vernünftiges Gleichgewicht zu bringen. Damit ist der Rahmen für die Anforderungen an die rechtliche Ausgestaltung gesteckt.

B. Rechtliche Lösungsansätze

Der Gesetzgeber hat mit der Novellierung des Energierechts 2011 das EnWG um eine datenschutzrechtliche Sondervorschrift ergänzt, § 21g. Die Schaffung des bereichsspezifischen Datenschutzrechts innerhalb des EnWG ist grundsätzlich zu begrüßen. Gleiches gilt auch für die vom Gesetzgeber gewählte Form, nämlich dem Gesetz eine flankierende Rechtsverordnung zur Seite zu stellen, da hierdurch im sich rasch wandelnden Umfeld des Energie- und des Datenschutzrechts genügend Spielraum für Flexibilität und Innovationsoffenheit bleibt.[1127] Wie dargestellt, wird diese Vorschrift den Anforderungen an eine datenschutzrechtliche Spezialnorm indes nicht gerecht, weswegen es hinsichtlich der Verarbeitung von Energiedaten bei der Anwendbarkeit des BDSG bleibt.[1128]

Wie soeben aufgezeigt, besteht hinsichtlich der datenschutzrechtlichen Fragen des Smart Grid jedoch Regelungsbedarf, welchen das allgemeine Datenschutzrecht nicht hinreichend abzudecken vermag. Die Schaffung einer neuen bzw. überarbeiteten energiespezifischen Datenschutznorm ist daher angezeigt. Diese Regelung hat dabei in ihrer konkreten Umsetzung verschiedene Anforderungen zu erfüllen: Sie muss Antworten auf die im vorhergehenden Kapitel ausgearbeiteten Problemstellungen geben, insbesondere auf die Herausforderungen der allgegenwärtigen Datenverarbeitung und Datenkommerzialisierung sowie auf die Vereinbarkeit mit den durch das Smart Grid gefährdeten Datenschutzgrundsätzen.[1129] Die Regelung muss weiterhin normenklar formuliert sein und durch ihre Regelungstiefe ein ausreichendes Datenschutzregime gewährleisten.[1130] Gleichzeitig muss die Norm „zukunftsfest" formuliert sein. Dabei spielt auch die Einbindung technischer Lösungsansätze eine entscheidende Rolle.

1126 *Karpowski*, in: Großmann/Kunold, Smart Energy 2011, S. 41.
1127 *Lüdemann/Jürgens/Sengstacken*, ZNER 2013, 592 (597).
1128 S. Kap. 3 A.II.1.
1129 Dazu Kap. 4 A.
1130 *Lüdemann/Jürgens/Sengstacken*, ZNER 2013, 592 (597); *Schneidewindt*, ER 2013, 226 (231).

I. Einhaltung des Grundsatzes der Datenvermeidung und Datensparsamkeit

Zunächst ist sicherzustellen, dass die zu schaffende energierechtliche Spezialnorm wesentliche datenschutzrechtliche Grundprinzipien einhält. Vor dem Hintergrund der „Datenflut" im Zusammenhang mit dem Smart Grid, steht dabei der Grundsatz der Datenvermeidung und Datensparsamkeit im Zentrum. Danach sollen sich sämtliche Datenverarbeitungsvorgänge an dem Ziel orientieren, so wenig personenbezogene Daten wie möglich zu erheben, zu verarbeiten oder zu nutzen, § 3a S. 1 BDSG. Das Prinzip beruht auf der Idee, dass Daten, die gar nicht erst erhoben werden, später auch nicht missbraucht werden können.

Die Verwirklichung dieses Datensparsamkeitsgrundsatzes folgt einem „dreistufigen Aufbau": Wenn möglich sollte die Erhebung und Verarbeitung von personenbezogenen Daten gänzlich vermieden werden [1.]. Immer dann, wenn ein Verfahren ohne den Anfall von personenbezogenen Daten nicht oder nur unter unverhältnismäßig großem Aufwand möglich wäre, ist der Personenbezug der angefallenen Daten nach § 3a S. 2 BDSG sobald wie möglich wieder aufzuheben [2.]. Schließlich gilt es, einmal erhobene oder verarbeitet Daten wieder zu löschen, sobald sie nicht mehr benötig werden [3.].[1131]

In Bezug auf das Smart Grid bedeutet dies, dass die darin stattfindende Datenverarbeitung so zu gestalten ist, dass sie mit möglichst wenigen personenbezogenen Daten durchgeführt wird.[1132] Soweit die Verarbeitung personenbezogener Daten unvermeidbar ist, ist der Verarbeitungsprozess so kurz wie möglich zu halten.[1133] Für die datenschutzrechtliche Zulässigkeit einzelner Verarbeitungsschritte im Smart Grid kommt es mithin darauf an, ob und inwieweit die Daten zur Erreichung des Erhebungs- und Verarbeitungszwecks personenbezogen sein müssen, oder ob es genügt, wenn sie in aggregierter, pseudonymisierter oder anonymisierter Form vorliegen.[1134]

1. Begrenzung der Datenverarbeitung

Bislang hat sich in der deutschen Rechtsordnung keine (angemessene) Antwort auf die Zunahme von Daten gefunden.[1135] Der Versuch, der Vermehrung von Daten durch eine gleichzeitige Vermehrung von Gesetzesnormen zu beggnen, ist nicht Erfolg versprechend. Denn es besteht weitgehend Einigkeit darüber, dass gerade in Deutschland parallel zur *Datenflut* auch eine *Gesetzesflut* besteht.[1136] Diese Übernormierung stellt nicht etwa einen Gewinn für den Rechtsstaat dar, sondern führt eher

---

1131 *Pfitzmann*, DuD 1999, 405 (406).
1132 *Cavoukian/Polonetsky/Wolf*, Smart Privacy, S. 13.
1133 *Jandt*, in: Roßnagel, Nutzerschutz, S. 44.
1134 *Haubrich*, in: Britz/Eifert/Reimer, Energieeffizienzrecht, S. 232.
1135 *von Lewinski*, Datenflut, S. 9 u. 24.
1136 *Stern*, StaatsR II, S. 639; *von Lewinski*, Datenflut, S. 8.

dazu, dass sich die Beteiligten angesichts der Vielzahl an Regelungen „in einen nur noch selektiven Gesetzesvollzug" flüchten.[1137] Es besteht insofern in gewisser Weise eine „Parallele zwischen Rechtsstaat und Informationsgesellschaft".[1138] Der völlige Verzicht auf Datenverarbeitung stellt jedenfalls eine im heutigen Informationszeitalter nicht umsetzbare Utopie dar[1139] und ist vom Gesetzgeber auch nicht intendiert[1140].
Nichts anderes gilt auch für die Vorgänge im Smart Grid. Der Grundsatz der Datensparsamkeit verbietet Datenverarbeitung daher auch nicht *per se*, sondern beschränkt sie lediglich auf den für die Zweckerreichung erforderlichen Umfang.[1141] Insofern ist nicht zu verlangen, auf eine Verarbeitung personenbezogener Energiedaten zu verzichten, sondern diese in ihrem Umfang zu beschränken. § 3a BDSG zwingt die verantwortliche Stelle dazu, jeweils zu prüfen, ob es tatsächlich erforderlich ist, für einen bestimmten Zweck überhaupt personenbezogene Daten zu verwenden.[1142] Das Ziel, die Datenverarbeitungsprozesse im Sinne der Datensparsamkeit quantitativ zu beschränken, kann dabei durch verschiedene Maßnahmen verwirklicht werden.

a) Länge der Messintervalle (Datengranularität)

Die mengenmäßige Begrenzung der Datenverarbeitung im Smart Grid hängt maßgeblich von der zeitlichen Auflösung der Messintervalle ab.[1143]

Problematisch ist, dass der genaue Messtakt im Gesetz nicht geregelt ist. Stattdessen stehen die in § 21g Abs. 1 EnWG abschließend aufgezählten Nutzungszwecke unter dem Vorbehalt der *Erforderlichkeit*. Die Ableseintervalle hängen vom Energiebelieferungstarif und den technischen Lösungen ab.[1144] Jedes Unternehmen muss daher jeweils im Einzelfall das Maß des Erforderlichen bestimmen.

Mit dem Begriff der sogenannten Datengranularität wird der Detaillierungsgrad von Daten beschrieben.[1145] Je detaillierter die Daten sind, desto niedriger ist die Granularität; mit zunehmender Verdichtung der Daten steigt sie.[1146] Das klassische Modell der Verbrauchserfassung sieht eine jährliche Messung vor; mithin eine sehr hohe Granularität. Intelligente Messsysteme ermöglichen theoretisch eine sekündliche Erfassung, wodurch eine niedrige Granularitätsstufe erreicht wird. Die Spezialregelung in § 10 Abs. 2 MessZV („viertelstündige registrierende

---

1137 *Kloepfer*, VerfR I, § 10 Rn. 286.
1138 *von Lewinski*, Datenflut, S. 8.
1139 Vgl. hingegen die Forderung von *Simitis*, in Kiesow/Ogorek/Simitis, Summa, S. 527.
1140 RegBegr, BT-Drs. 14/4329, S. 33.
1141 *Roßnagel*, Handbuch, Kap. 3.4 Rn. 12.
1142 Abel/*Ehmann*, BDSG, § 3a, S. 47.
1143 *Düsseldorfer Kreis*, Orientierungshilfe, S. 12.
1144 RegBegr, BT-Drs. 17/2672, S. 77; krit. dazu auch *Jandt/Roßnagel/Volland*, ZD 2011, 99 (102 f.).
1145 *Petersohn*, Data Mining, S. 43.
1146 *Petersohn*, Data Mining, S. 43.

Leistungsmessung") bezieht sich nicht auf Letztverbraucher. Ziel ist es, ein sinnvolles Maß zwischen diesen beiden Extremen zu finden. Tarife müssen dafür so gestaltet werden, dass es zu einem optimalen Ausgleich zwischen dem energiesparenden Steuerungseffekt beim Energieversorger und der Eingrenzung der Aussagekraft von Messdaten des Betroffenen kommt.[1147] So wird beispielsweise eine stündliche Ablesung vorgeschlagen, da hierbei nur noch eine „grobe Tendenz" des Nutzerverhaltens erkennbar sichtbar sein soll.[1148]

Es gilt dabei allerdings zwischen dem Messintervall und dem Ableseintervall zu unterscheiden: Solange Messwerte innerhalb eines kurzen Intervalls aufgezeichnet werden, vermag auch ein länger Ableseintervall nur wenig an der datenschutzrechtlichen Problematik zu verändern. Denn entscheidend ist gerade nicht, wie oft die Ablesung erfolgt, sondern wie viele Daten im Laufe eines Ableseintervalls aufgezeichnet werden.[1149] Wenn nur einmal jährlich Verbrauchswerte abgelesen werden, diese aber aus einer großen Menge von Einzelwerten bestehen, stellt dies aus datenschutzrechtlicher Sicht keinen großen Gewinn dar. Denn die Möglichkeit einer Profilbildung besteht in diesem Fall noch immer, wenn es auch an einer zeitlichen Aktualität fehlt und die Daten daher weniger *wertvoll* sein mögen.

Ein weiterer Ansatz wäre der vermehrte Einsatz von lokalen Stromspeichern.[1150] Denn hierdurch wäre es schwieriger zu erkennen, wann ein Kunde Strom verbraucht hat, da die Lastkurve hierdurch nicht unmittelbar beeinflusst wird.

b) Begrenzung der verantwortlichen Stellen

Auch die Anzahl der berechtigten datenverarbeitenden Stellen ist zu begrenzen. Die in § 21g Abs. 1 EnWG vorgesehene abschließende Benennung ist insofern zu begrüßen. Ziel muss es sein, die Datenverarbeitungsbefugnisse der verantwortlichen Stellen sowohl quantitativ als auch inhaltlich zu limitieren. Dabei ist genau festzulegen, welche Stellen, wann und zu welchem Zweck personenbezogene Energiedaten erheben dürfen und wann und in welchem Umfang die beteiligten Stellen Energiedaten untereinander „austauschen" dürfen.

2. Aufhebung des Personenbezugs

Soweit die Erhebung von Daten erforderlich ist, sollten diese gem. § 3a S. 2 BDSG anonymisiert oder pseudonymisiert werden, sofern dies nach dem Verwendungszweck möglich und im Verhältnis zum angestrebten Zweck nicht unverhältnismäßig ist.

1147 *Jandt*, in: Roßnagel, Nutzerschutz, S. 44.
1148 *Müller*, DuD 2010, 359 (362).
1149 *Brink*, ZWE 2014, 75 (76).
1150 So *Kalogridis et al.*, IJSN 2011, 14 (16).

Durch Anonymisierung oder Pseudonymisierung kann also der Personenbezug der Energiedaten aufgehoben werden.[1151] Sobald Daten einem Betroffenen nicht mehr zugeordnet werden können, sind sie ungeeignet, daraus Persönlichkeitsprofile zu erstellen; das Gefährdungspotenzial kann dadurch erheblich verringert werden.[1152]

a) Anonymisierung

Gem. § 3 Abs. 6 BDSG gelten Daten als anonymisiert, wenn sie derart verändert wurden, dass die Einzelangaben über persönliche oder sachliche Verhältnisse nicht mehr oder nur noch mit unverhältnismäßig großem Aufwand einer Person zugeordnet werden können. Die Herstellung des Personenbezugs darf dabei nicht mit geringem Aufwand an Zeit, Kosten oder Arbeitskraft möglich sein.

Der Legaldefinition in § 3 Abs. 6 BDSG ist lediglich ein „Ziel bzw. Ergebnis" der Anonymität zu entnehmen; nicht festgelegt ist hingegen, welche Maßnahmen ergriffen werden müssen, damit die Daten als anonym gelten.[1153] In der Praxis wird eine Anonymisierung beispielsweise dadurch realisiert, dass bestimmte Identifikationsmerkmale einer Person wie etwa Name oder Anschrift gelöscht oder durch ein neues *allgemeines* Datum wie z.B. „Person im Alter über 30 Jahre" ersetz werden.[1154]

Eine Anonymisierung ist gem. § 3 Abs. 6 BDSG in zwei alternativen Formen möglich: Eine *echte* bzw. *absolute* Anonymisierung bedeutet, dass sämtliche Identifikationsmerkmale gelöscht werden, sodass aus dem Datenbestand keine Daten mehr gewonnen werden können, die den Personenbezug wieder herstellen.[1155] Diese Form der Anonymisierung wird heutzutage als unrealistisch bzw. „illusionär" erachtet, da es mithilfe moderner IKT fast immer möglich sei, den Betroffenen zu re-identifizieren.[1156]

Bei einer *faktischen* Anonymisierung[1157] werden die Identifikationsmerkmale nicht gelöscht, sondern lediglich getrennt gespeichert.[1158] Eine Re-Identifikation ist dadurch möglich, allerdings nur unter einem unverhältnismäßig großen Aufwand an Zeit, Kosten und Arbeitskraft. Ob der Aufwand unverhältnismäßig ist, richtet

---

1151 *Haubrich*, in: Britz/Eifert/Reimer, Energieeffizienzrecht, S. 231; dazu auch Kap. 3 D.II.3.
1152 *Haubrich*, in: Britz/Eifert/Reimer, Energieeffizienzrecht, S. 231; *Rüdiger*, RDV 2014, 253 (255).
1153 *Härting*, NJW 2013, 2065; *Wójtowicz*, PinG 2013, 65 (66).
1154 *Plath/Schreiber*, BDSG, § 3 Rn. 60.
1155 *Bergmann/Möhrle/Herb*, BDSG, § 3 Rn. 130; *Gola/Schomerus*, BDSG, § 3 Rn. 44.
1156 *Härting*, NJW 2013, 2065; ähnlich zur „Unmöglichkeit" der Anonymität *Baum*, DuD 2013, 583 u. *Kühling*, VERW 2007, 153 (170).
1157 Zum Streit, ob Daten nach einer faktischen Anonymisierung noch personenbezogen sind: BeckOK DSR/*Schild*, § 3 Rn. 97; *Bergmann/Möhrle/Herb*, BDSG, § 3 Rn. 131; *Gola/Schomerus*, § 3 Rn. 44; *Plath/Schreiber*, BDSG, § 3 Rn. 59; Simitis/*Dammann*, BDSG, § 3 Rn. 200; *Wójtowicz*, PinG 2013, 65 (66).
1158 *Bergmann/Möhrle/Herb*, BDSG, § 3 Rn. 131.

sich nach dem möglichen Interesse der datenverarbeitenden Stelle.[1159] Ein solches Interesse liegt regelmäßig dann nicht vor, wenn die Re-Identifikation „im Verhältnis zum Wert der erlangten Information" zu aufwendig ist oder wenn „der notwendige Aufwand bei der Neubeschaffung von Informationen [...] geringer ist als der Aufwand für ihre Re-Identifikation und somit eine solche nicht zu erwarten ist".[1160] Daraus folgt, dass anonymisierte Daten regelmäßig als nicht personenbezogene Daten anzusehen sind, selbst wenn ein gewisses „Restrisiko der Re-Identifizierung" besteht.[1161]

Idealerweise sollte die Anonymisierung direkt am Anfang der Verarbeitungskette, also schon bei der Erhebung geschehen.[1162] Allerdings ist dies nicht bei allen Energiedaten möglich, denn zumindest die Verbrauchsdaten sind für die spätere Abrechnung erforderlich und müssen daher dem betroffenen Letztverbraucher zuzuordnen sein; eine umfassende Anonymisierung erscheint daher in der Praxis nahezu nicht umsetzbar.[1163] Auch die Möglichkeit einer Re-Identifizierung ist faktisch kaum auszuschließen.[1164]

b) Pseudonymisierung

Daher ist auf das Mittel der Pseudonymisierung zurückzugreifen, wodurch die Identität des Letztverbrauchers verdeckt wird.

Gem. § 3 Abs. 6a BDSG ist Pseudonymisieren ein Verfahren, bei welchem der Name und andere Identifikationsmerkmale durch ein Kennzeichen zu dem Zweck ersetzt werden, die Bestimmung des Betroffenen auszuschließen oder wesentlich zu erschweren. Anders als bei der Anonymisierung enthält jedes pseudonymisierte Datum jedoch eine Zuordnungsfunktion, womit die Verschlüsselung bei Bedarf aufgedeckt werden kann.[1165] Für diejenige verantwortliche Stelle, die Kenntnis von dieser Zuordnungsregel hat, bleibt das pseudonymisierte Datum daher personenbezogen.[1166] Für Stellen, die auf diese Funktionen nicht zugreifen können und andere Aufdeckungsrisiken auf ein Mindestmaß reduziert sind, kommen diese Daten anonymisierten Daten gleich.[1167]

1159 Erbs/Kohlhaas/*Ambs*, BDSG, § 3 Rn. 31; *Gola/Schomerus*, BDSG, § 3 Rn. 44.
1160 *Bergmann/Möhrle/Herb*, BDSG, § 3 Rn. 131.
1161 Kilian/Heussen/*Polenz*; CHB, Kap. 13, Rn. 78; *Wójtowicz*, PinG 2013, 65 (66).
1162 BerlKommEnR/*Lorenz/Raabe*, EnWG, § 21g Rn. 87; s. zur technischen Umsetzung unten: Kap. 5 C.II.1.
1163 BerlKommEnR/*Lorenz/Raabe*, EnWG, § 21g Rn. 90; *Raabe*, DuD 2010, 379 (383); *Wagner et al.*, Informatic Proceedings 2010, 449 (452); *Wieczorek*, in: Taeger, Big Data & Co., S. 447.
1164 *Wieczorek*, in: Taeger, Big Data & Co., S. 447.
1165 *Gola/Schomerus*, BDSG, § 3 Rn. 46; Simitis/*Dammann*, BDSG, § 3 Rn. 215; Taeger/Gabel/*Buchner*, BDSG, § 3 Rn. 47.
1166 *Härting*, NJW 2013, 2065 (2066); *Roßnagel/Scholz*, MMR 2000, 721 (725).
1167 Simitis/*Scholz*, BDSG, § 3a Rn. 48.

Zu bedenken gilt allerdings, dass ähnlich wie bei der Anonymisierung diverse technische Möglichkeiten existieren, die Pseudonymisierung aufzuheben und die Daten wieder einem bestimmten Haushalt bzw. einzelnen Personen zuzuordnen.[1168] Wenn nun über eine lange Zeit einem Pseudonym bestimmte Eigenschaften zugeordnet werden können, kann das Problem der Profilbildung mit Offenlegung des Schlüssels wieder auftreten. Um dies zu verhindern, sollten nur *temporäre* Pseudonyme verwendet werden.[1169]

Pseudonyme sollten einem Betroffenen nicht für verschiedene Zwecke zugeordnet werden, sondern für jeden Zweck sollte ein anderes Pseudonym verwendet werden („feingranulare Pseudonymität").[1170]

Aus § 3a S. 2 BDSG ist indes kein absoluter Zwang zur Anonymisierung oder Pseudonymisierung abzuleiten, sondern lediglich ein Vorrang vor anderen denkbaren Verfahren. Denn diese beiden Formen der Datenverarbeitung sind nur zwei von mehreren Möglichkeiten zur Ausgestaltung des Systemdatenschutzes.[1171] Es handelt sich mithin lediglich um Regelbeispiele dafür, wie dem Grundsatz der Datenvermeidung und -sparsamkeit Rechnung getragen werden kann.[1172] Dies belegt vor allem der Wortlaut „insbesondere" in § 3a S. 2 BDSG.[1173]

c) Aggregation

Das Re-Identifizierungsrisiko lässt sich durch sogenannte Datenaggregierung weiter einschränken. Darunter ist die Zusammenfassung mehrerer individueller Datensätze zu einem gemeinsamen Gruppendatensatz zu verstehen.[1174] Anders als die Granularität, die auf die Häufigkeit der Messung rekurriert, bezieht sich die Aggregation auf die Menge der bei der Messung erfassten Personen.

Bei der Zusammenfassung großer Verbrauchergruppen (etwa einer ganzen Versorgungsregion) wird eine hohe Aggregationsstufe erreicht. Wenn Daten so weit zusammengefasst sind, dass einer bestimmten Person keine Angaben mehr zugeordnet werden, mangelt es diesen Daten am Personenbezug; der Anwendungsbereich des BDSG ist damit verlassen.[1175] Umso mehr Merkmale in diesen zusammengefassten Datensatz einfließen, desto höher ist die Gefahr, dass Rückschlüsse auf Einzelpersonen möglich werden, sofern entsprechendes Zusatzwissen vorliegt.[1176] So kann

---

1168 Zum technischen Hintergrund ausführlich *Jawurek/Johns/Rieck*, in: ACSAC 2011, S. 227 ff.
1169 *Pallas/Raabe/Weis*, CR 2010, 404 (408).
1170 *Roßnagel/Pfitzmann/Garstka*, Modernisierung, S. 40.
1171 RegBegr, BT-Drs. 14/4329, S. 33.
1172 Simitis/*Scholz*, BDSG, § 3a Rn. 45; RegBegr, BT-Drs. 14/4329, S. 33.
1173 Simitis/*Scholz*, BDSG, § 3a Rn. 45.
1174 *Petersohn*, Data Mining, S. 60; *Kühn*, in Großmann/Kunold, Smart Energy 2011, S. 20.
1175 *Gola/Schomerus*, BDSG, § 3 Rn. 3; Plath/*Schreiber*, BDSG, § 3 Rn. 7; Simitis/*Dammann*, BDSG, § 3 Rn. 14; Simitis/*Ehmann*, BDSG, § 30 Rn. 69.
1176 *Weichert*, in: Geiselberger/Moorstedt, Big Data, S. 144.

z. B. bei bestimmten Auffälligkeiten in einer Gruppe von Daten wieder auf einzelne Personen geschlossen werden, denen sodann bestimmte Eigenschaften zugeordnet werden können. Wichtig ist daher, die Gruppengröße so zu wählen, dass dieses Risiko möglichst gering gehalten wird.[1177]

Die verschiedenen Akteure im Strommarkt haben hinsichtlich der Aggregation und der Granularität unterschiedliche Bedürfnisse: Energieerzeuger benötigen zur Lastplanung idealerweise Daten mit niedriger Granularität; ein hoher Aggregationszustand wäre gleichzeitig aber unschädlich. Dagegen beanspruchen Messdienstleister zu Abrechnungszwecken stets Daten des Einzelverbrauchers, also in geringer Aggregation in der vom Tarif (bzw. Abrechnungszeitraum) vorgeschriebenen Granularität.[1178]

Der Personenbezug ist nur hinsichtlich bestimmter Zwecke erforderlich, allen voran der Abrechnung. Für sonstige Zwecke ist der Personenbezug der Verbrauchsdaten hingegen meist nicht erforderlich. Es kann daher genügen, wenn Verbrauchs- und Einspeisungsdetails zunächst dezentral im jeweiligen Haushalt gespeichert werden und zunächst nur die abrechnungsrelevanten Daten an das Energieversorgungsunternehmen weitergegeben werden. Untersuchungen zeigen, dass auch bei der Aggregation der Verbrauchswerte von mehreren Haushalten die Lastkurven zum Tagesverbrauch noch deutlich erkennbar sind, die eine Zustandsprognose zur Netzauslastung zulassen.[1179] So lassen sich etwa Daten zusammenfassen, die sich auf ein ganzes Gebäude oder gar einen ganzen Straßenzug beziehen.[1180] Sekundärfunktionen wie etwa Energiemanagement und -statistik beruhen auf Lastkurven und Energiebilanzen; hierfür sind zusammengefasste Verbrauchsdaten mehrerer Haushalte völlig ausreichend.[1181] Kumulierte Verbrauchsdaten können den Energieversorgern hinreichend Informationen darüber bieten, um damit den Netzzustand festzustellen und damit die Energieversorgung effektiv sicherzustellen.[1182] Auch für die Abrechnung von Netznutzungsentgelten und Netzmanagement oder der Organisation virtueller Kraftwerke[1183] ist Personenbezug von Messdaten nicht zwingend erforderlich, denn die Messdaten müssen lediglich einem Lieferanten, nicht dem einzelnen Kunden zugeordnet werden können. Sämtliche Akteure im „Bereich des

---

1177 *Weichert*, in: Geiselberger/Moorstedt, Big Data, S. 144; s. zur praktischen Umsetzung auch *Quinn*, CEES, No. 09–001, S. 41.
1178 *Püschel/Großmann*, in: Großmann/Kunold, Smart Energy 2011, S. 71.
1179 *Malinka*, DANA 2014, 62 (63) unter Bezugnahme auf Daten der TU Darmstadt; *Müller*, DuD 2010, 359 (362).
1180 *de Hert/Kloza*, in: Schweighofer/Kummer, IRIS 2011, S. 194; *Gómez Mármol et al.*, IEEE CM 2012, 166 (168).
1181 *Fox/Müller*, in: Fox et al., SR 94, S. 11; *Jandt*, in: Roßnagel, Nutzerschutz, S. 44; Zum Personenbezug von statistischen Daten: BFHE 172, 488 = NJW 1994, 2246; *Schaffland/Wiltfang*, BDSG, § 3 Rn. 18.
1182 *Malinka*, DANA 2014, 62 (63); *Düsseldorfer Kreis*, Orientierungshilfe, S. 38.
1183 Hierzu vertiefend *Lange*, HMD 291, 71 (73).

Übertragungsnetzes und der Regelzonen" benötigen ebenfalls keine personenbezogenen, sondern lediglich aggregierte Verbrauchsdaten.[1184]

3. Speicher- und Löschkonzepte

Schließlich gilt es im Sinne der Datensparsamkeit, ein sinnvolles Speicher- und Löschkonzept in eine zukünftige Datenschutzregelung zu integrieren. Wie bereits dargestellt, sind Unternehmen oftmals daran interessiert, Daten so lange wie möglich aufzubewahren, um sie für verschiedene Zwecke zu nutzen. Durch angemessene Löschfristen kann eine derartige Vorratsdatenspeicherung vermieden werden.[1185] Eine entsprechende Regelung fehlt bislang im EnWG. Zwar hat der Gesetzgeber nach dem Vorbild des § 100 Abs. 3 S. 2 TKG in § 21g Abs. 3 S. 3 EnWG eine Regelung geschaffen, die der berechtigten Stelle die Verwendung von Verkehrsdaten erlaubt, wenn der Verdacht einer rechtswidrigen Inanspruchnahme eines Messsystems oder seiner Dienste besteht. Daraus ergibt sich jedoch kein Recht zur Speicherung dieser Daten.[1186]

Statt eine Regelung ins EnWG zu integrieren, überlässt der Gesetzgeber dem Verordnungsgeber hinsichtlich der Speicherfristen von Energiedaten einen weiten Gestaltungsspielraum: Für Höchstfristen der Speicherung sollen „die berechtigten Interessen der Unternehmen und der Betroffenen angemessen" berücksichtigt werden, § 21g Abs. 6 S. 7 EnWG. Dies gibt keine Kriterien für Löschfristen, sondern lediglich den Rahmen für eine allgemeine Abwägung vor.

Solange es an einer speziellen Regelung fehlt, richten sich die Löschfristen nach dem allgemeinen Datenschutzrecht. Gem. § 35 Abs. 2 S. 2 BDSG sind personenbezogene Daten zu löschen, wenn ihre Rechtsgrundlage entfallen ist (Nr. 1) oder sobald ihre Kenntnis für die Erfüllung des Geschäftszwecks (§ 28 BDSG) nicht mehr erforderlich ist (Nr. 3). *Löschen* bedeutet gem. § 3 Abs. 4 S. 2 Nr. 5 BDSG das Unkenntlichmachen des gespeicherten personenbezogenen Datums. Dabei sind die Kenntnisse, die sich aus den Informationen der Daten ergeben, zu beseitigen.[1187]

Andererseits bestehen oftmals auch Aufbewahrungspflichten, die der Löschung entgegenstehen.[1188] Die beteiligten Unternehmen unterliegen regelmäßig handels- und steuerrechtlichen Aufbewahrungsvorschriften,[1189] die sie zur Speicherung von bestimmten Daten verpflichten.[1190] In diesen Fällen sieht § 35 Abs. 3 Nr. 1 BDSG statt einer Löschung die *Sperrung* der Daten vor. Dabei wird das gespeicherte Datum

---

1184 *Haubrich*, in: Britz/Eifert/Reimer, Energieeffizienzrecht, S. 232.
1185 *Düsseldorfer Kreis*, Orientierungshilfe, S. 13.
1186 BerlKommEnR/*Lorenz/Raabe*, EnWG, § 21g Rn. 73; ebenso für die Telekommunikation Arndt/*Fetzer*/Scherer, TKG, § 100 Rn. 16; Säcker/*Mozek*, TKG, § 100 Rn. 29.
1187 Gierschmann/Saeugling/*Schmitz*, BDSG, § 3 Rn. 92.
1188 *Kühling/Klar*, ZD 2014, 506 (507).
1189 Beispielsweise § 147 AO, § 257 HGB und § 273 AktG.
1190 Gierschmann/*Saeugling*, BDSG, § 35 Rn. 74; *Katko/Knöpfle/Kirschner*, ZD 2014, 238 (239 f.).

derart gekennzeichnet, dass seine weitere Verarbeitung oder Nutzung eingeschränkt wird, § 3 Abs. 4 S. 2 Nr. 4 BDSG.

Bei den Speicherfristen ließe sich – entsprechend des Gefährdungspotenzials – insoweit unterscheiden, als bei pseudonymisierten Datensätzen eine längere Speicher- bzw. Löschfrist angemessen wäre, als bei unmittelbar personenbezogenen Daten.[1191]

Inwieweit sich durch die DSchGVO im Hinblick auf das „Recht auf Löschung" (Art. 17 DSchGVO-E) und die Rechtsprechung des EuGH zum „Recht auf Vergessenwerden"[1192] hinsichtlich der Löschpflichten im allgemeinen Datenschutzrecht Veränderungen ergeben, bleibt abzuwarten.[1193]

Entscheidend ist letztlich, dass die beteiligten Stellen entsprechend der jeweils geltenden gesetzlichen Vorgaben ein nachhaltiges Archivierungs- und Löschkonzept im Unternehmen implementieren und dies auch praktisch umsetzen.[1194]

II. Stärkung der Betroffenenrechte

Die Daten und vor allem auch ihr Auswertungspotenzial stehen in einem „vielschichtigen Netz von Interessen", weswegen die Betroffenen kaum in der Lage sind, abzuschätzen, wofür die erhobenen Daten und die darauf basierenden Profile letztlich verwendet werden.[1195] Um dieser Gefahr zu begegnen, ist es erforderlich, die Rechte der betroffenen Letztverbraucher insofern zu verbessern, als einerseits ihre Datensouveränität gestärkt und andererseits die Transparenz der Datenverarbeitungsvorgänge im Smart Grid erhöht wird.

1. Definition von Begrifflichkeiten

Aus den vorherigen Feststellungen in dieser Arbeit ergibt sich, dass die derzeitigen regulatorischen Rahmenbedingungen nicht hinreichend sind, um die Entwicklung des Smart Grid voranzutreiben. Es mangelt an klaren und aussagekräftigen Begriffsdefinitionen, an denen sich alle Beteiligten orientieren können.[1196] So ist beispielsweise der Unterschied zwischen den Begriffen *Letztverbraucher* (§ 3 Nr. 26 EnWG) und *Anschlussnutzer* (§ 21b Abs. 2 EnWG, § 1 Abs. 3 NAV) unklar.[1197] Dabei ist vor allem klärungsbedürftig, wer davon als *Betroffener* im datenschutzrechtlichen Sinne gilt. Auch die Begriffe *Verkehrs- und Bestandsdaten* (§ 21g Abs. 3 EnWG) sind nicht definiert.

1191 *Duisberg*, in: Peters/Kersten/Wolfenstetter, Innovativer Datenschutz, S. 263.
1192 EuGH GRUR 2014, 895 – *Google Spain/AEPD*.
1193 Dazu *Kühling/Klar*, ZD 2014, 506 ff.
1194 Dazu vertiefend *Katko/Knöpfle/Kirschner*, ZD 2014, 238 (240 f.).
1195 *Roßnagel/Jandt*, SR 88, S. 9.
1196 *Körber/Jäger*, ZNER 2010, 41; *Windoffer/Groß*, VerwArch 2012, 491 (496).
1197 *Düsseldorfer Kreis*, Orientierungshilfe, S. 12.

Es besteht daher die Notwendigkeit, das EnWG, die MessZV sowie die anderen maßgeblichen Gesetze und Verordnungen um weitere Normierungen zu ergänzen.[1198] Für die Schaffung eines eigenständigen „Artikelgesetzes für Smart Grids"[1199] besteht indes kein Bedarf. Hierfür bieten das EnWG sowie die begleitenden Verordnungen genügend Spielraum.

Darüber hinaus wird ergänzend zum allgemeinen Datengeheimnis nach § 5 BDSG die Einführung eines „Energiegeheimnisses" gefordert.[1200] Die Akteure des Energiemarktes sollen dadurch – ähnlich wie sonstige Geheimnisträger[1201] – an erhöhte Geheimhaltungspflichten gebunden werden.[1202] Angesichts der identifizierten Gefahren im Zusammenhang mit intelligenter Verbrauchserfassung ist der Bedarf eines solchen Schutzgutes ein denkbarer Ansatz. Indes besteht diesbezüglich noch erheblicher Klärungsbedarf. Unklar ist, welche der vielen Akteure auf dem Energiemarkt durch die Geheimhaltungspflicht verpflichtet und geschützt werden sollen und wie Verstöße sanktioniert werden sollten.

2. Transparenz der Vorgänge im Smart Grid

Die Transparenz der Datenverarbeitungsvorgänge ist Grundvoraussetzung für eine rechtskonforme Gestaltung des Smart Grid und insbesondere des Smart Metering. Der Betroffene kann sein Recht auf informationelle Selbstbestimmung nur dann ausüben, wenn er über die ihn betreffenden Datenverarbeitungsvorgänge informiert ist.[1203] Der Verbraucher soll stets darüber im Bilde sein, ob und wenn ja wer welche Daten über ihn erhebt und wer was über ihn weiß.[1204] Denn nur wenn der Betroffene Kenntnis über das „Schicksal seiner Daten" hat, ist er in der Lage, sich entsprechend zu verhalten und ggf. bestimmte Maßnahmen einzuleiten.[1205]

Die verantwortliche Stelle muss den Betroffenen eindeutig und verständlich über die Art und Weise des Umgangs mit seinen Daten aufklären.[1206] Hierfür ist es erforderlich, dass die Kommunikationsvorgänge und Verarbeitungsschritte beim Smart Metering sichtbar und nachweisbar sind.[1207] Die Transparenz des Energieverbrauchs

---

1198 *Windoffer/Groß*, VerwArch 2012, 491 (496).
1199 So die Forderung von *Güneysu/Vetter/Wieser*, DVBl 2011, 870 (875).
1200 *Roßnagel/Jandt*, DuD 2010, 373 (377); *Püschel/Großmann*, in: Großmann/Kunold, Smart Energy 2011, S. 78; die Schaffung eines „Ressourcenverbrauchsgeheimnisses" fordert Karg, www.datenschutzzentrum.de/vortraege/20100921-karg-smartmeter.pdf, S. 26.
1201 Z.B. § 88 TKG, § 9 MBO-Ä oder § 43a Abs. 2 BRAO.
1202 *Roßnagel/Jandt*, DuD 2010, 373 (377).
1203 Gierschmann/Saeugling/*Heinemann*, BDSG, § 6 Rn. 1; Taeger/Gabel/*Meents*, BDSG, § 6 Rn. 1; *Roßnagel*, Handbuch, Kap. 1 Rn. 4.
1204 BeckOK DSR/*Bäcker*, § 4 Rn. 26; *Gola/Schomerus*, BDSG, § 4 Rn. 21; *Hladjk*, Online-Profiling, S. 62.
1205 Gierschmann/Saeugling/*Dorn*, BDSG, § 42a Rn. 2.
1206 *Datenschutzkonferenz*, 21. Jahrhundert, S. 13.
1207 *Düsseldorfer Kreis*, Orientierungshilfe, S. 13.

wird als einer der Vorteile des Smart Metering gepriesen. Sie sollte sich daher aber nicht nur im Verbrauch widerspiegeln, sondern auch die sonstige Datenverwendung erfassen. Die Transparenz bezieht sich daher auf sämtliche Verarbeitungsschritte: „die Erhebung der Daten, deren Zusammenführung, die Analyse wie auch die Nutzung der Ergebnisse".[1208] Darüber hinaus sind auch Herkunft und Empfänger der Energiedaten sowie die Datenbankzugriffe zu protokollieren.[1209]

Die Informationspflicht setzt schon beim Vertragsschluss zwischen der zum Datenumgang berechtigten Stelle und dem Letztverbraucher an und verpflichtet die Stelle zu einer umfassenden Aufklärung des Betroffenen über die geplante Datenverwendung.[1210] Dies genügt allerdings nicht, da zu diesem frühen Zeitpunkt noch nicht alle denkbaren zukünftigen Datenverwendungen feststehen.[1211] Erforderlich ist daher eine fortlaufende Information des Betroffenen. Wenn der Letztverbraucher nun aber quasi „im Sekundentakt" über Datenverarbeitungsprozesse informiert wird, dient dies letztendlich nicht der Transparenz, sondern würde eher eine Überforderung des Betroffenen bewirken. Zielführend wäre daher, es dem Betroffenen zu ermöglichen, nach seiner Wahl jederzeit Zugriff auf und Einsicht in die Energiedaten zu haben, etwa durch eine Website oder auf einem Display in seinem Heimnetzwerk.[1212]

Im Endeffekt ist nicht entscheidend, dass die Verbraucher die Technik hinter dem Smart Grid tatsächlich verstehen, sondern dass sie ihr vertrauen (können).[1213]

a) Auskunftsrechte und Informationspflichten

Um Transparenz zu gewährleisten, müssen die Auskunfts- und Informationsrechte der Betroffenen gegenüber den verantwortlichen Stellen gesetzlich determiniert sein. Im allgemeinen Datenschutzrecht existieren als Ausfluss des Direkterhebungsgrundsatzes Informations- und Unterrichtungspflichten.[1214] Nach § 4 Abs. 3 S. 1 BDSG muss die verantwortliche Stelle den Betroffenen über die Identität der Stelle (Nr. 1), die Zweckbestimmung (Nr. 2) sowie gegebenenfalls über die Kategorien von Empfängern (Nr. 3) unterrichten. Daten, die unter Missachtung dieser Informationspflichten erhoben wurden, dürfen nicht verarbeitet werden.[1215]

1208 *Weichert*, in: Geiselberger/Moorstedt, Big Data, S. 145.
1209 *Datenschutzkonferenz*, 21. Jahrhundert, S. 21.
1210 *Schulz/Roßnagel/David*, ZD 2012, 510 (514).
1211 *Schulz/Roßnagel/David*, ZD 2012, 510 (514).
1212 *Schulz/Roßnagel/David*, ZD 2012, 510 (514).
1213 Vertiefend zum Verhältnis von Datenschutz und Vertrauen: *Kuhlen*, Informationsassistenten, S. 70 ff. und *Samarajiva*, in: Agre/Rotenberg, Technology and Privacy, S. 284 ff m. w. N.
1214 DKWW/*Weichert*, BDSG, § 4 Rn. 11 ff.; *Kühling/Seidel/Sivridis*, Datenschutzrecht, S. 89.
1215 *Kühling/Seidel/Sivridis*, Datenschutzrecht, S. 89.

An einer Norm mit entsprechendem Schutzniveau fehlt es im EnWG bislang. § 21h Abs. 1 EnWG verpflichtet den Messstellenbetreiber, dem Anschlussnutzer – auf dessen Antrag hin – Einsicht in die gespeicherten auslesbaren Daten zu gewähren (Nr. 1) und ihm diese zur Verfügung zu stellen (Nr. 2). Eine Auskunft mag etwa dann erforderlich sein, wenn der Anschlussnutzer bestimmte Daten benötigt, um sich ein Angebot von einem Lieferanten erstellen zu lassen oder um Streitigkeiten vor der Verbraucherschlichtungsstelle (*Schlichtungsstelle Energie e. V.*) nach § 111b EnWG auszutragen.[1216] Auch wenn ausweislich der Gesetzesbegründung hierfür das „Vorliegen eines berechtigten Interesses" auf Seiten des Anschlussnehmers erforderlich ist,[1217] ist das Einsichtsrecht nach dem eindeutigen Wortlaut des § 21h Abs. 1 EnWG nicht an eine derartige Bedingung geknüpft. Allerdings regelt § 21h EnWG nicht, wie diese Einsichtnahme erfolgen kann; es ist auch nicht vorgesehen, dass die zukünftige Rechtsverordnung hierzu Konkretisierungen trifft.[1218]

Sinnvoll wäre in Anbetracht der Komplexität der Datenverarbeitungsprozesse im Smart Grid, dass das Auskunftsrecht des Betroffenen sich auch auf eine Information über die Strukturen des Datenumgangs erstreckt. Nach dem Vorbild von § 6a Abs. 3 BDSG könnten die Letztverbraucher dann Auskunft über den „logischen Aufbau" der Verarbeitung ihrer Energiedaten erhalten.[1219]

Darüber hinaus normiert § 21h Abs. 2 EnWG die sogenannte *Data Breach Notification*.[1220] Unter Verweis auf § 42a BDSG ist dort geregelt, dass eine zum Datenumgang berechtigte Stelle bei „Datensicherheitspannen" bestimmte Informationspflichten gegenüber dem Letztverbraucher zu erfüllen hat. Allerdings bezieht sich die Informationspflicht nach § 21h Abs. 2 EnWG auf sogenannte „Nutzungsdaten". Was hierunter zu verstehen ist, bleibt unklar und bedarf angesichts der vielen verschiedenen Daten, die im Smart Grid anfallen, einer gesetzgeberischen Klarstellung. Vorzugswürdig wäre eine Regelung, die bei Datensicherheitspannen eine generelle Informationspflicht gegenüber den Aufsichtsbehörden und den betroffenen Nutzern vorsieht, unabhängig davon, ob die jeweiligen Daten personenbezogen sind oder nicht.[1221]

b) Steuerungs- und Eingriffsmöglichkeiten

Neben Informationsrechten befinden sich im allgemeinen Datenschutzrecht weitere Betroffenenrechte. In § 35 BDSG sind Rechte des Betroffenen auf Berichtigung, Löschung und Sperrung von Daten und auf Widerspruch gegen Datenverarbeitung

---

1216 RegBegr, BR-Drs. 343/11, S. 202; *Dornseifer*, in: Aichele/Doleski, Smart Meter Rollout, S. 142 f.
1217 RegBegr, BT-Drs. 17/6072, S. 80.
1218 *Dornseifer*, in: Aichele/Doleski, Smart Meter Rollout, S. 142.
1219 *Jandt/Roßnagel/Volland*, ZD 2011, 99 (103).
1220 Dazu DKWW/*Weichert*, BDSG, § 42a Rn. 1; Gierschmann/Saeugling/*Dorn*, BDSG, § 42a Rn. 1; Simitis/*Dix*, BDSG, § 42a Rn. 1.
1221 *Duisberg*, in: Peters/Kersten/Wolfenstetter, Innovativer Datenschutz, S. 262.

geregelt. § 6 Abs. 1 BDSG stärkt diese Rechte indem es die rechtsgeschäftliche Abbedingung dieser Betroffenenrechte untersagt.

Auch § 21g Abs. 6 S. 6 EnWG sieht vor, dass die zukünftige Verordnung dem Letztverbraucher Kontroll- und Einwirkungsmöglichkeiten gewähren muss. Abgesehen davon, dass die genaue Ausgestaltung der Verordnung ungewiss ist, ist die Regelung aber schon deshalb nicht hinreichend, weil sie sich ausschließlich auf das Fernwirken und Fernmessen bezieht.

Da es mithin im Energierecht bislang an entsprechenden Regelungen fehlt, ist die Schaffung eines durchsetzbaren Katalogs von Betroffenenrechten erforderlich.[1222] Positiv ist insoweit beispielsweise die Regelung in § 4 Abs. 1 Nr. 2 MsysV-E zu werten, die einen *Zugriffsschutz* auf die gespeicherten Messdaten vorschreibt. Ergänzend hierzu ergeben sich auch Regelungen aus dem BSI-Schutzprofil sowie den Technischen Richtlinien.

c) Regelung der Verantwortlichkeiten und Zuständigkeiten der datenverarbeitenden Stellen

Den Zugriff Unberechtigter auf Energiedaten sowie der „akteursübergreifende Datenabgleich aus wirtschaftlichen Interessen" gilt es zu verhindern.[1223]

Wenn jede datenverarbeitende Stelle gegenüber dem Betroffenen ihre jeweiligen Informationspflichten erfüllt, kann dies angesichts der Vielzahl an involvierten Stellen für den Betroffenen äußerst unübersichtlich werden. Es besteht die Gefahr, dass er den Überblick über die verschiedenen Datenverarbeitungsschritte verliert. Es ist daher ein Konzept der Informations- und Auskunftserteilung zu erarbeiten, wonach der Verbraucher nur solche Daten erhält, die er von dem jeweiligen Akteur benötigt.

Es bedarf daher einer klaren, transparenten Regelung der Verantwortlichkeiten und Zuständigkeiten der verschiedenen zum Datenumgang berechtigten Stellen (§ 21g Abs. 2 EnWG). Dies bezieht sich sowohl auf die Auslesung von Energiedaten als auch auf die Steuerung durch Mess- und Verbraucherseite.[1224] Der Gesetzgeber könnte – entsprechend den Regelungen für Smart Meter in § 21e EnWG – auch für die verschiedenen Umgangsberechtigten Zertifizierungsmöglichkeiten oder bestimmte Anforderungen bzw. ein Zulassungserfordernis schaffen. Derartige Formalisierungsmaßnahmen schaffen mehr Transparenz für den Endkunden und stärken dadurch dessen Vertrauen in den jeweiligen Anbieter.[1225] Dies kann wiederum einen Anreiz zum Kauf der Produkte bieten. Vorgaben für die Zertifizierung von Smart Meter Gateway Administratoren enthält beispielsweise § 7 MsysV-E.

Ein weiter Lösungsansatz zur datenschutzgerechten Gestaltung des Smart Metering könnte die Einschaltung einer sogenannten *Trusted Third Party (TTP)* sein.[1226]

1222 *Düsseldorfer Kreis*, Orientierungshilfe, S. 13; *Wiesemann*, ZD 2012, 447 (450).
1223 *Haubrich*, in: Britz/Eifert/Reimer, Energieeffizienzrecht, S. 248.
1224 *Püschel/Großmann*, in: Großmann/Kunold, Smart Energy 2011, S. 78.
1225 *Duisberg*, in: Peters/Kersten/Wolfenstetter, Innovativer Datenschutz, S. 260 f.
1226 *Gómez Mármol et al.*, IEEE CM 2012, 166 (170); *Siddiqui et al.*, ICCN 2012, 1 (4).

Dies ist eine *vertrauenswürdige* dritte Partei, die zwischen dem Betroffenen und dem Energieversorger stünde. Diese dritte Instanz könnte beispielsweise auch die Schlüssel für die Auflösung von Pseudonymen verwalten.[1227] Die *TTP* selbst muss nicht zwingend in einem direkten Vertragsverhältnis zum Letztverbraucher stehen und benötigt dementsprechend keine personenbezogenen Informationen über diesen; hierdurch können die Gefährdungen, die durch die Einschaltung dieser weiteren Partei bestehen könnten, minimiert werden.[1228]

3. Datensouveränität

Neben der Transparenz ist auch die Verbesserung der Selbstbestimmung der Betroffenen ein wichtiges Mittel, deren Datenschutzbelange angemessen zu berücksichtigen.[1229]

Wie erläutert, kommt es im Zusammenhang mit der gewerblichen Bildung von Persönlichkeitsprofilen zu einem Kontrollverlust der Betroffen hinsichtlich ihrer personenbezogenen Daten. Sie verlieren zunehmend die Hoheit über ihre eigenen Daten. Deshalb muss die Datensouveränität der Betroffenen gestärkt werden.[1230] Der Betroffene sollte jederzeit die Entscheidungshoheit über die Verwendung „seiner" Energiedaten, d.h. die rechtliche und tatsächliche Herrschaft über die Daten behalten.

In der US-amerikanischen Literatur wird vorgeschlagen, dass die Verbrauchsdaten dem betroffenen Verbraucher „gehören" sollen.[1231] Dies geht auf den Ansatz von *Lessig* zurück, Datenschutz ähnlich dem Eigentum zu behandeln und es dementsprechend jedem selbst zu überlassen, wie er mit seinen Daten verfährt.[1232] Die Frage der Datenherrschaft gesetzlich zu regeln wird allerdings nicht ohne Weiteres möglich sein; erforderlich sind hier vielmehr (begleitende) technische Lösungen, die die Privatsphäre sichern.[1233]

a) Interventionsmöglichkeiten

Damit gewährleistet ist, dass die Datenhoheit tatsächlich beim Endverbraucher verbleibt, muss dieser hinreichende Kontrollmöglichkeiten sowie die alleinige Entscheidungsbefugnis darüber haben, wem er welche Daten zur Verfügung stellt.[1234]

Hierfür muss der betroffene Letztverbraucher in der Lage sein, „den Zugriff auf und die Steuerung des Smart Meter im Haushalt zu erkennen und auch unter klar

---

1227 *Karg et al.*, Empfehlungen, S. 26.
1228 *Bohli/Sorge/Ugus*, IEEE ICC 2010, 1 (3).
1229 *Wieczorek*, in: Taeger, Big Data & Co., S. 447.
1230 *Wiesemann*, ZD 2012, 447 (450).
1231 *Tsai*, TPRC 2010, 8 spricht insoweit von „property".
1232 *Lessig*, Social Research 2002, 247 (257).
1233 *Hoeren*, ZRP 2010, 251 (253).
1234 *Enquete-Kommission*, Internet und digitale Gesellschaft, BT-Drs. 17/8999, S. 57.

definierten Voraussetzungen zu unterbinden".[1235] Eine solche Interventionsmöglichkeit könnte dadurch realisiert werden, dass der Verbraucher die Kommunikation unterbrechen kann, sofern gleichzeitig sichergestellt ist, dass die Messung entsprechend der vertraglichen Vereinbarung sowie eine korrekte Abrechnung weiterhin möglich sind.[1236] Hierfür ist Benutzerfreundlichkeit der Geräte erforderlich, denn die Verfügungsgewalt des Nutzers über ein Gerät ist nur dann sinnvoll, wenn dieser es auch sinnvoll einsetzen und bedienen kann.[1237]

b) (Digitale) Selbstbestimmung vs. Bevormundung

Die mit den gesetzlichen Vorgaben einhergehenden Einschränkungen der Datenverarbeitung sind regelmäßig im Sinne des Betroffenen, schützen sie ihn doch vor dem Missbrauch seiner Daten. Daten werden heute aber vielfach dazu eingesetzt, zugunsten des Betroffenen bestimmte Dienste zu ermöglichen und dadurch dem Einzelnen einen individuellen Nutzen zu verschaffen. Dass Betroffene zunehmend selbst über den Umfang der Preisgabe ihrer Daten entscheiden möchten und dabei viel „freizügiger" sind, als der Gesetzgeber dies vorsieht, lässt sich auch am Nutzerverhalten in sozialen Netzwerken ablesen. Dort geben zahlreiche Nutzer gegenüber einer mehr oder minder beschränkten Öffentlichkeit eine Vielzahl an persönlichen Daten preis. Sicherlich wird ein Anteil der Nutzer hierbei in Unkenntnis der zugrunde liegenden Nutzungsabläufe der Social-Media-Angebote handeln; andere entscheiden sich aber auch bewusst für die Offenbarung dieser persönlichen Informationen.[1238] Zu strenge regulatorische Vorgaben könnten dazu führen, dass dem Betroffenen „potenzielle Gratifikationen entgehen".[1239] Das Datenschutzrecht sollte daher – auch und gerade im Sinne der Betroffenen – nicht so extensiv ausgeweitet werden, dass sich das Recht zu einem Zwangsinstrument wandelt. Dem Betroffenen sollte nicht gegen seinen Willen ein Maß an Datensicherheit aufgedrängt werden, welches er gar nicht begehrt.[1240] Allein der Betroffene soll über den Umfang des ihm durch das Datenschutzrecht gewährten Schutzes entscheiden dürfen.[1241] Denn die „digitale Selbstbestimmung" umfasst auch die Entscheidung darüber, wie der Nutzer seine Beteiligung am „digitalen Leben" ausgestalten möchte.[1242] Dies mag als „Abwendung von einem staatlichen Schutzgedanken" zu deuten sein, ist aber

---

1235 *Düsseldorfer Kreis*, Orientierungshilfe, S. 13.
1236 S. insoweit z. B. § 31a Abs. 2 BlnDSG, der das Abschalten von Fernmess- und Fernwirkdiensten durch den Verbraucher erlaubt.
1237 *BfDI*, 23. Datenschutzbericht 2011, S. 56 f.; ähnlich *Lobo*, www.spiegel.de/netzwelt/web/sascha-lobo-datenschutz-muss-weiterentwickelt-werden-a-961864.html, der die *usability* als Schutz vor „raumfährenhaften Interfaces" bezeichnet.
1238 *Duisberg*, in: Peters/Kersten/Wolfenstetter, Innovativer Datenschutz, S. 249.
1239 *Nagenborg*, in: Woesler, Ethik der Informationsgesellschaft, S. 64.
1240 *Wybitul*, ZD 2011, 539 (541).
1241 *Wybitul*, ZD 2011, 539 (541).
1242 *Fromm et al.*, ÖFIT-Trendschau 2013, S. 40.

zu akzeptieren.[1243] Wenn Datenschutz den Betroffenen mehr einschränkt, als es ihm hilft, ginge dadurch die ursprüngliche Funktion des Rechts als Schutz vor Diskriminierung verloren und verkehrte sich stattdessen in sein Gegenteil.

Dies gilt gerade auch im Rahmen der datenschutzrechtlichen Normgebung für das Smart Grid. Denn auch hier sind viele Anreize verschiedener Akteure denkbar, die durchaus im Interesse und zum Nutzen der Letztverbraucher sein können (z. B. bestimmte Energiedienstleistungen oder Smart-Home-Anwendungen). Solange sich Nutzer bewusst für die Freigabe ihrer Daten entscheiden, sollte ihnen dies nicht unnötig erschwert werden. In diesem Sinne sollte die autonome Entscheidungsfähigkeit der Letztverbraucher gestärkt werden, statt sie zu bevormunden.[1244]

Andererseits fällt es einigen Betroffenen schwer, in der modernen IKT-gesteuerten Welt überhaupt noch eigenverantwortliche Entscheidungen zu treffen. Insofern sollten sich Gesetze daran orientieren, autonome Entscheidungen der Betroffenen zuzulassen und gleichzeitig Schutz für diejenigen zu bieten, die hierzu nicht in der Lage sind.[1245]

4. Datenschutzaufsicht

Schließlich muss sichergestellt werden, dass die vorgenannten Ziele auch tatsächlich in der Praxis umgesetzt werden. Die Einhaltung der datenschutzrechtlichen Grundsätze obliegt der Verantwortung der datenverarbeitenden Stellen.[1246] Angesichts der Vielzahl an möglichen Datenschutzverstößen kann dies jedoch nur dann gelingen, wenn deren Einhaltung auch überwacht wird. Die Datenverarbeitungsprozesse sind heutzutage derart komplex, dass es die Betroffenen oftmals überfordert, die Rechtmäßigkeit der Vorgänge zu kontrollieren.[1247] Viele Verbraucher sind mit der Durchsetzung ihrer Rechte überfordert.[1248] Daher sollen „unabhängige externe Instanzen" wie die behördlichen Datenschutzbeauftragten die Betroffenen unterstützen.[1249] Gem. § 38 Abs. 1 BDSG kontrolliert die jeweils zuständige Aufsichtsbehörde zu diesem Zweck die Ausführung der datenschutzrechtlichen Vorschriften.

Hinsichtlich der Datenverarbeitung im Smart Grid wird angeregt, eine „zentrale Anlaufstelle" zu etablieren, die es dem Letztverbraucher ermöglicht, zeitnah zu intervenieren und seine Rechte einzufordern.[1250] Eine weitere Stärkung des

---

1243 *Duisberg*, in: Peters/Kersten/Wolfenstetter, Innovativer Datenschutz, S. 249.
1244 *Schafft/Ruoff*, CR 2006, 499 (500).
1245 *Weber-Hassemer*, in: Herzog/Neumann, FS für Hassemer, S. 1260.
1246 *de Hert/Kloza*, in: Schweighofer/Kummer, IRIS 2011, S. 195.
1247 *Weichert*, in: Geiselberger/Moorstedt, Big Data, S. 142.
1248 *de Hert/Kloza*, in: Schweighofer/Kummer, IRIS 2011, S. 195.
1249 BVerfGE 65, 1 (46) = NJW 1984, 419 – Volkszählung.
1250 *Düsseldorfer Kreis*, Orientierungshilfe, S. 19 f.; *Wiesemann*, ZD 2012, 447 (450); vgl. auch den Ansatz des sogenannten „one-stop-shop" nach Art. 51 Abs. 2 DSchGVO-E.

Datenschutzrechts könnte das neu geschaffene Verbandsklagerecht bei Datenschutzverstößen gem. § 2 Abs. 2 Nr. 11 UKlaG bieten.[1251]

Freiwillige Selbstverpflichtungen der Wirtschaft sind hingegen oftmals wirkungslos[1252], weswegen Verstöße gegen eine derartige Selbstverpflichtung zumindest justiziabel bzw. sanktionierbar sein müssten.[1253] Hierfür böte es sich beispielsweise an, auf lauterkeitsrechtliche Instrumente zurückzugreifen, sofern die entsprechenden Voraussetzungen vorliegen.[1254]

III. Einwilligung als (un)wirksames Instrumentarium im Energierecht

Insgesamt lässt sich festhalten, dass die Einwilligungsregelung des § 4a BDSG nicht dazu geeignet ist, die Spezifika der Datenverarbeitungsvorgänge beim Smart Metering hinreichend rechtssicher zu erfassen.[1255] Unabhängig davon, ob die Einwilligung angesichts der erläuterten Probleme überhaupt rechtmäßig erteilt werden kann,[1256] besteht zumindest hinsichtlich des Rollouts von intelligenten Stromzählern ein Bedarf an gesetzlichen Erlaubnistatbeständen, die eine Einwilligung obsolet machen.[1257] Denn die Ziele des Smart Grid können nur dann erreicht werden, wenn Smart Meter flächendeckend eingesetzt werden. Wenn jedem Verbraucher die Möglichkeit offensteht, den Einbau abzulehnen oder eine einmal erteilte Einwilligung hierzu zu widerrufen, geht bei allen Marktteilnehmern die erforderliche Planungs- und Rechtssicherheit verloren.[1258] Die Zukunft der Energieversorgung sollte jedoch nicht vom Wohlwollen einzelner Verbraucher abhängig sein.[1259]

Hinsichtlich der einzelnen Datenverarbeitungsmaßnahmen sollte die Einwilligung dem Letztverbraucher indes als Instrument zur Steuerung seiner Datensouveränität zur Verfügung stehen.[1260] Der Rückgriff auf das allgemeine Datenschutzrecht über § 21g Abs. 2 EnWG ist mangels spezifischer Regelungen notwendig, allerdings angesichts der besonderen Umstände im Smart Grid nicht befriedigend. Bei der Schaffung einer Spezialnorm sollten insbesondere die strengen Formvorschriften

---

1251 *BMJV*, Referentenentwurf, www.brak.de/w/files/newsletter_archiv/berlin/ 2014/ 238anlage.pdf.
1252 Vgl. etwa die Diskussionen zu Frauenquoten in Führungspositionen oder dem Verhaltenskodex für soziale Netzwerke.
1253 *Zeidler/Brüggemann*, CR 2014, 248 (257).
1254 *Peifer*, K&R 2011, 543 (547).
1255 *Lüdemann/Jürgens/Sengstacken*, ZNER 2013, 592 (596).
1256 S. dazu Kap. 4 B.II.
1257 *Haubrich*, in: Britz/Eifert/Reimer, Energieeffizienzrecht, S. 236; *Karg*, DuD 2010, 365 (371).
1258 *Karg*, DuD 2010, 365 (371).
1259 *Duisberg* in: Peters/Kersten/Wolfenstetter, Innovativer Datenschutz, S. 252; *Karg*, DuD 2010, 365 (371).
1260 Dazu allgemein *Buchner*, DuD 2010, 39 (41).

des § 4a BDSG überdacht werden. Es erscheint sinnvoll, das EnWG um die Möglichkeit einer elektronischen Einwilligung zu erweitern.[1261] In Anlehnung an § 13 Abs. 2 TMG ließe sich durch eine Ergänzung des § 21g Abs. 2 S. 1 EnWG eine „opt-in-Lösung" realisieren.[1262] Dabei müsste allerdings gewährleistet sein, dass der Letztverbraucher seine Einwilligung „bewusst und eindeutig" erteilt, „die Einwilligung protokolliert wird und der Betroffene den Inhalt seiner Einwilligung jederzeit abrufen sowie widerrufen kann.[1263]

Gem. § 21g Abs. 6 S. 5 EnWG erfordert die Einwilligung in die Fernmessung eine Einwilligung des *Letztverbrauchers*. In einem Mehrpersonenhaushalt muss dieser vertragsgebundene Letztverbraucher daher in seiner Funktion als *Haushaltsvorstand* für die sonstigen Haushaltsmitglieder die Einwilligung erteilen. Dabei ist zum einen umstritten, ob dies überhaupt wirksam möglich ist,[1264] zum anderen ist ein solches Vorgehen aber auch im Hinblick auf die datenschutzrechtliche Selbstbestimmung aller betroffenen Bewohner nicht wünschenswert. Denkbar wäre daher eine Regelung, die eine Einwilligung sämtlicher Haushaltsmitglieder erforderlich macht. Als Vorbild kann hierbei § 99 Abs. 1 S. 3 TKG dienen.[1265] Danach macht die Einwilligung in die Erstellung eines Einzelverbindungsnachweises bei Anschlüssen in einem Haushalt die Zustimmung aller zum Haushalt gehörenden Anschlussnutzer erforderlich.

IV. Technologieoffenheit und Technikneutralität

Das Datenschutzrecht unterliegt mehr noch als andere Rechtsgebiete dem fortwährenden technischen Wandel, der gleichzeitig laufend neue Datenverarbeitungsformen mit sich bringt.[1266] Im Datenschutzrecht ist ein „Modernisierungsstau" zu verzeichnen, der kaum auflösbar erscheint. Eine Modernisierung des Datenschutzrechts ist einerseits dringend erforderlich. Andererseits besteht bei unüberlegten Gesetzgebungsaktivitäten die Gefahr, dass Regelungen bald wieder reformiert werden müssen. Den mit dem technischen und sozialen Wandel einhergehenden Unsicherheiten begegnet der Gesetzgeber oftmals mit voreiligen und wenig nachhaltigen „Kompromissformeln".[1267] Die Fortentwicklung des Datenschutzes ist eng an die der Informationstechnologie gekoppelt. Angesichts der Tatsache, dass sich die Informationstechnologie fortwährend und in rasantem Tempo weiterentwickelt, bedarf daher auch der Datenschutz selbst einer ständigen Evolution.[1268] Der

---

1261 *Lüdemann/Jürgens/Sengstacken*, ZNER 2013, 592 (596); *Raabe*, DuD 2010, 379 (384); *Raabe et al.*, DuD 2011, 519 (521); *Raabe et al.*, Empfehlungen, S. 11.
1262 *Duisberg* in: Peters/Kersten/Wolfenstetter, Innovativer Datenschutz, S. 253.
1263 *Lüdemann/Jürgens/Sengstacken*, ZNER 2013, 592 (596).
1264 S. dazu Kap. 4 B.II.6.a).
1265 *Bräuchle*, in: Taeger, Big Data & Co., S. 463.
1266 *Steigert*, Whistleblowing, S. 43.
1267 *Wächter*, Falsifikation, S. 135.
1268 *Wächter*, Falsifikation, S. 44.

Gesetzgeber kann der rasend schnellen technischen Entwicklung kaum gerecht werden. Sobald gesetzliche Anpassungen durchgesetzt sind, hat sich das technische Umfeld schon wieder weiterentwickelt.[1269] Techniknahe Normen sind daher regelmäßig äußerst ephemer. Dem sollte durch die Schaffung von flexibleren Rechtsvorschriften begegnet werden, die nicht an einem festen technischen Stand anknüpfen *(Technikneutralität)*.[1270]

§ 21e Abs. 3 S. 1 EnWG rekurriert bei den Anforderungen an Messsysteme auf den „jeweiligen Stand der Technik" und lässt dabei einen technikneutralen Ansatz in das energierechtliche Datenschutzrecht einfließen.[1271] Auch § 21i EnWG bietet mit dem Rechtsverordnungskatalog einen technologieoffenen Ansatz. Diese Vorgaben sollten weiterentwickelt werden und könnten dann sogar als Vorbild für andere techniknahe Datenschutzgesetze dienen.[1272]

V. Ergebnis

Intelligente Netze erfordern einen intelligenten Datenschutz. Der Gesetzgeber ist dazu berufen, bei der Schaffung aller Gesetze, die das Smart Metering betreffen, einen Ausgleich zwischen den konfligierenden Rechten der Betroffenen und dem Staatsziel Umweltschutz zu verwirklichen. Zu diesem Zweck sind die miteinander kollidierenden Verfassungsgüter in einer für beide Seiten möglichst schonenden Weise zum Ausgleich zu bringen.

Es ist davon auszugehen, dass die datenschutzrechtliche Ausgestaltung des Smart Metering in besonderem Maße von der zukünftigen Rechtsverordnung abhängen wird.[1273] Indes hat der Gesetzgeber es versäumt, die Umsetzung der Verordnung an eine Frist zu binden. Es bleibt daher abzuwarten, wann diese erfolgen wird.

Hinsichtlich der allgemeinen Reformierung der nationalen Datenschutzregelungen wird eine „experimentelle Gesetzgebung mit Befristung und Evaluation" als probates Mittel vorgeschlagen.[1274] Gerade im Bereich des Smart Grid erscheint ein derartiger Ansatz äußerst sinnvoll und sollte daher ernsthaft in Erwägung gezogen werden.

Im Hinblick auf die Herausforderungen des technologischen Fortschritts und der Globalisierung der Datenströme wird ein effektiver Datenschutz zukünftig nur noch durch international abgestimmte Regelungen gewährleistet werden können.[1275] Wichtig ist daher, dass weltweite datenschutzrechtliche Mindeststandards

---

1269 *Saeltzer*, DuD 2010, 387 (389).
1270 *Datenschutzkonferenz*, 21. Jahrhundert, S. 3; s. auch *Sydow/Kring*, ZD 2014, 271, die stattdessen den Ansatz der „Technikadäquanz" bevorzugen.
1271 *Bretthauer/Bräuchle*, in: Horbach, Informatik 2013, GI-Proceedings 2013, S. 2114; *Guckelberger*, DÖV 2012, 613 (622).
1272 *Pallas*, in: Gutwirth et al., European Data Protection, S. 333 ff.
1273 *Hoormann*, in: Köhler-Schute, Smart Grids, S. 135 u. 137.
1274 So *Hoeren*, ZD 2011, 145 (146).
1275 *Stampfl*, Die berechnete Welt, S. 67.

geschaffen werden.[1276] Zumindest für den paneuropäischen Bereich ist die Verabschiedung der DSchGVO hierfür ein wichtiger Ansatz.

C. Technische und organisatorische Lösungsansätze

Die Einhaltung der datenschutzrechtlichen Grundprinzipien wird angesichts der dynamischen Technikentwicklung immer schwieriger zu realisieren sein.[1277] Die Herausforderungen, die mit der weiter voranschreitenden „Verdatung" der Gesellschaft einhergehen, lassen sich allein durch normative Datenschutzkonzepte wie Einwilligungen oder gesetzliche Ermächtigungen kaum noch bewältigen.[1278]

Deshalb ist es erforderlich, Recht und Technik so auszugestalten, dass die Grundsätze des Datenschutzes verwirklicht werden können.[1279] Denn Datenschutz kann seine Wirkung am besten entfalten, wenn er nicht auf einen „negatorischen Abwehrschutz" begrenzt ist sondern stattdessen auf Systemschutz zielt.[1280]

Zur Etablierung eines datenschutzkonformen Smart Grid sollte daher neben regulativen auch auf technische und organisatorische Maßnahmen zurückgegriffen werden.

I. Schutz der IT-Sicherheit

Das Bedürfnis nach sicherer Energieversorgung stellt ein „Gemeinschaftsinteresse höchsten Ranges" dar.[1281] Die besondere Abhängigkeit der Funktionsfähigkeit der Allgemeinheit von den Netzen im Telekommunikations- und Energiesektor gebietet eine effektive Vorsorge vor Verletzungen dieser Infrastrukturen.[1282]

In Anbetracht der aufgezeigten Risiken für die IT-Sicherheit[1283] sollte die informationstechnische Infrastruktur des Smart Grid geeignete Sicherungsmechanismen enthalten, die die Einhaltung der wesentlichen IT-Sicherheitsprinzipien gewährleisten. Hierfür müssen die datenverarbeitenden Stellen zweckmäßige Schutzkonzepte entwickeln.

§ 9 BDSG schreibt verantwortlichen Stellen vor, technische und organisatorische Maßnahmen zu ergreifen, die gewährleisten, dass die Vorgaben des

---

1276 *Kühn*, in Großmann/Kunold, Smart Energy 2011, S. 19.
1277 *Roßnagel/Pfitzmann/Garstka*, Modernisierung, S. 39; *Schulz/Roßnagel/David*, ZD 2012, 510 (515).
1278 *Haubrich*, in: Britz/Eifert/Reimer, Energieeffizienzrecht, S. 249; *Jandt*, in: Roßnagel, Nutzerschutz, S. 43; *Kutscha*, ZRP 2010, 112 (114); *Schulz*, CR 2012, 204.
1279 *Jandt*, in: Roßnagel, Nutzerschutz, S. 43; *Müller*, in: Paulsen, Sicherheit in vernetzten Systemen, S. A-5 (19).
1280 *Hoffmann-Riem*, AöR 123, 513 (537).
1281 BVerfGE 30, 292 (323 f.) = NJW 1971, 1255 – Erdölbevorratung.
1282 *Renner*, DuD 2011, 524 (528); *Schmidt-Preuß*, in: Kloepfer, Kritische Infrastrukturen, S. 83; *Sichler*, in: Aichele/Doleski, Smart Market, S. 490 f.; *BMI*, KRITIS-Strategie, S. 3.
1283 S. oben Kap. 4 A.V.

Datenschutzrechts eingehalten werden. Aus der Anlage zu § 9 S. 1 BDSG ergeben sich konkrete Vorgaben zur Umsetzung derartiger Schutzmaßnahmen. Hierbei geht es um die Gewährleistung der Schutzziele der Datensicherheit, d. h. vor allem der Integrität, Authentizität, Verfügbarkeit und Vertraulichkeit von Daten.[1284] Diese orientieren sich jeweils am individuellen Schutzbedürfnis des Einzelfalls.[1285]

Zu diesem Zweck gilt es verschiedene Maßnahmen zu ergreifen, die sicherstellen, dass die Schutzziele der IT-Sicherheit eingehalten werden:

Zum einen sollte die unbefugte Offenlegung von Daten verhindert werden, zum anderen sollten Daten vor unbefugten Änderungen geschützt werden (Datenintegrität). Darüber hinaus ist die Identität aller Empfänger von Daten zu authentifizieren. Weiterhin sollten Vorkehrungen gegen Angriffe zur Vermeidung von Unterbrechungen wichtiger Dienste getroffen sowie angemessene Zugangskontrollen und Speicherungszeiträume etabliert werden.[1286]

Konkret zu schützen gilt es einerseits die Kommunikationsschnittstelle (Smart Meter Gateway), damit unbefugte Dritte hierüber nicht an Energiedaten gelangen. Andererseits muss die Datenübertragung abgesichert werden, insbesondere durch Verschlüsselungstechniken, die eine rechtskonforme Datenübermittlung sicherstellen.[1287]

Sinnvoll und notwendig ist darüber hinaus eine Trennung nach Art der Daten. Das bedeutet, dass Kundenbestandsdaten getrennt von den abrechnungsrelevanten und diese wiederum getrennt von steuerungsrelevanten Daten aufbewahrt und übermittelt werden müssen.[1288]

Schließlich ist aus organisatorischer Sicht auch die Etablierung unternehmensinterner Mechanismen erforderlich, die die Einhaltung des Datenschutzes sicherstellen. Zu diesem Zweck sollten verantwortliche Stellen verbindliche interne Datenschutzkonzepte aufstellen und dokumentieren. Unternehmen der Energiebranche wachsen zunehmend in die Rolle „großer" Datenverarbeiter und könnten sich dabei etwa an Telekommunikationsunternehmen orientieren.[1289]

Als Maßnahmen der Eigenkontrolle können beispielsweise freiwillige Audit-Verfahren (§ 9a BDSG) durchgeführt werden. Darüber hinaus sollte die Funktion des

---

1284 *Gola/Schomerus*, BDSG, § 9 Rn. 2.
1285 Gierschmann/*Saeugling/Herburger*, BDSG, § 9 Rn. 11; *Gaycken/Karger*, MMR 2011, 3 (6).
1286 *Hladjk*, e|m|w 2011, 64 (66).
1287 *Enquete-Kommission*, Internet und digitale Gesellschaft, BT-Drs. 17/8999, S. 57; *Kühn*, in Großmann/Kunold, Smart Energy 2011, S. 20; *Rüdiger*, RDV 2014, 253 (257); *Wiesemann*, ZD 2011, 355 (358).
1288 *Karg*, www.datenschutzzentrum.de/vortraege/20100921-karg-smart-meter.pdf, S. 25.
1289 *TACD*, Resolution on Smart Meters, S. 2 Nr. j.

betrieblichen Datenschutzbeauftragten (§ 4g BDSG bzw. Art. 35 Abs. 1 DSchGVO-E) weiter gestärkt werden.[1290]

Neben dem BDSG gibt es eine Vielzahl an weiteren Normen, die Vorgaben für technische Sicherheitsmaßnahmen beinhalten:
Sicherheitsanforderungen ergeben sich etwa direkt aus dem EnWG:
§ 6a EnWG (§ 9 EnWG a. F.) schreibt die Wahrung der Vertraulichkeit wirtschaftlich sensibler Informationen durch Transportnetzeigentümer, Netzbetreiber und verschiedene Anlagenbetreiber vor.
§ 21e Abs. 2 Nr. 1, Abs. 4 u. 5 EnWG gibt darüber hinaus nähere technische Anforderungen an die Messsysteme vor und verweist auf die BSI-Schutzprofile.

Zusätzlicher Bedarf bei der konkreten Umsetzung der IT-Sicherheit wird sich künftig auch aus den Vorgaben des IT-Sicherheitsgesetzes[1291] ergeben. Der Gesetzesentwurf beruht im Wesentlichen auf einem Vorschlag der EU-Kommission für eine Richtlinie zur Netz- und Informationssicherheit[1292]. Die Artt. 14–16 des Richtlinienentwurfs enthalten Mindestanforderungen an die Sicherheit der Netze und Informationssysteme und schreiben vor, dass bestimmte Unternehmen geeignete technische und organisatorische Schutzmaßnahmen gegen Sicherheitsrisiken für Netze und Systeme ergreifen müssen.

Die Pflichten aus dem IT-Sicherheitsgesetz treffen Betreiber von *kritischen Infrastrukturen*. Dies sind nach § 2 Abs. 10 BSIG-E Organisationen und Einrichtungen mit wichtiger Bedeutung für das staatliche Gemeinwesen, bei deren Ausfall oder Beeinträchtigung nachhaltig wirkende Versorgungsengpässe, erhebliche Störungen der öffentlichen oder andere dramatische Folgen eintreten würden. Hierzu zählt ausdrücklich auch der Energiesektor.

Hieraus folgt mithin, dass die Akteure im Bereich der Energieversorgung künftig zusätzlichen Sicherheitsverpflichtungen unterliegen.

Um Kosten zu sparen und potenzielle Kunden nicht durch hohe Preise abzuschrecken, sind einige Marktakteure darum bemüht, preisgünstige Lösungen anzubieten, die lediglich die gesetzlichen Mindestanforderungen erfüllen.[1293] Kurzfristige Einsparungen, die die Anbieter bei der Nutzung von günstigen Zählern erreichen, werden mittel- und langfristig zu höheren Kosten führen, wenn die Geräte nicht den Normungsstandards entsprechen und daher später aufgerüstet oder sogar ausgetauscht werden müssen. Die Einhaltung der Datenschutzvorgaben werden

---

1290 S. zu sonstigen betriebsinternen Datenschutzkonzepten: *Datenschutzkonferenz*, 21. Jahrhundert., S. 27 ff.
1291 Entwurf abrufbar unter: www.bmi.bund.de/SharedDocs/Downloads/DE/Gesetzestexte/Entwuerfe/Entwurf_IT-Sicherheitsgesetz.pdf.
1292 RL des Europäischen Parlamentes und des Rates über Maßnahmen zur Gewährleistung einer hohen gemeinsamen Netz- und Informationssicherheit in der Union = COM(2013) 48 final.
1293 *Neumann*, ZfE 2010, 279 (280).

„Billigmodelle" kaum gewährleisten können.[1294] Es empfiehlt sich daher, von Anfang an auf qualitativ hochwertige Geräte zu setzen. Auch wenn die technischen Hürden, Daten verdeckt auszulesen, gering sein mögen,[1295] so gilt es doch stets zu bedenken, dass die unbefugte Erhebung und Verarbeitung von personenbezogenen Daten eine Ordnungswidrigkeit darstellt, die gem. § 43 Abs. 2 Nr. 1, Abs. 3 BDSG mit einer Geldbuße bis zu EUR 300.000 geahndet werden kann. Der DSchGVO-E sieht sogar noch wesentlich höhere Bußgelder vor, die Unternehmen sehr hart treffen können, Art. 79 DSchGVO-E. Darüber hinaus können dem Betroffenen gegen die verantwortliche Stelle auch Schadensersatzansprüche zustehen, § 7 BDSG bzw. Art. 77 DSchGVO-E.

II. Technischer Datenschutz

Der Datenschutz hat eine *technologiesteuernde* Funktion.[1296] Inwieweit das Recht diese Rolle erfüllen kann, hängt jedoch maßgeblich davon ab, ob technische Systeme a priori datenschutzkonform entwickelt werden. Bei der Anpassung von Datenschutzkonzepten müssen vor allem die Möglichkeiten der technischen Systemgestaltung ausgeschöpft werden.[1297] Hierbei sind rechtliche und technische Lösungsansätze nicht voneinander zu trennen, sie müssen sich vielmehr gegenseitig ergänzen und eine „Allianz" zum Schutz der Persönlichkeitsrechte der Betroffenen bilden.[1298]

Der Grundsatz der Datensparsamkeit (§ 3a BDSG) verlangt, dass bereits durch die Gestaltung der Systemstrukturen der Umgang personenbezogener Daten soweit wie möglich vermieden und dadurch Gefahren für das informationelle Selbstbestimmungsrecht des Betroffenen von vornherein minimiert werden.[1299] Idealiter setzt dieser Schutz bereits vor der Datenverarbeitung an, indem verhindert wird, dass es überhaupt zu einer Beeinträchtigung des Persönlichkeitsrechts durch jedwede Datenverarbeitung kommt.[1300] Sofern eine Datenerhebung erforderlich ist, sollten Daten zu einem frühestmöglichen Zeitpunkt automatisch anonymisiert oder pseudonymisiert werden.

1294 *Klimpke/Staß*, ew 11/2011, 44.
1295 So *Karg*, DuD 2010, 365 (371).
1296 *Lennartz*, Steuerung, S. 23 ff. bezeichnet das Datenschutzrecht als „Steuerungsmedium".
1297 *Kühling/Seidel/Sivridis*, Datenschutzrecht, S. 112; *Roßnagel/Pfitzmann/Garstka*, Modernisierung, S. 39; *Haubrich*, in: Britz/Eifert/Reimer, Energieeffizienzrecht, S. 248; *Kutscha*, ZRP 2010, 112 (114); *Raabe*, DuD 2010, 379 (384 f.); *Schulz/Roßnagel/David*, ZD 2012, 510 (515).
1298 *Roßnagel*, in: Roßnagel, Allianz, S. 17 ff.
1299 *RegBegr.*, BT-Drs. 14/4329, S. 33.
1300 Taeger/Gabel/*Schmidt*, BDSG, § 1 Rn. 9.

1. Privacy by Design/by Default

Der Ansatz des konzeptionsbedingten Datenschutzes sorgt dafür, dass die Technik bereits im Entwicklungsprozess datenschutzkonform gestaltet wird.[1301] Dieses auch als *Privacy by Design* bezeichnete Verfahren gewährleistet die Implementierung von Datenschutz durch „proaktive Technikgestaltung" bereits im Rahmen der Verfahrens- und Produktentwicklung.[1302] Hierdurch soll sichergestellt werden, dass das jeweilige System nur die Daten erhebt bzw. verarbeitet, wozu die verantwortliche Stelle, die das System einsetzt, nach der rechtlichen Zuordnung befugt ist.[1303] Das Datenschutzrecht entspricht insoweit einer Art „Vorfeldsicherung" des Persönlichkeitsrechts.[1304]

Ein Teilaspekt von Privacy by Design ist darüber hinaus *Privacy by Default*, also Datenschutz aufgrund standardmäßiger Voreinstellungen.[1305] Dies bedeutet, dass die jeweils datenschutzfreundlichste Option als systemseitige Standard-Konfiguration vorgesehen ist.[1306]

Der Vorteil des technischen Datenschutzes gegenüber dem rein rechtlichen Datenschutz liegt darin, dass Datenverarbeitungen, die technisch verhindert werden, nicht mehr verboten werden müssen.[1307] Denn technische Limits können – anders als rechtliche Regeln – nicht ohne Weiteres gebrochen werden. Hierdurch können sowohl Kontrollen als auch Sanktionen obsolet werden. Darüber hinaus können durch technische Vorgaben die Schwächen des herkömmlichen Datenschutzes minimiert werden, die auf menschlichen Handlungen beruhen. Diese entstehen beispielsweise durch personelle Diskontinuität, mangelnde Rechtskenntnisse oder die bewusste Ausnutzung von Schutzlücken.[1308] Schließlich macht Technik – im Gegensatz zu Gesetzen – nicht an Landesgrenzen halt und bietet somit einen globalen Lösungsansatz.

Konkret bedeutet dies, dass die Smart Meter bzw. die Gateways werksseitig so konfiguriert sein sollten, dass die Messwerte nur so häufig übermittelt werden, wie es der Systembetrieb oder die jeweilige Dienstleistung tatsächlich erfordert.[1309] Sofern der Ableseintervall später wegen eines Tarifwechsels oder aus anderen

---

1301 *Jandt*, in: Roßnagel, Nutzerschutz, S. 43; *Renner*, DuD 2011, 524 (528).
1302 *Schulz*, CR 2012, 204; ähnlich *BfDI*, 23. Datenschutzbericht 2011, S. 56 f.
1303 DKWW/*Weichert*, BDSG, § 3a Rn. 1; *Roßnagel/Pfitzmann/Garstka*, Modernisierung, S. 39 f.
1304 DKWW/*Weichert*, BDSG, § 1 Rn. 7; Erbs/Kohlhaas/*Ambs*, BDSG, § 1 Rn. 1; *Bull*, NJW 2006, 1617 (1623).
1305 *Schulz*, CR 2012, 204 (205).
1306 BeckOK DSR/*Schulz*, BDSG, § 3a Rn. 66; *EU-Kommission*, 2012/148/EU, Nr. 3 lit. e); so auch *Düsseldorfer Kreis*, Orientierungshilfe, S. 11, 14.
1307 *Hornung*, ZD 2011, 51; *Hornung/Desoi*, K&R 2011, 153 (158).
1308 *Raabe*, DuD 2010, 379 (384).
1309 Auernhammer/*Heun*, EnWG, § 21g Rn. 20; *Art-29-Datenschutzgruppe*, WP 183, S. 12.

Gründen verändert werden soll, muss dies auf Wunsch des Letztverbrauchers durch einen zertifizierten Dienstleister am entsprechenden Gerät angepasst werden. Dadurch wird sichergestellt, dass die verantwortliche Stelle keine Daten erhebt, zu deren Verarbeitung sie nach dem Vertragszweck nicht ermächtigt ist.[1310]

Erforderlich dafür ist, dass sich die Datenschutzregelungen nicht mehr nur an die datenverarbeitenden Stellen richten; Adressaten müssen zukünftig vor allem auch die Hersteller bzw. Technikgestalter sein, damit diese die Geräte von Anfang an so konstruieren und konfigurieren, dass sie mit datenschutzkonformen Grundeinstellungen ausgestattet sind.[1311] Darüber hinaus müssen auch die Anwender angesprochen werden, da sie die Technik später tatsächlich einsetzen.[1312]

Dass der technische Datenschutz weiter an Bedeutung gewinnen wird, zeigt sich auch daran, dass Art. 23 DSchGVO-E eine Regelung enthält, die ausführliche Vorgaben zum technischen Datenschutz und zu datenschutzfreundlichen Voreinstellungen vorsieht.[1313]

Darüber hinaus sind die Ansätze des konzeptionsbedingten Datenschutzes in § 21e EnWG angelegt.[1314] § 21e Abs. 3 EnWG normiert insoweit einen dynamischen technischen Datenschutz und schreibt vor, dass die an der Übermittlung der Energiedaten beteiligten Stellen Maßnahmen zum Datenschutz und zur Datensicherheit gewährleisten müssen, die dem jeweiligen Stand der Technik entsprechen.

Erforderlich ist darüber hinaus aber auch, dass die Anforderungen an den technischen Datenschutz normativ abgesichert sind.[1315] Detaillierte Regelungen zur datenschutzkonformen Technikgestaltung beim Smart Metering sind vor allem den rechtsverbindlichen Vorgaben für die Konzeption von Geräten, Verfahren und Infrastrukturen aus dem BSI-Schutzprofil und der begleitenden Technischen Richtlinie zu entnehmen.[1316] Diese gilt es weiter zu verfeinern.

Da sich das Smart Grid noch immer in der Entwicklungsphase befindet, ist es nicht zu spät, die flächendeckende Implementierung von „Smart Privacy" voranzutreiben.[1317]

2. Datenschutzfolgenabschätzung (Privacy Impact Assessment, PIA)

Dass Technik von Anfang an datenschutzkonform ist, kann auch mittels einer sogenannten Datenschutzfolgenabschätzung *(Privacy Impact Assessment)* abgesichert

---

1310 Ansätze für die Umsetzung von *PbD* im Smart Home stellt *Rüdiger*, RDV 2014, 253 (256 f.) dar.
1311 *Karg*, DuD 2010, 365 (367); *Schulz*, CR 2012, 204 (207).
1312 *Hornung*, ZD 2011, 51 (52).
1313 *Bretthauer/Bräuchle*, in: Horbach, Informatik 2013, GI-Proceedings 2013, S. 2115.
1314 *Jandt/Roßnagel/Volland*, ZD 2011, 99 (101); *Wieczorek*, in: Taeger, Big Data & Co., S. 445.
1315 *Düsseldorfer Kreis*, Empfehlungen, S. 14.
1316 S. dazu oben Kap. 3 C.III.1.b)cc).
1317 *Cavoukian/Polonetsky/Wolf*, IDIS 2010, 275 (290).

werden. Gem. Art. 33 DSchGVO-E müssen verantwortliche Stellen zukünftig die Vorgaben zur Erstellung derartiger Datenschutzfolgenabschätzungen beachten. Darunter ist ein Verfahren zu verstehen, bei dem die verantwortliche Stelle die potenziellen Auswirkungen von bestimmten Datenverarbeitungsprozessen im Voraus bewertet. Die – bußgeldbewährte – Verpflichtung hierzu ist auf solche Datenverarbeitungsmaßnahmen beschränkt, die „aufgrund ihres Charakters, ihrer Tragweite oder ihrer Zweckbestimmungen" besonders risikobehaftet sind.[1318]

Hierunter fallen auch die Verarbeitungsvorgänge von personenbezogenen Daten im Smart Grid. Mithilfe von Datenschutzfolgenabschätzungen sollen hier die potenziellen Risiken beim Umgang mit Energiedaten beim Einsatz von intelligenten Stromzählern bereits in der Planungsphase entdeckt und dadurch verringert werden. Das von der EU-Kommission darauf abgestimmte „Muster zur Datenschutzfolgenabschätzung für intelligente Netze und intelligente Messsysteme"[1319] soll den verantwortlichen Stellen dazu dienen, der Verpflichtung aus Art. 33 DSchGVO-E zu entsprechen.[1320]

III. Standardisierung

Die zügige Etablierung eines Smart Grid wird darüber hinaus auch durch die proprietären Systeme einzelner Marktakteure erschwert. Bisher fehlt es an technischen Standards und Normen für Schnittstellen, Software, Datenformate und Datenübertragung. Dadurch wird die Entwicklung und Verknüpfung der Grid-Komponenten verschiedener Hersteller gehemmt, was wiederum die Planungssicherheit bei allen Beteiligten verringert. Solange die Standards der einzelnen Hersteller proprietär sind, wird einerseits die Weiterentwicklung des Marktes behindert und andererseits werden Kunden vom Kauf abgehalten, da sie nicht sicher sein können, dass ihre Systemkomponenten auch in Zukunft funktionieren werden. Proprietäre Systeme können außerdem zu faktischen Strommessmonopolen in einem Versorgungsgebiet führen, was wiederum kartell- und wettbewerbsrechtliche Verwerfungen auslösen könnte.

Es sind daher neben rechtlichen auch technische Standards erforderlich, die die Verknüpfung der Systemkomponenten sicherstellen.[1321] Eine Standardisierung ist gewährleistet, sobald Entwickler, Hersteller und Betreiber auf einheitliche Kommunikationstechniken, Protokolle und Übertragungsmedien zurückgreifen können.[1322] Die besondere Schwierigkeit liegt dabei darin, dass bei der Standardisierung verschiedene Branchen koordiniert agieren müssen.[1323]

1318 *EU-Kommission*, 2012/148/EU, Nr. 3 lit. c).
1319 *EU-Kommission*, 2014/724/EU.
1320 *Dembski*, in: Aichele/Doleski, Smart Market, S. 247.
1321 *Ahlers*, in: Aichele/Doleski, Smart Market, S. 108.
1322 *Domschke*, in: Wernekinck/Burger, Smart Metering 2.0, S. 96 f.
1323 *Adams*, ew 11/2011, 36 (38); dazu auch *Wendt*, DuD 2011, 22 (24 ff.).

Die Standards werden einerseits für Erzeugung, Übertragung, Vertrieb von Energie sowie die Lastverteilung benötigt, andererseits aber auch für Kommunikation und begleitende IT-Dienstleistungen.[1324] Zu bedenken ist dabei etwa, dass die Kommunikation zwischen Geräten (konkurrierender) Anbieter innerhalb eines Haushalts und mit eingebundenen Elektroautos gewährleistet ist, dass die Verknüpfung von regionalen und globalen Grids sichergestellt wird und dass Geräte etabliert werden, die nicht binnen kürzester Zeit durch Innovationen veralten.[1325] Die zukünftige Systemlandschaft sollte idealerweise so aufgestellt sein, dass Systeme über standardisierte Schnittstellen und Protokolle untereinander herstellerunabhängig integrierbar sind, damit Komponenten und Geräte beliebig ausgetauscht werden können.[1326]

Da solche interoperablen Systeme den höchsten Mehrwert für die Endnutzer bieten, sind sie Voraussetzung für die langfristige Nutzung der Anwendungen durch den Kunden.[1327]

In diesem Sinne ist in § 4 Abs. 1 Nr. 4 MsysV-E die Interoperabilität der Messsysteme als eine der Mindestanforderungen an das Smart Meter Gateway vorgeschrieben. Eine solche Regelung ist allerdings nicht hinreichend. Da die elektronische Datenübermittlung nicht an nationalen Grenzen endet, müssen des Weiteren auch die Bemühungen für Standardisierungen auf internationaler Ebene verstärkt werden.[1328]

Deutschland kann seinen Einfluss auf die europäischen und internationalen Normierungsvorhaben dazu nutzen, die zukünftigen Standards maßgeblich zu prägen.[1329]

IV. Ergebnis

Die dargestellten Lösungsvorschläge verdeutlichen, dass es keine „Musterlösungen" geben wird, die Datenschutz- und Datensicherheit im Smart Grid gewährleisten. Entscheidend ist, dass die gewählten Maßnahmen einem holistischen Ansatz folgen, der rechtliche, technische und organisatorische Lösungsansätze sinnvoll vereint.

Dabei müssen Vertreter sämtlicher involvierter Branchen (IT, Kommunikation, Gebäudearchitektur, Sicherheit, Energie sowie Behörden) kooperieren.[1330]

Umso mehr der Schutz personenbezogener Daten bereits bei der Entwicklung von Technologien für Smart Grids berücksichtigt wird, desto eher kann verhindert

---

1324 *Adams*, ew 11/2011, 36.
1325 *Adams*, ew 11/2011, 36.
1326 *Gauß/Güran/Reuter*, in: Köhler-Schute, Smart Metering, S. 199.
1327 *Gauß/Güran/Reuter*, in: Köhler-Schute, Smart Metering, S. 199.
1328 *Simitis*, BDSG, Einl. Rn. 120 u. 127 ff.; *Kutscha*, ZRP 2010, 112 (114); zu Bemühungen auf europäischer Ebene *Raabe*, DuD 2010, 379 (385).
1329 *Eckert/Krauß*, DuD 2011, 435 (538).
1330 *Gerhager*, DuD 2012, 445 (449).

werden, dass Datenschutzprobleme im Nachhinein zeit- und kostenintensiv behoben werden müssen.

Trotz aller rechtlichen und technischen Vorkehrungen und Sicherheitsmaßnahmen darf nicht außer Acht bleiben, dass in beinahe jedem IT-Risikoszenario die höchste Bedrohung vom *Mensch* als Nutzer ausgeht.[1331]

1331 *Arabo/Brown/El-Moussa*, Privacy, S. 820: „The main weakest link in any IT security chain is always the user".

Kapitel 6: Abschließende Betrachtung und Ausblick

A. Abschließende Betrachtung
I. Einführung von Smart Grids als Herausforderung

Die Energielandschaft steht vor gewaltigen Herausforderungen: Der Wandel von einem traditionellen unidirektionalen hin zu einem multidirektional ausgerichteten Energienetz, welches einerseits erneuerbare Energien einbindet und andererseits mit gigantischen Datenmengen umgehen kann, stellt eine enorme gesamtgesellschaftliche Aufgabe dar.

Bislang basierte die Energieversorgung auf einem weitgehend mechanischen Netz. Beinahe alle anderen Industriebereiche der westlichen Industrienationen durchliefen in den letzten Jahrzehnten grundlegende Innovations- und Modernisierungsprozesse. Dies führte zu enormen Verbesserungen in den Bereichen Effizienz, Produktivität, Servicequalität und Umweltverträglichkeit.[1332] Im Gegensatz dazu steht eine grundlegende Modernisierung des Energiesektors noch aus. Der Modernisierungsbedarf lässt sich weniger aus einem Funktionalitätsmangel der Stromnetze als vielmehr aus externen Faktoren herleiten. Denn das deutsche Stromnetz funktioniert grundsätzlich gut. Es gilt – beispielsweise im Vergleich zum nordamerikanischen Netz – als äußerst stabil und bietet allen Akteuren eine hohe Zuverlässigkeit.[1333] Allerdings machen steigende Nachfrage und die Notwendigkeit zur Integration erneuerbarer Energien eine Erneuerung des Systems unumgänglich. Sowohl die fossilen Energieträger Kohle, Erdöl und Erdgas als auch die Kernenergie sind nicht nachhaltig und mit immensen Risiken behaftet.[1334] Wenn die Versorgung mit konventionellen Energieträgern abnimmt, werden zwangsläufig andere Energieformen erforderlich. Die sogenannte „Grüne Energie" wird unweigerlich vom Rückgang der traditionellen Energieformen profitieren.[1335] Erneuerbare Energiequellen wie Windkraft, Solarenergie, Wasserkraft, Geothermie und Biomasse sind die Energieressourcen der Zukunft. Die grundsätzliche Notwendigkeit einer Energiewende ist inzwischen weitgehend anerkannt. Welche Einzelmaßnahmen es hierfür zu ergreifen gilt, ist hingegen weiterhin in höchstem Maße umstritten.[1336]

Einen wesentlichen Beitrag zur Lösung der mit der Energiewende verbundenen Probleme soll der Aufbau eines intelligenten Stromnetzes leisten. Smart Grids

---

1332 *Gellings*, The Smart Grid, S. 1.
1333 *Aichele*, Smart Energy, S. 158.
1334 *Kühn*, in: Roßnagel, Nutzerschutz, S. 26.
1335 *Fox-Penner*, Smart Power, S. 132.
1336 *Groß*, ZUR 2009, 364 (365).

ermöglichen eine flexible Anpassung von Erzeugung, Netzführung, Speicherung und Verbrauch an die sich ständig ändernden Anforderungen der Energiemärkte.[1337] Die Bezeichnung *Smart Grid* bedeutet nicht, dass die bisherige Netzinfrastruktur nicht *intelligent* ist. Gerade das Übertragungsnetz hat sich in den letzten Jahren immer mehr zu einem intelligenten Netz entwickelt; es geht künftig vielmehr darum, dass Netz *noch smarter* zu machen.[1338] Der entscheidende Unterschied zur bisherigen Energieinfrastruktur besteht darin, dass die zu erfüllenden Aufgaben mithilfe einer Kopplung mit IKT wesentlich komplexer sein werden.[1339]

Gleiches gilt für den regulatorischen Rahmen, welcher sich in „Teilschritten" entwickelt.[1340] Insbesondere ist kein „fixer Endzustand" absehbar.[1341] Intelligente Netze entstehen nicht plötzlich, sondern entwickeln sich vielmehr evolutorisch aus der derzeitigen Infrastruktur und parallel zum Fortschritt der damit verbundenen Technologien fortwährend weiter.[1342] Viele Komponenten und Systeme, die für den Aufbau dieser Infrastruktur benötigt werden, haben sich bereits in der Vergangenheit bewährt.[1343] Das Smart Grid entsteht durch die Vernetzung einer Vielzahl von Einzelkomponenten, wobei die intelligente Verbrauchserfassung einen Kernbestandteil darstellt.

Die erfolgreiche Entwicklung des Smart Grid und speziell die Einführung des Smart Metering birgt einerseits zahlreiche Vorteile, sowohl auf Seiten der Akteure auf Anbieterseite als auch auf Seiten der betroffenen Letztverbraucher. Insbesondere sollen beim Letztverbraucher Anreize zu Energieeinsparung gesetzt und gleichzeitig das Lastmanagement der Energieversorger optimiert werden.

Wie alle neuartigen Technologien birgt das System des Smart Grid für alle Beteiligten aber auch zahlreiche Gefahren und Nachteile. Smart Grids und Smart Metering begegnen mannigfaltigen ökologischen, ökonomischen und sozialen Bedenken, die dazu führen, dass sich die Verbreitung der neuen Technologien verzögert.[1344]

Die Etablierung eines derartigen Systems verursacht außerordentliche volkswirtschaftliche Kosten. Allein der Umbau der Energielandschaft beansprucht enorme finanzielle und planerische Ressourcen. Schätzungen gehen davon aus, dass der Netzausbau bis 2020 allein in Deutschland Investitionen von über 50 Milliarden Euro erforderlich macht.[1345] Die in den nächsten 20 Jahren aufzuwendenden Kosten für die Implementierung des Smart Grid werden in den USA auf beinahe

---

1337 *bdew*, Netze der Zukunft, S. 6.
1338 Statt vieler *ERGEG*, Position Paper, S. 19.
1339 *Blaschke/Suhrer/Engel*, HMD 291, 16 bezeichnen in diesem Zusammenhang IKT sogar als „Wirbelsäule für Smart Grids"; *Güneysu/Vetter/Wieser*, DVBl 2011, 870; *Roß*, in: Servatius/Schneidewind/Rohlfing, Smart Energy, S. 289.
1340 *Boesche/Wedler*, E-Energy, S. 1.
1341 *Boesche/Wedler*, E-Energy, S. 1.
1342 *Flick/Morehouse*, Securing the Smart Grid, S. 10;
1343 *Causemann*, ET 6/2011, 8 (10).
1344 *vom Wege/Sösemann*, IR 2009, 55 (58).
1345 *BMWi*, Energiewende, S. 3.

500 Milliarden USD geschätzt.[1346] Die Kosten für die Umstellung von *normalen* auf *intelligente* Stromzähler in Deutschland werden für die nächsten 10–15 Jahre auf ca. 10 Milliarden Euro geschätzt,[1347] europaweit sogar auf ca. 209 Milliarden Euro[1348]. Vor allem beinhaltet die Implementierung eines Smart Grid aber eine Fülle von rechtlichen Einzelproblemen. Neben zahlreichen energie-, verwaltungs-, kartell-, wettbewerbs-, gesellschafts- und zivilrechtlichen Herausforderungen stellen sich dabei vor allem auch datenschutzrechtliche Fragen.

II. Datenschutzrechtliche Bewertung

Die datenschutzrechtliche Bewertung des Smart Grid wird bestimmt von einem latenten Zielkonflikt zwischen der Verkehrsfähigkeit der Energiedaten mit dem Schutz der informationellen Selbstbestimmung der Letztverbraucher.[1349]

Ausfluss eines vernetzten Alltags ist die Vermehrung von Daten. Dies gilt im Speziellen auch für das Smart Metering. Hierbei wird eine Vielzahl von persönlichen Informationen – mithin personenbezogenen Daten im Sinne des Datenschutzrechts – über die betroffenen Letztverbraucher erzeugt, erhoben und verarbeitet. Während manches Datum vor einiger Zeit noch als unwichtig eingestuft wurde, ergeben sich aus den neuen technischen Gegebenheiten Möglichkeiten zur Analyse desselben Datums. Denn wegen des kurzen Ableserhythmus liegen beinahe „Echtzeitdaten" vor. Den Daten kommt aufgrund der inhaltlichen und zeitlichen Nähe zum realen Geschehen sowie wegen der Dichte der Angaben eine höhere Qualität zu als herkömmlichen Verbrauchsdaten.[1350]

Im Rahmen des Smart Metering dienen die Energiedaten einerseits Abrechnungszwecken. Andererseits bestehen bezüglich dieser Daten zahlreiche weitere Verwendungsmöglichkeiten.

Die Gefahr der Zweckentfremdung und des Missbrauchs der Daten ist virulent. Neben der Ausforschbarkeit von Lebensgewohnheiten und der Erstellung von Profilen über die Muster der Lebensgestaltung ist insbesondere die kommerzielle Nutzung von Energiedaten problematisch.

Es steht zu befürchten, dass die handelnden Akteure dabei nicht immer im Interesse der Betroffenen agieren. Zwar ist nicht zu unterstellen, dass sämtliche Akteure die Daten zweckwidrig auswerten, kommerzialisieren oder weiterleiten, aber allein die schlichte Möglichkeit dazu, gibt Anlass zu einer kritischen Bewertung. Denn

---

1346 *de Castro/Dutra*, in: Meyn/Hajek, Allerton Conference 2011, S. 1; *Gellings*, EPRI Technical Report 2011, 1.4.
1347 *Bothe/Göddeke/Perner*, ET 6/2011, 12; *Güneysu/Vetter/Wieser*, DVBl 2011, 870 (872); *Körber/Jäger*, ZNER 2010, 41.
1348 *Greenpeace/EREC*, [r]enewables 24/7, Nov. 2009, S. 47.
1349 *Duisberg*, in: Peters/Kersten/Wolfenstetter, Innovativer Datenschutz, S. 246.
1350 *McNeil*, Harvard JOLT Vol. 25, 199 (200); *Roßnagel/Jandt*, DuD 2010, 373 (374).

die Kenntnis über Geschehnisse innerhalb von Wohnungen tangiert „den innersten Kern dessen, was wir als unser Privatestes ansehen".[1351]

Darüber hinaus besteht die Gefahr, dass unbefugte Dritte durch Diebstahl, Manipulation oder auf anderen rechtswidrigen Wegen Zugriff auf die Energiedaten erlangen und damit kriminelle Zwecke verfolgen.[1352]

Hinzu kommt, dass sich die Letztverbraucher einer beinahe unüberschaubaren Zahl von datenverarbeitenden Stellen gegenübersehen. Die Wahrnehmung ihrer (formell bestehenden) Rechte zum Schutz ihrer informationellen Selbstbestimmung wird den Betroffenen somit in der Praxis erheblich erschwert.

Problematisch ist, dass es den klassischen Datenschutzprinzipien in dynamischen IKT-basierten Infrastrukturen an Durchsetzungskraft fehlt.[1353] Verschiedene datenschutzrechtliche Grundprinzipien wie etwa die Gebote der Zweckbindung, Datensparsamkeit und Transparenz sind gefährdet. Die Entwicklung hin zur allgegenwärtigen Datenverarbeitung macht es erforderlich, die hergebrachten Datenschutzgrundsätze kritisch zu überprüfen und teilweise in Frage zu stellen.[1354] Es erscheint fraglich, ob die Regelungsgrundsätze mit Blick auf die technische Weiterentwicklung überhaupt noch zeitgemäß sind und einen ausreichenden Schutz bieten können.[1355]

Inwieweit die verschiedenen Datenverarbeitungsszenarien im Rahmen des Smart Grid mit einfachem Datenschutzrecht zu vereinbaren sind, ist äußerst problematisch und hängt in der Praxis von zahlreichen Faktoren und der Umsetzung im Einzelfall ab.

Auch die Möglichkeit, auf das Instrument der datenschutzrechtlichen Einwilligung zurückzugreifen, ist in verschiedener Hinsicht beschränkt. Angesichts des oligopolistisch strukturierten Energiemarkts bestehen vor allem in Hinblick auf die Freiwilligkeit der Einwilligung der Letztverbraucher erhebliche Zweifel. Darüber hinaus ist nicht geklärt, inwieweit mehrere Haushaltsmitglieder wirksam in die Verarbeitung ihrer Energiedaten einwilligen können und welche Konsequenzen die Verweigerung einer derartigen Zustimmung nach sich zöge.

Die in Anbetracht dieser und anderer Herausforderungen vom nationalen Gesetzgeber geschaffenen spezifischen Datenschutzvorschriften im EnWG sind in ihrer derzeitigen Form untauglich. Sie genügen nicht den Anforderungen an eine derogierende Datenschutzregelung, weswegen es bei der Anwendbarkeit des allgemeinen Datenschutzrechts bleibt.

Auch im Hinblick auf verfassungsrechtliche Grundsätze bestehen erhebliche Zweifel an der Rechtmäßigkeit der gesetzlichen Vorgaben für den Rollout des Smart Metering. Neben den betroffenen „Datenschutzgrundrechten" i. e. S. bestehen auch

---

1351 *Stampfl*, Die berechnete Welt, S. 33.
1352 *Püschel/Großmann*, in: Großmann/Kunold, Smart Energy 2011, S. 75.
1353 *Bräuchle*, in: Taeger, Big Data & Co., S. 455 f.
1354 *Kühling/Seidel/Sivridis*, Datenschutzrecht, S. 105.
1355 *Roßnagel*, MMR 2005, 71 (72).

bezüglich eines möglichen Eingriffs in die geschützte Wohnung sowie die Verletzung der Datensouveränität der Betroffenen Bedenken. Ob eine Abwägung zwischen den Persönlichkeitsrechten der Betroffenen auf der einen Seite und dem Schutz der natürlichen Lebensgrundlagen auf der anderen Seite einen Rollout von intelligenten Zählern aus verfassungsrechtlicher Sicht zulässt, hängt von vielen Einzelheiten ab, die es zu klären gilt.

B. Ausblick

Das Fraunhofer Forschungscluster Öffentliche IT *(ÖFIT)* hat durch eine Analyse von über 60.000 wissenschaftlichen Publikationen herausgefunden, dass Smart Grids als einer von vier Trends die IT-Zukunft in den nächsten fünf bis 15 Jahren dominieren werden.[1356]

Der Aufbau intelligenter Netze ist nicht auf den Energiesektor begrenzt. Auch in den Branchen wie etwa Verkehr *(Verkehrstelematik* und *E-Mobility)*, Gesundheit *(Gesundheitstelematik* und *E-Health)* und Bildung *(E-Learning)* befinden sich intelligente Netze in Planung.[1357] Auch in diesen Bereichen wird der Datenschutz eine elementare Rolle spielen. Dies verdeutlicht den Stellenwert des Themas „Datenschutz bei intelligenter Vernetzung", das bei der Energieversorgung nicht haltmacht.

Die Energiewende bietet erhebliche ökonomische Wachstumspotenziale für den Wirtschaftsstandort Deutschland. Der global steigende Energiebedarf eröffnet gerade im Bereich der erneuerbaren Energien weitreichende Chancen sowohl für Technologieunternehmen, Kraftwerksbauer und Netzbetreiber als auch für Investoren. Hierzulande ist ein bedeutender Wirtschaftszweig gewachsen, der beispielsweise im Bereich der Sonnen- und Windenergie zeitweise sogar eine Stellung als Weltmarktführer innehatte. Die Erforschung und Umsetzung innovativer Technologien im Bereich der Smart Grids kann helfen, dem Anspruch auf globale Technologieführerschaft auch in anderen energienahen Branchen gerecht zu werden. Die Pluralität von innovativen Geschäftsmodellen im Umfeld des Smart Grid kann neue Märkte für technische Geräte und Dienstleistungen schaffen und hierdurch einen branchenübergreifenden wirtschaftlichen Mehrwert generieren.[1358] Der Technik, auf der die Smart Grids basieren, kommt – ähnlich wie ursprünglich dem Internet – eine „Enablerfunktion" zu.[1359] Insgesamt nimmt die Energiebranche eine Schlüsselrolle für nachhaltigkeitsorientierte Veränderungen in anderen Branchen ein.[1360] Technische Innovationen führen oftmals dazu, dass Kunden die sie umgebende IT-Landschaft ausweiten und in neue Geräte investieren. Das Smart Grid kann so

---

1356 *Fromm et al.*, ÖFIT-Trendschau 2013, S. 20 ff.
1357 *Enquete-Kommission*, Internet und digitale Gesellschaft, BT-Drs. 17/8999, S. 57.
1358 *Roß*, in: Servatius/Schneidewind/Rohlfing, Smart Energy, S. 292; *Schütz/Schreiber*, ZD-Aktuell 2011, 5 (6).
1359 *Roß*, in: Servatius/Schneidewind/Rohlfing, Smart Energy, S. 292.
1360 *Schneidewind/Scheck*, in: Servatius/Schneidewind/Rohlfing, Smart Energy, S. 45.

Impulse zur Weiterentwicklung der IKT geben und dadurch zum Erhalt der Innovationskraft und zur Schaffung von Arbeitsplätzen beitragen.[1361] Ein derartig groß angelegtes Vorhaben gewährleistet Umsätze für Technologiekonzerne, Anlagenhersteller, Bauindustrie, Architekten, Juristen und viele weitere Beteiligte. Der Staat kann hierdurch mittelfristig wachsende Steuereinnahmen generieren. Der Ausbau der digitalen Energieinfrastruktur kann durch Einspareffekte, Effizienzgewinne und Wachstumsimpulse einen kumulierten volkswirtschaftlichen Gesamtnutzen von jährlich über 55 Milliarden Euro herbeiführen.[1362] Defätismus ist insoweit fehl am Platz.

Die gewünschten Erfolge der Verbreitung sind allerdings bislang ausgeblieben. Außer den gesetzlich vorgeschriebenen Pflichteinbaufällen beschränkt sich die Nutzung des Smart Metering bislang auf innovative und technikaffine Kundengruppen. Auch viele Anbieter zögern noch mit dem Angebot von Dienstleistungen. Für die verschiedenen Stakeholder auf dem Strommarkt sind Investitionen in Zukunftstechnologien riskant, da deren Verbreitung und konkrete Ausgestaltung bis dato noch ungewiss ist.[1363] Sie fürchten – wie bei allen technischen Innovationen – das hohe (Fehl-)Investitionsrisiko (sog. *Stranded Investments*).[1364]

Unabhängig von der Frage, ob die mit dem Beschluss zum vorgezogenen Atomausstieg zusammenhängende Gesetzesänderung rechtmäßig zustande gekommen ist,[1365] zeigt dies, wie schnell energiepolitische Grundsatzentscheidungen getroffen werden können, wenn nur ein entsprechender gesetzgeberischer Wille besteht. Hierbei darf indes nicht verkannt werden, dass der Beschluss im Sommer 2011 vor mehreren wichtigen Landtagswahlen erfolgte und es sich mithin nach Ansicht vieler um ein wahlkampftaktisches Manöver handelt.[1366] Es kann daher daraus nicht geschlossen werden, dass sich andere Entscheidungen ähnlich schnell durchsetzen, wenn nicht ein eindeutiger „Wählerwille" erkennbar ist, dem sich die jeweils regierende Instanz beugen möchte bzw. muss.

Der Umbau der Energielandschaft und der Aufbau eines intelligenten Stromnetzes ist ein Gemeinschaftswerk, welches ein Zusammenwirken von vielen Akteuren

---

1361 *EU Commission* Task Force on Smart Grids, 2010, S. 8; *Windoffer/Groß*, VerwArch 2012, 491 (494).
1362 *BITKOM/Fraunhofer ISI*, Potenziale intelligenter Netze, S. 45.
1363 *Neumann*, ZfE 2010, 279 (281); ausführlich zum Kostenaufwand der Unternehmen für ein Rollout: *dena*, Smart-Meter-Studie 2014, S. 79 ff.
1364 *Güneysu/Vetter/Wieser*, DVBl 2011, 870 (872); *Hollmann*, in: Köhler-Schute, Smart Metering, S. 181.
1365 Dazu *Schmidt/Kahl/Gärditz*, Umweltrecht, § 6 Rn. 31; Vgl. auch die beim BVerfG anhängigen Verfassungsbeschwerden der Energieversorger E.on und RWE: *Jahn*, www.faz.net/aktuell/wirtschaft/wirtschaftspolitik/energiepolitik/verfassungsklage-gegen-atomausstieg-kernkraftbetreiber-fordern-15-milliarden-euro-vom-staat-11783254.html.
1366 *Schlömer*, ZNER 2014, 363.

erfordert.[1367] Dabei ist nicht allein die Energiebranche angesprochen, sondern auch das produzierende Gewerbe, der Handel, die Logistikbranche sowie Verbraucherorganisationen und Stiftungen.[1368]

Letztendlich wird eine erfolgreiche Umsetzung maßgeblich von der Einbindung der Endverbraucher als unmittelbar Betroffene abhängen. Energieeinsparungen ergeben sich nicht allein aus dem intelligenten Zähler, sondern vor allem daraus, dass der Verbraucher aufgrund der Informationen des Zählers sein Konsumverhalten anpasst und dadurch den Energieverbrauch verringert.[1369] Wie bei allen neuen Technologien, deren Verbreitung von der Nutzung durch Verbraucher abhängig ist, kommt der Akzeptanz der Zielgruppe eine entscheidende Rolle zu.[1370] Viele Maßnahmen treffen dabei auf ökonomische und politische Widerstände, da sie Kosten verursachen und Gewohnheiten in Frage stellen.[1371]

Die Kosten-Nutzen-Analyse kommt zu dem Ergebnis, dass die von der EU angestrebte Rolloutquote von 80 Prozent bis 2022 über eine allgemeine Einbauverpflichtung zu einem „gesamtwirtschaftlich negativen Netto-Kapitalwert" führt und daher „für den Großteil der Kundengruppen wirtschaftlich nicht zumutbar" ist.[1372] Danach könne selbst unter „sehr optimistischen Annahmen" „die Mehrheit der Endverbraucher die mit dem Einbau und der Nutzung intelligenter Messsysteme für sie einhergehenden Kosten nicht durch Stromeinsparungen und Lastverlagerungen kompensieren".[1373]

Weiterhin ist davon auszugehen, dass sich nur ein Teil der Letztverbraucher die Nutzung ihrer Haushaltsgeräte von Strompreisen diktieren lassen wird. Bei sogenannten zeittoleranten Verbrauchsgeräten kann der Beginn der Gerätedienstleistung verschoben werden, wie beispielsweise bei Wasch- und Geschirrspülmaschinen oder Wäschetrocknern.[1374] Unterbrechungstolerante Geräte können sogar während des Betriebs ausgeschaltet und später wieder eingeschaltet werden, ohne dass die Dienstleistung beeinträchtigt wird; etwa bei Wäschetrocknern, bestimmten Kühl- und Gefrierschränken sowie unter Umständen auch bei Wasch- und Geschirrspülmaschinen.[1375] Viele Geräte sind hingegen schon wegen des festgelegten Tagesablaufs der Kunden hierfür nicht geeignet. Die Verwendung dieser Geräte kann nicht auf andere Zeiten verschoben werden, weil sie nur zu einer bestimmten Zeit Sinn macht. So ist etwa die Benutzung von Computern, Radios, Fernsehern, Lampen,

---

1367 *Hoberg/Piele/Veit*, HMD 291, 80 (81); *Töpfer/Kleiner*, Deutschlands Energiewende, S. 69.
1368 *Töpfer/Kleiner*, Deutschlands Energiewende, S. 69.
1369 *Hoh*, in: Wernekinck/Burger, Smart Metering, S. 85.
1370 S. allgemein zur Akzeptanz bei Technologieprojekten: *Hornung*, Die digitale Identität, S. 379 ff.
1371 *Groß*, ZUR 2009, 364 (365).
1372 *Ernst & Young*, KNA, S. 217.
1373 *Ernst & Young*, KNA, S. 217.
1374 *Hollmann*, in: Köhler-Schute, Smart Metering, S. 185.
1375 *Hollmann*, in: Köhler-Schute, Smart Metering, S. 185 f.

Klimaanlagen oder Herden an den jeweiligen Bedarf des Kunden gekoppelt. Kaum ein Kunde wird aus Kostengründen morgens auf Kaffee oder Toast verzichten oder die Elektrorasur und Haarfönen auf die Nachtzeit verlegen. Das nächtliche Anschalten einer Waschmaschine könnte sowohl für den Nutzer selbst als auch für dessen Nachbarn störend sein. Darüber hinaus wird er nicht längere Zeit darauf warten wollen, wann sich das jeweilige Gerät einschaltet. Einen derartigen Komfortverlust wird der Durchschnittsverbraucher in einem modernen Industriestaat nur dann hinnehmen, wenn damit ein immenses Einsparpotenzial verbunden wäre. Dies ist jedoch, wie dargelegt, bislang nicht der Fall.[1376]

Der deutsche Verbraucher steht strukturellen Veränderungen sowie geplanten Großvorhaben grundsätzlich skeptisch gegenüber; es besteht eine weitverbreitete Innovationsangst oder sogar Innovationsfeindlichkeit. An den vielfältigen Bürgerprotesten gegen den (Strom-)Netzausbau wird deutlich, wie komplex die Herausforderung der Energiewende im Hinblick auf die Akzeptanz durch die Bevölkerung ist.[1377] Trotz des vergleichsweise hohen Umweltbewusstseins in Deutschland scheitern Vorhaben oftmals an Partikularinteressen einzelner Bürger oder Bürgervereinigungen. Erfahrungen in den Niederlanden zeigen, wie entscheidend die Akzeptanz der Bevölkerung für die Verbreitung von technischen Innovationen sein kann. Der Smart-Meter-Rollout ist dort (vorläufig) am Widerstand verschiedener gesellschaftlicher Gruppierungen gescheitert.[1378]

Nur dann, wenn sich bei den Letztverbrauchern Vertrauen dahingehend bildet, dass ihre Daten im Rahmen der Smart-Grid-Technologien sicher und in rechtmäßiger Form erhoben und verarbeitet werden, werden sich diese Zukunftstechnologien zunehmend verbreiten.[1379]

Die intelligenten Stromnetze in eine datenschutzkonforme Umgebung zu integrieren, wird eine der wichtigsten und zugleich schwierigsten Herausforderungen für die Informationsgesellschaft in den nächsten Jahren darstellen. Es ist ein einheitliches Regulierungsregime zu etablieren, welches die verschiedenen technischen Komponenten, die im Smart Grid eine Rolle spielen, in einem konsistenten Gesamtkonzept zusammenführt.[1380] Die Anreicherung des Energiewirtschaftsrechts um Aspekte des Datenschutzes führt zu neuartigen Kollisionslagen, die schonend

---

1376 S. zur Auswirkung der Benutzerfreundlichkeit auf die Akzeptanz auch *Bilecki*, Verbraucherseitige Barrieren, S. 31 ff.
1377 Vgl. *Schweiger*, www.zeit.de/2011/06/Oekostrom-Netzausbau-Buergerprotest.
1378 Dazu *Cuijpers/Koops*, in: Gutwirth et al., European Data Protection, S. 269 ff.; *Hoenkamp/Huitema/de Moor-van Vugt*, RELP 2011, 269 (275).
1379 *Bräuchle*, in: Taeger, Big Data & Co., S. 468; *Cavoukian/Polonetsky/Wolf*, Smart Privacy, S. 12; *Schneidewindt*, ER 2013, 226 (232); *Sörries*, N&R 2012, 58 (59); *Wolf/Maxwell*, Com&Strat 76 [2009], 127 (129); vertiefend zum Verhältnis von Datenschutz und Akzeptanz *Samarajiva*, in: Agre/Rotenberg, Technology and Privacy, S. 284 ff.
1380 *Raabe/Lorenz/Schmelzer*, it 2010 107 (113).

miteinander in Einklang gebracht werden müssen.[1381] Der Umstand, dass in die Evolution des Energiemarktes eine Vielzahl von Entscheidungsträgern mit gegenläufigen Interessen involviert ist, erschwert die politischen und legislativen Prozesse zusätzlich.[1382] Es gilt dabei, das Spannungsfeld zwischen dem Schutz der Persönlichkeitsrechte der Betroffenen, den Interessen der Marktteilnehmer an der Erfüllung ihrer betriebswirtschaftlichen Ziele sowie der Erreichung der legislativ vorgegebenen Energieeffizienzziele aufzulösen.[1383]

In Anbetracht der langsamen Verbreitung der Smart Meter wird teilweise gefordert, die datenschutzrechtlichen Anforderungen „nicht unnötig" anzuheben.[1384] Diese Forderung mag übertrieben und populistisch klingen. Fest steht allerdings, dass die datenschutzrechtliche Regulierung nicht als Innovationsbremse wirken darf, denn Datenschutz sollte niemals ein „Verhinderungsinstrument" sein.[1385] Hieraus folgt ein fortwährender Zielkonflikt, der alle weiteren Fragestellungen „überlagert": Die Frage danach, ob das Verlangen der Verbraucher nach dem Schutz ihrer Privatsphäre es wert ist, die Etablierung der Umwelt- und Energiesicherheitsinfrastruktur hinauszuzögern.[1386] Der Schutz der Letztverbraucher vor dem Missbrauch ihrer personenbezogenen Daten darf jedenfalls nicht so weit reichen, dass die Funktionalität der Smart Meter derart eingeschränkt wird, dass der Vorteil von deren Verwendung verloren geht.[1387] Letztendlich dürfen alle (berechtigte) Kritik und insbesondere auch die datenschutzrechtlichen Bedenken nicht dazu führen, dass die Technologie des Smart Grid nicht umgesetzt wird.

Auf dem liberalisierten Strommarkt wird der Verbraucher die Wahl seines Energieversorgers zukünftig auch von dessen Renommee als Datenschützer abhängig machen. Das datenschutzgerechte Verhalten wird daher – auch über die Einhaltung der gesetzlichen Vorschriften – im Kampf um Kunden von besonderer Relevanz sein. Datenschutz kann sich insoweit zu einem Werbeargument entwickeln. Die beteiligten Unternehmen sollten das Datenschutzrecht daher nicht als lästigen Regulierungszwang wahrnehmen, sondern die Chance ergreifen, sich über datenschutzkonforme Geschäftsmodelle Wettbewerbsvorteile gegenüber der (internationalen) Konkurrenz zu verschaffen.

Bislang fehlt es noch an praktischen Erfahrungen sowie an Rechtsprechung und einer Prüfungspraxis der Regulierungsbehörden. Der lapidare Hinweis des AG Dortmund im Rahmen seines Urteils zu Energiemessgeräten, darauf, dass es „doch eher unwahrscheinlich" sei „dass Dritte unbefugt die Daten auslesen, speichern

---

1381 *Bräuchle*, in: Taeger, Big Data & Co., S. 468.
1382 *Klees*, EnWR, Kap. 1 Rn. 39.
1383 *Püschel/Großmann*, in: Großmann/Kunold, Smart Energy 2011, S. 76.
1384 PwC/*Ohrtmann/Hoormann*, Entflechtung, Abschnitt 12.9.4.
1385 *Bull*, NJW 20006, 1617 (1618).
1386 *Quinn*, CEES No. 09–001, S. 39.
1387 *Bohli/Sorge/Ugus*, IEEE ICC 2010, 1; *Püschel/Großmann*, in: Großmann/Kunold, Smart Energy 2011, S. 68; in diesem Sinne auch Auernhammer/*Heun*, der „interessengerechten statt maximalen Datenschutz" fordert.

und dann auswerten", zeigt, dass trotz der öffentlichen Diskussion über (staatliche) Abhörmaßnahmen und Industriespionage selbst bei Gerichten noch immer keine hinreichenden Kenntnisse über die Gefahren der unbefugten Erlangung von Daten vorherrschen.

Die vorhergehende Untersuchung zeigt, dass der Umgang mit personenbezogenen Energiedaten mit dem derzeitigen Datenschutzrecht vielfach nicht zu vereinbaren ist. Dies verdeutlicht den dringenden Bedarf, entsprechende Maßnahmen zu ergreifen, die den Datenumgang möglich machen. Der Gesetzgeber ist dazu berufen, einen regulatorischen Rahmen zu schaffen, der gleichzeitig Innovationen fördert und die Rechte der Letztverbraucher schützt.

Die technischen Möglichkeiten der Alltagsdigitalisierung sind beinahe grenzenlos. Aus technologischer Sicht sind keine Hindernisse ersichtlich, die Smart Grids als unrealisierbar erscheinen lassen.[1388] Der Auffassung, dass der Einführung des Smart Metering keine rechtlichen Hürden entgegenstehen,[1389] kann nach den in dieser Arbeit aufgezeigten Bedenken allerdings nicht zugestimmt werden. In welchem Umfang die potenziellen technischen Möglichkeiten genutzt werden, ist weniger durch technologische, als vielmehr durch ökonomische, rechtliche oder ethisch-moralische Fragen determiniert.[1390] Die Tatsache, dass Energiepolitik „in besonderer Weise emotional bzw. ideologisch aufgeladen" ist, vertieft die Schwierigkeiten bei der Umsetzung von legislativen Maßnahmen zusätzlich.[1391] Klimapolitik sollte daher von ethischen Diskussionen losgelöst werden, um sich stattdessen den technologischen Herausforderungen stellen zu können.[1392] Gleiches gilt insofern für das Datenschutzrecht.

1388 *Appelrath et al.*, Deutschlands Energiewende, S. 6.
1389 So etwa *Wulf*, Smart Metering, S. 117.
1390 *Langheinrich/Mattern*, APuZ 2003, 6 (11); *Stampfl*, Die berechnete Welt, S. 29.
1391 *Klees*, EnWR, Kap. 1 Rn. 39.
1392 *Keyhani*, Smart Power Grid, S. 6: „Global warming is an engineering problem, not a moral crusade".

Literaturverzeichnis

Monografien und Lehrbücher

Aichele: Smart Energy – Von der reaktiven Kundenverwaltung zum proaktiven Kundenmanagement, Wiesbaden 2012.

Albers: Informationelle Selbstbestimmung, Baden-Baden 2005 (zugl. Habil., Berlin 2002).

Albrecht: Finger weg von unseren Daten – Wie wir entmündigt und ausgenommen werden, München 2014.

Aumüller: Regulierung und Wettbewerb auf dem Telekommunikations- und Strommarkt, Berlin 2006 (zugl. Diss., Hamburg 2006).

Bardt: Energieversorgung in Deutschland – Wirtschaftlich, sicher und umweltverträglich, Köln 2010.

Bardt/Niehues/Techert: Die Förderung erneuerbarer Energien in Deutschland – Wirkungen und Herausforderungen des EEG, Köln 2012.

Beckhusen: Der Datenumgang innerhalb des Kreditinformationssystems der SCHUFA, Baden-Baden 2004 (zugl. Diss., Bremen 2004).

Beenken: Schutz sicherheitsrelevanter Informationen in verteilten Energieinformationssystemen, Edewecht 2010 (zugl. Diss., Oldenburg 2010).

Bendig: Öffentliche Wettbewerbsunternehmen und Datenschutz – Eine Untersuchung aus verfassungsrechtlicher Sicht, Baden-Baden 1996 (zugl. Diss., Berlin 1995).

Bethge: Die verfassungsrechtliche Zulässigkeit des Grundrechtsverzichts, Hamburg 2014 (zugl. Diss., Münster 2012).

Bilecki: Verbrauchsseitige Barrieren von E-Energy in privaten Haushalten, München 2009.

Brenner: Law in an Era of „Smart" Technology, New York 2007.

Buchner: Informationelle Selbstbestimmung im Privatrecht, Tübingen 2006 (zugl. Habil., München 2006).

Büdenbender: Entflechtung von Stromnetzen in Deutschland und Europa im Rahmen des dritten EU-Legislativpakets – Eine Problemdarstellung, Münster 2010.

Bull: Ziele und Mittel des Datenschutzes – Forderungen zur Novellierung des Bundesdatenschutzgesetzes, Königstein 1981.

Donos: Datenschutz – Prinzipien und Ziele, Baden-Baden 1998 (zugl. Diss., Frankfurt/M 1996).

Druey: Information als Gegenstand des Rechts – Entwurf einer Grundlegung, Zürich 1995.

Eckert: IT-Sicherheit – Konzepte, Verfahren, Protokolle, 9. Auflage, München 2014.

Epping: Grundrechte, 6. Auflage, Heidelberg 2014.

Flick/Morehouse: Securing the Smart Grid – Next Generation Power Grid Security, Waltham 2010.

Fox-Penner: Smart Power: Climate Change, the Smart Grid, and the Future of Electric Utilities, Washington D.C. 2010.

Gellings: The Smart Grid – Enabling Energy Efficiency and Demand Response, Lilburn 2009.

Glanz/Jung: Machine-to-Machine-Kommunikation, Frankfurt/M 2010.

Gola/Klug: Grundzüge des Datenschutzrechts, München 2003.

Gudermann: Online-Durchsuchung im Lichte des Verfassungsrechts, Hamburg 2010 (zugl. Diss., Münster 2009).

Härting: Internetrecht, 5. Auflage, Köln 2014.

Hladjk: Online-Profiling und Datenschutz – Eine Untersuchung am Beispiel der Automobilindustrie, Baden-Baden 2007 (zugl. Diss., Frankfurt/M 2006).

Hoeren: Internet- und Kommunikationsrecht, 2. Auflage, Köln 2012.

– *(Hrsg.)*: Big Data und Recht, München 2014.

Höfelmann: Das Grundrecht auf informationelle Selbstbestimmung anhand der Ausgestaltung des Datenschutzrechts und der Grundrechtsnormen der Landesverfassungen, Frankfurt/M 1997 (zugl. Diss., München 1996).

Holzer: Europäische und deutsche Energiepolitik – Eine volkswirtschaftliche Analyse der umweltpolitischen Instrumente, Baden-Baden 2007 (zugl. Diss., Potsdam 2006).

Hornung: Die digitale Identität – Rechtsprobleme von Chipkartenausweisen: Digitaler Personalausweis, elektronische Gesundheitskarte, JobCard-Verfahren, Baden-Baden 2005 (zugl. Diss., Kassel 2005).

Hufen: Staatsrecht II – Grundrechte, 4. Auflage, München 2014.

Ipsen: Staatsrecht II – Grundrechte, 17. Auflage, München 2014.

Kahle: Die Elektrizitätsversorgung zwischen Versorgungssicherheit und Umweltverträglichkeit, Baden-Baden, 2009 (zugl. Diss., Hamburg 2007).

Keyhani: Design of Smart Power Grid Renewable Energy Systems, Hoboken 2011.

Keyhanian: Rechtliche Instrumente zur Energieeinsparung, Baden-Baden, 2008 (zugl. Diss., Hamburg 2008).

Klees: Einführung in das Energiewirtschaftsrecht, Frankfurt/M 2012.

Kloepfer: Verfassungsrecht, Band II – Grundrechte, München 2010.

–: Verfassungsrecht, Band I – Grundlagen, Staatsorganisationsrecht, Bezüge zum Völker- und Europarecht, München 2011.

Koenig/Kühling/Rasbach: Energierecht, 3. Auflage, Frankfurt/M 2013.

Kuhlen: Die Konsequenzen von Informationsassistenten – Was bedeutet informationelle Autonomie oder wie kann Vertrauen in elektronische Dienste in offenen Informationsmärkten gesichert werden?, Frankfurt/M 1999.

Kühling/Seidel/Sivridis: Datenschutzrecht, 2. Auflage, Heidelberg 2011.

Kurz/Rieger: Die Datenfresser, Frankfurt/M 2011.

Lennartz: Rechtliche Steuerung informationstechnischer Systeme, Wiesbaden 1993.

Lindner: Die datenschutzrechtliche Einwilligung nach §§ 4 Abs. 1, 4a BDSG – ein zukunftsfähiges Institut?, Hamburg 2013 (zugl. Diss., Chemnitz 2012).

Lübking/Zilkens: Datenschutz in der Kommunalverwaltung – Recht, Technik, Organisation, 2. Auflage, Berlin 2008.

Mallmann: Zielfunktionen des Datenschutzes: Schutz der Privatsphäre – Korrekte Information, Frankfurt/M 1977.

Manssen: Staatsrecht II – Grundrechte, 11. Auflage, München 2014.

Mayer-Schönberger/Cukier: Big Data – Die Revolution, die unser Leben verändern wird, 2. Auflage, München 2013.

Meister: Datenschutzrecht im Zivilrecht – Das Recht am eigenen Datum, 2. Auflage, Bergisch Gladbach 1981.

Müller, C./Schweinsberg: Vom Smart Grid zum Smart Market – Chancen einer plattformbasierten Interaktion, Bad Honnef, Januar 2012.

Oertel: Energiespeicher – Stand und Perspektiven, Berlin 2008.

Ohly: „Volenti non fit iniuria" – Die Einwilligung im Privatrecht, Tübingen 2002.

Petersohn: Data Mining – Verfahren, Prozesse, Anwendungsarchitektur, München 2005.

Pieroth/Schlink/Kingreen/Poscher: Grundrechte – Staatsrecht II, 30. Auflage, Heidelberg 2014.

Piqué: Markteinführung von Smart Metern – Herausforderungen für IT-Abteilungen von deutschen und internationalen Energieversorgungsunternehmen, Hamburg 2012.

Praetorius/Bauknecht/Cames/Fischer/Pehnt/Schumacher/Voß: Innovation for Sustainable Electricity Systems, Heidelberg 2009.

Raabe/Pallas/Weis/Lorenz/Boesche: Datenschutz in Smart Grids – Anmerkungen und Anregungen, London 2011.

Rengier: Strafrecht Besonderer Teil I – Vermögensdelikte, 16. Auflage, München 2014.

Rogosch: Die Einwilligung im Datenschutzrecht, Baden-Baden 2013 (zugl. Diss., Münster 2012).

Roßnagel: Datenschutz in einem informatisierten Alltag, Gutachten im Auftrag der Friedrich-Ebert-Stiftung, Berlin 2007.

Roy: Smart Metering und Smart Grid im Jahre 2025 – Szenarioanalyse über die Entwicklung der Energiewirtschaft in Deutschland, Norderstedt 2010.

Sachs: Verfassungsrecht II – Grundrechte, 2. Auflage, Berlin 2003.

Sasse: Sinn und Unsinn des Datenschutzes, Karlsruhe 1976.

Schäfer: Effiziente Architekturen und Technologien zur Realisierung von Smart Metering im Bereich der Nahkommunikation, München 2010.

Schipper: Neue Instrumente des Datenschutzrechts für das Verhältnis zwischen Privatperson und Unternehmen in der Bundesrepublik Deutschland und den Vereinigten Staaten von Amerika, Münster 2003 (zugl. Diss. Münster 2002).

Schmidt, R./Kahl/Gärditz: Umweltrecht, 9. Auflage, München 2014.

Schnabel: Datenschutz bei profilbasierten Location Based Services – Die datenschutzadäquate Gestaltung von Service-Plattformen für Mobilkommunikation, Kassel 2009 (zugl. Diss., Kassel 2009).

Scholz, P.: Datenschutz beim Internet-Einkauf – Gefährdungen, Anforderungen, Gestaltungen, Baden-Baden 2003 (zugl. Diss., Kassel 2002).

Scholz, R./Pitschas: Informationelle Selbstbestimmung und staatliche Informationsverantwortung, Berlin 1984.

Schomerus, T./Sanden: Rechtliche Konzepte für eine effizientere Energienutzung, Berlin 2008.

Siebert/Lorz: Einführung in die Volkswirtschaftslehre, 15. Auflage, Stuttgart 2007.

Specht: Konsequenzen der Ökonomisierung informationeller Selbstbestimmung: Die zivilrechtliche Erfassung des Datenhandels, Köln 2012 (zugl. Diss., Freiburg 2011).

Stampfl: Die berechnete Welt – Leben unter dem Einfluss von Algorithmen, Hannover 2013.

Steckler: Grundzüge des IT-Rechts, 3. Auflage, München 2011.

Steigert: Datenschutz bei unternehmensinternen Whistleblowing-Systemen, Frankfurt/M 2013 (zugl. Diss., Münster 2012).

Stein/Frank: Staatsrecht, 21. Auflage, Tübingen 2010.

Ströbele/Pfaffenberger/Heuterkes: Energiewirtschaft – Einführung in Theorie und Politik, 3. Auflage, München 2012.

Taeger: Datenschutzrecht – Einführung, Frankfurt/M 2014.

Theobald/Theobald: Grundzüge des Energiewirtschaftsrechts, 3. Auflage, München 2013.

Tinnefeld/Buchner/Petri: Einführung in das Datenschutzrecht – Datenschutz und Informationsfreiheit in europäischer Sicht, 5. Auflage, München 2012.

Turow: The Daily You – How the New Advertising Industry is Defining Your Identity and Your World, New Haven 2012.

Unseld: Die Kommerzialisierung personenbezogener Daten, München 2010 (zugl. Diss., München 2010).

Vogelgesang: Grundrecht auf informationelle Selbstbestimmung?, Baden-Baden 1987 (zugl. Diss., Göttingen 1986).

Volle: Datenschutz als Drittwirkungsproblem – Die Rechtmäßigkeit der Verarbeitung personenbezogener Daten beim Customer Relationship Management, Hamburg 2010 (zugl. Diss. Rostock 2009).

von Lewinski: Datenflut und Recht – Informationsrecht als Deich, Kanal, Wasserhahn oder Rettungsring?, Karlsruhe 2013.

Wächter: Falsifikation und Fortschritt im Datenschutz – Qualitätsmanagement und Haftung im privaten Datenschutzrecht, Berlin 2000 (zugl. Diss., Tübingen 1998).

Watzlawick/Beavin/Jackson: Menschliche Kommunikation – Formen, Störungen, Paradoxien, 12. Auflage, Bern 2011.

Wawer: Förderung erneuerbarer Energien im liberalisierten deutschen Strommarkt, Münster 2007, (zugl. Diss., Münster 2007).

Weidner-Braun: Der Schutz der Privatsphäre und des Rechts auf informationelle Selbstbestimmung – am Beispiel des personenbezogenen Datenverkehrs im WWW nach deutschem öffentlichen Recht, Berlin 2012.

Wilms: ELENA (Elektronischer Entgeltnachweis) und das Recht auf informationelle Selbstbestimmung, Baden-Baden 2010.

Wittwer: Der deutsche Strommarkt und die ökonomische Beschaffung von Strom in energieintensiven Industrieunternehmen, München 2008.

Woldeab: Leistungsdifferenzierung im Energieversorgungswettbewerb – Eine Conjoint-Analyse am Beispiel des deutschen Energiemarktes unter besonderer Berücksichtigung von Smart Meter, München 2014 (zugl. Diss. Hamburg 2013).

Wulf: Smart Metering und die Liberalisierung des Messwesens, Baden-Baden 2009.

Zech: Information als Schutzgegenstand, Tübingen 2012.

Kommentare und Handbücher

Abel: Praxiskommentar Bundesdatenschutzgesetz, 6. Auflage, Kissing 2012.

Arndt/Fetzer/Scherer (Hrsg.): Kommentar zum Telekommunikationsgesetz, Berlin 2008.

Auernhammer (Begr.)/*Eßer/Kramer/von Lewinski* (Hrsg.): Kommentar Bundesdatenschutzgesetz und Nebengesetze, 4. Auflage, Köln 2014.

Badura: Staatsrecht – Systematische Erläuterung des Grundgesetzes, 5. Auflage, München 2012.

Bechtold: Kartellgesetz (Gesetz gegen Wettbewerbsbeschränkungen), 7. Auflage, München 2013.

Benda/Maihofer/Vogel: Handbuch des Verfassungsrechts, 2. Auflage, Berlin 1994.

Bergmann/Möhrle/Herb: Datenschutzrecht, Kommentar, 47. Ergänzungslieferung, Stuttgart, Januar 2014.

Britz/Hellermann/Hermes (Hrsg.): EnWG, Kommentar, 2. Auflage, München 2010.

Danner/Theobald: Energierecht, Kommentar, Band 1 und Band 2, 81. Ergänzungslieferung, München, Juli 2014.

Däubler/Klebe/Wedde/Weichert: Bundesdatenschutzgesetz, Kompaktkommentar, 4. Auflage, Frankfurt/M 2014.

Dreier: Grundgesetz, Kommentar, Band I (Präambel, Art. 1–19), 3. Auflage, Tübingen 2013.

Ehmann/Helfrich: EG-Datenschutzrichtlinie, Kurzkommentar, Köln 1999.

Epping/Hillgruber (Hrsg.): Beck'scher Online-Kommentar Grundgesetz, 23. Edition, München, Stand: 1.12.2014.

Erbs/Kohlhaas/Ambs (Hrsg.): Strafrechtliche Nebengesetze, Kommentar, Band I, 199. Ergänzungslieferung, München, Juli 2014.

Friauf/Höfling: Berliner Kommentar zum Grundgesetz, 43. Ergänzungslieferung, Berlin, April 2014.

Germer/Loibl (Hrsg.): Energierecht Handbuch, 2. Auflage, Berlin 2007.

Gierschmann/Saeugling: Systematischer Praxiskommentar Datenschutzrecht, Köln 2014.

Gola/Schomerus, R.: Bundesdatenschutzgesetz, Kommentar, 11. Auflage, München 2012.

Heckmann: juris PraxisKommentar Internetrecht, 4. Auflage, Saarbrücken 2014.

Hoeren/Sieber/Holznagel: Handbuch Multimedia-Recht, 39. Ergänzungslieferung, München, Juli 2014.

Hömig (Hrsg.) Grundgesetz, Kommentar, 10. Auflage, Baden-Baden 2013.

Isensee/Kirchhof: Handbuch des Staatsrechts der Bundesrepublik Deutschland, Band IV – Aufgaben des Staates, 3. Auflage, Heidelberg 2006.

Jarass/Pieroth: Grundgesetz für die Bundesrepublik Deutschland, Kommentar, 13. Auflage, München 2014.

Kahl/Waldhoff/Walter (Hrsg.): Bonner Kommentar zum Grundgesetz, 169. Aktualisierung, Heidelberg, Oktober 2014.

Kilian/Heussen: Computerrechts-Handbuch – Informationstechnologie in der Rechts- und Wirtschaftspraxis, 32. Ergänzungslieferung, München, August 2013.

Konstantin: Praxisbuch Energiewirtschaft: Energieumwandlung, -transport und -beschaffung im liberalisierten Markt, 3. Auflage, Berlin 2013.

Leibholz/Rinck: Grundgesetz für die Bundesrepublik Deutschland – Rechtsprechung des Bundesverfassungsgerichts, Kommentar, 66. Ergänzungslieferung, Köln, September 2014.

Loewenheim/Meessen/Riesenkampff: Kartellrecht, Kommentar, 2. Auflage, München 2009.

Maunz/Dürig: Grundgesetz, Kommentar, Band I, 72. Ergänzungslieferung, München, Juli 2014.

Merten/Papier (Hrsg.): Handbuch der Grundrechte – Band IV Grundrechte in Deutschland: Einzelgrundrechte I, Heidelberg 2011.

Müller-Glöge/Preis/Schmidt, I. (Hrsg.): Erfurter Kommentar zum Arbeitsrecht, 14. Auflage, München 2014.

Müller, L.: Handbuch der Elektrizitätswirtschaft – Technische, wirtschaftliche und rechtliche Grundlagen, 2. Auflage, Berlin 2001.

Palandt: Bürgerliches Gesetzbuch, Kommentar, 74. Auflage, München 2015.

Plath (Hrsg.): BDSG, Kommentar, Köln, 2013.

PricewaterhouseCoopers AG WPG (Hrsg.): Entflechtung und Regulierung in der deutschen Energiewirtschaft – Praxishandbuch zum Energiewirtschaftsgesetz, 3. Auflage, Freiburg 2012.

Roßnagel: Beck'scher Kommentar zum Recht der Telemediendienste, München 2013.

–: Handbuch Datenschutzrecht, München 2003.

Sachs (Hrsg.): Grundgesetz, Kommentar, 7. Auflage, München 2014.

Säcker (Hrsg.): Telekommunikationsgesetz, Kommentar, 3. Auflage, Frankfurt/M 2013.

– (Hrsg.): Berliner Kommentar zum Energierecht, Band 1, Halbband 1, 3. Auflage, Frankfurt/M 2014.

– (Hrsg.): Berliner Kommentar zum Energierecht, Band 2, 3. Auflage, Frankfurt/M 2014.

Salje: Energiewirtschaftsgesetz, Kommentar, Köln 2006.

Schaffland/Wiltfang: Bundesdatenschutzgesetz, Ergänzungslieferung 5/14, Berlin, Oktober 2014.

Schmidt-Bleibtreu/Hofmann/Henneke (Hrsg.): Kommentar zum Grundgesetz, 13. Auflage, Köln 2014.

Schneider: Handbuch des EDV-Rechts, 4. Auflage, Köln 2009.

Schneider/Theobald: Recht der Energiewirtschaft, Praxishandbuch, 4. Auflage, München 2013.

Schönke/Schröder, H.: Strafgesetzbuch, Kommentar, 29. Auflage, München 2014.

Schulte/Schröder, R. (Hrsg.),: Handbuch des Technikrechts, 2. Auflage, Berlin 2011.

Schulze: Bürgerliches Gesetzbuch, Handkommentar, 8. Auflage, Baden-Baden 2014.

Schwartmann (Hrsg.): Praxishandbuch Medien-, IT- und Urheberrecht, 3. Auflage, Heidelberg 2014.

Simitis (Hrsg.): Bundesdatenschutzgesetz, Kommentar, 8. Auflage, Baden-Baden 2014.

Sodan (Hrsg.): Grundgesetz, Beck'scher Kompakt-Kommentar, 2. Auflage, München 2011.

Spindler/Schuster: Recht der elektronischen Medien, Kommentar, 2. Auflage, München 2011.

Staudinger: Kommentar zum Bürgerlichen Gesetzbuch, Buch 1, Allgemeiner Teil 3 (§§ 90–124, 130–133), 14. Auflage, Berlin 2012.

Stern: Das Staatsrecht der Bundesrepublik Deutschland, Band II, München 1980.

–: Das Staatsrecht der Bundesrepublik Deutschland, Band III/1, München 1988.

Taeger/Gabel: Kommentar zum BDSG, 2. Auflage, Frankfurt/M 2013.

von Mangoldt/Klein/Starck: Kommentar zum Grundgesetz, Band 1, 6. Auflage, München 2010.

von Münch/Kunig: Grundgesetz, Kommentar, Band 1 (Präambel bis Art. 69), 6. Auflage, München 2012.

Wolff/Brink (Hrsg.): Beck'scher Online-Kommentar Datenschutzrecht, 10. Edition, München, Stand: 1.11.2014.

– (Hrsg.): Datenschutzrecht in Bund und Ländern, Kommentar, München 2013.

Aufsätze

Adamowsky: Totale Vernetzung – totale Verstrickung?, APuZ 42/2003, 3–5.

Adams: Smart-Grid-Standards und die Evolution des Energiemarkts, ew 11/2011, 36–38.

Ahlers: Smart Grids und Smart Markets – Roadmap der Energiewirtschaft, in: Aichele/Doleski (Hrsg.), Smart Market – Vom Smart Grid zum intelligenten Energiemarkt, Wiesbaden 2014, S. 97–123.

Angenendt/Boesche/Franz: Der energierechtliche Rahmen einer Implementierung von Smart Grids, RdE 2011, 117–126.

Appel: Neues Recht für neue Netze – das Regelungsregime zur Beschleunigung des Stromnetzausbaus nach EnWG und NABEG, UPR 2011, 406–416.

Arabo/Brown/El-Moussa: Privacy in the age of Mobility and Smart Devices in Smart Homes, in: Balahur/Hermida (Hrsg.), 4th IEEE International Conference on Privacy, Security, Risk and Trust (PASSAT) 2012, S. 819–826.

Arzberger/Fey/Wagner, J.: Anforderungen aus dem BSI-Schutzprofil – Datenschutz und -sicherheit sind Voraussetzungen für einen Massenrollout, in: Aichele/

Doleski (Hrsg.), Smart Meter Rollout – Praxisleitfaden zur Ausbringung intelligenter Zähler, Wiesbaden 2013, S. 403–414.

Asaj: Datenschutz im Fahrzeug – Übersicht, Aspekte und erste Lösungsansätze, DuD 2011, 558–564.

ASNEF/FECEMD vom 24.11.2011, CR 2013, 408–412.

Baasner/Milovanović/Schmelzer/Schneidewindt: Einbaupflicht, -recht und Akzeptanz – Fragen und Antworten zum Einbau von Messeinrichtungen und Messsystemen nach der Novellierung des EnWG 2011, N&R 2012, 12–18.

Bachmann/Ivanic: Zentrale Eckpfeiler eines Vorgehensmodells zur Einführung von Smart Metering für EVUs mittlerer Größe, in: Köhler-Schute (Hrsg.), Smart Metering – Technologische, wirtschaftliche und juristische Aspekte des Smart Metering, 2. Auflage, Berlin 2010, S. 54–70.

Bachor/Weidtmann: Smart Metering – Chancen, Nutzen und Potenziale aus Sichtweise eines EVU, in: Wernekinck/Burger (Hrsg.), Smart Metering 2.0, München 2011, S. 67–73.

Bäcker: Das IT-Grundrecht – Bestandsaufnahme und Entwicklungsperspektiven, in: Lepper (Hrsg.), Privatsphäre mit System – Datenschutz in einer vernetzten Welt, Düsseldorf 2010, S. 4–21.

Baeriswyl: PET – ein Konzept harrt der Umsetzung, digma 1/2012, 18–21.

Balough: Privacy Implications of Smart Meters, CKLR Vol. 86 [2011], Issue 1, 161–191.

Battaglini/Lilliestam/Haas/Patt: Development of SuperSmart Grids for a more efficient utilisation of electricity from renewable sources, JCP 17 [2009], 911–918.

Baum: Wacht auf, es geht um die Menschenwürde, DuD 2013, 583–584.

Baur: Ubiquität, TRE 34 [2002], 224–241.

Benda: Privatsphäre und „Persönlichkeitsprofil" – Ein Beitrag zur Datenschutzdiskussion, in: Leibholz/Faller/Mikat/Reis (Hrsg.), Menschenwürde und freiheitliche Rechtsordnung – Festschrift für Willi Geiger zum 65. Geburtstag, Tübingen 1974, S. 23–44.

Bender/Götz: Energieeffizienz durch den Aufbau eines Energieinformationsnetzes, in: Britz/Eifert/Reimer (Hrsg.), Energieeffizienzrecht – Perspektiven und Probleme, Baden-Baden 2010, S. 207–224.

Benz: Energieeffizienz durch intelligente Stromzähler – Rechtliche Rahmenbedingungen, ZUR 2008, 457–463.

Beurskens: Vom Sacheigentum zum „virtuellen Eigentum"? – Absolute Rechte an Daten, in: Domej/Dörr/Hoffmann-Nowotny/Vasella/Zelger (Hrsg.), Einheit des Privatrechts, komplexe Welt: Herausforderungen durch fortschreitende Spezialisierung und Interdisziplinarität, Stuttgart 2009, S. 443–474.

Bizer: Sieben Goldene Regeln des Datenschutzes, DuD 2007, 350–356.

Blaschke/Suhrer/Engel: Serviceorientierte Architekturen für Smart Grids, HMD 291 [Juni 2013], 16–25.

Bohli/Sorge/Ugus: A Privacy Model for Smart Metering, IEEE ICC Conference 2010, S. 1–5.

Bothe/Göddeke/Perner: Ökonomisches Potenzial spricht für Wahlfreiheit von Haushalten bei Smart Metern, ET 6/2011, 12–15.

Bräuchle: Die datenschutzrechtliche Einwilligung in Smart Metering Systemen – Kollisionslagen zwischen Datenschutz- und Energiewirtschaftsrecht, in: Plödereder/Grunske/Schneider/Ull (Hrsg.), Informatik 2014, Proceedings, GI-Edition, Lecture Notes in Informatics, Bonn 2014, S. 515–526.

–: Energiemanagementsysteme der Zukunft – Anforderungen an eine datenschutzkonforme Verbrauchsvisualisierung, in: Taeger (Hrsg.), Big Data & Co., Tagungsband DSRI-Herbstakademie 2014, S. 455–469.

Braun: Kein Smart Metering ohne Smart Grid, ET 6/2011, 20–21.

Bretthauer/Bräuchle: Datensicherheit in intelligenten Infrastrukturen, in: Horbach (Hrsg.), Informatik 2013, Proceedings, GI-Edition, Lecture Notes in Informatics, Bonn 2013, S. 2104–2118.

Brink: Funkbasierte Heizkostenmessgeräte und Datenschutz, ZWE 2014, 75–77.

Brück von Oertzen: Der Rechtsrahmen, in: Fenchel/Hellwig (Hrsg.), Smart Metering in Deutschland, Frankfurt/M 2010, S. 21–32.

Brunekreeft/Keller: Elektrizität: Verhandelter versus regulierter Netzzugang, in: Knieps/Brunekreeft (Hrsg.), Zwischen Regulierung und Wettbewerb – Netzsektoren in Deutschland, 2. Auflage, Heidelberg 2003, S. 131–154.

Buchner: Die Einwilligung im Datenschutzrecht – vom Rechtfertigungsgrund zum Kommerzialisierungsinstrument, DuD 2010, 39–43.

Buermeyer: Die „Online-Durchsuchung" – Verfassungsrechtliche Grenzen des verdeckten hoheitlichen Zugriffs auf Computersysteme, HRRS 2007, 329–337.

Bull: Zweifelsfragen um die informationelle Selbstbestimmung – Datenschutz als Datenaskese?, NJW 2006, 1617–1624.

Canaris: Grundrechte und Privatrecht, AcP 184 [1984], 201–246.

Čas/Peissl: Datenhandel – ein Geschäft wie jedes andere?, in: Hofmann (Hrsg.), Wissen und Eigentum – Geschichte, Recht und Ökonomie stoffloser Güter, Bonn 2006, S. 263–278.

Causemann: Über die Verbindung von Netzleit- und Meteringsystemen intelligente Stromnetze schaffen, ET 6/2011, 8–10.

Cavoukian/Polonetsky/Wolf: Smart Privacy for the Smart Grid: embedding privacy into the design of electricity conservation, IDIS 2010, 275–294.

Conrad: Kundenkarten und Rabattsysteme – Datenschutzrechtliche Herausforderung, DuD 2006, 405–409.

Cuijpers/Koops: Smart Metering and Privacy in Europe: Lessons from the Dutch Case, in: Gutwirth/Leenes/de Hert/Poullet (Hrsg.), European Data Protection: Coming of Age, Dordrecht 2013, S. 269–293.

Dammann: Die Vereinigung öffentlicher Stellen nach dem neuen BDSG, RDV 1992, 157–162.

de Castro/Dutra: The Economics of the Smart Grid, in: Meyn/Hajek (Hrsg.), 49th Annual Allerton Conference on Communication, Control and Computing 2011, S. 1294–1301.

de Hert/Kloza: The Challenges of Privacy and Data Protection Posed by Smart Grids, in: Schweighofer/Kummer (Hrsg.), Tagungsband des 14. Internationalen Rechtsinformatik Symposions IRIS 2011, S. 191–196.

Dembski: Innovationsfähikgeit und Markzutrittsschwellen des Smart Grids und Smart Markets, in: Aichele/Doleski (Hrsg.), Smart Market – Vom Smart Grid zum intelligenten Energiemarkt, Wiesbaden 2014, S. 235–255.

Dewenter/Haucap: Die Liberalisierung der Telekommunikationsbranche in Deutschland: Bisherige Erfolge und weiterer Handlungsbedarf, ZfWp 2004, 374–394.

Dobler/Wolf, T.: Smart Metering – Netzbetreiber zwischen Wettbewerb und Regulierung, Versorgungswirtschaft 3/2010, 53–56.

Domschke: Quo Vadis Smart Metering, in: Wernekinck/Burger (Hrsg.), Smart Metering 2.0, München 2011, S. 93–103.

Doran: Privacy and Smart Grid: When Progress and Privacy Collide, Toledo Law Review, Vol. 41/4 [Summer 2010], S. 909–922.

Dorner: Big Data und „Dateneigentum", CR 2014, 617–628.

Dornseifer: Das Messwesen nach der EnWG-Novelle 2011, in: Aichele/Doleski (Hrsg.), Smart Meter Rollout – Praxisleitfaden zur Ausbringung intelligenter Zähler, Wiesbaden 2013, S. 131–147.

Duisberg: Datenschutz im Internet der Energie, in: Peters/Kersten/Wolfenstetter (Hrsg.), Innovativer Datenschutz, Berlin 2012, S. 243–265.

Eckert/Krauß: Sicherheit im Smart Grid – Herausforderungen und Handlungsempfehlungen, DuD 2011, 535–541.

Eder/vom Wege: Aktuelle Gesetzesvorhaben im Zähler- und Messwegen – Einstieg in Smart Metering, IR 2008, 50–53.

Dieselben: Liberalisierung und Klimaschutz im Zielkonflikt: Die neuen gesetzlichen Rahmenbedingungen im Mess- und Zählerwesen Strom und Gas (Teil 1 und 2), IR 2008, 176–180 und 198–200.

Eder/vom Wege/Weise: Der Rechtsrahmen für Smart Metering – ein konsistentes Gesamtkonzept?, ZNER 2012, 59–64.

Erhardt: Energiebedarfsprognosen – Kontinuität und Wandel energiewirtschaftlicher Problemlagen in den 1970er und 1980er Jahren, in: Erhardt/Kroll (Hrsg.),

Energie in der modernen Gesellschaft – Zeithistorische Perspektiven, Göttingen 2012, S. 193–222.

Felden: Smart Grids – die Intelligenz hat es manchmal schwer..., HMD 291 [Juni 2013], 6–15.

Fischer/Sohre: Stromeinsparung, Alltag und Lebensstil – Zur Einführung, in: Fischer (Hrsg.), Stromsparen im Haushalt, München 2008, S. 172–174.

Fox: Smart Meter, DuD 2010, 408.

Fox/Müller: Smart-Grid-Legenden, in: Fox/Fuchs/Hornung/Klumpp/Kranz/Krauß/ Müller/Roßnagel (Hrsg.), Stuttgart 2011, Gestaltungslinien für Sicherheit und Datenschutz im Energieinformationsnetz, Alcatel-Lucent Stiftungsreihe Nr. 94, S. 7–15.

Frisby/Trotta: The Smart Grid: The Complexities and Importance of Data Privacy and Security, CommLaw Conspectus Vol. 19, June 2011, Issue 2, 297–341.

Gauß/Güran/Reuter: Smart Grid: Handlungsempfehlungen zukünftiger Systemlandschaften, in: Köhler-Schute (Hrsg.), Smart Metering – Technologische, wirtschaftliche und juristische Aspekte des Smart Metering, 2. Auflage, Berlin 2010, S. 194–200.

Gaycken/Karger: Entnetzung statt Vernetzung – Paradigmenwechsel bei der IT-Sicherheit, MMR 2011, 3–8.

Gerhager: Informationssicherheit im zukünftigen Smart Grid, DuD 2012, 445–451.

Göge/Boers: Gläserne Kunden durch Smart Metering – Datenschutzrechtliche Aspekte des neuen Zähl- und Messwesens, ZNER 2009, 368–370.

Gómez Mármol/Sorge/Petrlic/Ugus/Westhoff/Martínez Pérez: Privacy-enhanced architecture for smart metering, Int. J. Inf. Secur. Vol. 12 No. 2 [2013], 67–82.

Gómez Mármol/Sorge/Ugus/Martínez Pérez: Do Not Snoop My Habits: Preserving Privacy in the Smart Grid, IEEE CM 2012, 166–172.

Grapentin: Haftung und anwendbares Recht im internationalen Datenverkehr, CR 2011, 102–107.

Graßmann: Die Rechtsgrundlagen für Smart Metering und die Liberalisierung des Messwesens 2009, in: Köhler-Schute (Hrsg.), Smart Metering – Technologische, wirtschaftliche und juristische Aspekte des Smart Metering, 2. Auflage, Berlin 2010, S. 213–234.

Greveler/Glösekötter/Justus/Löhr: Multimedia Content Identification Through Smart Meter Power Usage Profiles, in: Arabnia/Deligiannidis/Hashemi, Proceedings of the International Conference on Information and Knowledge Engineering IKE'12, Las Vegas 2012, S. 383–390.

Greveler/Justus/Löhr: Forensic Content Detection through Power Consumption, in: IEEE International Workshop on Security and Forensics in Communication Systems 2012, S. 6759–6763.

Greveler/Justus/Löhr: Identifikation von Videoinhalten über granulare Stromverbrauchsdaten, in: Suri/Waidner (Hrsg.), Sicherheit 2012, GI Proceedings, Vol. 195, S. 35–45.

Groß: Die Bedeutung des Umweltstaatsprinzips für die Nutzung erneuerbarer Energien, NVwZ 2011, 129–133.

–: Welche Klimaschutzpflichten ergeben sich aus Art. 20a GG?, ZUR 2009, 364–368.

Guckelberger: Smart Grids/Smart Meter zwischen umweltverträglicher Energieversorgung und Datenschutz, DÖV 2012, 613–622.

Gundel: Der Verbraucherschutz im Energiesektor zwischen Marktliberalisierung und Klimaschutzzielen, GewArch 2012, 137–144.

Güneysu: Smart Grids und die Anforderungen des Einspeisemanagements, RdE 2012, 47–53.

Güneysu/Vetter/Wieser: Intelligenter Rechtsrahmen für intelligente Netze (Smart Grids), DVBl 2011, 870–875.

Güneysu/Wieser: Smarte Preise für smarte Netze – Evolution oder Revolution, ZNER 2011, 417–422.

Gurlit: Grundrechtsbindung von Unternehmen, NZG 2012, 249–255.

Gutwirth/Hildebrandt: Some Caveats on Profiling, in: Gutwirth/Poullet/De Hert (Hrsg.), Data Protection in a Profiled World, Dordrecht 2010, S. 31–41.

Habeck/Lindwedel/Laue: Smart Metering ermöglicht zukunftsweisende Geschäftsmodelle für Vertriebe, Netze und Dienstleister, ET 1+2/2009, 95–99.

Hackbarth/Madlener/Reiss/Steffenhagen: Smart Metering bei Haushaltskunden – Stand der Entwicklungen in Deutschland, ET 11/2008, 70–73.

Halevy/Norvig/Pereira: The Unreasonable Effectiveness of Data, IEEE Intelligent Systems Vol. 24 No. 2 [2009], 8–12.

Härting: Anonymität und Pseudonymität im Datenschutzrecht, NJW 2013, 2065–2072.

Haubrich: Datenschutzrechtliche Probleme beim Smart Metering, in: Britz/Eifert/Reimer (Hrsg.), Energieeffizienzrecht – Perspektiven und Probleme, Baden-Baden 2010, S. 225–251.

Heckmann: Persönlichkeitsschutz im Internet – Anonymität der IT-Nutzung und permanente Datenverknüpfung als Herausforderungen für Ehrschutz und Profilschutz, NJW 2012, 2631–2635.

–: Smart Life – Smart Privacy Management – Privatsphäre im total digitalisierten Alltag, K&R 2011, 1–5.

Heibey: IKT-Risiken für ein Energieinformationsnetz, in: Roßnagel (Hrsg.), Nutzerschutz – Rechtsrahmen, Technikpotentiale, Wirtschaftskonzepte, Baden-Baden 2012, S. 55–61.

Herzmann: Mindestanforderungen an Messeinrichtungen nach § 21b IIIa und IIIb EnWG – mehr Rechtssicherheit durch das Positionspapier der BNetzA vom 23.6.2010, IR 2010, 218–220.

Heußner: Zur Funktion des Datenschutzes und zur Notwendigkeit bereichsspezifischer Regelungen, in: Gitter/Thieme/Zacher (Hrsg.), Im Dienst des Sozialrechts – Festschrift für Georg Wannagat, Köln 1981, S. 173–200.

–: Das informationelle Selbstbestimmungsrecht des Grundgesetzes als Schutz des Menschen vor totaler Erfassung, BB 1990, 1281–1285.

Hladjk: EU-Datenschutz und Smart Metering – Rechtliche Rahmenbedingungen, e|m|w 6/2011, 64–66.

–: Smart Metering und EU-Datenschutzrecht – Die Stellungnahme der Artikel-29-Datenschutzgruppe, DuD 2011, 552–557.

Hoberg/Piele/Veit: Mobiles Lernen für Smart Home/Smart Grid, HMD 291 [Juni 2013], 80–94.

Hoenkamp/Huitema/ de Moor-van Vugt: The Neglected Consumer: The Case of the Smart Meter Rollout in the Netherlands, RELP 2011, 269–282.

Hoeren: Dateneigentum – Versuch einer Anwendung von § 303a StGB im Zivilrecht, MMR 2013, 486–491.

–: Was ist das Grundrecht auf Integrität und Vertraulichkeit informationstechnischer Systeme, MMR 2008, 365–366.

–: Bring Your Own Device – Rechtliche Fallstricke, Annual Multimedia 2013, 28–30.

–: BGH: Mitteilung der SCHUFA-Scoreformel im Rahmen einer Bonitätsauskunft, Anmerkung zum Urteil vom 28.1.2014 – VI ZR 156/13, LMK 2014, 356425.

–: Anonymität im Web – Grundfragen und aktuelle Entwicklungen, ZRP 2010, 251–253.

–: Wenn Sterne kollabieren, entsteht ein schwarzes Loch – Gedanken zum Ende des Datenschutzes, ZD 2011, 145–146.

Hoffmann-Riem: Nachvollziehende Grundrechtskontrolle – Zum Verhältnis von Fach- und Verfassungsgerichtsbarkeit am Beispiel von Konflikten zwischen Medienfreiheit und Persönlichkeitsrecht, AöR 128 [2003], 173–225.

–: Informationelle Selbstbestimmung in der Informationsgesellschaft – Auf dem Wege zu einem neuen Konzept des Datenschutzes, AöR 123 [1998], 513–540.

–: Das Grundrecht auf Schutz der Vertraulichkeit und Integrität eigengenutzter informationstechnischer Systeme, in: Klumpp/Kubicek/Roßnagel/Schulz (Hrsg.), Netzwelt: Wege, Werte, Wandel, Berlin 2008, S. 165–178.

Hoh: Smart Metering Konzepte – Mehr als Datenfernübertragung von Zählerdaten, in: Wernekinck/Burger (Hrsg.), Smart Metering 2.0, München 2011, S. 81–87.

Hollmann: Vom intelligenten Zähler zum intelligenten Energienetz: Strategische Optionen und Geschäftsfelder für die Energiewirtschaft, in: Köhler-Schute (Hrsg.),

Smart Metering – Technologische, wirtschaftliche und juristische Aspekte des Smart Metering, 2. Auflage, Berlin 2010, S. 181–193.

Holznagel/Schumacher: Auswirkungen des Grundrechts auf Vertraulichkeit und Integrität informationstechnischer Systeme auf RFID-Chips, MMR 2009, 3–8.

Hoormann: Smart Metering – Datenschutz und Datensicherheit, in: Köhler-Schute (Hrsg.), Smart Grids – Die Energieinfrastruktur im Umbruch, Berlin 2012, S. 127–137.

Hornung: Datenschutz durch Technik in Europa – Die Reform der Richtlinie als Chance für ein modernes Datenschutzrecht, ZD 2011, 51–56.

Hornung/Desoi: „Smart Cameras" und automatische Verhaltensanalyse – Verfassungs- und datenschutzrechtliche Probleme der nächsten Generation der Videoüberwachung, K&R 2011, 153–158.

Hornung/Fuchs: Nutzerdaten im Smart Grid – zur Notwendigkeit einer differenzierten grundrechtlichen Bewertung, DuD 2012, 20–25.

Horst: Wohnungs- und nachbarrechtliche Folgefragen des Energiepasses, NZM 2008, 145–152.

Ifland/Exner: Laststeuerung privater Verbraucher, in: Westermann/Döring/ Bretschneider (Hrsg.), Smart Metering – Zwischen technischer Herausforderung und gesellschaftlicher Akzeptanz – Interdisziplinärer Status Quo, Ilmenau 2013, S. 79–112.

Jandt: Wie kann Datenschutz im Energieinformationsnetz gewährleistet werden?, in: Roßnagel (Hrsg.), Nutzerschutz – Rechtsrahmen, Technikpotentiale, Wirtschaftskonzepte, Baden-Baden 2012, S. 37–53.

Jandt/Roßnagel/Volland: Datenschutz für Smart Meter – Spezifische Neuregelungen im EnWG, ZD 2011, 99–103.

Jawurek/Johns/Rieck: Smart Metering De-Pseudonymization, in: Proceedings of 27th Annual Computer Security Applications Conference (ACSAC), Orlando 2011, S. 227–236.

Jeske: Datenschutzfreundliches Smart Metering – Ein praktikables Lösungskonzept, DuD 2011, 530–534.

Jotzo: Gilt deutsches Datenschutzrecht auch für Google, Facebook & Co. bei grenzüberschreitendem Datenverkehr?, MMR 2009, 232–237.

Kalogridis/Denic/Lewis/Cepeda: Privacy protection system and metrics for hiding electrical events, IJSN 2011, 14–27.

Karg: Datenschutzrechtliche Rahmenbedingungen beim Einsatz intelligenter Zähler, DuD 2010, 365–372.

Karpowski: Kommunale Energieversorgung – Quo Vadis? in: Großmann/Kunold (Hrsg.), Smart Energy 2011, Boizenburg 2011, S. 35–43.

Katko/Knöpfle/Kirschner: Archivierung und Löschung von Daten – Unterschätzte Pflicht in der Praxis und ihre Umsetzung, ZD 2014, 238–241.

Kempton/Layne: The consumer's energy analysis environment, Energy Policy 1994, 22 (10), S. 857–866.

Khurana/Hadley/Lu/Frincke: Smart-Grid Security Issues, IEEE Security & Privacy, 1/2010, S. 81–85.

Klimpke/Staß: Smart Metering und Datensicherheit, ew 11/2011, 44–47.

Knott: Anforderungen an Zählerdatenerfassungssysteme, in: Köhler-Schute (Hrsg.), Smart Metering – Technologische, wirtschaftliche und juristische Aspekte des Smart Metering, 2. Auflage, Berlin 2010, S. 96–110.

Knyrim/Trieb: Smart metering under EU data protection law, IDPL 2011, 121–128.

Körber/Jäger: Smart Metering: Wert trägt die Kosten? – Können Anschlussnehmer Eigentümer der Smart Meter sein?, ZNER 2010, 41–43.

Krause/Laskowski/ König/Schönberg/Rohrig/ Quadt: BMWi-Leuchtturmprojekt, „E-Energy" und der E-Energy-Modellregionen, in: Picot/Neumann (Hrsg.), E-Energy, Wandel und Chance durch das Internet der Energie, Heidelberg 2009, S. 43–94.

Krüger/Maucher: Ist die IP-Adresse wirklich ein personenbezogenes Datum? – Ein falscher Trend mit großen Auswirkungen auf die Praxis, MMR 2011, 433–439.

Kühling: Datenschutz in einer künftigen Welt allgegenwärtiger Datenverarbeitung – Aufgabe des Rechts?, VERW 2007, 153–172.

Kühling/Klar: Löschpflichten vs. Datenaufbewahrung – Vorschläge zur Auflösung eines Zielkonflikts bei möglichen Rechtsstreitigkeiten, ZD 2014, 506–510.

Kühling/Rasbach: Kernpunkte des novellierten EnWG 2011 – Regulierungsausbau im Zeichen der „Energiewende", RdE 2011, 332–341.

Kühn: Sicherheit, Nutzer- und Datenschutz im Smart Grid, in: Großmann/Kunold (Hrsg.), Smart Energy 2011, Boizenburg 2011, S. 10–22.

Kühn: Anforderungen an die Netzarchitekturen und Informationsanwendungen für ein Energieinformationsnetz, in: Roßnagel (Hrsg.), Nutzerschutz – Rechtsrahmen, Technikpotentiale, Wirtschaftskonzepte, Baden-Baden 2012, S. 25–36.

Kühne/Scholtka: Das neue Energiewirtschaftsrecht, NJW 1998, 1902–1909.

Kutscha: Mehr Datenschutz – aber wie?, ZRP 2010, 112–114.

–: Mehr Schutz von Computerdaten durch ein neues Grundrecht?, NJW 2008, 1042–1044.

–: Grundrechtlicher Persönlichkeitsschutz bei der Nutzung des Internet – Zwischen individueller Selbstbestimmung und staatlicher Verantwortung, DuD 2011, 461–464.

Lange: Entscheidungsunterstützung für Smart Energy, HMD 291 [Juni 2013], 71–79.

Langheinrich: Die Privatsphäre im Ubiquitous Computing – Datenschutzaspekte der RFID-Technologie, in: Fleisch/Mattern (Hrsg.), Das Internet der Dinge – Ubiquitous Computing und RFID in der Praxis, Berlin 2005, S. 329–362.

Langheinrich/Mattern: Digitalisierung des Alltags – Was ist Pervasive Computing?, APuZ 42/2003, S. 6–12.

Laupichler/Vollmer/ Bast/Intemann: Das BSI-Schutzprofil: Anforderungen an den Datenschutz und die Datensicherheit für Smart Metering Systeme – Neue Sicherheitsstandards in der Versorgungsinfrastruktur, DuD 2011, 542–546.

Lehnert/Vollprecht: Der energierechtliche Rahmen für Stromspeicher – noch kein maßgeschneiderter Anzug, ZNER 2012, 356–368.

Lessig: Privacy as Property, Social Research, Vol. 69 [2002], Nr. 1, S. 247–269.

Luch: Das neue „IT-Grundrecht" – Grundbedingung einer „Online-Handlungsfreiheit", MMR 2011, 75–79.

Lüdemann/Jürgens/Sengstacken: Datenschutz in intelligenten Stromnetzen (Smart Grids), ZNER 2013, 592–597.

Malinka: Smart Meters: Zusammenfassung von Messdaten kann für Energieversorger ausreichend sein, DANA 2014, 62–64.

McDaniel/McLaughlin: Security and Privacy Challenges in the Smart Grid, IEEE Security & Privacy, 3/2009, S. 75–77.

McNeil: Privacy and the Modern Grid, Harvard JOLT Vol. 25, No. 1: [Fall 2011], 199–224.

Meister: Datenschutz und Privatrechtsordnung, BB 1976, 1584–1588.

Moeckli: Herkunftsbasierte Personenprofile, in: Bielefeldt/Deile/Hamm/Hutter/Kurtenbach/Tretter (Hrsg.), Nothing to hide – nothing to fear? Jahrbuch Menschenrechte 2011, Wien 2011, S. 165–173.

Müller, K.: Sicherheit im Smart Grid, in: Paulsen (Hrsg.), Sicherheit in vernetzten Systemen, Hamburg 2011, S. A1–A24.

–: Verordnete Sicherheit – das Schutzprofil für das Smart Meter Gateway – Eine Bewertung des neuen Schutzprofils, DuD 2011, 547–551.

–: Gewinnung von Verhaltensprofilen am intelligenten Stromzähler, DuD 2010, 359–364.

Murswiek: Staatsziel Umweltschutz (Art. 20a GG) – Bedeutung für Rechtsetzung und Rechtsanwendung, NVwZ 1996, 222–230.

Nagenborg: Datenschutz und der Verlust der Bedeutungslosigkeit, in: Woesler (Hrsg.), Ethik der Informationsgesellschaft, Berlin 2006, S. 61–71.

Nettesheim: Das Energiekapitel im Vertrag von Lissabon, JZ 2010, 19–25.

Neumann: Intelligente Stromzähler und -netze: Versorger zögern mit neuen Angeboten, ZfE 2010, 279–284.

Orlamünder/Stocker: Technische Optionen für Energieinformationsnetze, in: Großmann/Kunold (Hrsg.), Smart Energy 2011, Boizenburg 2011, S. 86–103.

Pallas: Beyond Gut Level – Some Critical Remarks on the German Privacy Approach to Smart Metering, in: Gutwirth/Leenes/De Hert/Poullet (Hrsg.), European Data Protection: Coming of Age, Dordrecht 2013, S. 313–345.

Pallas/Raabe/Weis: Beweis- und eichrechtliche Aspekte der Elektromobilität – Eine erste Bestandsaufnahme zur auf Smart Metern beruhenden Vision von Elektromobilität im Energiemarkt, CR 2010, 404–410.

Paskert: Die Anreizregulierung: Fit für die Netze der Zukunft?, WiVerw 2010, 122–126.

Peifer: Verhaltensorientierte Nutzeransprache – Tod durch Datenschutz oder Moderation durch das Recht?, K&R 2011, 543–547.

Peschel/Rockstroh: Big Data in der Industrie – Chancen und Risiken neuer datenbasierter Dienste, MMR 2014, 571–576.

Peus: Besondere Aspekte des Datenschutzes in einem Energieversorgungsunternehmen, DuD 1994, 703–706.

Pfeifer: AG Karlsruhe: Datenschutz – Übermittlung der Energieverbrauchsdaten des Mieters an Vermieter, Anmerkung zum Urteil vom 15.7.2008, Az. 8 C 185/08, WuM 2009, 503–504.

Pfitzmann: Datenschutz durch Technik, DuD 1999, 405–408.

Pielow: Effektives Recht der Energieeffizienz? – Herausforderungen an Rechtsetzung und -anwendung, ZUR 2010, 115–123.

Podlech: Verfassungsrechtliche Probleme öffentlicher Informationssysteme, DVR 1972, 149–169.

Polakiewicz: Profiling – the Council of Europe's Contribution, in: Gutwirth/Leenes/De Hert/ Poullet (Hrsg.), European Data Protection: Coming of Age, Dordrecht 2013, S. 367–377.

Püschel/Großmann: Datenschutzaspekte bei der Einführung intelligenter Energiezähler aus Sicht der Marktteilnehmer, in: Großmann/Kunold (Hrsg.), Smart Energy 2011, Boizenburg 2011, S. 67–84.

Quinn: Privacy and the New Energy Infrastructure, CEES Working Paper No. 09–001 (Fall 2008), S. 1–41.

Raabe: Vom Datenschutz bis zum Eichrecht – Gesetzliche Aspekte des Smart Grid, e21magazin, 1/2013, S. 34–36.

–: Datenschutz im Smart Grid – Anpassungsbedarf des Rechts und des Systemdatenschutzes, DuD 2010, 379–386.

Raabe/Lorenz/Pallas/Weis: Harmonisierung konträrer Kommunikationsmodelle im Datenschutzkonzept des EnWG – „Stern" trifft „Kette" – Ansätze zur datenschutzrechtlichen Konfliktlösung im Smart Metering, CR 2011, 831–840.

Raabe/Lorenz/Pallas/Weis/Malina: 14 Thesen zum Datenschutz im Smart Grid, DuD 2011, 519–523.

Raabe/Lorenz/Schmelzer: Generic Legal Aspects of E-Energy, it 2010, 107–113.

Raabe/Weis: Datenschutz im „Smart Home", RDV 2014, 231–240.

Raynolds/Mickoleit: ICT Applications for the Smart Grid – Opportunities and Policy Implications, OECD Digital Economy Papers, No. 190 [Januar 2012], S. 1–44.

Renner: Smart Metering und Datenschutz in Österreich – Empfehlungen für die Einführung intelligenter Messsysteme, DuD 2011, 524–529.

Rosinger: Informationssicherheit im Smart Grid, in: Appelrath/Beenken/Bischofs/Uslar (Hrsg.), IT-Architekturentwicklung im Smart Grid, Berlin 2012, S. 83–103.

Roß: Smart Grids – Welche Intelligenz braucht das Netz der Zukunft?, Servatius/Schneidewind/Rohlfing (Hrsg.), Smart Energy – Wandel zu einem nachhaltigen Energiesystem, Berlin 2012, S. 287–301.

Roßnagel: Allianz von Medienrecht und Informationstechnik: Hoffnungen und Herausforderungen, in: Roßnagel (Hrsg.), Allianz von Medienrecht und Informationstechnik, S. 17–34.

–: Modernisierung des Datenschutzrechts für eine Welt allgegenwärtiger Datenverarbeitung, MMR 2005, 71–75.

–: Nutzerschutz – Einführung in die Tagung, in: Roßnagel (Hrsg.), Nutzerschutz – Rechtsrahmen, Technikpotentiale, Wirtschaftskonzepte, Baden-Baden 2012, S. 13–23.

Roßnagel/Jandt: Datenschutzkonformes Energieinformationsnetz – Risiken und Gestaltungsvorschläge, DuD 2010, 373–378.

Roßnagel/Müller, J.: Ubiquitous Computing – neue Herausforderungen für den Datenschutz – Ein Paradigmenwechsel und die von ihm betroffenen normativen Ansätze, CR 2004, 625–632.

Roßnagel/Schnabel: Das Grundrecht auf Gewährleistung der Vertraulichkeit und Integrität informationstechnischer Systeme und sein Einfluss auf das Privatrecht, NJW 2008, 3534–3538.

Roßnagel/Scholz, P.: Datenschutz durch Anonymität und Pseudonymität – Rechtsfolgen der Verwendung anonymer und pseudonymer Daten, MMR 2000, 721–731.

Rüdiger: Smart Home – Intelligentes Wohnen ohne Privatsphäre?, RDV 2014, 253–258.

Sachs: Datenschutzrechtliche Bestimmbarkeit von IP-Adressen – Stand von Rechtsprechung und Schrifttum, Gesetzesauslegung nach der juristischen Methodenlehre und Ausblick für die Praxis, CR 2010, 547–552.

Saeltzer: Little Brothers are watching you – Geheime Verbrauchserfassung in Wohnungen per Funk und andere üble Überraschungen, DuD 2010, 387–389.

Samarajiva: Interactivity As Though Privacy Mattered, in: Agre/Rotenberg (Hrsg.), Technology and Privacy: The New Landscape, Cambridge 1999, S. 277–309.

Schaar: Persönlichkeitsprofile im Internet, DuD 2001, 383–388.

Schafft/Ruoff: Nutzung personenbezogener Daten für Werbezwecke zwischen Einwilligung und Vertragserfüllung, CR 2006, 499–504.

Schantz: Verfassungsrechtliche Probleme von „Online-Durchsuchungen", KritV 2007, 310–330.

Schlömer: Zur Verfassungsmäßigkeit des beschleunigten Atomausstiegs, ZNER 2014, 363–371.

Schmelzer: Der smarte Haushaltskunde – Energiewirtschaftsrechtliche Aspekte aus der Perspektive von Verteilernetzbetreiber, Stromlieferant und Letztverbraucher, in: Westermann/Döring/Bretschneider (Hrsg.), Smart Metering, Zwischen technischer Herausforderung und gesellschaftlicher Akzeptanz – Interdisziplinärer Status Quo, Ilmenau 2013, S. 165–207.

Schmidt-Preuß: Europäische und internationale Ansätze zum Schutz kritischer IT- und Energie-Infrastrukturen, in: Kloepfer (Hrsg.), Schutz kritischer Infrastrukturen, Baden-Baden 2010, S. 67–83

Schneider, J.: Langfristige Weiterentwicklung der Energiemärkte durch Verschmelzung von Energie- und Informationstechnologie, in: Picot/Neumann (Hrsg.), E-Energy, Wandel und Chance durch das Internet der Energie, Heidelberg 2009, S. 35–41.

Schneider, J./Härting: Wird der Datenschutz nun endlich internettauglich? – Warum der Entwurf einer Datenschutz-Grundverordnung enttäuscht, ZD 2012, 199–203.

Schneidewind/Scheck: Zur Transformation des Energiesektors – ein Blick aus der Perspektive der Transition-Forschung, in: Servatius/Schneidewind/Rohlfing (Hrsg.), Smart Energy – Wandel zu einem nachhaltigen Energiesystem, Berlin 2012, S. 45–61.

Schneidewindt: Verbraucher in der Energiewende: Prosumer oder nur Statist? – Eine kritische Bestandsaufnahme einzelner Regelungen nach den jüngsten EnWG- und EEG-Novellen, ER 2013, 226–232.

Schödwell/Drenkelfort/Pröhl/Erek/Zarnekow: Smart Data Centers – intelligente Energieversorgung für Rechenzentren, HMD 291 [Juni 2013], 40–51.

Schomerus, T.: Rechtliche Instrumente zur Verbesserung der Energienutzung, NVwZ 2009, 418–423.

Schricker: Die Einwilligung des Urhebers in entstellende Änderungen des Werks, in: Forkel/Kraft (Hrsg.), Beiträge zum Schutz der Persönlichkeit und ihrer schöpferischen Leistungen – Festschrift für Heinrich Hubmann zum 70. Geburtstag, Frankfurt/M 1985, S. 409–419.

Schriegel/Jasperneite: Sicherhheits- und Datenschutzanforderungen an Smart Grid-Technologien, e&i Juni 2012, Vol. 129/4, S. 265–270.

Schulte-Beckhausen: Smarte Regulierung für „smarte Meter", KSzW 2011, 285–292.

Schulz, S.: Privacy by Design, CR 2012, 204–208.

–: Die (Un-)Zulässigkeit von Datenübertragungen innerhalb verbundener Unternehmen – Vom fehlenden Konzernprivileg im deutschen Datenschutzrecht, BB 2011, 2552–2557.

Schulz, T./Roßnagel/David: Datenschutz bei kommunizierenden Assistenzsystemen – Wird die informationelle Selbstbestimmung von der Technik überrollt?, ZD 2012, 510–515.

Schütz/Schreiber: Smart Grids und Smart Metering. Datenerhebung-, -verarbeitung und -nutzung in intelligenten Strom- und Messsystemen, ZD-Aktuell 2011, 5–6.

Schwartz: Internet Privacy and the State, Conn. L. Rev. 2000, 815–859.

Seidel: Persönlichkeitsrechtliche Probleme der elektronischen Speicherung privater Daten, NJW 1970, 1581–1583.

Shifflette: Smart Grids: Ein neuer Ansatz für Stromnetze, research'eu Nr. 60 [Juni 2009], 24–25.

Sichler: Smart und sicher – geht das?, in: Aichele/Doleski (Hrsg.), Smart Market – Vom Smart Grid zum intelligenten Energiemarkt, Wiesbaden 2014, S.

Siddiqui/Zeadally/Alcaraz/Galvao: Smart Grid Privacy: Issues and Solutions, 21st International Conference on Computer Communications Networks (ICCCN) 2012, S. 1–5.

Simitis: Datenschutz – Rückschritt oder Neubeginn?, NJW 1998, 2473–2479.

–: Die informationelle Selbstbestimmung – Grundbedingung einer verfassungskonformen Informationsordnung, NJW 1984, 398–405.

–: Datenschutz – eine notwendige Utopie, in: Kiesow/Ogorek/Simitis (Hrsg.), Summa – Dieter Simon zum 70. Geburtstag, Frankfurt/M 2005, S. 511–527.

Song/Li/Liu: Applications of Data Communication in the Smart Grid, in: Wu (Hrsg.), High Performance Networking, Computing and Communication Systems, and Mathematical Foundations, Berlin 2011, S. 578–583.

Sörries: Konvergente Entwicklungen im Telekommunikations- und Energiemarkt – Was haben „Smart Grids", „Smart Markets" und der Breitbandausbau gemeinsam?, N&R 2012, 58–64.

–: Intelligente Netze im Energiemarkt: Wettlauf der Synergien mit Telekommunikationsnetzbetreibern und Realitäten, CR 2012, 707–712.

Spindler: Das neue Telemediengesetz – Konvergenz in sachten Schritten, CR 2007, 239–245.

Strobel: Smart Metering für Fortgeschrittene: MDM im Fokus, ET 6/2011, 16–18.

Sydow/Kring: Die Datenschutzgrundverordnung zwischen Technikneutralität und Technikbezug – Konkurrierende Leitbilder für den europäischen Rechtsrahmen, ZD 2014, 271–276.

Thiele: Personaldaten, Datenschutz und Personalinformationssysteme, DÖV 1980, 639–644.

Thomas/Nanning/Irrek: Stromsparen im Haushalt – Erfolgreiche Instrumente und Strategien in anderen Ländern, in: Fischer (Hrsg.), Stromsparen im Haushalt, München 2008, S. 42–59.

van Laak: Unter Strom – Über Dynamos und politische Dynamik, in: Erhardt/Kroll (Hrsg.), Energie in der modernen Gesellschaft – Zeithistorische Perspektiven, Göttingen 2012, S. 17–31.

Vom Wege/Sösemann: Smart Metering in Deutschland – Sein oder Schein? § 21b IIIa und IIIb EnWG, IR 2009, 55–58.

Wagner, A./Speiser/Raabe/Harth: Linked Data for a privacy-aware Smart Grid, Informatik 2010, Proceedings, Vol. 1, S. 449–454.

Warweg/Ifland/Käßler/Bretschneider: Stand der Smart Metering-Technologie, in: Westermann/Döring/Bretschneider (Hrsg.), Smart Metering, Zwischen technischer Herausforderung und gesellschaftlicher Akzeptanz – Interdisziplinärer Status Quo, Ilmenau 2013, S. 61–78.

Warweg/Käßler: Auswirkungen von Smart Metering auf die Energiebeschaffung im liberalisierten Energiemarkt, in: Westermann/Döring/Bretschneider (Hrsg.), Smart Metering, Zwischen technischer Herausforderung und gesellschaftlicher Akzeptanz – Interdisziplinärer Status Quo, Ilmenau 2013, S. 113–136.

Weber-Hassemer: Der „gläserne Mensch" in den Zeiten genetischer Forschung – Was bleibt noch übrig von Selbstbestimmung und Datenschutz?, in: Herzog/Neumann (Hrsg.), Festschrift für Winfried Hassemer, Heidelberg 2010, S. 1249–1261.

Weichert: Big Data – eine Herausforderung für den Datenschutz, in: Geiselberger/Moorstedt (Hrsg.), Big Data – Das neue Verprechen der Allwissenheit, Berlin 2013, S. 131–148.

–: Der Schutz genetischer Informationen, DuD 2002, 133–145.

–: Big Data und Datenschutz – Chancen und Risiken einer neuen Form der Datenanalyse, ZD 2013, 251–259.

Weiser: The Computer for the 21st Century, Scientific American, September 1991, S. 94–104.

Welp: Datenveränderung (§ 303a StGB) – Teil 1, IuR 1988, 443–449.

Wendt: Smart Grid – eine Herausforderung aus Sicht der Standardisierung und der IT-Sicherheit oder schon „business-as-usual", DuD 2011, 22–26.

Wieczorek: Smart Metering und Smart Grids – Der Rechtsrahmen für intelligente Netze und Messsysteme, in: Taeger (Hrsg.), Big Data & Co., Tagungsband DSRI-Herbstakademie 2014, S. 437–453.

Wiesemann: Orientierungshilfe zum datenschutzgerechten Smart Metering – Ein Licht im Dunkeln?, ZD 2012, 447–451.

–: Smart Grids – Die intelligenten Netze der Zukunft, MMR 2011, 213–214.

–: IT-rechtliche Rahmenbedingungen für „intelligente" Stromzähler und Netze – Smart Meter und Smart Grids, MMR 2011, 355–359.

Wieser: Energiespeicher als zentrale Elemente eines intelligenten Energieversorgungsnetzes – Rechtliche Einordnung, ZUR 2011, 240–245.

Wilkes: Smart Metering und die Öffnung des Messwesens, WuM 2010, 615–620.

Windoffer/Groß: Rechtliche Herausforderungen des „Smart Grid", VerwArch 2012, 491–512.

Wissner/Growitsch: Flächendeckende Einführung von Smart Metern – Internationale Erfahrungen und Rückschlüsse für Deutschland, ZfE 2010, 139–148.

Wittig: Die datenschutzrechtliche Problematik der Anfertigung von Persönlichkeitsprofilen zu Marketingzwecken, RDV 2000, 59–62.

Wójtowicz: Wirksame Anonymisierung im Kontext von Big Data, PinG 2013, 65–69.

Wolf/Maxwell: Smart Grids and Privacy, Com&Strat No. 76 [2009], 127–130.

Wybitul: Selbst- oder Fremdbestimmung – gilt das Freiheitsgrundrecht auch in der Datensicherheit? – Technische und organisatorische Maßnahmen vs. Bedürfnisse des Betroffenen, ZD 2013, 539–542.

Zarsky: Desperately Seeking Solutions: Using Implementation-Based Solutions for the Troubles of Information Privacy in the Age of Data Mining and the Internet Society, Maine L. Rev. 56:1 [2004], 13–59.

Zeidler/Brüggemann: Die Zukunft personalisierter Werbung im Internet, CR 2014, 248–257.

Zoha/Gluhak/Imran/Rajasegarar: Non-Intrusive Load Monitoring Approaches for Disaggregated Energy Sensing: A Survey, sensors 2012, 16383–16866.

Zöllner: Die gesetzgeberische Trennung des Datenschutzes für öffentliche und private Datenverarbeitung, RDV 1985, 3–16.

Zscherpe: Anforderungen an die datenschutzrechtliche Einwilligung im Internet, MMR 2004, 723–727.

Studien/Tätigkeitsberichte

bdew, 14.1.2014: „Entwicklungen in der deutschen Strom- und Gaswirtschaft 2013" www.bdew.de/internet.nsf/id/20140114-pi-mueller-grundlegende-reform-des-eeg-ist-eine-kernaufgabe-der-neuen-bundesregierung-2014/$file/Entwicklungen%20in%20der%20deutschen%20Strom-%20und%20Gaswirtschaft%202013.pdf.

bdew, Oktober 2010: „Intelligent, flexibel, zuverlässig: Netze der Zukunft" www.bdew.de/internet.nsf/id/netze-der-zukunft-de.

BfDI, 12.4.2011: „23. Tätigkeitsbericht zum Datenschutz für die Jahre 2009 und 2010"

BITKOM, Berlin 2011: „Bedeutung von Powerline Communications für Smart Grids" www.bitkom.org/files/documents/BITKOM_Information_Bedeutung_von_ PowerLine_Communications_fuer_Smart_Grid.pdf.

BITKOM/Fraunhofer ISI, Berlin Dezember 2012: „Gesamtwirtschaftliche Potenziale intelligenter Netze in Deutschland"

BMUB(24.8.2007): „Eckpunkte für ein integriertes Energie- und Klimaprogramm" www.bmub.bund.de/service/publikationen/downloads/details/artikel/eckpunktefuer-ein-integriertes-energie-und-klimaprogramm.

BMWi: „Schlaglichter der Wirtschaftspolitik – Monatsbericht November 2013" www.bmwi.de/Dateien/BMWi/PDF/Monatsbericht/schlaglichter-der-wirtschaftspolitik-11–2013.

BNetzA, Bonn, Dezember 2011: „Smart Grid und Smart Market – Eckpunktepapier der Bundesnetzagentur zu den Aspekten des sich verändernden Energieversorgungssystems"

Boesche/Wedler: (E-Energy), 18.11.2013: „Handlungsempfehlung zum Rechtsrahmen", Detailbericht zum E-Energy Abschlussbericht. www.e-energy.de/images/E-Energy_02_Abschlussbericht_Fachgruppe_RechtsrahmenRegulierung_November_2013.pdf.

BP, Januar 2014: „BP Energy Outlook 2035" www.bp.com/content/dam/bp/pdf/Energy-economics/Energy-Outlook/Energy_Outlook_2035_booklet.pdf.

Bundeskartellamt, Bonn, Januar 2011. „Sektoruntersuchung Stromerzeugung und Stromgroßhandel" www.bundeskartellamt.de/SharedDocs/Publikation/DE/Sektoruntersuchungen/Sektoruntersuchung%20Stromerzeugung%20Stromgrosshandel%20-%20Abschlussbericht.pdf.

dena (9.7.2014): „Einführung von Smart Meter in Deutschland – Analyse von Rolloutszenarien und ihrer regulatorischen Implikationen" www.dena.de/projekte/energiesysteme/dena-smart-meter-studie.html.

Dinant/Lazaro/Poullet/Lefever/Rouvroy, März 2008: „Application of Convention 108 to the profiling mechanism" www.coe.int/t/dghl/standardsetting/dataprotection/Reports/CRID_Profiling_2008_en.pdf.

Eckert/Krauß/Schoo, Stuttgart 2011: „Sicherheit im Smart Grid, Alcatel-Lucent Stiftungsreihe Nr. 90"

Enquete-Kommission, 15.3.2012: „Internet und digitale Gesellschaft", Fünfter Zwischenbericht: „Datenschutz, Persönlichkeitsrech*te*" (BT-Drs. 17/8999).

Enquete-Kommission, 17.6.1998: „Zukunft der Medien in Wirtschaft und Gesellschaft – Deutschlands Weg in die Informationsgesellschaft", Vierter Zwischenbericht: „Sicherheit und Schutz im Netz" (BT-Drs. 13/11002).

ERGEG, 10.6.2010: „Position Paper on Smart Grids"

Ernst & Young,: Juli 2013: „Kosten-Nutzen-Analyse für einen flächendeckenden Einsatz intelligenter Zähler (im Auftrag des BMWi), Endbericht"

European Union Agency for Fundamental Rights (FRA), 2010: „Für eine effektivere Polizeiarbeit: Diskriminierendes ‚Ethnic Profiling' erkennen und vermeiden: Ein Handbuch" www.fra.europa.eu/sites/default/files/fra_uploads/1133-Guide-ethnic-profiling_DE.pdf.

forsa, 10.5.2010: „Erfolgsfaktoren von Smart Metering aus Verbrauchersicht" (Studie im Auftrag der Verbraucherzentrale Bundesverband e. V.).

Fromm/Gauch/Kaiser/Weber (Fraunhofer FOKUS Kompetenzzentrum Öffentliche IT), November 2013: „ÖFIT-Trendschau: Innovationsfelder Öffentlicher IT. www. oeffentliche-it.de/documents/18/21941/OFIT_Trendschau_Druckversion.

Gellings, Electric Power Research Institute (EPRI), März 2011: "Estimating the Costs and Benefits of the Smart Grid", Technical Report www.rmi.org/Content/Files/EstimatingCostsSmartGRid.pdf.

Greenpeace/EREC, November 2009: „[r]enewables 24/7 – Infrastructure needed to safe the climate"

Konferenz der Datenschutzbeauftragten des Bundes und der Länder und Düsseldorfer Kreis, Juni 2012: „Orientierungshilfe datenschutzgerechtes Smart Metering"

Konferenz der Datenschutzbeauftragten des Bundes und der Länder, Stuttgart, 18.3.2010: „Ein modernes Datenschutzrecht für das 21. Jahrhundert – Eckpunkte"

Landesbeauftragter für den Datenschutz Sachsen-Anhalt (25.11.2013): XI. Tätigkeitsbericht des Landesbeauftragten für den Datenschutz LT-Drs. 6/2602.

Landesverwaltungsamt Sachsen-Anhalt, Dezember 2011: „Fünfter Tätigkeitsbericht der Aufsichtsbehörde für den Datenschutz im nicht-öffentlichen Bereich des Landes Sachsen-Anhalt (1.6.2009–30.9.2011)"

Mulligan/Wang/Burstein (UC Berkeley School of Information), 1.3.2011: „Privacy in the Smart Grid: An Information Flow Analysis" http://papers.ssrn.com/sol3/papers.cfm?abstract_id=1815605.

MÜNCHNER KREIS e. V., München, Dezember 2011: „Zukunftsbilder der digitalen Welt – Nutzerperspektiven im internationalen Vergleich" www.bmwi.de/Dateien/BMWi/PDF/IT-Gipfel/it-gipfel-2011-zukunftsbilder-der-digitalen-welt.pdf.

Orlamünder, Stuttgart 2009: „Der Einsatz von Informations- und Kommunikationstechnik in Stromnetzen – ein Nachhaltiges Energieinformationsnetz, Alcatel-Lucent Stiftungsreihe Nr. 85"

OSZE (2013): „Good Practices Guide on Non-Nuclear Critical Energy Infrastructure Protection (NNCEIP) from Terrorist Attacks Focusing on Threats Emanating from Cyberspace" http://www.osce.org/atu/103500.

Raabe/Lorenz/Pallas/Weis: (KIT), Karlsruhe, 14.6.2010: „Empfehlungen zum Datenschutz im Smart Grid"

Roßnagel/Jandt, Stuttgart 2010: „Datenschutzfragen eines Energieinformationsnetzes, Alcatel-Lucent Stiftungsreihe Nr. 88"

Roßnagel/Pfitzmann/Garstka, Berlin, September 2001 „Modernisierung des Datenschutzrechts" (Gutachten im Auftrag des Bundeministeriums des Inneren).

Sachverständigenrat für Umweltfragen (SRU), Berlin Januar 2011 „Wege zur 100 % erneuerbaren Stromversorgung – Sondergutachten" www.umweltrat.de/Shared Docs/Downloads/DE/02_Sondergutachten/2011_07_SG_Wege_zur_100_ Prozent_erneuerbaren_Stromversorgung.pdf.

Steinmüller/Luttberbeck/Mallmann/Harbort/Kolb/Schneider: „Grundfragen des Datenschutzes" (Anlage 1 zur Antwort der Bundesregierung auf die Kleine Anfrage betr. Schutz der Privatsphäre vom 7.9.1972, BT-Drucks. VI/3826).

Töpfer/Kleiner (Ethik-Kommission Sichere Energieversorgung), Berlin, 30.5.2011: „Deutschlands Energiewende – Ein Gemeinschaftswerk für die Zukunft"

VDE/DKE, 2010: „Die deutsche Normungsroadmap E-Energy/Smart Grid"

VDE/DKE, 2013: „Normungsroadmap E-Energy/Smart Grids 2.0 – Status, Trends und Perspektiven der Smart Grid-Normung"

Wietschel/Arens/Dötsch/Herkel/Krewitt/Markewitz/Möst/Scheufen (Fraunhofer ISI), Karlsruhe 2010: „Energietechnologien 2050 – Schwerpunkte für Forschung und Entwicklung, Technologienbericht"

wik-Consult/Fraunhofer: ISI+ISE, Bad Honnef, 21.12.2006: „Potenziale der Informations- und Kommunikations-Technologien zur Optimierung der Energieversorgung und des Energieverbrauchs (eEnergy)", Studie für das BMWi www.e-ener gy.de/documents/Studie_Potenziale_Langfassung.pdf.

Internetfundstellen

Appelrath/Mayer/Breuer/Drzisga/König/Luhmann/Maerten/Terzidis, 2011: „Deutschlands Energiewende kann nur mit Smart Grids gelingen" www.acatech.de/de/ publikationen/stellungnahmen/acatech/detail/artikel/deutschlands-energiewen de-kann-nur-mit-smartgrids-gelingen.html.

Artikel-29-Datenschutzgruppe: „Stellungnahme 4/2007 zum Begriff ‚personenbezogene Daten' vom 20.6.2007", WP 136.

Artikel-29-Datenschutzgruppe,: 4.4.2011 „Stellungnahme 12/2011 zur intelligenten Verbrauchsmessung (‚Smart Metering')", WP 183. http://ec.europa.eu/justice/ policies/privacy/docs/wpdocs/2011/wp183_de.pdf.

Auer/Heng (Deutsche Bank Research), 23.5.2011: „Smart Grids – Energiewende erfordert intelligente Energienetze" www.dbresearch.com/PROD/DBR_INTERNET_ EN-PROD/PROD0000000000273605.pdf.

bdew, 22.3.2010: bdew-Fakten www.bdew.de/internet.nsf/id/DE_20100322_PM_ Deutsches_Stromnetz_ist_178_Millionen_Kilometer_lang.

Beuth/Biermann: (Zeit Online), 17.6.2013: „Das Spionagesystem Prism und seine Brüder" www.zeit.de/digital/datenschutz/2013-06/nsa-prism-faq.

BMI: „Nationale Strategie zum Schutz kritischer Infrastrukturen (KRITIS-Strategie)" www.bmi.bund.de/SharedDocs/Downloads/DE/Broschueren/2009/kritis.html?nn=3314962.

BMWi: „Intelligente Netze und intelligente Zähler" www.bmwi.de/DE/Themen/Energie/ Netze/intelligente-netze-und-intelligente-zaehler.html.

BMWi, Januar 2012: „Energiewende! 01_2012 – Energiepolitische Informationen" www.claudiakemfert.de/fileadmin/user_upload/pdf/energiewende.pdf.

BMWi, Juli 2014: Energiedaten – Ausgewählte Grafiken, Berlin. www.bmwi.de/DE/Themen/Energie/Energiedaten-und-analysen/Energiedaten/gesamtausgabe.html.

Borchers (heise online), 26.10.2012: „Smart Meter: Branche wappnet sich gegen Datendiebe" www.heise.de/newsticker/meldung/Smart-Meter-Branche-wappnet-sich-gegen-Datendiebe-1737407.html.

Breyer: „Schutz der Unverletzlichkeit der Wohnung in Zeiten digitaler Verbrauchserfassung", 29.5.2010. http://daten-speicherung.de/data/Intelligente_Stromzaehler_2010-05-29.pdf.

Brumfiel (The Guardian), 13.4.2011: „Smart meter security under the spotlight" www.theguardian.com/smart-revolution/safe-smart-metering.

Demling (Spiegel Online), 15.4.2013: „Intelligente Stromzähler: Waschen, wenn die Sonne scheint" www.spiegel.de/wirtschaft/intelligente-stromzaehler-sollen-spitzen-beim-energieverbrauch-glaetten-a-893910.html.

Don Fernandez: (WebMD Health News), 25.8.2008: „Alabama ‚Obesity Penalty' Stirs Debate" www.webmd.com/diet/news/20080825/alabama-obesity-penalty-stirs-debate.

EDNA, Pressemitteilung v. 26.6.2013: „Verabschiedung der MsysV verzögert" www.edna-bundesverband.de/49/-/news/show/41048.

EU-Kommission, Dezember 2010: EU Commission Task Force for Smart Grids, Expert Group 1: Functionalities of smart grids and smart meters. http://ec.europa.eu/energy/gas_electricity/smartgrids/doc/expert_group1.pdf.

EURELECTRIC Views, Mai 2009: „Smart Grids and Networks of the Future" www.eurelectric.org/media/43723/smart_grids_-_eurelectric_views_v21_ffinal-2009-030-0440-01-e.pdf.

Hanifor, 1.10.2010: Strom – Intelligente Zähler www.geldsparen.de/sparen/Energie/strom-mit-intelligenten-zaehler-sparen.php.

Jahn (FAZ Online), 12.6.2012: „Verfassungsklage gegen Atomausstieg – Kernkraftbetreiber fordern 15 Milliarden Euro vom Staat" www.faz.net/aktuell/wirtschaft/wirtschaftspolitik/energiepolitik/verfassungsklage-gegen-atomausstieg-kernkraftbetreiber-fordern-15-milliarden-euro-vom-staat-11783254.html.

Karg (ULD), 21.9.2010: „Herausforderung neue Technologien: Smart Metering, Smart Grid, Elektromobilität" www.datenschutzzentrum.de/vortraege/20100921-karg smart-meter.pdf.

Karg (ULD), 25.9.2009: „Datenschutzrechtliche Bewertung des Einsatzes von ‚intelligenten' Messeinrichtungen für die Messung von gelieferter Energie (Smart Meter)" www.datenschutzzentrum.de/smartmeter/20090925-smartmeter.pdf.

Knoke (Spiegel Online), 30.3.2010: „Netzwelt-Ticker: Intelligente Stromzähler als Einfallstor für Hacker" www.spiegel.de/netzwelt/web/netzwelt-ticker-intelligente-stromzaehler-als-einfallstor-fuer-hacker-a-686431.html.

Krebs (9.4.2012): „FBI: Smart Meter Hacks Likely to Spread" www.krebsonsecurity.com/2012/04/fbi-smart-meter-hacks-likely-to-spread.

Kremp (Spiegel Online) 17.1.2014: „Internet der Dinge: Kühlschrank verschickte Spam-Mails" www.spiegel.de/netzwelt/web/kuehlschrank-verschickt-spam-botnet-angriff-aus-dem-internet-der-dinge-a-944030.html.

Kremp (Spiegel Online), 16.4.2013: „Fernwartung: Sicherheitslücke bedroht Hightech-Heizungen" www.spiegel.de/netzwelt/gadgets/vaillant-sicherheitsluecke-bedroht-hightech-heizungen-a-894665.html.

Lang (Energie & Technik), 25.2.2014: „Smart Meter-Hacker stehlen 10 Prozent von Maltas Strom" http://www.energie-und-technik.de/smart-energy/artikel/106080.

Lobo (Spiegel Online), 1.4.2014: „Big Data: Der Mensch muss sein Datensouverän sein" www.spiegel.de/netzwelt/web/sascha-lobo-datenschutz-muss-weiterentwickelt-werden-a-961864.html.

NIST, Februar 2012: „NIST Framework and Roadmap for Smart Grid Interoperability Standards, Release 2.0" www.nist.gov/smartgrid/upload/NIST_Framework_Release_2-0_corr.pdf.

Pennell (Zeit Online), 29.4.2010: „Dann schalten Hacker die Lichter aus" www.zeit.de/digital/internet/2010-04/smartgrid-strom-hacker.

Quinn (University Colorado Law School – CEES), 9.5.2009: Smart Metering & Privacy: Existing Law and Competing Policies www.ssrn.com/abstract=1462285.

Schnettler/Scheufen (RWTH Aachen), Berlin, 26.5.2009: „Fachkonferenz Energietechnologien 2050 – Netze und Elektromobilität" www.energietechnologien2050.de/wDefault_4/dowloads/08_Vortrag_Schnettler_Netze.pdf.

Smiljanic, 22.5.2007: „Moderne Technik und Datenschutz – Der schmale Grat zum Überwachungsstaat" www.deutschlandfunk.de/moderne-technik-und-datenschutz.724.de.html?dram:article_id=98786.

TACD, Juni 2011: „Resolution on Privacy and Security Related to Smart Meters" www.tacd.org/wp-content/uploads/2013/09/TACD-INFOSOC-44-11-Privacy-and-Security-Related-to-Smart-Meters.pdf.

Tozzi (Bloomberg Businessweek), 12.12.2013: „How Much More Will Smokers Pay for Obamacare?" www.businessweek.com/articles/2013-12-03/how-much-mo re-will-smokers-pay-for-obamacare.

Tsai, 15.8.2010: „Privacy and the Smart Grid: A Policymaking Case Study" http://papers.ssrn.com/sol3/papers.cfm?abstract_id=1986932.

ULD, 14.7.2003: „Geltung des BDSG für Energielieferanten, Zulässigkeit der Beauftragung externer Datenschutzbeauftragter bei Unternehmen mit rechtlich unterschiedlich zu qualifizierenden Geschäftsfeldern (insbesondere bei Stadt- und Gemeindewerken)" www.datenschutzzentrum.de/wirtschaft/bdsgenwi.htm.

Ward (BBC News): „Smart meters can be hacked to cut power bills" www.bbc.com/news/technology-29643276.

Weichert (ULD): „Stellungnahme von 10.6.2011 zum Gesetzentwurf der Bundesregierung eines Gesetzes zur Neuregelung energiewirtschaftlicher Vorschriften (BT-Drs. 343/11) gegenüber dem Ministerium für Wissenschaft, Wirtschaft und Verkehr des Landes Schleswig-Holstein" www.datenschutzzentrum.de/smartmeter/20110615-smartmeterregelung.htm.

Zeitungsartikel

Asendorpf: „Zu viel Strom", DIE ZEIT 1/2010, S. 38.

Becker: „Intelligente Stromzähler verbreiten sich nur langsam", FAZ v. 2.5.2011, S. 16.

Ellerbrock/Loviscach: „Das Strom-Netz", c't-Magazin 2/2010, S. 68–73.

Froitzheim: „Was bringt das schlaue Stronetz?", brand eins, 6/2012, S. 12–13.

Jung: „Energie: Teure Ersparnis", Der Spiegel 33/2010, S. 78–79.

Kroker/Berke/Klesse: „Operation Goldesel: Kontonummern von 21 Millionen Bürgern illegal im Umlauf", WirtschaftsWoche Nr. 50/2008, S. 64–71.

Kurth: „Sind Speicher die Achillesferse der Energiewende?", Der Tagesspiegel v. 17.6.2012, S. 14.

Schweiger: „Gegen den Wind", DIE ZEIT 6/2011, S. 41.

Vorholz: „Ausstieg. Und dann?", DIE ZEIT 24/2011, S. 32.

Rechtsprechung und Literatur sind auf dem Stand **Dezember 2014**. Internetfundstellen wurden zuletzt am **18.12.2014** *abgerufen.*

Schriftenreihe zum Urheber- und Kunstrecht

Herausgegeben von Thomas Hoeren

Band 1 Stefan Baufeld: Kulturgutbeschlagnahmen in bewaffneten Konflikten, ihre Rückabwicklung und der deutsch-russische Streit um die so genannte Beutekunst. 2005.

Band 2 Alexandra Kruczek: Die Bewertung der Kabelweitersenderechte der Sendeunternehmen in Deutschland und den USA. 2005.

Band 3 Larissa Marrder: Verwertung von Filmrechten in der Insolvenz. 2006.

Band 4 Felix Heinz Siegfried: Internationaler Kulturgüterschutz in der Schweiz. Das Bundesgesetz über den internationalen Kulturgütertransfer (Kulturgütertransfergesetz, KGTG). 2006.

Band 5 Karsten Lisch: Das Abstraktionsprinzip im deutschen Urheberrecht. 2007.

Band 6 Thomas Meschede: Der Schutz digitaler Musik- und Filmwerke vor privater Vervielfältigung nach den zwei Gesetzen zur Regelung des Urheberrechts in der Informationsgesellschaft. 2007.

Band 7 Thomas Hoeren/Bernd Holznagel/Thomas Ernstschneider (Hrsg.): Handbuch Kunst und Recht. 2008.

Band 8 Michael Nielen: Interessenausgleich in der Informationsgesellschaft. Die Anpassung der urheberrechtlichen Schrankenregelungen im digitalen Bereich. 2009.

Band 9 Urban von Detten: Kunstausstellung und das Urheberpersönlichkeitsrecht des bildenden Künstlers. 2010.

Band 10 Timo Prengel: Bildzitate von Kunstwerken als Schranke des Urheberrechts und des Eigentums mit Bezügen zum Internationalen Privatrecht. 2011.

Band 11 Christine Altemark: Wahrnehmung von Online-Musikrechten im Europäischen Wirtschaftsraum. Unter besonderer Berücksichtigung des Systems der Rechtewahrnehmung seit der Empfehlung der Kommission vom 18. Oktober 2005. 2011.

Band 12 Donata von Gruben: Das urheberrechtliche Entstellungsverbot im Umgang mit Originalwerken der bildenden Kunst. Unter besonderer Berücksichtigung der Eigenarten zeitgenössischer Kunst. 2013.

Band 13 Kathrin-Lena Kriesel: Einheitlicher europäischer Werkbegriff und Herabsenkung der Anforderungen an die Gestaltungshöhe bei Werken der angewandten Kunst. 2014.

Band 14 Nico Brunotte: Urheberrechtliche Bewertung der Streamingfilmportale. Unter besonderer Berücksichtigung der Schrankenbestimmung zu ephemeren Vervielfältigungen und des digitalen Werkgenusses. 2014.

Band 15 Tudor Vlah: Parodie, Pastiche und Karikatur – Urheberrechte und ihre Grenzen. Eine rechtsvergleichende Untersuchung des deutschen und spanischen Urheberrechts. 2015.

Band 16 Benjamin Wübbelt: Die Zukunft der kollektiven Rechtewahrnehmung im Online-Musikbereich. 2015.

Band 17 Theresa Uhlenhut: Panoramafreiheit und Eigentumsrecht. 2015.

Band 18 Johannes Franck: Smart Grids und Datenschutz. Verarbeitung von Energiedaten in intelligenten Stromnetzen aus datenschutzrechtlicher Perspektive. 2016.

www.peterlang.com

www.ingramcontent.com/pod-product-compliance
Ingram Content Group UK Ltd.
Pitfield, Milton Keynes, MK11 3LW, UK
UKHW021830210426
5322IPUK00004B/106